算数・数学教育における
数学的活動による学習過程の構成

数学化原理と表現世界、微分積分への
数量関係・関数領域の指導

Mathematization for
Mathematics
Education

An Extension of the Theory of Hans Freudenthal Applying
the Representation Theory of Masami Isoda with Demonstration
of Levels of Function up to Calculus

礒田正美 著

共立出版

はじめに
——数学的活動による学習過程の実現への序説——

　本書は、算数・数学教育における数学的活動による学習過程の構成原理を示す。本論でその内容を示すに際して、その序説として、本書が迫る数学教育学における根源的な問いを記し、「数学的活動」を本書内で「数学化」と解題する理由、そして本書の副題のもつ意味を述べる。

■ **なぜ、数学を教えるのか**
　➢ 算数・数学では何をどのように教えるのか。それは、なぜか。
　　➢ なぜ、その内容を子どもは学ぶ必要があるのか。
　　➢ なぜ、そのように内容を教えたいのか。

```
人間形成：
数学的な価値観・態度

学び方・考え方・生み出し方：
概念に依存しない考え方

知識・技能：
概念を用いる際の考え方
```

図 P.1　数学教育の目標を考える三層

　なぜ、数学を教えるのか。それは、次世代を担う人間を育てる一貫としてである。次世代とは我々亡き後の社会をも担う人間である。日本の教育用語「自ら学び自ら考える子どもを育てる」の意図もそこにある[1]。そして、「自ら学び自ら考える子ども」こそが、今日の教育界が求める人間像である[2]。

---
1)　清水静海による。
2)　それは自律した人間像とみることもできる。岡田敬司（2011）．『自律者の育成は可能か：世界の立ち上がりの理論』ミネルヴァ書房．

数学教育の目標は、図 P. 1[3] の包摂関係で説明される。仮に、数学に係る知識・技能をルーティンとして教えることをめざす方がいたとする。ノンルーティンな課題に取り組めるようにするには、考え方を教える必要があることにすぐに気づく。考え方を教えようとするとそれが容易でないことにも気づく。そこでは、子どもが自ら考えようとすることが必要になる。「自ら学び自ら考える子どもを育てる」には、価値観・態度の育成も、考え方の育成も欠かせない。

　このように目標をとらえたとしても、目標を実現する教材は数学である。教材とは内容としての数学に目標が埋め込まれたものである。何をどういう順序でいかに教えるのかという問いは、上述の三層を視野に、内容に目標を埋め込む行為、内容に目標を自ら認める行為としての教材研究を通して解答できる。例えば、教科書を開いて、そこで目標が語れなければ、教科書の単元配列や学年間の系統が描けなければ、それは教材ではない。数学内容に目標を埋め込むには内容に対して指導系統を構成し、教材を生み出す必要がある。そのためにはどうすればよいのか。

　その指導系統、例えば教科書教材に具体化された教育課程はもとより数学体系とは異なる体系をなす。それはいかなる系統で、どのような原理に基づいて構成すればよいのだろう。それは、次の問いに答えないと解答できない。

■　人間形成としての数学教育とはどのような教育か。
　　➤　それはどのような原理のもとで実現しえるのか

　人間形成としての数学教育、それは数学を人間の営みとみなし、その営みそれ自体をも教育目標とみなす教育である。「自ら学び自ら考える子ども」を育てるにはその営みがいる。そこでは、まず、人間の営み、活動とは何かを問い直す必要がある。半世紀前、数学体系を教える New Math が数学教育研究の主題となった時代があった。その時代に、その問い直しを行ったのが Hans Freudenthal である。彼は、数学教育界最上位の世界組織、数学教育国際委員会 ICMI を代表し、人間が学ぶべきは、現実を数学化する活動であり、数学を数学化する活動であるという数学化論を提唱し、その世界動向を率い、今日の数学教育学の礎を築いた。彼に代表される数学教育思潮は今日、日本の教育課程を象徴する教科書が国際的に賞賛される基盤ともなった。

---

3) Isoda, M., Katagiri, S. (2014). Pensamiento Matemático: Cómo desarrollarlo en la sala de clases. *Centro de Investigación Avanzada en Educación.* 他

後述するように本書は「自ら学び自ら考える」人間形成をはかる学術的前提として、それを保証する認識論である構成主義を採用する。そして、本書では、「自ら学び自ら考える」人間形成を目的に数学を教えることを、数学を活動として教えることとみなす。そう定めることで、何をという問いは残しつつ、どういう順序で数学を教えるのかという問いに対して、「数学化する系統」でと答えることに集約できる。本書のタイトル、「算数・数学教育における数学的活動による学習過程の構成」は、その系統作りのために数学化に基づく学習過程の構成原理を示すものである。

　その原理を話題にするには、次の問いに答えることが必要になる。

■ 数学的活動としての数学化とは何か

　問題は、この問いにいかに答えるかである。我が国の算数・数学科教育課程史上、数学を活動を通して教えること、学べるようにすることの提案は、例えば1947年の学習指導要領（試案）にみることができる。当時、その活動という語は、今日的な意味でのDeweyの認識論（知識論）のもとで採用された。他方で、当時は、教育学一般では、社会生活を基盤にした単元による学習にみる活動、民主主義を求めた活動と解釈され、その本質は見失われた経過にある。

　Freudenthalは、そのような活動という語が教育で抱えてきた歴史的危うさに鑑み、数学的活動を、数学化という語で表し、「蓄積した経験の数学的方法による（再）組織化」として定義した。そして、日本では、数学的活動は、1999年の学習指導要領で改めて目標とされた。注目すべきことは、その規定がFreudenthalの数学化に通じることである。そして、彼の考え方は、Deweyの知識論（認識論）やPiagetの発生的認識論に通じるものでもある。そうであればこそ、彼の数学教育論は今日の数学教育学の普遍的古典とみなされ、繰り返し引用されるのである。

　彼の数学化論は、著名な数学者としての彼の数学経験と数学史家として見識を反映し、数学とその教育両方に通じる認識論である。例えば、PiagetはFreudenthalの数学史研究を根拠に、発生的認識論を論述している。では、なぜ、それほどまでに有意な理論を半世紀を経て改めて話題にする必要があるのか。その必要は、Freudenthal研究所の彼の弟子、後継者達が、数学や数学史からは外れた数学教育に固有の用語として数学化を再定式化したことに始まる。何よりも興味深いことは、彼はその状況に不満を述べ、自らの考えである数学化を「生きる

世界」の再定式化という形で解題したことである。

　彼の後継者達が、彼の本意にない語としてその語を用いた背景には、彼が用いた水準という語の活用困難性がある。彼は、van Hiele の思考水準論を範例に数学化を解説した。van Hiele が水準を幾何に限定し解説したのに対して、Freudenthal はその水準を van Hiele とは異なる意味で柔軟に拡張した。

　数学的活動による学習過程の構成原理を明らかにすることをめざす本書は、彼の数学化論をその真意に沿う形で今日的に拡張的に再定式化する。その意義は、水準という語の必要を示すことで解説しえる。

■　「先生、なぜそんなにやさしいことを、あんなに難しく説明したの。」

　van Hiele は、「私の説明は全く変わっていない。変わったのは、生徒の方である。」と思考水準を設定するに至った経緯を綴っている。そこに、生徒の数学的な見方・考え方それ自体が再組織化がされたことの証、数学的思考には異なる水準があることの証がある。Freudenthal の数学化は、そのような再組織化、水準に準じ再構成される数学概念、彼の言葉では「組織化原理」に注目して記述される。

　一般に数学の体系とは無矛盾な体系を指す。他方で、学校数学の体系と言えば、それは指導系統という時系列順序のある網の目状の教育内容の関係網を指し、教科書教材の系統に象徴される。その系統の中で数学を学ぶことは常に矛盾を乗り越える行為や、再組織化を進める行為を伴うものである。例えば、数学Ⅱ・数学Ⅲ・大学では積分の定義が異なる[4]。積分の定義に着目するだけで、それぞれの局所的な体系の相違、そこに潜在する数学上の難しさ、矛盾を乗り越え、再組織化を進める必要が認められる。人間形成を目標とする数学教育において、優れた学校数学体系と言えば、指導系統という網の目の繋がりを数学的活動を通して学べる体系である。「組織化原理」に注目すれば、その網の目から一つの再組織化の系統を取り出し階層的に記すことができる。彼の数学化は、彼自身の次の問いに対する学校数学における解答でもあった。

■　数学はどのように形成しえるのか。数学化はどのような過程によってなしえるのか。

　彼の死後、Freudenthal 研究所の末期（その後現在の形に改組された）には、数

---

[4]　例えば，落合良紀（2013）．高等学校数学における積分指導に関する研究．平成 24 年度筑波大学教育研究科修士論文．

学化という語さえも外し、状況のモデル、形式（form）へのモデルという新モデル理論が提唱される。そこで数学的活動は、状況と形式の間にモデルを挟む教材の展開法において、子どもにとっての真実性を追究する目標に代替される。そして、彼が問題にした上述の優れた学校数学体系を構成する原理としての再発明、数学を再組織化する行為において指導系統を形成する彼の数学化論は、そのモデル理論のもとで彼の真意とは異なる意味で限定的に用いられることになった。

この状況を改めるべく、本書は、彼が提唱した数学化過程と水準を表象する枠組みとして、「表現世界の再構成過程」を提出する。

■ 何故、表現に着目すれば、数学の形成過程としての数学化が話題にできるのか。

今日、数学教育では、「表現」は教育目標の主要構成要素である。それゆえ、Freudenthal の数学化を今日的に再定式化する際、表現は極めて有益な視点となる。本書が提出する「表現世界の再構成過程」は、数学の表現とはいかなるもので、いかに形成されるのか、その過程を記すものである。本書では数学化過程において表現が進化していく様相を表すことで、彼の数学化を拡張的に定式化する。

本書の提出する表現理論の特徴は二点ある。それは、第一に、数学化過程、数学内容の進化過程を記す理論である。それは個別内容を、固定した表現様式に分類しない点に特徴がある。本書の主題は、個別内容の進化にある。固定した表現様式に分類しても数学がいかなる過程を経て進化するかは記せない。第二に、それは、教材の指導系統を表象する理論である。それはインフォーマル（informal)、フォーマル（formal）というような用語を排除した表現理論を構成しようとする点に特徴がある。本書の表現理論では、一見、フォーマルな表現であってもそれが数学上の表現として定式化されたものであるか、定式化されていないものであるか、を区別する。そして表現自体の内容の相違を個別表現の進化過程において記述することを実現する。

本書では、Freudenthal の数学化論を、このような筆者の関心のもとで「数学化過程の構成原理」として拡張的に定式化する。もっとも、このように考察を進めたとしても、具体的には内容を固定しないとその原理の妥当性は話題にしえない。

■ 何に着目し数学化、表現世界の再構成過程を示すのか。

　本書は、Freudenthalに準じて幾何以外の領域において水準が設定可能であることを示すために、教育課程の変遷が激しい関数領域を取り上げる。そして、関数の水準において「微分積分学の基本定理」を組織化原理とした場合の数学化に基づく指導過程を示す。その作業より、本書では「数学化過程の構成原理」を例証する。

■ 数学教育学とは何か。
　➤ 数学教育学は教育実践にいかに貢献するのか。

　数学教育学が学として自立するとは何を指すのであろうか。本書は、学習指導要領などの教育課程基準や基準を具体化した教科書のない段階で、数学的活動による学習過程を構成する際の基本的な考え方を「数学化過程の構成原理」として提出する。それは、数学的活動を目標に内容選択し学習過程を構成する教育課程構成の一般理論の基盤をなす。具体的には、その原理は対象とする数学内容を、いかなる順序で、いかに再組織化する形で教えれば、数学的活動による学習過程と言えるのかを説明する原理をなす。その原理は、数学的活動を実現する指導計画を構想する際にも、授業づくりに際しても必要な基準となる。

　本書の学術的意義は、数学的活動を実現する学習過程構成理論を構築することで、数学教育学を、体系としての数学から目標を埋め込んだ人間形成学へ自立させる方途を示す点にある。数学による人間形成を実現するには、数学を活動として教える保証が必要になる。Freudenthalの主張の延長では、数学の価値や数学の生み出し方は、振り返ることを通して、そのよさを感得することを通して学ぶことができる。本書が提出する「数学的活動による学習過程の構成」理論は、数学的活動による学習を実現する教育課程構成のための基礎理論をなす。そのための教材研究論理が「数学化過程の構成原理」である。

　本書は、その原理によって数学教育学を人間形成学として自立させるための一つの教材研究論理を提唱する。心理学的関心から観察データを基に記述することだけが学術研究ではない。そのような研究の前提としてさえ教材研究は真っ先に求められる。教育目標を実現するために我々がなすべき教材研究の方法を学術的に議論しえるようにする理論こそが本書が求める数学教育理論である。それは本書内では、van Hiele理論を本来の立ち位置に戻す議論として話題にされる。例えば、共有された教育課程のなかった米国では、van Hieleの思考水準研究の多く

は、子どもの水準を判定する研究として展開された。その結論は水準は判定不能というものである。それは発達の最近接領域で知られるソビエト心理学を背景に生まれた van Hiele 理論からすれば、その本質を見失った議論である。もとより、van Hiele 自身は子どもは自分の発達水準を超えて思考すると主張しており、個別生徒の思考を弁別することは彼の理論の射程外である。水準とは言わば局所的に正しい数学理論である。van Hiele は学習指導を通してそれを再構成し、より高い水準の理論を構成していく幾何入門教程を築く過程で、その水準を定めたのである。そこでは何よりも水準の移行指導を計画することが課題になる。学習過程を構想する教材研究理論、教育課程構成の基礎理論を提出する点にこそ、van Hiele 理論の本質がある。本書は、かような van Hiele 理論の射程を Freudenthal の延長線上で拡張する。

　教材研究という語は、教師が各時間の指導過程を構想する際にしばしば用いられる。本書は、教材研究という語の射程を数学的活動によるよりよい学校数学体系の構築、教育課程・教科書開発という範囲にまで拡張することを志向する。教材研究を数学教育学研究の中核とみなす本書は、観察科学ではなく、数学的活動の実現を目標にした「よりよい実践の再現可能性」を高める再現科学の意味での授業研究を実現することを志向する[5]。世界の教育学界における日本の教育学の比較優位は、目標を実現する教材・指導理論を日本の教育学が保有し、その理論を授業研究を通して常に評価し、よりよく再現できるように更新している点にある。目標を実現するための教材研究や授業研究を先導する実践的な教育学理論の創出にこそ日本の比較優位がある[6]。

　残念なことは、「自ら学び自ら考える」、「学び直し」、「統合発展」というような日本の教育課程を語る上で不可欠な用語を安易に英語化した場合、外国の研究者は、時によくわからない宗教とみなすことである。その用語は、国内動向、我が国の教科書や指導法を基盤に理解されてきた。海外で説明する際に、国内では誰もが既知とみなす暗黙の前提が共有されないことが課題である。本書は、理論構成に国際的に共有された Freudenthal の数学化論をはじめとする諸研究を取り上

---

5) Inprasitha, M., Isoda, M., Iverson, P. Yeap, B. (to appear). *Lesson Study: Challenges in Mathematics Education*. World Scientific.；礒田正美 (2014). 再現科学としての算数・数学教育学の展開.『日本数学教育学会誌』96 (7). 24-27.

6) 例えばオープンアプローチは世界で参照される実践的理論である：Nohda, N. (2000). Teaching by Open-Approach Method in Japanese Mathematics Classroom. Nakahara, T., Koyama, M. edited. *Proceedings of 24th Conference of IGPME*, 1. 23-27.

げている．それは日本の教育課程基準とも整合した国際的に共有性の高い実践的な教育理論の構成に挑むものである．

　本書は，早稲田大学教育学研究科に提出した博士学位請求論文「数学教育における数学的活動による学習過程の構成に関する研究：表現世界の再構成過程と関数の水準による Freudenthal 数学化論の拡張」（受理 2012 年 11 月 27 日：博士（教育学）・早稲田大学（第 6151 号））に，「はじめに」と「結びにかえて」を加え出版するものである．「はじめに」は，その冒頭において，博士論文の研究主題をより広い視野から解題するものである．「結びにかえて」は，論文後に，論文作成に至る経過と謝辞を記したものである．特に本文内では，博士請求論文としての研究主題に迫る言及であることを明瞭に保つ必要から，「本書」とすべきところを，あえて原論文のままに「本研究」と記している．

　本書は，日本学術振興会平成 26 年度科学研究費助成事業（科学研究費補助金）研究成果公開促進費（学術図書：課題番号 265224）の出版助成を得て，自然科学書・数学書の老舗共立出版から出版いただくことができました．同編集部の信沢孝一様，赤城圭様が出版助成手続きを支援下さり，大越隆道様が，学術書としての編集を丁寧に進めて下さいました．出版に際して，お礼申し上げます．

2015 年 1 月　礒田正美

目　次

はじめに―数学的活動による学習過程の実現への序説― ……… *iii*

序　章 ………………………………………………………………… *1*
　本研究の目的 ……………………………………………………… *2*
　本研究の動機と意図 ……………………………………………… *3*
　本研究の課題、方法と先行研究の限定 ………………………… *15*
　本研究の構成 ……………………………………………………… *20*

第1章　数学化の規定 …………………………………………… *25*
　第1章の構成 ……………………………………………………… *26*
　第1節　本研究における活動観 ………………………………… *30*
　　（1）　DeweyとPiagetに基づく活動観 ……………………… *31*
　　（2）　認識の進化としての活動観 …………………………… *32*
　　（3）　本研究の活動観の数学教育における妥当性 ………… *36*
　第2節　数学化が求められる背景 ……………………………… *37*
　　（1）　目標としての数学化 …………………………………… *39*
　　（2）　活動に対する二つの誤解：反教授学的な逆転と静的解釈 ……… *44*
　第3節　数学化に対する諸説とFreudenthalの数学化 ……… *51*
　　（1）　数学化に対する二つの語用 …………………………… *52*
　　（2）　Freudenthalの数学化論の位置 ………………………… *56*

第4節　数学化の規定とそのための水準要件 ………………………… 61
　　（1）　Freudenthal による数学化の規定 ……………………………… 62
　　（2）　van Hiele の思考水準 …………………………………………… 66
　　（3）　数学化の前提としての水準要件………………………………… 73
　第5節　数学化規定の妥当性と適用上の課題 …………………………… 81
　　（1）　数学化の規定と活動観の整合性………………………………… 82
　　（2）　Freudenthal の数学化論と Piaget の発生的認識論 ………… 85
　　（3）　Freudenthal による Piaget 批判からみた数学化の課題 …… 90
　　（4）　数学化規定と日本の教育課程基準との整合性………………… 94
　第1章のまとめ ………………………………………………………………… 97

第2章　表現世界の再構成過程としての数学化 …………… 101

　第2章の構成 ………………………………………………………………… 102
　第1節　課題に対する表現の記述枠組みの設定 ………………………… 107
　　（1）　表現と意味……………………………………………………… 108
　　（2）　表現の記述枠組み……………………………………………… 111
　　（3）　表現の記述枠組みの適用法と適用結果の解釈方法…………… 115
　第2節　表現世界の再構成過程と数学化の過程 ………………………… 123
　　（1）　「分割数における数学化」の分析 ……………………………… 123
　　（2）　表現世界の再構成過程としての数学化………………………… 135
　　（3）　表現世界の再構成過程が明かす数学化過程でなされるべき
　　　　　活動内容…………………………………………………………… 146
　第3節　表現世界の再構成からみた歴史上の数学化 …………………… 155
　　（1）　Descartes の数学化の前提 ……………………………………… 158
　　（2）　Descartes が携わった数学化 …………………………………… 162
　　（3）　表現世界の再構成からみた Descartes の数学化……………… 170
　　（4）　表現世界の再構成過程に潜在する矛盾、対立と数学化……… 174
　第4節　表現世界の再構成過程からみた数学化の学習課題 …………… 181
　　（1）　学習課題を認める事例としてのクランク機構………………… 182

(2) 表現世界の再構成過程からみた学習課題 …………………… *188*
　第2章のまとめ ………………………………………………………… *195*

第3章　学校数学における関数の水準 ………………………… *197*

　第3章の構成 …………………………………………………………… *198*
　第1節　学校数学における水準の設定方法 ………………………… *203*
　　(1) 系統発生からの類推によるアプローチ ……………………… *205*
　　(2) 個体発生、特に同じ問題に対する子どもの反応の相違によるアプローチ ……………………………………………………… *207*
　　(3) 一般化された水準記述からの類推によるアプローチ ……… *208*
　　(4) 幾何領域以外の水準と van Hiele の立場 …………………… *210*
　第2節　学校数学における関数の水準 ……………………………… *213*
　　(1) 水準設定の範例としての関数の水準 ………………………… *214*
　　(2) 一般化された水準記述と関数の水準 ………………………… *217*
　　(3) 系統発生と関数の水準 ………………………………………… *219*
　　(4) 個体発生と関数の水準 ………………………………………… *225*
　　(5) 水準の設定のために実施した諸調査 ………………………… *231*
　第3節　表現世界の再構成過程からみた関数の水準 ……………… *235*
　　(1) 表現世界の再構成過程に準じた水準移行の様相の記述枠組み … *236*
　　(2) 第1水準から第2水準への移行 ……………………………… *240*
　　(3) 第2水準から第3水準への移行 ……………………………… *254*
　　(4) 第3水準から第4水準への移行 ……………………………… *270*
　　(5) 表現世界の再構成としての水準移行 ………………………… *272*
　第4節　学校数学における水準の機能と関数の水準の意義 ……… *280*
　　(1) 学校数学における数学化のための水準の機能 ……………… *280*
　　(2) 関数の水準の意義 ……………………………………………… *288*
　第3章のまとめ ………………………………………………………… *295*

第4章　微分積分への数学化としての学習過程の構成 ………… *299*

第4章の構成 ……………………………………………………… *300*
第1節　数学化過程の構成原理 ………………………………… *303*
第2節　微分積分への数学化課題と基本定理の考え ………… *316*
　(1)　数学化過程構成上の教材研究課題 ……………………… *317*
　(2)　構成原理を指針にした微分積分学の基本定理に注目した教材研究 ……………………………………………………… *319*
　(3)　基本定理の考えの様々な導入方法 ……………………… *341*
第3節　困難校における微分積分学の基本定理への数学化 … *346*
　(1)　困難校生徒の微分積分の学習状況 ……………………… *348*
　(2)　困難校における補充指導計画と実際：構成原理による確認（その1） ……………………………………………… *350*
　(3)　事前・事後比較による補充指導の効果 ………………… *367*
　(4)　基本定理の考えの指導と水準間の数学化 ……………… *370*
第4節　表現世界の再構成過程からみた基本定理への数学化 … *372*
　(1)　前提としての既存の表現世界の深化 …………………… *374*
　(2)　表現世界の再構成過程：構成原理による確認（その2）……… *380*
第4章のまとめ …………………………………………………… *393*

終　章 ……………………………………………………………… *395*

本研究の結果 ……………………………………………………… *396*
本研究のオリジナリティ ………………………………………… *401*
本研究の成果の射程 ……………………………………………… *405*

文献目録 …………………………………………………………… *410*

結び ……………………………………………………………… *424*

用語索引………………………………………………………… *427*

教材索引………………………………………………………… *429*

序章

本研究の目的

　最初の学習指導要領試案（S22）[1]で話題にされ現在も強調される「活動を通して数学を学ぶ」[2]目標を実現することは、数学教育学の主要な研究主題である。この主題を、教室のような学習指導の場で実現しようとすれば、特定内容に注目し、その特定内容だけに限定することなく、指導系統にはじまり話題にすべき幾多の変数を明示的にまた暗黙裡に仮定し、また、その指導に準じた子どもの発達を想定し教材研究を進める必要がある。では、その結果は、果たして活動を通して数学を学ぶことを実現していると言えるのだろうか。数学の特定内容を活動を通して学ぶ、その判断基準があれば、それを志向した教材研究も実現するだろう。もっとも、教育実践では、前提としてこれだけ準備すれば、必ずその教育が実現するというような議論は成立しない。その意味では、必ず実現するための十分条件は検討し難い。あるべき姿の意味での必要条件は、求める教育像を要請するものであり、実践への指針として役立つ。

　本研究の目的は、「活動を通して数学を学べるようにする際に、そこで実現されるであろう学習過程が、真に数学を活動を通して学べる過程であると判断する際の基準[3]を示すこと、そして、その基準を学習過程の構成原理として特定内容に係る教材研究を進め、その特定内容を活動を通して学べる学習過程が実際に構成できたかを確認できるようにすること」にある。本研究の主題は、数学的活動による学習過程を実現する教材研究への指針を原理として示すことである。数学における活動を数学的活動と言う。改めて理由を述べるように、その数学的活動の意味内容は、本研究ではFreudenthalの数学化によって性格づける。本研究で

---

1) 文部省（1947）．『学習指導要領：算数科数学科編（試案）』日本書籍．；礒田正美（1999）．数学的活動の規定の諸相とその展開：戦後の教育課程における目標記述と系統化原理「具体化的抽象」に注目して．『日本数学教育学会誌』81 (10). 10-19．
2) 平成20年（2008）の小学校学習指導要領、中学校学習指導要領、平成21年（2009）の高等学校学習指導要領において算数・数学科の目標として記されている。日本の算数・数学科教育課程の基準において、教育内容に、数学的活動それ自体も含まれる。第1章で話題にするように、本研究では、ここでの活動を数学化とみなす。すなわち、本研究では、教育内容としての数学に、数学的活動、すなわち数学化それ自体が含まれる。本研究で「活動を通して数学を学ぶ」と記した場合、そこでの「数学」は数学内容に限らず、活動や数学化でもある。すなわち、「活動を通して数学化を学ぶ」、「数学化を通して数学を学ぶ」、「活動を通して活動を学ぶ」、「数学化を通して数学化を学ぶ」というような内容が、この記述に含まれうる。本研究では、この目標は、数学を活動的に学ぶということではなく、活動としての数学を教えることを含意する。本研究では、この目標は数学化という語で定式化される。このような議論の詳細は、第1章で話題にする。
3) 話題にするのは必要条件であり、その都度教材研究が求められるゆえに十分条件ではない。

は、教材研究指針を示す特定内容例として関数領域を選択する。以下では、この研究目的に対する筆者の研究動機を述べることで研究意図を記す。そして、特定領域として関数領域に注目する理由を述べ、次に本研究の課題と研究方法を示す。そして、最後に章構成を解説し、論文構成の概要を記す。

本研究の動機と意図

　活動を通して数学を学ぶことは古くから研究されてきた数学教育学の主要研究課題である。まず、筆者自身の関心を示す意図から、以下、大まかにその動向に言及し、本研究の動機を記す。数学的活動は大きく次の二つの方向性で研究されてきた。一つは、方法的な面、学習指導実践を主題とした研究である。もう一つは、特定の活動に対する研究である。この両面を視野に過去の研究動向を示し、その対比の中で筆者の関心と研究目的を記す。

　方法的な面から述べる。学習指導主題としての数学的活動は、古くから注目されてきた。戦後の教育課程基準の場合に限って言えば、活動は、最初の学習指導要領（試案）(1947) で話題にされた[4]。その後、「事象を数学的に処理する」という言い換えを経て1999年の教育課程では「数学的活動の楽しさ」、2008年の教育課程では「数学的活動を通して」と一貫して教育主題として強調された。特に、「中学校学習指導要領（平成10年12月）解説　数学編」(1998) では、「数学の学習」のあるべき姿として数学的活動を、以下の3点で性格づけている（記号、括弧内等を筆者が加筆した）[5]。

A）数学の学習で大切なことは、観察、操作や実験を通して事象に深くかかわる体験を経ること、そしてこれを振り返って言葉としての数学で表現し、吟味を重ね、さらに洗練を重ねていく活動である。数学の学習は、こうした学習を通して、数学や数学的構造を認識する過程ととらえることができる。観察、操作、実験による体験を振り返りながら数学的認識を漸次高めていく活動は、自らの知識を再構成することにほかならない。（振り返ることによる絶え間ない知識の再構成）

B）活動を通して数学的な命題に気付き、確かな根拠を基にこれを論理的に考察

---

4)　文部省 (1947).『学習指導要領：算数科数学科編（試案）』日本書籍.；礒田正美 (1999). 数学的活動の規定の諸相とその展開：戦後の教育課程における目標記述と系統化原理「具体化的抽象」に注目して.『日本数学教育学会誌』81 (10). 10-19.

5)　文部科学省 (1998).『中学校学習指導要領（平成10年12月）解説：数学編』大阪書籍. この記述は、渡邊公夫と根本博等によるものである。

し、数学的認識を次第に高めていく数学的活動を通して、現象世界の背後に厳然として存在する数学の秩序を知る。こうして、数学の世界でのみ経験できるこの認識の確かさを体験することに数学学習の意義を見いだすことができる。(数学的認識とその価値の追求)

C) こうした経験によって得られた数学的知識は価値があるが、さらにまた重要なことは、その時に身に付けた知識を獲得する方法、または、知識を構成する視点である。これこそ新たな問題場面における問題解決の有効な手がかりとなり、新たな問題発見につながるとともに、新たな知識の獲得を促す源となるものである。新たな知識の獲得やより深い数学的認識は、自らの活動による数学的な経験に応じて得られるのであり、ここに積極的な問題解決的学習の展開とそこでの数学的活動の充実が求められるゆえんがある。(数学の発展方法の獲得)[6]

この記述は教育課程の目標を記した学習指導要領において、学ぶべき活動の特質を三つの主題として解説したものである[7]。数学学習は、知識の再構成を通して数学的に価値ある世界を獲得する活動によって実現するものであり(A)とB))、その活動を通せばこそ数学的な知識獲得の方法も同時に獲得することができる(C))。この2点を実現するために、数学的活動は、学習指導主題として注目されてきた。知識獲得方法は数学的活動を通してこそ学びえると認めた場合、前者(A)、B))は後者(C))の必要条件とみることができる。

活動を通して数学を学ぶ過程を実現するには、その活動内容をこのような内容条件として定める必要がある。引用は、文部科学省による教育課程基準の場合である[8]。数学教育学の対象は広い。海外の学校を鑑みれば明らかなように、数学教育学が研究対象とする生徒や教室は、学校教育法上の学校とその生徒に限定されない。活動を通して数学を学ぶことを数学教育学において問題にすることは、特定国の教育課程を前提にすることなく、普遍性のある条件を議論することでも

---

[6] 以上、A〜Cの記号を付し、括弧内を筆者が追記。礒田正美他編(2005).『生徒が自ら考えを発展させる数学の研究授業』Vol.1〜3. 明治図書出版で解説した。

[7] 文部科学省(2008).『中学校学習指導要領解説数学編(平成20年7月)』教育出版. p.31では、数学学習の意義が話題にされる文脈で、数学的認識の本性とも言うべきB)が削除されている。教育課程基準において、これら条件に普遍性があるわけではない。

[8] 「中学校学習指導要領解説数学編(平成20年7月)」では、数学的活動は「生徒が目的意識をもって主体的に取り組む数学にかかわりのある様々な営み」と定義されている。その内容にはあまりに広範な内容が包摂される。例えば、生徒が入試へ合格目的で、自ら数学問題集に挑戦することも、その営みに数えうる。本研究では、直接的にはA)、間接的にはB)に注目し、その活動を特に数学化とみなす。

ある。

　このようなグローバルな視野から、本研究が求める基準は、目標としての数学的活動を、数学教育研究の文脈において示すことにある。同時に、その基準は日本にも適用可能であるという意味で条件 A)、B) と矛盾しない学習過程であることが期待される[9]。

　では、そのような汎用性のある活動を通して数学を学ぶ過程はいかにすれば設定可能なのであろうか。また、どのような次元で設定可能なのであろうか。本研究が採用する汎用性のある過程とは、Freudenthal が提起した数学化である。そして、その次元とは、教育課程、教科書が与えられた教室内の学習指導過程以前においてなすべき教材研究の次元である。

　教材研究でも教室レベルで行う授業研究の場合、教育課程基準、教科書、指導時数、そして生徒の状況など幾多の制約下において実施される。教科書を前提とする通常の学習指導は、共有した内容で授業研究を進める[10]。それを教科書及び教育課程の改訂に再帰的に反映させ、授業研究の意味で実証的に成果を蓄積する。このような成果の蓄積を伴う日本の学習指導は、世界的にも注目されてきた[11]。海外でも授業研究の導入は進む。日本の小学校の学習指導を見本にする場合が多いが、実際には容易に実現しない。特にワークシートを用いてもっぱら指導する文化圏では、日本のように教育内容、指導法の共有が容易でない。日本でも高等学校では、学校に応じて生徒の到達度に著しい相違があり、教科書は同じでも学校に応じて異なる指導法や進度が採用される。そのような様々な相異を越えた状況で、共有性のある数学の教材研究方法を、本研究では問題にする。

　本研究の直接的動機は、このように教師が授業研究で暗黙に前提とする教育課

---

9) 筆者自身は、常々海外で、数学教育の目標が、上位目標からみて①人間形成、②学び方・創り方・考え方、③知識・技能の三層からなると解説してきた。目標の上位下位関係から、包摂関係としては②は③を、①は②を含む。特にそれぞれの層により固有な面に光を当てれば、①は価値、態度の教育の意味で B) に通じ、②は考え方の教育の意味で C に通じる。人間形成のための教育、学び方の教育は、A) の活動を通して実現する。その考え方は、他国でも広く受け入れやすい考え方である。特に日本の場合で言えば、学校教育全般に対する評価の観点「関心・意欲・態度」、「思考・判断・表現」、「技能」、「知識・理解」を①〜③の層に対応させて読むことができる。文部科学省 (2011)．小学校、中学校、高等学校及び特別支援学校等における児童生徒の学習評価及び指導要録の改善等について（通知）．文部科学省初等中等教育局長金森越哉、22 文科初第 1 号．平成 22 年 5 月 11 日 http://www.mext.go.jp/b_menu/hakusho/nc/1292898.htm

10) 平林一榮, 岩崎秀樹, 礒田正美, 植田敦三, 馬場卓也, 真野祐輔 (2011)．数学教育現代化時代を振り返る：平林一榮先生のインタビュー．『日本数学教育学会誌．』93 (7). 12-29.

11) 礒田正美 (2010)．日本の授業研究．『日本数学教育学会誌』92 (6). 22-25.；礒田正美, 中村享史 (2011)．特集「授業研究」のための算数・数学教育理論編纂主旨．『日本数学教育学会誌』92 (12). 4-5.

程、既習などの諸内容などがあらかじめ定められていない状況で機能する教材研究理論を構成することにある。教育内容や指導法を共有しない状況で、数学的活動を通して数学を学べるようにする必要条件を基準として定め、その基準を教材開発に際して実現することを求める教材開発原理を明瞭に示すことで、一つの教材研究理論を構築することができる。それは、例えば、次のような既存の教育課程を前提にすることなく、一般性のある数学教育理論を構成しようとする数学教育学上の問いと連関している。

> 未知の教育内容を定めた場合、いかなる条件のもとで教材研究を行えば、数学的活動に基づく学習過程が実現できるのか。
> 仮にその教材が未知ではないとしても、例えば日本の教育課程や教科書を参考に他国の教育課程の基準において教育内容を工夫する場合[12]、何を必要条件として定めれば、いかなる基準を満たせば数学的活動に基づく学習過程が実現できたと言えるのか。
> 教育課程は改訂され、現行の教材系列に普遍性はない。既存の教材系列が仮になかったとすれば、数学的活動に基づく学習過程をいかにして構成し得るのか。既存の教材系列は、活動に基づく学習過程と言えるのか。

このような問いに応えようとすれば、なによりもその活動が数学的活動と言える活動の妥当性の判断基準と学習過程の構成原理が必要になる。それは、汎用性のある学習過程の規範的記述枠組みを提出することでかなえられる。このような数学教育学上の問いに解答するために本研究の目的を、「活動を通して数学を学べるようにする際に、そこで実現されるであろう学習過程が、真に数学を活動を通して学べる過程であると判断する際の基準を示すこと、そして、その基準を学習過程の構成原理として特定内容に係る教材研究を進め、その特定内容を活動を通して学べる学習過程が実際に構成できたか確認できるようにすること」としたのである。ここで、指針という言い換えがあるように、現実には、必ずそうなる、必ずできるというような十分条件の意味での万能の原理が教材研究に存在するわけではない。研究可能な範囲は、必要条件の意味での指針である。以下、この目的を「数学的活動を通して数学を学ぶ過程を構成することをめざす」(本研究

---

12) 礒田正美, 關谷武司, 木村英一, 西方憲広, 阿部しおり, 斎藤一彦, 小西忠男 (2004). ホンジュラス国算数指導力向上プロジェクトにみる授業研究 (国際教育協力への授業研究からのアプローチ). 『日本科学教育学会年会論文集』28. 327-328.

ではさらに短くは「数学化の過程を構成する」）と略記する。

　この目的において、まず数学的活動とは何かを的確に性格づける必要がある。その活動に要請される条件を基準として明確に示すことができれば、それを根拠（原理）に学習過程も定められる。その条件を示すことは、数学的活動研究において、特定の活動についての研究に注目することでもある。数学的活動は、過去100年の数学教育研究において研究されてきた広範な先行研究を伴う研究主題である[13]。学位論文に限っても、平林一榮（1987）は、活動という視野でその史的発展を辿り、この研究への広い視野と裾野を提供した[14]。大谷実（2000）は、ラカトシュとヴィゴツキーを前提に社会数学的活動として活動を整理し[15]、数学学習の社会的構成を考察する方途を示している。岩崎秀樹（2007）はDörflerの一般化過程に注目してその過程を解明している[16]。大谷や岩崎の研究は、それぞれの立場に立脚した特定の活動に注目し、その実現を探ることに係る学位論文である。

　これらの学位論文を参照して明確なことは、どのように活動を特定するか、それをどのような場で話題にするのか、教室の場で議論するのか、それとも生徒の反応まで含めた教材で議論するのか、その関心に準じて、その研究内容は著しく異なることである。数学的活動研究の内容は、その活動の規定に依存するものであり、規定によって特定の活動に係る研究になることは必然である。そこでは、特定の活動がいかなる意味で汎用性がある活動を象徴するかまで含めて考察する必要がある。

　活動の規定要件は、その研究者の関心と問題、目的に依存する。多くの場合、活動は、特定過程を図式表現したプロセスで研究されてきた[17]。そのプロセス（活動の図式表現）は活動のある側面や一部の過程のみに光を当てる。本研究で筆者は、Freudenthalの数学的活動である数学化に依拠し考察を進める。その必然性は本研究の第1章で述べるが、ここでは筆者が研究をはじめた当時の活動プ

13）礒田正美（2002）．解釈学からみた数学的活動論の展開：人間の営みを構想する数学教育学へのパースペクティブ．『筑波数学教育研究』21. 1-20.
14）平林の研究後の研究を広く整理すること自体は本研究の関心ではない．平林一榮（1987）．『数学教育の活動主義的展開』東洋館出版社.
15）教室での教師と生徒の相互作用を分析することは、本研究の関心ではない．大谷実（2000）．学校数学の一斉授業における数学的活動の社会的構成：社会数学的活動論の構築．筑波大学博士（教育学）学位論文.
16）一般化過程を解明することは、本研究の関心ではない．岩崎秀樹（2007）．『数学教育学の成立と展望』ミネルヴァ書房.
17）礒田正美（1999）．数学的活動の規定の諸相とその展開：戦後の教育課程における目標記述と系統化原理「具体化的抽象」に注目して．『日本数学教育学会誌』81（10）. 10-19.

ロセスの研究について二つの潮流を話題にし、何故、Freudenthalに注目するのかを述べる。

一つは、New Mathないしその批判から示された活動プロセスである。集合と構造からなる公理系を基盤に構成される現代数学の記述方法、演繹的な数学の記述方法は、数学者が採用する数学の記述方法の典型である。その構造から学校数学を導入するというNew Math型教育課程、教育内容に対する批判として、子どもが学ぶべき数学とは活動であることが複数の研究者によって広く提起された。New Mathでは従来学校数学で取り上げてこなかった新教材の指導が試みられた。そのような場合に、我々は数学をどのように教えることができるのか。Dienesの活動の6段階モデルは、目標とする数学的構造を活動的に教える方法である。Freudenthalは、それを活動のおとぎ話的翻訳とみなし、そのような行為によって学習過程を構成することを批判した[18]。そして同じ活動という語を用いては、彼の真意である「数学の再発明」が伝わらないと考え、彼は数学化（mathematization）という語を採用した。数学化の結果を教えるのではなく、数学を再発明する過程として学習過程を位置付けたのである。数学化は、集合と構造による演繹で数学の体系を記述する数学者の方法に対して、学校において数学を活動として学ぶことを目的に用いられる用語である。

もう一つは、Polya、オープンエンドアプローチや数学的モデル化など、広い意味での数学的問題解決過程に係る研究動向である。数学的問題解決は、今日でも多くの研究が採用する。そこでは、問題の解決と発展過程、問題の発展系列が、活動のプロセスをなす。特に、日本の小学校では、問題解決過程は、指導局面によって議論される。そこでは、特定の教育課程内容とセットで問題の発展などが議論されるが、その教育課程の制約を外した意味での発展過程など内容の系統性を議論するものではない。それは、未知の教育課程を構成する、異なる国で異なる教育課程を構成する際の内容編成や指導内容の系統の在り方を検討するものではない。

このような活動の意味内容の多様性において、筆者が選択したのがHans Freudenthalの数学化である。彼の数学化を汎用性のある数学的活動として採用した理由を述べる。Freudenthalは、世界的に著名な数学者、数学史家であり、数

---

18) Freudenthal, H. (1973). *Mathematics as an Educational Task*. D. Reidel.；礒田正美（2003）．H. Freudenthalの数学的活動論に関する一考察：Freudenthal研究所による数学化論との相違に焦点を当てて．『筑波大学教育学系論集』27. 31-48.

学教育学の建設に主要な影響を与えた二大数学者の一人である[19]。以下、彼の数学化を本研究の対象として採用する理由を、彼の理論の世界的共有性と筆者個人の研究経過における必然性という観点から述べる。

　まず、数学的活動研究をする上での、Freudenhtal の数学化に注目することの妥当性である。Freudenthal は 20 世紀の数学教育界における Felix Klein とならぶ二大巨星である。数学上、エルランゲンプログラムで知られる Klein は、数学教育上は、分科した教育課程を、関数、微分積分の導入文脈で融合させた教育課程編成を提唱した、第二次世界大戦前を代表する研究者である。分科カリキュラムは、古くは中世の自由学芸に起源し、近代の中等教育ではラクロアの教科書によって成立したと言われる。日本の融合型カリキュラムは Klein の時代において求められたものである。それに対して、Fureudenthal は、第二次大戦後に起こる New Math 運動、当時の現代数学に準じた意味での融合である統合カリキュラムの形成運動に対して、活動を通して数学を指導することを謳い、数学教育学研究を起こす基盤的著作と数学教育学研究のための国際的基幹雑誌を創始した研究者である。両者はともに数学者である。前者は教育課程の再編を謳った数学教育国際委員会（ICMI）の初代委員長である。後者は活動としての数学教育の実現と数学教育学の構築を謳い、その思潮をやはり数学教育国際委員会委員長として提唱した研究者である。そのような意味で両者は、今日の数学教育に深く影響した人物である。結果として数学教育国際委員会（ICMI）は、現在、その両者の名を冠する Klein 賞、Freudenthal 賞を設けている。

　特に、多くの国では、数学教育学が New Math 運動以後に創設されたこともあり、Freudenthal の著作は世界の数学教育学者が必ず参照する学術図書であり、現在では各国語に訳され、古典となっている。その著作の中で、数学的活動による指導を実現するために Freudenthal が用いた言葉が数学化である[20]。彼の数学化論を、活動の必要条件を探る手掛かりとする本研究は、その意味で世界的な共

---

19) ICMI は Felix Klein と Hans Freudenthal の名を冠する賞を 2 年に一度授与している。Klein は、20 世紀前半、Freudenthal は 20 世紀後半に数学教育に最も影響を与えた数学者である。特に Freudenthal は数学教育学の創設に寄与すべく国際学術誌を創刊し、数学教育学の建設に寄与する、今日では基本的な教科書を著し、数学教育学の世界的研究機関 Freudenthal 研究所を創設した。

20) 伊藤伸也（2004）も指摘するように、また、筆者の修士論文（1984）で説明したように Freudenthal は再発明を話題にする一環として数学化を解説している。伊藤伸也（2005）．H. フロイデンタールの『教授学的現象学』における教授原理『追発明』の位置．『筑波数学教育研究』24. 47-56.；礒田正美（1984）．数学化に関する一考察：H. Freudenthal の数学化を中心に．昭和 58 年度筑波大学教育研究科修士論文．

有性のある研究主題であると言える。

　次に筆者が彼に注目した経過を述べる。実際、彼の数学化は筆者が数学教育研究をはじめた1982年当時、筆者の問題意識に沿う、唯一の枠組みであった[21]。その問題意識は、筆者自身の数学上の原体験、学部（筑波大学自然学類）時代に友人と探求したゲームの背後にある数理（必勝法）の発見にあった[22]。そのゲームは、最終的には勝敗決定段階から逆向きに考え、すべての場合を尽くし、それを図表化することで数学的に解決された。結果としてその数理は二進法によって定式化され、異なるゲームでありながらも、石取りゲーム（ニムゲーム）と同じ構造を備えたゲームであることが明らかになった。その数学創造の原体験を学校数学においても実現しえるようにすることが筆者の数学教育学研究の端緒である。それは当時の筆者の言葉で言えば、生徒が数学を創造的に学習できるように学習過程を構成することである。その関心は、前述した教育課程基準の解説、今日の基本的な考え方で言えばA）、B）の過程に整合する。

　明確なことは、当時、昨今の学習指導要領に記された数学学習の規定A）～C）それ自身は存在しなかったことである[23]。当初、このような過程を表象する理論として筆者が注目したのは、数学的モデル化、Dienesの数学的活動論であった。それぞれに固有の活動プロセスを表象するものであるが、いずれも、筆者の原体験とは隔たりがあった。実際、当時の意味での数学的モデル化は、事象の問題解決に注目するもので、数学創造の本性を表現するものではなかった。また筆者自身は、Dienesの数学的活動論は、学習内容として構造のみに注目した歪な活動論と認められた[24]。そして当時、筆者の考えに沿う活動論を展開していたのがHans Freudenthalであった。彼の数学化論は、彼が数学者及び数学史家として経験した数学の発展像を、集合＋構造ではじめようとする現代化に対して示した活動論であり、後に詳しく述べるように生きる世界の再構成としての性格を備えた

---

21) 筆者に彼の数学化研究を進めて下さったのは古藤怜先生である。
22) 飯島康之（現、愛知教育大学）が折り紙の数学化を、熊谷（中村）光一（現、東京学芸大学）が和算を、礒田がゲームの数理を分担しそれぞれグループ研究を行った。逆向きに考えゲームの規則性を見出したのは井坂雄一郎氏である。礒田正美他（1980）．『遊びと数学』数学研究会（自家製版）．
23) 記述A）～C）は、この学習指導要領解説ではじめて明記された。根本博（1999）．『中学校数学科：数学的活動と反省的経験』東洋館出版社．；根本博（2004）．『数学教育の挑戦：数学的な洞察と目標準拠評価』東洋館出版社参照．
24) Freudenthalは、概念達成以前に心的対象の構成を主張したのは1983年である。ブルーナーの現代化時代の主張が概念達成であって、概念形成ではないというような理解が、広まる以前の時代に、その歪さが指摘されていた。Freudenthal, H. (1983). *Didactical Phenomenology of Mathematical Structures*. D. Reidel. 筆者自身も、この文献を手にする以前に、同じ考えを抱いていた。

活動論である。それは、後に認められる教育課程基準に記された基本的な活動論A)、B) とも矛盾しない理論であった。

その経過から、筆者自身の数学化研究は、Freudenthal の数学化論に依拠し、その考えに沿う過程を学校数学で実現するための条件を示すこと、彼の言う数学化の立場からの学習過程を構想する際の条件となるプロセスを記述することに焦点化された。そこで第一に求められた作業は、Freudenthal の数学化研究である[25]。そこでは Freudenthal の言説から、数学化の過程を特徴付けることが求められた。汎用性のある教材研究方法を導く本研究では、その特徴を条件とみなし、活用する必要があるからである。

汎用性を追究する上で求められる最初の作業は、Freudenthal が数学化の典型例とした van Hiele の思考水準論を Freudenthal の意味で拡張することである。思考水準論を拡張し、数学化の記述枠組みに汎用性を持たせることは本研究の主題の一つである。その際の問題は、Freudenthal が数学化の典型として説明した van Hiele の水準は、幾何領域に限定されて話題にされたもので、そのままでは汎用性がないことである。彼の数学化論を教材研究に広く活用しえる理論とするには、van Hiele の水準を拡張的に定式化する必要があるのである。そのためには、水準とは別の概念装置が必要になる。本研究で採用した概念装置が、表現世界の再構成である。

なぜ、筆者が思考水準を拡張し、数学化を記述するために、表現世界の再構成というような新枠組みを提出する必要があるのかと言えば、そこには二つの理由がある。一つは、Freudenthal は、構造を強調する New Math に対して、数学が構造だけに象徴されないこと、教えるべき数学的実体を示す作業(後の彼の言葉では教授学的現象学)がまず必要になったことである。New Math が知識体系としての数学であるとすれば、数学化という語で彼が実現したいのは活動としての数学である。活動としての数学を示そうとすれば、彼は現代数学を活動的に解釈するのではなく、個別数学表現の現象学的記述を進めることがまず必要になっ

---

[25] 本研究では Freudenthal の数学化論を拡張する。その意味で、本研究は Freudnthal 研究ではない。Freudenthal の数学化論は、後述するように Freudenthal 研究所でも採用されるが、現実には、水準を採用しないため Freudenthal からすれば不満の残る研究であった。本研究がそれらも含めて、考察の対象とするので、学位論文の副題では Freudenthal「の」数学化論という表現を用いていない。Freudenthal の考えとして本研究が採用するのは、Freudenthal の主要な著作に彼が記したことである。その考えが彼の人生においてどのように変遷したかという研究上の関心を本研究は備えていない。Freudenthal 研究それ自体は伊藤伸也が行っており、そのような視点からの研究は伊藤の研究に期待したい。

た。その現象学的記述を通して数学的実体を豊かにすることができ、構造だけによらない活動としての数学を示すことができるのである。そのような彼の問題意識において、彼は、数学化過程が具体的にはどのようなものであるか範例を示し、多様な数学的実体を話題にした。他方で、数学化過程を多様な事例で詳述すること自体はなさなかった。そのため、彼の数学化を汎用化する要件を、彼の記述から導く必要がある。

　もう一つは、彼は New Math に対する対極として望まれる学習過程の規範的指針として数学化を論じたが、学習過程の構成方法を検討することは彼の射程外であったことである。それは彼の議論を前提に数学教育学を建設する彼の従者に託された。筆者もその一人である。そして、筆者が自ら拡張するための概念装置としての表現世界の再構成過程を定める必要を認めたのは、彼の従者の典型である Freudenthal 研究所の研究が Freudenthal の本意に沿うものではなかったからである（第1章、第3節参照）。特に筆者と同様の関心を持ち、数学化過程として学習過程を構成しようとする研究は、Freudenthal 研究所の Treffers[26] そして、Treffers の延長でなされた Gravemeijer の研究などが知られている[27]。Freudenthal 自身は Treffers の枠組みが、自身の数学化論を反映した議論とは認めていなかった。生きる世界の再構成こそが Freudnethal が、数学化として主張した本意である。その世界をどのように表し、区別するか、Treffers の研究は彼にとってはわかりにくいものだった。筆者は、この問題に対して、生きる世界を特徴付けるべく、水準と表現世界の再構成過程を提出するものである。本稿に示す筆者自身の研究枠組みは Treffers の研究成果が広く公開される以前に開始された。Gravemeijer の研究は、筆者の枠組み提出後に展開された。

　このように Freudenthal が数学化を唱えた背景には、New Math に対する疑問があり、数学的活動を教える目標からの教材研究指針があり、その汎用性は国際的に認められながらも、その拡張可能性が多様に追求されてきた。このような経過において、「数学を活動を通して学べるようにする際に、そこで実現される学習

---

26) Treffers, A. (1987). *Three Dimensions: A model of goal and theory description in mathematics instruction — the Wiskobas Project.* D. Reidel.; Treffers, A. (1993). Wiskobas and Freudenthal Realistic Mathematics Education, *Educational Studies in Mathematics*, 25, 89-108.; Gravemeijer, K., Rainero, R., Vonk, H. (1994). *Developing Realistic Mathematics Education.* Center for Science and Mathematics Education. Utrehito University; Gravemeijer, K. et al. (eds) (2002). *Symbolizing, Modeling and Tool Use in Mathematics Education.* Kluwer.

27) 礒田正美（2003）．H. Freudenthal の数学的活動論に関する一考察：Freudenthal 研究所による数学化論との相違に焦点を当てて．『筑波大学教育学系論集』27. 31-48.

過程が、真に数学を活動を通して学べると判断する際の基準を示すこと、そして、その基準を学習過程の構成原理として特定内容に係る教材研究を進め、その特定内容を活動を通して学べる学習過程が実際に構成しえることを示すこと」という目的に対して、本研究では数学的活動を Freudenthal の言う数学化としてとらえる。そして彼の数学化に基づく学習過程の必要条件を定めること、その必要条件の適用可能性を拡大するように本研究における基準を定めること、そしてその学習過程が実現可能であることを特定内容において例証することを行う。

　彼の後進である Freudenthal 研究所の数学化論は彼の意にそわなかった。それは、Freudenthal が数学化という語に込めた意図、生きる世界の再構成を水準に基づき説明しようとする彼の考えを、彼の直接の後進者等は採用しなかった事実に求められる。彼の意図を条件として定めることそれ自体が、彼の「数学化」の汎用性を求めた定式化となる。本研究では、その定式化として表現世界の再構成過程を導入する。その際の主要な研究上の問題は、彼の議論をふまえてその拡張手順を考えること、そう拡張することの根拠、そのように拡張した場合の彼の議論との整合性の意味での妥当性、そしてそれを例証する事例を示すことである。

　本研究は筆者が数学化と認めた様々な事例をとりあげる。その中で中核となるのが関数領域である。関数は、20 世紀初頭、Klein 等によってはじまる数学教育改良運動において微分積分の学校数学への導入と、算術、代数、幾何という分科融合した教育課程を定める立場から学校数学に導入された。

　初等中等教育において、算術、代数領域の系統性が比較的はっきりしているのに対して、初等中等教育における系統性のあり方が問われるのは幾何と関数である。Freudenthal が数学化の典型として説明したのは van Hiele の幾何水準である。そこでは、指導内容の飛躍の層が指摘される。すでに認知された幾何の場合を話題にしても、数学化を実現するための一般理論として、すなわち他領域で数学化を実現するための必要条件の構成をめざす本研究の目的に対する検証事例にはならない。

　関数領域はその指導系統を、算術、代数、幾何との関連で考察する必要があり、歴史的にも教育課程変遷が顕著な領域である。後から導入された教育内容であり、時々の思潮や事情に左右されて、その扱いに必ずしも一貫性がない[28]。関数

28）礒田正美（1999）．関数領域のカリキュラム開発の課題と展望．日本数学教育学会編，『算数・数学カリキュラムの改革へ』産業図書．202-210.；礒田正美，Bartolini Bussi, M. G. 編（2009）．『曲線の事典：性質・歴史・作図法』共立出版．

領域の導入が話題になったのは1900年初頭である。その導入の米国における金字塔であるNCTMの9年報Humley, H. R.（1934）Relational and Functional Thinking in Mathematics[29] では、Kleinの主張とHumleyの教育課程に対する考え方の相違が次のように記されている。第6章「実用における関数概念」、節「教育課程の実用かつ具体的本質」の下りである。「Kleinは言う、関数概念を思慮深く実りあるべく扱う上で、もっとも必要な教材は基本的機構学（mechanics）である、と。我々は彼の主張に全く同意する。ただし、Kleinのこの主張が、機構学をkinematics（運動学）に限定したものか、量概念を含意するkinetics（動力学）はそこに含まれるのかは、さだかではない。我々の教育課程では、運動学はほとんど除外されたし、その理由は動力学を取り込みたくないということではなくて、時間-空間概念を取り入れるだけで、必要とする関数教材が得られるからである。(p.112)」Kleinが話題にする運動学、機構学は、幾何学的な表現を伴うものであり、それを前提にせずともよいとする時間-空間概念を取り扱うだけの教育課程とは、実に発想が異なるものである。では、その相違は、数学的活動として本研究が注目する数学化の見地からは、どのように異なると言えるのであろうか。それは、関数領域における数学化の意味での活動とはどのような活動であるべきかに準拠してしか考察しえない問題である。

　教科書などを短期的な視野で読む限り、一見固定して見える関数領域の教材と系統がある。それは歴史的にみれば実に多様である。本研究で話題にする数学的活動の一般枠組みからみた場合、すなわち数学化を実現する立場からどのような過程が構成しえるのか、本研究では、関数領域を範例に、その例証を行うものである。特に関数領域において、HumleyとKleinの相違を際立たせるのは、この記述に現れる機構学、運動学である。機構学的な題材は幾何学から関数、微分積分学への発展系統を包摂する。機構学や運動学は、微分積分学の導入の必要性を象徴する内容でもある。分科融合目的で導入された関数領域は、幾何と代数の融合にも関連する。それは、現行国内教育課程とは必ずしも同じではない、別の指導系統の存在を示唆するものである。では、どのような過程が望ましいと言えるのか。その判断基準は何か。

　以上のような研究動機から、本研究の目的「活動を通して数学を学べるように

---

[29] Humley, H. R.（1934）*Relational and Functional Thinking in Mathematics. NCTM 9th year book.* Bureau of Publication, Teachers College, Columbia University.；ヘンリー, H. R., 青木誠四郎訳（1940）．『函数的思考の心理』モナス．

する際に、そこで実現されるであろう学習過程が、真に数学を活動を通して学べる過程であると判断する際の基準[30]を示すこと、そして、その基準を学習過程の構成原理として特定内容に係る教材研究を進め、その特定内容を活動を通して学べる学習過程が実際に構成できたかを確認できるようにすること」に対して、特定内容を活動として教材研究する対象は、関数領域である。本研究では研究目的に対して、関数領域の場合、特に微分積分への指導を視野に、本研究が活動とみなす数学化の立場からの学習過程の構成を検証する。

本研究の課題、方法と先行研究の限定

　本研究の目的は、「活動を通して数学を学べるようにする際に、そこで実現されるであろう学習過程が、真に数学を活動を通して学べる過程であると判断する際の基準を示すこと、そして、その基準を学習過程の構成原理として特定内容の教材研究を進めることで、その特定内容を活動を通して学べる学習過程が実際に構成できたかを確認できるようにすること」である。本研究では、ここで述べる活動をFreudenthalの数学化に準じて解明する。そのために、上述したように本研究では、第一に、数学的活動とは何かを数学化の意味で定義する必要がある。第二に、その数学化の教材研究をなしえるようにするために、その数学化で実際になすべき活動内容を明らかにする必要がある。第三に、その活動内容が、関数領域の場合において何かを示し、具体的に数学化の過程を関数領域において実現しえたことを示す必要がある。これら3つの主題に対して、本研究では、次の課題、方法によって目的を達成する。最初の2つの主題が課題1、2に、最後の主題が課題3、4に対応する。

課題1. 本研究が目的とする活動を実現する上で、Freudenthalの数学化に準拠することが妥当であること、そして本研究の目的を実現するために、それを広く適用しえるように拡張的に定式化することを示す。

方法1. 多様な活動に対して視野を固定する意味で文献研究をその方法とする。まず、活動を通して学ぶことを実現する本研究が念頭にする活動観を定める。Freudenthalの数学化の特質を他研究との対比で明示し、その典型としてvan Hieleの思考水準があることを示す。そして、Freudenthalの数学化が本研究の活動観と整合すること、教材研究において教材の系

---

[30] 話題にするのは必要条件であり、その都度教材研究が求められるゆえに十分条件ではない。

統を定める視点としての水準が学校数学における数学の発展系統を記述する方策としてふさわしいことを指摘する。そして、Freudenthalの数学化の記述を、特定内容の教材研究を進める上で適用可能な形で定式化する。

課題2. 活動を通して数学を学んでいると言えるのか否かを判断し、その活動を特定内容で実現する教材研究枠組みを提供しようとする本研究の目的に対して、課題1で定式化した数学化過程において、何が具体的になされるべきかを明らかにするために、表現に注目して、その過程の詳細を記述することを実現する。

方法2. 数学化過程でなすべき行為の内容の詳細を特定すべく課題1で定義した数学化を満たす事例「分割数の数学化」を、表現の記述枠組みによって記述し直す。それによって、数学化の過程が、表現の記述枠組みによって、表現世界の再構成過程として示されることを示す。次に、表現の記述枠組み抜きで、表現世界の再構成過程が議論しえることを数学史における数学化過程を例に確認する。そして、表現世界の再構成過程の導入によって、数学化においてなしえるべき行為と言う意味での学習課題が検討しえることを示す。

課題3. 課題1で特定した水準の要件を満たす例としての関数の水準が設定し得ることを指摘するとともに、その設定方法を明らかにする。

方法3. 課題1で示した枠組みによって、関数の水準を導入し、小学校から高等学校に至る関数領域における子どもの思考の発展の様相を記述する。水準設定の方法として、拡張された水準、数学史上の発展、子どもの学習による発達という3つの方法が存在することを確認し、関数の水準の場合で、水準が設定しえることを確認する。子どもの学習による発達の様相が、表現世界の再構成過程をもとに、より詳しく記せることも併せて確認する。

課題4. 教材開発の基準としての数学化過程の構成原理を定めて、関数領域において数学化で特に課題となる微分積分への指導において、数学化の過程が構成できることを例証する。

方法4. 課題1、2で示した枠組みにより教材研究の志向性を定める構成原理を導く。その構成原理と先行研究から微分積分への指導課題を検討し、一つの注目点として微分積分学の基本定理の考えに焦点化する。基本定理の

考えの指導計画を作成し、実施し、表現の再構成過程によって、特定内容の数学化が実現しえたことを示す。

　数学を活動を通して学べるようにするための教材研究の要件を定める本研究では、研究方法として、課題1においては関連文献に係る文献研究をその方法論として採用する。具体的には Freudenthal の数学教育論の中でも、特に数学化に焦点を当て、その数学化の性格を明瞭にする上で必要な関連文献のみを取り上げる。本学位請求論文のタイトル「数学教育における数学的活動による学習過程の構成に関する研究：表現世界の再構成過程と関数の水準による Freudenthal 数学化論の拡張」において、その副題が Freudenthal の数学教育論ではなく、Freudenthal 数学化論であるのは、本研究が数学化を定式化するに際して採用した議論が Freudenthal の数学教育論に限定されないこと、彼が参照した研究なども含めて、定式化の際の議論に必要な情報として参照することによる。

　課題2以降は、課題1で得られた要件を論拠に、数学化といえるか、水準といえるかを確認し、教材で例証していく方法を採用する。ここでの教材による例証とは子どもの反応までも含めたものである。もとより Freudenthal 自身も数学化に係る基本用語を解説する上で、用語だけを解説するのではなく、彼の考えを表象する上で典型となる数学内容において例示的に解説する記述形式を採用する。本研究では課題1で、定式化された数学化過程の詳細を示す意図から、課題2で筆者の考える表現世界の再構成過程が、数学化と言えることを確認する。

　本研究の副題が現す Freudenthal 数学化論の拡張には次の意味がある。第一に、Freudenthal の数学教育論全体を本研究では参照しないことである。彼が参照した研究なども含めて、必要条件を導くことである。それは、彼の主張の中で、特定の議論を数学化を議論する際に採用するものである（課題1の意味での拡張）。第二に、表現世界の再構成過程の意味での拡張である。「表現世界の再構成過程は数学化の過程である」ことを、課題2の意味では議論するが、「数学化の過程は表現世界の再構成過程である」という議論は行わない。課題1の意味での拡張を前提に、それを表す特定の枠組みを採用したことで、本研究は、Freudenthal の数学教育論からみて、一層、特殊な条件を定めて論を構成するものである。その論の構成によって、課題1で筆者が導いた Freudenthal 数学化論の一つに表現世界の再構成過程がとりこまれる。第三に、以上二つの意味での拡張を、事例によって存在確認し、その事例に見出せた意義が他の事例でも認められることで、その意義を確認することである。その際、事例による条件を満たすか否かの確認

を論拠に議論し、その事例から導かれる教材解釈上の意義を論拠に、その拡張のよさを話題にすることである。課題3で話題にする関数の水準、課題4で話題にする微分積分への指導は、いずれも Freudenthal が、筆者が示したようには話題にしていない事例である。課題1、2で拡張的に定めた Freudenthal 数学化論の典型的範例が関数の水準と微分積分への数学化である。課題2、課題3、課題4で取り上げる事例は、筆者のオリジナルな事例であり、その妥当性は課題1、課題2で定めた要件による確認と、関数の水準、微分積分への指導例で見い出される教育的意義において話題にされる。

特に本研究で、教材とは教育目標が埋め込まれた内容であり、教材研究とは、内容に教育目標を埋め込む行為である[31]。数学を活動を通して学べるようにすることを目標とする本研究においては、数学化を通して学べるようにするという意味での数学化の過程を実現すること、数学を活動として学ぶことそれ自体が教育目標である[32]。この目標に対する内容として、本研究で取り上げる内容の範囲は、学校数学における指導内容、実際の学習指導が行われた内容、数学史上の数学内容、そして、指導を経て実現された生徒の思考内容である[33]。特に、指導を通して認められる学習の困難性を、指導を通して認められた学習者が乗り越えるべき指導上の目標という意味で、本研究では学習課題として記している。

教材研究をその基本的方法論とする本研究では、数学内容それ自体の教材研究を進める手段として、数学、数学史、哲学、教育学、心理学における広く共有された言明を援用する。本研究では教材解釈に子どもの反応までも含むが、それは教材研究として行うものである。他方で、本研究では、数学教育学の他の研究主題、例えば、認知、理解、思考過程や教室での学習指導における知識の社会的構

---

31) 礒田正美（2002）．教育経験から発達課題とその意義を認めるもう一つの目標研究：数学史教材開発過程での心情記述に現れた学生の視野の転換を例に．『数学教育論文発表会論文集』36. 1-6.；礒田正美（2008）．教材開発からみた教材研究用語の内省的定式化に関する考察．『数学教育論文発表会論文集』41. 783-788.
32) 数学的活動、数学化を指導目標とすることは、改めて第1章第2節で解説する。活動を目標とすることにいかなる教育的価値があるかは、その時代、その国に応じた教育課程上の必然的理由がある。本序章、冒頭で述べた数学的価値、数学の発展方法は数学的活動を振り返ることで感得、獲得できる。特定の国に依拠しない教材研究方法を定める本研究では、そのような個別の議論には立ち入ることなく、活動を教えることそれ自体に数学教育学上の普遍的な価値があるという、その点の共有性を確認するまでを行う。
33) 生徒の思考内容とは、ここで述べるように記述しえない認知過程ではない。学習指導を通して生徒の反応から、実際に目標を実現する上で必要な学習課題が明らかになる。この学習課題もまた学習指導の目標になる。

成などにみられる心理学や社会学を方法論とした数学教育学研究は話題にしない。特に存在したプロセスを適切に記録できたと仮定して、そのデータを解釈する諸研究[34]は、本研究の射程外とし、先行研究とはしない。例えば、数学的活動の記述において、数学的問題解決及びその過程に関する研究がある。そこでは、生徒の思考過程を観察し、記録することから、メタ認知などの認知過程を解明し、数学の発見法などの数学の学び方・創り方をデータから説明しようとする研究がなされる。そのような研究を本研究では考察の対象とはしない。

このように教材研究へ研究方法を限定することで議論の進め方に現れる相異を確認しよう。例えば、生徒や子どもを話題にする場合、教材研究を基本的な方法論とする本研究は、子どもを概念的対象として論じる[35]。例えば、「◎◎できる子どもを育てる」と言った場合、願いとして我々の内に存在する概念的対象としての子どもを話題にしている。このように概念的対象とすることで、規範的な議論が可能になり、内容に目標を埋め込んだものとしての教材も議論できる。

他方で、心理学、社会学的研究の場合、ある教室のA君、Bさんの個別反応から、その個別生徒の思考過程を判別、解明し、そこで証明したいなんらかの言明を例証しようとする。それはあくまでA君、Bさんの個別ケースである。

概念的対象としての子どもを話題にする教材研究の場合でも、A君、Bさんの反応を取り上げる場合がある。その場合には、そのケースから、その教育的価値や学習課題の意味での目標を見い出したり、例証したりする意図がある。実際、教材研究では、指導経験は、教育内容のもつ教育的価値や学習課題を見い出すための反省材料として用いられてきた。その意味で教材研究でも、個別ケースの存在を示す。その場合でも、そのケースから導かれる教訓、目標を見出す意味で生徒や子どもを話題にする。であればこそ概念的対象としての子どもを話題にする必要がある。

心理学や社会学的方法論の場合、子どもや教室から得たデータで科学すること

---

34) 例えばビデオで授業を記録する際には投影者の主観が反映する。音声記録からプロトコルを作る場合に、どこに読点を付けるか、聞き取りにくい複数のつぶやきをどの程度、記録しようとするか、プロトコルを作る場合にも、記録したい内容に係る作成者の主観が反映する。プロトコルを英訳すればそれはもはや作成者個人の理解（主観）そのものである。それに対して、本研究が採用する教材研究という方法論は、基本的に主観的な教材解釈によってなしえる。幸い、本研究が対象とする内容としての数学は、主観的解釈においてもその合理性、共有性が求められる科学であり、本研究はその内容解釈の共有性を前提に議論を展開する。
35) 概念的対象としての子どもは、英語で言えば無冠詞である。A君、Bさんはそれぞれに a child というケースを話題にしている。

を必要条件とするのに対して、内容に対する目標を埋め込むことにかかる教材研究の場合、数学内容の解釈それ自体、数学史の解釈それ自体が、目標を見い出す上での本質的に重要な研究方法となる。本研究では、数学化の過程を実現する目的での教材研究の方法論の確立、それ自体を研究主題としている。本研究が行う教材研究は、既存の教育課程や教科書に準拠して考えないことを前提にした教材研究である。本研究でも、教室での指導事例や、生徒の思考の発達の様相は調査するが、それは学習課題を見い出すというような目標の発見を進める教材研究の一環として行うものである。

教材研究を基本的な方法論とすることのよさは、学習指導に通じる教材ベースで議論を進めることである。その限界は、事例によって例証するため、展開された論の一般性は、その例示において保証されることである。その限界は、質的な研究においても、同様に存在する。本研究で話題にする拡張は、条件を満たす例として例示された範囲では確かである。それ以外の場合には、同じ方法論を活用しないと確認できない。その意味で、本研究の方法論は、その都度なすべき数学化に係る教材研究の方法についての一つの指針を提供するものである。

本研究の構成

以上のような本研究の目的、課題と方法に対して、本研究は次の図 I.1 の流れで構成される。

本研究の目的「活動を通して数学を学べるようにする際に、そこで実現されるであろう学習過程が、真に数学を活動を通して学べる過程であると判断する際の基準[36]を示すこと、そして、その基準を学習過程の構成原理として特定内容に係る教材研究を進め、その特定内容を活動を通して学べる学習過程が実際に構成できたかを確認できるようにすること」に対して、本研究では、第1章、第2章で、目的の前半、前者についての理論的考察を行い、第3章、第4章で、目的の後半、後者についての事例による実証を行う。

すなわち、前者の「判断基準を示す」内容に該当するのが第1章、第2章である。特に第1章では、課題1に対して、方法1に準じて構成主義の活動観と整合する形で Freudenthal の数学化を再定式化し、本研究における数学化の要件と水準要件を導く。第2章では、第1章で定めた要件を前提に、課題2に対して、方

---

36) 話題にするのは必要条件であり、その都度教材研究が求められるゆえに十分条件ではない。

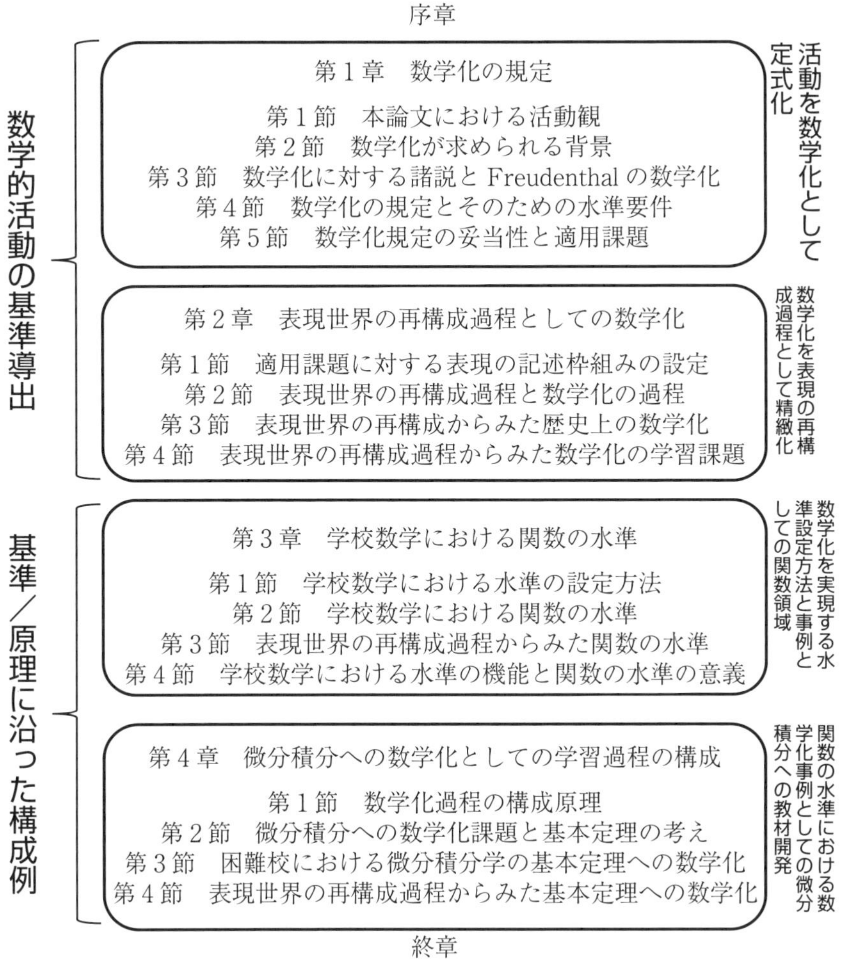

序章

```
┌─ 第1章　数学化の規定
│    第1節　本論文における活動観
│    第2節　数学化が求められる背景
│    第3節　数学化に対する諸説とFreudenthalの数学化
│    第4節　数学化の規定とそのための水準要件
│    第5節　数学化規定の妥当性と適用課題
│
│  第2章　表現世界の再構成過程としての数学化
│    第1節　適用課題に対する表現の記述枠組みの設定
│    第2節　表現世界の再構成過程と数学化の過程
│    第3節　表現世界の再構成からみた歴史上の数学化
│    第4節　表現世界の再構成過程からみた数学化の学習課題
│
│  第3章　学校数学における関数の水準
│    第1節　学校数学における水準の設定方法
│    第2節　学校数学における関数の水準
│    第3節　表現世界の再構成過程からみた関数の水準
│    第4節　学校数学における水準の機能と関数の水準の意義
│
│  第4章　微分積分への数学化としての学習過程の構成
│    第1節　数学化過程の構成原理
│    第2節　微分積分への数学化課題と基本定理の考え
│    第3節　困難校における微分積分学の基本定理への数学化
│    第4節　表現世界の再構成過程からみた基本定理への数学化
```

左側：数学的活動の基準導出／基準・原理に沿った構成例
右側：活動を数学化として定式化／数学化を表現の再構成過程として精緻化／数学化を実現する水準設定方法と事例としての関数領域／関数の水準における数学化事例としての微分積分への教材開発

終章

図I.1　本書（論文）の構成

法2に準じて、本研究のオリジナルな研究枠組みとなる表現世界の再構成過程を定める。第1章では、Freudenthalに依拠して数学化を導出するが、そこで得た条件は彼の数学化の適用可能性を広げるために得たものであり、それは本研究としてのオリジナルな枠組みでもある表現世界の再構成過程を導く根拠となる。表現世界の再構成過程を含めて第2章までに得られた結果が判断基準となる。本研

究で言う数学化が、Freudenthalの意味に限定されるのは第1章においてである。第2章以降は拡張された数学化を検討するものである。

後者の「その基準を学習過程の構成原理として特定内容に係る教材研究を進め、その特定内容を活動を通して学べる学習過程が実際に構成できたかを確認できるようにすること」は、本研究では関数領域の場合において第3章、第4章で考察する。第3章では、課題2、3に対して、方法2、3に準じて、関数の水準を導出する。第3章は教育課程を記述するような長期スパンの指導系統の意味で学習過程の構成を例証するものである。水準は、数学の内容群、教材群を、水準によって序列化する、系統化する際に有益である。第4章では、課題4に対して、方法4に準じてその指導事例を示し、構成し得ることを確認する。微分積分学への指導は関数領域全体に及ぶものであるが、その中でも特に高等学校段階での指導に焦点を当てて、学習過程の構成を例証する。

課題1〜4について、具体的にどのように考察を進めるか、その考察方法の具体については、各章の冒頭において解説する。

研究内容を、前提から論理的に記す必要から、本研究は先行理論から漸次、数学化に対する理解を深め、事例を検討する順序で記述されている。本研究を読みやすくする意味で、研究成果として記される本研究の目的に対する一つのゴールである数学化過程の構成原理をあらかじめ示せば、以下のようになる。

〈数学化過程の構成原理〉
原理1. 数学化を進める活動とは、生存可能性を追求する活動である。
原理2. 数学化とは、数学的方法による再組織化を進めることである。
原理3. 数学化の過程では、表現世界の再構成が進められる。
原理4. 再組織化としての数学化の系統は、水準設定によって再帰的に系統付けられる。
原理5. 数学化における学習課題は、表現世界の再構成の様相に見い出せる。

本研究の目標である教材研究目的でこれら原理が整理されるのは、微分積分への数学化を目的とする教材開発事例を検討する第4章第1節である。本研究がめざす数学化の意味での数学的活動の拡張的定式化が最終的になしえるのはこの構成原理が整理される第4章である。

原理1、原理2は、第1章で導出される。原理3は、第2章で導出される。原理

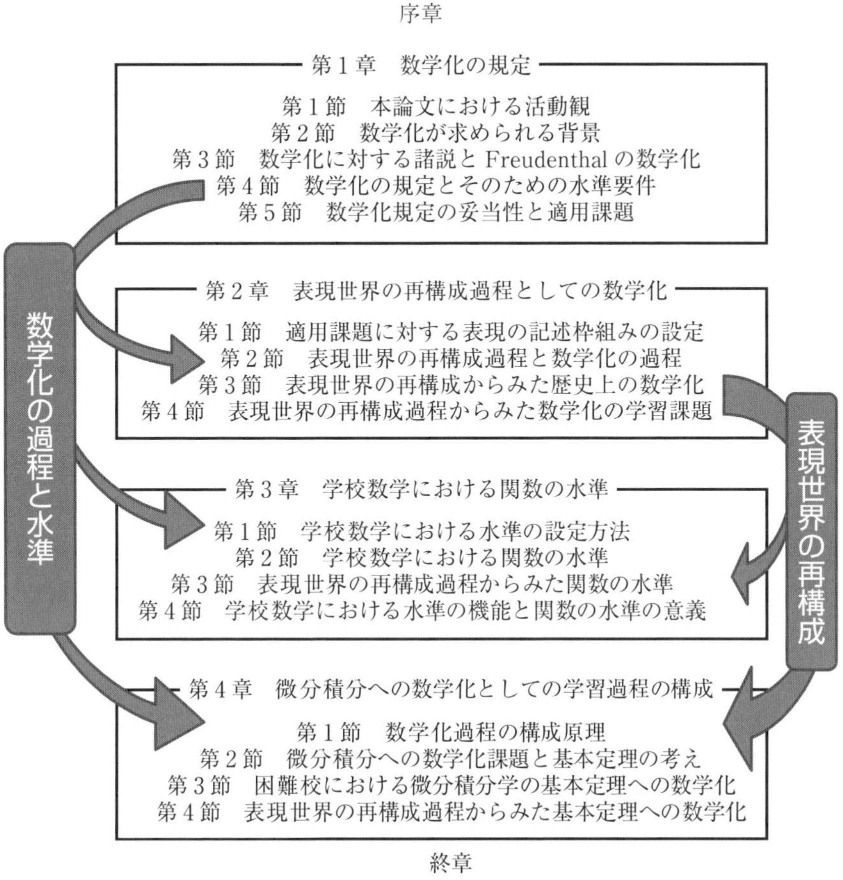

序章

```
┌─ 第1章　数学化の規定 ─────────────────┐
│     第1節　本論文における活動観                │
│     第2節　数学化が求められる背景              │
│     第3節　数学化に対する諸説と Freudenthal の数学化 │
│     第4節　数学化の規定とそのための水準要件      │
│     第5節　数学化規定の妥当性と適用課題         │
└──────────────────────────┘

┌─ 第2章　表現世界の再構成過程としての数学化 ──┐
│     第1節　適用課題に対する表現の記述枠組みの設定 │
│     第2節　表現世界の再構成過程と数学化の過程   │
│     第3節　表現世界の再構成からみた歴史上の数学化 │
│     第4節　表現世界の再構成過程からみた数学化の学習課題 │
└──────────────────────────┘

┌─ 第3章　学校数学における関数の水準 ──────┐
│     第1節　学校数学における水準の設定方法      │
│     第2節　学校数学における関数の水準         │
│     第3節　表現世界の再構成過程からみた関数の水準 │
│     第4節　学校数学における水準の機能と関数の水準の意義 │
└──────────────────────────┘

┌─ 第4章　微分積分への数学化としての学習過程の構成 ─┐
│     第1節　数学化過程の構成原理              │
│     第2節　微分積分への数学化課題と基本定理の考え │
│     第3節　困難校における微分積分学の基本定理への数学化 │
│     第4節　表現世界の再構成過程からみた基本定理への数学化 │
└──────────────────────────┘
```

（左側：数学化の過程と水準／右側：表現世界の再構成）

終章

図 I.2　本書の論理展開

4 は第 1 章で規定され、第 3 章で具体的に検討される。原理 5 は、第 2 章で導出され、第 3 章で確認される。特に、事例を通して進める考察は、第 2 章からはじまる。この構成原理を集約するのは第 4 章であり、これら原理は第 4 章で述べる教材開発によって解説され、合わせて教材開発の方法が示される。

　数学化過程の構成原理との関係で、その原理の導出までの過程を、各章の考察過程で示せば図 I.2 のような流れになる。

　なお、本書は、およそこのような流れで 30 年に渡り進めてきた筆者のこれまで

の研究を総合したものである。各章内及び各章間の考察の筋道と筆者自身の先行研究を明示する必要から、各章には、次のような項目が上記の節以外に盛り込まれている。

◆本章の構成：
　各章の構成では、各章の冒頭で、全章構成の中でのその章の位置付けと目標、その考察方法と節構成の解説がなされている。

◆本章が基盤とする筆者の全国誌・国際学術誌等査読論：
　本研究は、筆者のこれまでの査読付き学術論文を改めて整理したものである。その中で、特に全国誌、国際学術誌、具体的には日本学術会議協力学術団体・国際数学連合（IMU）数学教育国際委員会（ICMI）提携学会と筑波大学教育学系論集に掲載された論文を示している。

◆本章のまとめ：
　各章の目標に対して得られた結果とその結果の続く章への活用法を記している。

第1章
数学化の規定

第1章の構成

「数学的活動を通して数学を学ぶ過程を構成すること」を目的とする本研究の第1課題は、数学化とは何かを定義し、その要件を定めることである。課題1に対する研究方法は文献研究である。この課題、方法において、本章では、活動を通して数学を学ぶことの意味を示すために、本研究における活動であるFreudenthalの「数学化」要件を導き、本研究における数学化を定義する。その定義は、本書の中核をなす第2章で提出する本研究の枠組み、表現世界の再構成過程を、数学化の記述枠組みとして認める前提要件となるとともに、第3章で関数の水準を設定し第4章で微分積分への指導を範例として示す際の教材研究の基準となる。第2章以降は、教材を範例に考察を進める。本章は、先行研究との関連においてFreudenthalの数学化の位置付けを解説する。数学化とは何かを記す筆者自身の具体事例は第2章以降で示す。

本章では、様々な活動に係る議論の中、なぜ、Freudenthalの数学化を数学的活動を表象する際の基盤とするのかを問題にする。序章で話題にしたように、数学的活動の意味は多様である。特定の理論的視野から特定の活動を採用することなく、その研究の性格付けは行えない。ここでは、本研究で選択した活動がいかなる意味で汎用性がある活動を象徴するかまで含めた考察をする必要がある。本章で述べるように、その解答は、彼の議論が、数学的活動を実現することを目標に教材研究を行う方法論を示唆することをめざす本研究の主題と整合すること、筆者自身の活動観、そして構成主義による活動観と整合すること、さらに活動という語を採用することで起きる体系を活動的に教えるという誤りを回避できることにある。

第1節では、本研究の教育学的前提を示す意図から、Freudenthalの数学化を採用する以前に、筆者の信じる活動観を構成主義に依拠して規定する。構成主義を活動の根拠とすることは教育学研究では広く採用されてきた。それは学習指導要領（試案）など教育課程基準に記された活動観とも整合する。第1節で述べる活動観は、本研究の論理的前提としての公理に該当する。それは、第5節でFreudenthalの数学化を本研究で選択する際の根拠となる。

次に問題とするのは、なぜ、数学的活動という用語の代替として、数学の創造に係る特定用語「数学化」、中でもFreudenthalの数学化を採用するのかという問題である。第2節では、数学的活動に係る諸説において数学化が注目された背景

は、活動という語が、体系を活動的に教えるものと混同されること、数学創造の様相を表現する意図からであることを先行研究から確認する。そして、数学の本性が活動にあるとすれば、それを教えることが数学教育の目標となること、その目標でもある本性にそぐわない活動を数学的活動とみなす誤解、その誤解を回避するための教育課程の系統を考える際の基準としてFreudenthal, H.（1973）が、数学化を提唱したことを確認する。そこでは、Freudenthalの数学化は、数学的活動を教えることを目標とする諸家の数学教育論において、数学化を進める教育課程の実現への視野を展開した点で、「数学的活動を通して数学を学ぶ過程を構成する」ことを目的にする本研究に沿うことが確認できる。

　第3節では、数学化についての多様な語用の中で、Freudenthalの数学化がいかなる特質を備えているのかを述べる。そして、その特質ある用語を採用することの妥当性を我が国の数学教育課程史との親和性によって根拠付ける。そこでは、大別して、数学化には数学の創造全般を指す意味の用語と、数学的モデル化の一部を指す用例があることを指摘する。そしてFreudenthalの意に沿う数学化と沿わない数学化の用例があることを指摘し、Freudenthalの数学化が生きる世界の再構成として性格づけられること、原語mathematizationの訳語、数学化は改良運動期からある用語であり、我が国の教育課程上の起源、中学校数学第一類、第二類にみられ、我が国の教育課程を系統化する際の視野としても彼の考えは親和性が高いことを確認する。

　その手順の上で、第4節でFreudenthalの数学化を解説し、本研究における数学化を定義する。まず、Freudenthalの「数学化」が「蓄積された経験の数学的方法による再組織化であること」を確認し、その典型事例であるvan Hieleの思考水準をFreudenthalの意味で解説する。そのように解説することの問題点は、Freudenthalは他領域でも水準という語を使うが、van Hieleはそのような議論はしていない点にある。Freudenthalの数学化において幾何の思考水準は典型であるが、思考水準によって説明しない数学化も存在する。Freudenthalが水準を話題にしたその一つの主旨は、生きる世界の再構成にある。数学化をそのような一貫した主旨で定式化すべくFreudenthalの意味でのvan Hieleの思考水準を拡張すべく、水準要件を再規定する。

　以上の議論をふまえて、第5節では、第1節で設定した活動観と第4節で定義した数学化が整合することを確認する。そして、その規定が1999年告示の学習指導要領で話題にされる学習活動に対応することから、日本の学校数学の改善に

も寄与するものとして、本研究の数学化の規定を位置付ける。そして、第1節で述べた活動観と第4節で定義した数学化とを対比し、第4節で定義した数学化を本研究で採用することの妥当性を、第1節の立場からFreudenthalと類似する主張を展開した発生的認識論者Piagetの主張との対比で述べる。Freudenthalの考えを典拠にあげるPiagetの考えはFreudenthalと整合する場合と整合しない場合があることから、Freudenthalの数学化を選択することを確認する。そして、そのようなFreudenthalの数学化論の課題を合わせて述べ、第2章以降での解決すべき課題を記す。

本章の研究方法は文献研究であり、参考文献の選択はFreudenthalの数学化を説明する上で必要な歴史的文献である。それは今日の数学教育学からみれば古典である。第2節～第4節では、彼の数学化論を解明する際に有意な数学教育学上の文献を参照する。特に第1節で取り上げる活動観を解説する上で参照する文献は、教育一般でも参照される基本文献である。第5節では、改めて、彼の活動観と構成主義的な活動観とを対置し、本研究の目的に対してFreudenthalを参照することの妥当性を指摘する。

数学的活動について規定する本章は、それを活動と略記する場合、またそれを数学化とみなす場合がある。そして数学に限定しない意味での活動も話題にする。それらは文脈に依存して区別される。本研究の活動観とは、数学に限定しない意味での広義の活動であり、本研究が数学化を規定する際に依拠する第1章第1節で規定する活動を指す。

本研究において活動を議論することの難しさは筆者の活動観を自由に述べるのではなく、世界的に共有されたFreudenthalの数学化論を拡張的に定式化する点にある。筆者の活動観に基づく数学化の具体的な例示は、第2章以降で示す。そのために本章では、古典を整理することに務める。

第 1 章が基盤とする筆者の全国誌・国際学術誌等査読論文

 本研究は、筆者のこれまでの研究成果を整理し直したものである。そのため、本研究では、筆者の先行研究を本文内で適宜参照しつつ考察を進める。特に第 1 章が前提とする全国誌・国際学術誌等における主要な査読論文は、以下の 2 点である。

礒田正美（2003）．H. Freudenthal の数学的活動論に関する一考察：Freudenthal 研究所による数学化論との相違に焦点を当てて．『筑波大学教育学系論集』27, 31-48.

 この論文では、第 2 節、3 節、4 節で述べる Freudenthal の数学的活動論が概説されている。特に Freudenthal 研究所の数学化論との相違が記述された点が先行研究に対するオリジナルな点である。また第 5 節で Piaget が Freudenthal に依拠している点にも言及されている。

礒田正美（1999）．数学的活動の規定の諸相とその展開：戦後の教育課程における目標記述と系統化原理「具体化的抽象」に注目して．『日本数学教育学会誌』81（10）, 10-19.

 この論文では、数学的活動にかかる諸説を類型し、戦後の最初の教育課程が Dewey に依拠して活動観を定めつつも、抽象、具象化という意味での数学化サイクルが、はやい時期から国内で検討されていたことを指摘した点がオリジナルな点である。

第1節　本研究における活動観

　数学的活動を通して数学を学ぶ過程を構成することをめざす本研究の第1課題は、数学化とは何かを定義することである。本章では第2節で数学化が求められる背景を、第3節で数学化所説を参照し、第4節で Freudenthal に準じて数学化を定義する。定義後に、Freudenthal の考えを何故採用するのか、その妥当性の検討を第5節で行う。

　本章では Freudenthal の数学化を採用する理由を示す。そのために、本節では、彼に依拠して議論することの妥当性を吟味する大前提として、筆者が支持する活動観[1]を教育学的見地から定める。その活動観は、筆者が自身の活動観を深める契機となった認識論、構成主義に準拠する。平林一榮（1987）が行ったように、もとより歴史的、哲学的重みを備えた活動観を問題にすることは、広く教育学上の研究主題でもある。ここでは本研究における数学化を選択する根拠として、筆者の活動観に沿う、また日本の教育課程文書等にも見い出せる構成主義に連なる活動観を限定的に参照し、選択の際の基準とする、その目的に限定して本節を記す。

　本研究において筆者が採用する活動観とは「主体が自らの生存のために自らを更新していく上で進める対象（含む客体）との相互作用」である[2]。この活動観、それ自体は第2章以降で話題にするような数学における筆者の教材研究経験から確信されたものである。同時に、この活動観それ自体は、構成主義に連なる多くの認識論者の言説に共通する活動観でもある。ここでは、筆者が自身の活動観を言語化する際に直接影響を受けた John Dewey の認識論[3]と Jean Piaget の発生的認識論における活動観をまず参照する。次にそれら認識論を総称するために Ernst von Glasersfeld の構成主義を参照し、本研究における活動観を規定する。最後に、この活動観が数学教育及び数学教育学において従来供用されてきた活動観であることを確認し、この活動観に汎用性があることを示す。

---

1) 数学教育学研究として、本研究で特に注意なく活動と記せば、それは数学的活動である。本研究では、しばしば、それを活動と記す。それに対して、数学に限定することなく活動一般を話題にする場合もある。本研究では、数学に限定されない活動に言及する場合、特に本節で述べる筆者の見方と一致した場合に、活動観と記す。
2) 生存可能 viable という語は、公文書では、例えば全米教育課程基準 Common Core Standards (2010) にみることができる。
3) Dewey の認識論は、民主主義と教育においては、知識論として記述されている（1916）。

(1) DeweyとPiagetに基づく活動観

　筆者は、「主体が自らの生存のために自らを更新していく上で進める対象（含む客体）との相互作用」を活動とみなす。筆者がこのような活動観を得たのは、数学化を検討する際に自らの活動を内省的に検討する過程においてである。そして、その活動観を記述する用語を得たのがDeweyとPiagetの研究である。両者はプラグマティズムと発生的認識論、教育学と心理学という異なる領域で参照された認識論であるが、両者は有機体が生存をするために自己更新していく姿をメタファーにした活動観において共通している。後述するようにGlasersfeldは、両者を構成主義者とみなしている。ここでは、その整合性を話題にすることで、上述のような筆者の活動観の妥当性を示すことにする。

　Deweyは、今日の教育学の古典である『民主主義と教育〜教育哲学序説〜』の冒頭で活動について次のように記している。

　「生存（life）とは環境に対する活動（action）を通じての自己更新の過程である。〜中略〜我々は、生存を、理学的な意味で下位用語として話題にしてきた。しかし、我々は同じ「生活（life）」という言葉で、経験、個人そして民族の総体をも表現してきた。〜中略〜そして、経験に対して、ただ理学的な意味での生存と同様に、更新を通じての連続性原理（Principle of Continuity）が適用される」[4]

　ここでは主体が、環境に対して活動することを通じての自己更新過程としての生存に対する見方を、経験という語に託して認識の問題へも拡張的に適用することが明瞭に記されている。この記述は筆者の活動観の根拠でもある。同書の後半では、反省的経験という語で、主体の心的な意味での自己更新過程が描き出されている。そして、Deweyは、その上で、経験と合理的知識、行為と精神というような二元論的に論じるような様々な認識論ではなく、それらを連続としてとらえることを前提に「環境を目的的に変更する活動と認識との連続性を維持する」認識論（知識論）、プラグマティズムを提唱している。

　一方で、有機体が生存するために自己更新する、このメタファーを、Piagetも発生的認識論において適用していることが、晩年の共同研究者であるRolando Garciaによって次のように指摘されている[5]。

---

[4] Dewey, J. (1916). *Democracy and Education*, Macmillan Publishing, (Paperback Edition 1966), p. 2.
[5] 　ピアジェ、J., ガルシア、R., 芳賀純、能田伸彦監訳、原田耕平、岡野雅雄、江森英世訳 (1998). 『意味の論理』サンワコーポレーション. 170-171.

「発生的認識論は、次の命題を支持している。(a) 新生児における純粋に生物学的な過程と認識過程の本当の始まりを示す組織された行為のタイプとの間には連続性がある。(b) 生物学的システムと認識論的システムの間には構造的には大きな差があるにも関わらず、両者は、共通の根元として、類似した機能を見せる同化と調節を通して生物学的組織を環境に適応させている。(c) 生物学的システムの進化は、認識論的システムの進化のように、環境と相互作用する開かれたシステムの進化の例である。ということで、それぞれの領域の特殊性にもかかわらず、それらは共通の特性を持ち、類似した発達メカニズムに従っている」

特に Piaget は、このメタファーにおいて、次のように認識を定義している[6]。

「認識は、その起源では自分自身を意識している主体から生じるのでもなく、主体に課せられるところの（主体の見地からみて）すでに構成された客体から生じるのでもない。認識は主体と客体との間に生じる相互作用、したがって、同時に両方に属している相互作用から生じるのだ」

このように両者の認識論は、ともに認識に対して、有機体が生存するために自己更新するメタファーを適用している。そして、この共有されたメタファーこそが、筆者が活動を「主体が自らの生存のために自らを更新していく上で進める対象（含む客体）との相互作用」とみなす起源である。特に、両者の認識論においては、有機体が環境（外界）との間で進める活動と、我々の認識活動との連続性が認められているが故に、この定義において、活動という語には、外界に対する活動も、心的な意味での主体・客体間の活動も、個と他者の間の社会的な活動も含まれている。

(2) 認識の進化としての活動観

本研究では活動を「主体が自らの生存のために自らを更新していく上で進める対象（含む客体）との相互作用」とみなすが、数学教育を対象とする本研究では、更新されるのは認識である。ここではその更新を認識の進化とみなす[7]。数学化を規定する際の根拠として、その認識の進化をもたらす活動がどのような性格

---

6) ピアジェ, J., 滝沢武久訳 (1972).『発生的認識論』白水社. p.19.
7) ここで進化 (evolution) という語を使うのは自然である。Dewey のプラグマティズムが生物進化論の影響の基で認識の問題を扱ったことはよく知られている。帆足理一郎訳による『民主主義と教育』における帆足の緒論 p.6 及び Dewey の知識論 p.368。八杉龍一 (1994).『ダーウイニズム論集』岩波文庫. p.322.

備えているべきものとして要請されるのかを以下、考察する。その手がかりとして、Piaget の発生的認識論から提唱される認識論である構成主義を参照する。構成主義が、上述の有機体の生存メタファーの延長線上で認識の有り様を記述しているからである。特に、米国における行動主義者による構成主義に対する誤解を質し、誤解された構成主義に対して本来の構成主義 Radical Constructivism[8] を提唱した Glasersfeld は、Dewey も構成主義者とみなしている[9]。その見解もこの参照の適切性を認める根拠となっている。

以下、Piaget の語用で、認識の進化を担う意味での活動を補説する。認識対象（環境とも言う）との相互作用（すなわち活動）において、有機体の生存への主題に応じた対象への作用とそれに対する対象からの反作用でできる輪において恒常性あるシェマ（知識）が存在する場合がある。対象に対してシェマが有効に機能する（すなわち通用する）場合が同化であり、有効に機能しない（通用しない）場合、すなわち、対象に対する適応が必要になりシェマの調節がはかられる。シェマが通用する場合が環境と有機体が均衡状態にあるときであり、シェマの通用しない場合が不均衡状態である。不均衡状態では、シェマの調節が必要となり、その調節によって、更新シェマによる均衡状態が再び実現する。シェマの進化は、均衡→不均衡→より高次の均衡という均衡化過程を経て実現する。不均衡状態では、矛盾が顕在化する。以上を、平易な言葉で言いかえれば、対象に対して既知が通用する場合と通用しない場合があり、通用しない場合に既知の再構成を通じての認識の進化がもたらされると言える。特に、通用しない状態、矛盾に伴う不均衡状態を乗り越えて認識の進化が達せられるとする Piaget の均衡化理論は、ヘーゲル学派弁証法[10] にも通じる認識過程であり、Piaget 自身も、自身の認

---

8) ここで構成主義に対する形容詞 radical は、多くの場合急進的と訳されてきた。リーダーズ英和辞典では radical の第一義に「根本的な、基礎の；本来［生来］の；徹底的な。」を採用している。Radical Constructivism は、構成主義を誤解した立場に対して、Piaget の原義を明らかにするために哲学的基礎を論ずる意図で付けられた形容詞付きの構成主義である。当初話題にされた Piaget 対 Vygotsky の対立図式になぞらえた急進的構成主義対社会的構成主義の図式も、Glasersfeld 自身がそれもまた誤解として、唯物論に基づく認識条項を外せば、全く整合的で助けになるとした (p.141) ことで決着している現在では、本来の構成主義という訳語の方がふさわしいと考える。

9) Glasersfeld, E. v. (1995). *Radical Constructivism: A way of knowing and learning.* Falmer Press.

10) ヘーゲル, G. W. F., 武市健人訳 (1960).『大論理学』上 1、上 2、中、下. 岩波書店.；礒田正美 (1999). 数学の弁証法的発展とその適用に関する一考察：「表現世界の再構成過程」再考.『筑波数学教育研究』18. 11-20. 特に弁証法による数学教育理論は、例えば以下で議論されている。礒田正美 (1993). 算数授業における説得の論理を探る. 北海道教育大学教科教育学研究図書編集委員会編,『教科と子どもとことば～言語で探る教科教育～』東京書籍. 126-139.；礒田正美 (1996).『多様な考えを生み練り合う問題解決授業：意味とやり方のずれによる葛藤と納得の授業作り』明治図書出版.；岡

識論がヘーゲルを強く意識して検討されたことを指摘している（1983 邦訳 1996）[11]。

　Glasersfeld によって構成主義の典型とみなされる Piaget の発生的認識論は、作用・反作用、シェマ、同化、調節、適応、均衡などの固有の言い回しからなる。Glasersfeld は、行動主義心理者に誤解された Piaget の構成主義解釈を糺す意図から、本来の（ラディカル：本質的）構成主義（p. 51）を提唱し、構成主義を定式化した。その定式化は、前述のように定義した活動の性格を知る意味でも重要である。Glasersfeld は次のような要件を本来の構成主義の要請とした。

　1-1．知識は感覚やコミニュケーションを通して受動的に受け入れられるものではない。
　1-2．知識は認識主体により活動的につくりあげられるものである。
　2-1．認識の働きは、生物学的語感では、適合ないし生存可能性（viability；有機体の生育力・計画の実行可能性）につながる適応にある。
　2-2．認識は経験的世界の主体的組織化を提供するものであって、外界の存在論的実在の発見ではない。

条項1、条項2はそれぞれ二つの記述からなるが、一方がその項目の本旨であり、他方はその本旨に対する誤解を排する性格の記述である。条項1-1は、行動主義者の構成主義の誤解批判に立つ条項であり、条項1-2がその趣旨である。条項2-1は、生存可能性を常に問い続ける、すなわち認識の普遍性を追求し続ける条項であり、通用しなければ修正される。その条項は本研究で知識の普遍性を問い続ける数学の本性を認める意味でも有意な条項である。条項2-2は、外界の構造が認識に反映されるわけではなく、主体的組織化を伴った主体に依存して成立する観念論的視野を示したものと言える。

　1-1 と 2-2 から、Glasersfeld の言う本来の構成主義は、精神間で交わされる言葉が精神内に内面化するという図式で思考の進化を話題にする社会的構成主義と対立するとみなす議論がなされた時期があった。しかし、Glasersfeld 自身は、そ

田啓司（1998）．『コミュニケーションと人間形成』ミネルヴァ書房．；礒田正美，笠一生編（2008）．『思考・判断・表現による『学び直し』を求める数学の授業改善―新学習指導要領が求める対話：アーギュメンテーションによる学び方学習―』明治図書出版．；礒田正美，田中秀典編（2009）．『思考・判断・表現による「学び直し」を求める算数の授業改善―新学習指導要領が求める言語活動：アーギュメンテーションの実現―』明治図書出版．；本書の活動観は、筆者の弁証法的な授業理論の基盤をもなす．

11）　ピアジェ，J., ガルシア，R., 藤野邦夫，松原望訳（1996）．『発生と科学史：知の形成と科学史の比較研究』新評論．

の議論を誤解とし、元来 Piaget 自身は社会的視野を高く考慮しており、Piaget の構成主義と Vygotsky の見解は、Vygotsky の議論に伴われる、認識を実在の反映とみなす唯物論的な視野を除けば全く整合的としている。精神間で交わされる言葉がそのまま内面化されるのではなく、そこには主体自身による主体内で既存の知識との再組織化が介在するとするのが Glasersfeld の立場である。すなわち、たとえ講義で数学学習が注入的に成立したかにみえる状況下でも、学習する側では再構成を行っているとみるのが、本来の構成主義の立場である。そして、彼の言う本来の構成主義を議論する上で Vygotsky のコミュニケーションや言語への注目は、物質界の社会認識への反映という唯物論的視野を除いて尊重されるとしている（pp. 129-145）。

筆者は、「主体が自らの生存のために自らを更新していく上で進める対象（含む客体）との相互作用」を活動とみなす。この活動観は、Dewey, Piaget, Glasersfeld の活動観と整合するものであるがゆえに以上の議論では、Dewey, Piaget, Glasersfeld による構成主義にかかる言説を引用した。以上のように構成主義を参照すれば、数学の創造を主題とする本研究では、認識の進化をもたらす活動の性格として、以下の3点を要請する。

　要請1．活動は、当面した対象に対して主体が自らの生存可能性を保証しようとして進展する。

　要請2．活動には、主体の対象に対する相互作用において、矛盾のない同化による過程、既知が難なく使え、活用範囲が広がり豊かになる過程が存在する。

　要請3．活動には、その相互作用において主体の認識との矛盾が生じ、主体が自らの既知を再構成していく、調節の過程、構造転換の過程が存在する。

「主体が自らの生存のために自らを更新していく上で進める対象（含む客体）との相互作用」を行う必然が、要請1で指摘する生存可能性の追求であり、その際に行う更新の有様が要請2の同化、要請3の調節である。その意味でこれら要請は、筆者の活動の詳細を述べたものでもある。これら要請は、Glasersfeld が構成主義者とした Dewey, Piaget の認識論を前提にしたものであり、特に要請1の生存可能性は Glasersfeld に依拠するものであり、要請2、3の同化、調整は、Piaget に依拠したものである。もとより Glasersfeld が本質的な構成主義を唱えたのは正しい Piaget 解釈を導く意図からである。その経過からすれば、この要請は、

Piagetの発生的認識論からみた筆者の活動解釈である[12]。そしてここで強調したいことは、次項で述べるように、筆者がここで述べた活動の定義や要請が数学教育学でも広く採用されてきたことである。

後で話題にするように活動は教育の実際において様々な形で用いられ、誤解を招きやすい用語である。以上の定義と要請は、本研究で活動を検討する際の基準、数学化の定義を設定する際の根拠となる。以下、本章では、具体的にこの要請を参照するのは本章第5節である。

(3) 本研究の活動観の数学教育における妥当性

活動を「主体が自らの生存のために自らを更新していく上で進める対象(含む客体)との相互作用」とみなすことは、日本の数学教育界においても、また世界の数学教育学研究においても整合的であり、共有性がある。

まず、日本の数学教育との整合性である。実際、昭和22年の学習指導要領　算数科数学科編(試案)「はじめのことば」は次の記述で始まる[13]。

> 「教育の場は子どもの環境であり、教育のいとなみは、子どもの生活を指導するものである。その子どもの生活とは、環境に制約を受けながら、なお環境にはたらきかけて、子どもが日々にのびて新しいものとして生きていく過程であるといえる」[14]

「はじめのことば」では、このような過程と、数学における活動とが整合することを、この後で説明している。環境に対する主体の相互作用に注目したこの記述は、本研究における活動と同義的な記述である。

時代背景から、この記述はDeweyの影響と認めることができるが、この記述が、社会科ではなく、算数科数学科の学習指導要領の試案において、数学学習を解説する一環として記されたことは、まさに本研究の活動に整合する活動観が、数学教育の前提として示されたことを物語っている。そして、Deweyの思想は、Glasersfeldも指摘するように構成主義と整合的である。

特に、以上の「はじめのことば」にみられる考え方は、序章で引用した『中学校学習指導要領(平成10年12月)解説　数学編』(1998)では次の表現として読みとれる。

---

12) 第5節でPiagetに立ちかえる理由でもある。
13) 和田義信が当時編纂に携わった
14) 文部省(1947).『学習指導要領:算数科数学科編(試案)』日本書籍. p.1.

「観察、操作、実験による体験を振り返りながら数学的認識を漸次高めていく活動は、自らの知識を再構成することにほかならない」

すなわち、本研究が採用する活動観は、日本の数学教育公課程において共有された認識である。日本の数学教育において、本研究の定める活動観は、普遍的共有性があるのである。このような活動観は、数学教育学においては構成主義に立つ活動観として研究されてきた。国内の博士論文に限れば、平林一榮は、数学教育の活動主義的展開を検討する上で、Piagetの構成主義を評価している。清水克彦 (1987) は、Piagetの相互作用をSkempの反省的システムでとらえなおし、Knowing ThatとHowという視野からプロセスオリエンティッドティーチングに取り組んだ。また、岡崎正和 (1998) は、Piagetの均衡化理論に基づき数学における一般化プロセスを提唱している。清水と岡崎の研究は、Piagetの延長線上で数学教育研究を進めている点で共通している。すなわち、先行する多くの数学教育研究が本研究と同様の立場を採用している。その意味で、筆者の活動観は活動を話題にする多くの先行研究と整合する。その意味でここで述べた活動観それ自体にオリジナリティはない。後で述べるように、この活動に数学化という性格を付与し、数学化を学校数学において実現する教材研究方法を示すことが本研究の問題設定であり、他の研究にないオリジナリティである。

以上の意味で、本研究が、数学化を話題にする際の前提とする活動観は、数学教育学における他研究と整合する活動観である。本節で取り上げた活動観それ自体は、第5節で、数学化と対置して、数学化を採用することの妥当性を吟味する際に改めて言及する。以下、その準備として、本研究が数学化に注目した理由 (第2節)、そして数学化の意味内容の確定を進める (第4節、第5節参照)。

第2節　数学化が求められる背景

「数学的活動を通して数学を学ぶ過程を構成すること」を目的とする本研究では、その方途として、数学的活動を表象する一つの言葉、数学化に焦点を当てる。本節では、その定義を検討する以前に、なぜ、数学的活動において特に数学化が求められるのか、そして、なぜ特にFreudenthalの数学化を明らかにすることで、本研究の目的「数学的活動を通して数学を学ぶ過程を構成すること」が実現しえるのかを解説する意図から、学校数学において数学化が求められる背景を示す。

本節では、この背景を指摘するに際し、世界的に著名な数学者・数学史研究者

として活躍し、さらには晩年に数学教育国際委員会（ICMI）委員長、数学教育学初の国際誌の代表編者、世界的に著名な数学教育の研究機関 Freudenthal 研究所の創設に関わり[15]、その数学教育学上の業績として、数学化を示したことで著明な H. Freudenthal[16] の指摘を中心にして参照していく。本節の結論として、彼に依拠すれば、学校数学において数学化を求める背景として、次の三点が指摘される。

（a） **数学の本性及び数学教育の目標**；数学は人間活動であり、その本性は数学化にあるがゆえに、数学化を数学科の教育目標とすべきである。

（b） **活動の誤解回避**；目標としての活動は、活動の意味での数学の本性に沿うものであるが、その本性から外れた誤解を生みかねない用語であり、過程を強調する目標用語として過程を性格付ける用語数学化が必要である。

（c） **教程化の基準**；数学を所産とみなしながら、活動的に教えようとする教材の静的解釈と、体系を前提に公理から順に教えようとする反教授学的な逆転にかわる数学的な活動を学校数学で実現する教授学的変換の具体的な手だてが必要である。数学の発生の本性に立つ数学化を、子どもの思考を想定した教程（広い意味での教育課程）化の基準とすべきである。

　本節では、まず、数学の本性である数学化を学校数学においても実現すべきとする主張（a）と、目標としての活動は誤解を招きかねないがゆえに数学化という性格付けが必要であるとする主張（b）とを参照する。その際、このような主張の背景には、数学を活動とみなす立場と所産とみなす立場の違いがあることを指摘する。次に、なぜ、活動を目標にしてもそれを教える段階に至る過程で誤解が生じるのか、その原因を Freudenthal の指摘に従って、反教授学的な逆転と静的解釈の問題によって指摘する。そして、数学化が、教程化の規範となることを指摘する（c）。さらに、以上の背景が、本研究の主題に合致することから、本研究の主

---

15) Freudenthal は、Freudenthal 研究所の前進 IOWO（Instituut voor de Ontwikkeling van het Wiskunde Onderwijs; the Institute for the Develompent of Mathematics Instruction；政府機関）を1971 年に創設した。Freundehtal は、Wiskobas 教科書プロジェクトで実在数学（Realistic Mahtematics）を指導した。Freudenthal 研究所の教授 A. Treffers は、彼がそこで果たした役割は、直接従事者ではない先導的な指導者であったとしている。A. Treffers (1993), Wiskobas and Freudenthal Realistic Mathematics Education, *Educational Studies in Mathematics*, 25, 89-108.

16) Freudenthal, H. (1973). *Mathematics as an educational Task*. D. Reidel.

題追求には数学化とは何かを示す必要があることを指摘する。以上の考察に際して、本節では、本研究の参照する Freudenthal の主張が特異な主張ではなく、数学教育界では言葉は違いつつも共有された主張であることを確認する意味で、諸家の指摘も参照する。そして、数学を集合と公理系で構成する数学の公式の記述方法に対して、数学を活動として教える上で、彼の数学化論が有効であることを指摘する。

(1) 目標としての数学化

　数学化を学校数学に導入する背景には、数学の本性を人間活動としての数学化に認め、それを数学教育の目標とすべきであるとする数学教育の目標観がある。そのような主張が、数学化という言葉で国際会議の席上で共通の話題とされたのは、ICMI 委員長であった Freudenthal が、数学教育国際委員会 ICMI[17] のもとで組織した 1967 年のコロキウム「なぜ有用なものとして数学を教えるべきなのか」においてであった。彼は、その講演の一説で次のように述べている。

　　「問題は『どのような数学を』にあるのではなくて『どのように数学を教えなければならないか』にある。その第一原則は、数学とは、実在を数学化することを意味しているということにある。〜中略〜人間が学ばなければならないのは、閉じた体系としての数学ではなく、むしろ活動としての数学、すなわち、実在を数学化する過程や、できるならば数学を数学化する過程である」[18]

　ここで『どのような数学を』とは New Math で話題にされた集合、構造で象徴される現代数学を念頭にしたものである。そして『どのように』として学ぶべき数学として光を当てられたのは「活動としての数学」であり、それが「数学化」である。Freudenthal は、その文脈で、数学の意味を「実在を数学化したもの」と規定し、数学を「活動としての数学」と「閉じた体系（所産）としての数学」とに対置した。そして、我々が教えるべきは、「活動としての数学」であることを指摘し、「活動としての数学」の言い換えとして「数学化」を提起している。そこでは、数学の本性が数学化にあるとする指摘がなされているのである。Freudenthal はここで、閉じた体系としての数学を教えることは否定してはいな

17）　数学教育国際委員会
18）　Freudenthal, H. (1968), Why to teach mathematics so as to be useful, *Educational Studies in Mathematics*, 1 (1). p.7.

いが、むしろ活動としての数学として数学化を教えるべきことを提言しているのである。すなわち、ここでは、活動としての数学、数学化それ自体が、数学教育の目標として記されているのである。

同様な指摘は、このコロキウムの7年後における D. Wheelar の ATM[19] における講演録「数学教育の人間化」の中の、次の言葉にもみることができる。

「いかにして我々は数学教育を人間化できるのか～中略～ここでは三点指摘する。～中略～数学的知識を伝達する目標のかわりに、子どもが豊かな数学的活動をすることを目標とすることは、数学が人間活動であることを示す本質的なステップである。～中略～しかし、そこには、もはや新しいメッセージはない。さらに、おおよそなんでもあれの学習の仕方としてあまりに拡散し一般化された何かに対するラベルとして数学的活動が用いられる危険をいかに避けるかを、検討する必要すらもおきるだろう。教育において数学的活動を強調する代わりに、数学化に焦点化することは、仮にそれが別のステップとであるとしても、比較的近い方針である。～中略～結果を越えた過程の重要性を強調するために数学的活動の促進が目標とされても、我々には、我々が知る身近な結果を得た場合にこだわって、そこで数学的活動がなされたかを判断し、安心してしまう傾向がある。～中略～それに対して、数学化という言葉は、過程そのものを表すラベルである。その言葉は、子どもが数学化する機能を備えているという強烈な確信を抱きつつその言葉を用いることにより、過程としての語用を、我々が裏打ちする機会を提供する。」[20]

両者の主張は、(数学的)活動及び過程を目標とするための用語、さもなくばその代替表現として数学化を提案する点で共通している。この両者の指摘から、数学化が提案される背景として次の二点を認めることができる。

(a) **数学の本性及び数学教育の目標**；数学は人間活動であり[21]、その本性は、数学化にある。従って、数学化を教育の目標とするべきである。

(b) **活動の誤解回避**；目標としての数学的活動は、その実態において誤解

---

19) 英国の数学教師協会。
20) David Wheeler (1975), Humanizing Mathematical Education, *Mathematics Teaching*, 71, 5-6.
21) 活動の強調の起源を話題にすることは難しいが、1967年のコロキウムで活動や数学化が強調された背景には、米国やフランスなどにおける現代化による閉じた体系としての数学への強調に対する反動を指摘できる。この反動としての活動の強調は、著名数学者達の署名による Ahlfors L., et al. (1962). On the Mathematics Curriculum of High School. *Mathematics Teacher*, 55, 191-195 に著名である。そこには 'To know mathematic means to be able to do mathematics' という有名な一節がある。

されやすい用語であり、過程を強調する目標用語として、過程を性格付ける用語数学化が必要である。

この（a）、（b）の前提には、数学の本性を人間活動に求め、その本性を数学化とする数学観の共有があり、人間活動であるからこそ、その本性としての活動を通じて学ぶべきとする考え方がある。特に、「数学が、閉じた体系ではなく、人間の活動にある」という Freudenthal の見解にみられる「活動として数学」をみる立場は、「所産としての数学」をみる立場と対置しえる。そして、この対置は、以下に述べるように数学の本性に対する全く異なる認識を提供するがゆえにたいへん重要である。

まず、この対置は、ラベルや意味の違いこそあれ、数学認識に対する数学者に通念として存在し得る対置である点を指摘したい（例えば、P. Davis/R. Hersh、1986, p. 310[22], H. Freundentahal,1973, p. 114[23]）。そして、科学的認識論者 Emre Lakatos の行った同じような対置は、この Freudenthal による対置が、数学の本性に対する根本的に異なる認識論を提供していることを我々に確信させることを強調したい。特に、科学における可謬主義的認識論を数学において樹立した E. Lakatos は、この対置を、彼の可謬主義的認識論の立場から「ユークリッド的方法論」と「発見的アプローチ」と命名し、展開している[24]。Lakatos は、閉じた体系としての数学の象徴であるユークリッド的方法論が採用する「演繹主義的スタイ

---

22) 例えば、P. Davis と R. Hersh の次の語用に現れている。「典型的な現役数学者は、平日はプラトン主義者で日曜は形式主義者だということに、この主題（数学が存在するか否か）について書いている人の意見は一致している。つまり、彼は数学をやっているときは、自分が客観的実在を扱っており、その諸属性を決定しようと試みていると確信している。しかし、この実在の哲学的説明を求められると、彼はそもそも実在など信じていないというふりをするのが最良だと発見する」（デービス，P., ヘルシュ，R., 柴垣和三雄，清水邦夫，田中裕訳 (1986).『数学的経験』森北出版. p.310）。数学者は心情として数学の実在を仮定しているにも関わらず、人にその実在の説明を求められると体系において数学的知識が仮設されるとする形式主義を採用するわけである。この指摘は、後で引用する数学者の論文を活動において読むという Freudenthal の指摘に通じている。
23) 「数学、言語、そして芸術といった語には、（それをすることとその所産という；引用者）二重の意味があるのは確かだ。〜中略〜すべての数学者は、できあがった数学の他に、活動において存在する数学があることを、少なくも無意識の内に認めている」
24) 数学教育学では、その見解について、次で話題にされている。Ernest, P. (1994). *Constructing Mathematical Knowledge : Epistemology and Mathematics Education*. Falmer Press.; Confrey, J. (1994). A Theory of Intellectural Development. *For the Learning of Mathematics*, 14 (3). 2-8.; Confrey, J. (1995). A Theory of Intellectural Development: Part2. *For the Learning of Mathematics*, 15 (1). 38-48.; Confrey, J. (1995). A Theory of Intellectural Development; Part 3. *For the Learning of Mathematics*, 15 (2). 36-45.; 礒田正美 (1999). 数学の弁証法的発展とその適用に関する一考察：「表現世界の再構成過程」再考.『筑波数学教育研究』18. 11-20.

ル」に基づく方法論が、彼の言う「発見的アプローチ」とは無縁なものであることを次のように記述している[25]。

　「いくつかの教科書は、読者にいかなる予備知識も要請せずに一定の数学的熟練のみを要請すると宣言している。このことは、問題の背景や議論の背後にある発見法に対していかなる不自然な興味もいだくことなく、ユークリッド的な議論を読み進める『能力』を、読者がその本性において備えていることをしばしば含意している」

　この皮肉に富んだ Lakatos の指摘は、数学を閉じた体系とみなし、それを教え込めるとする指導観（注入主義とも言える）が、問題の背景や議論の背後にあるその命題や証明の発見法を喪失していることを指摘したものである。特に、自らの認識論の根拠を Hegel の弁証法に求めた Lakatos においては、「ユークリッド的方法論」と「発見的アプローチ」との対置は、一般に言う論理形式の学として演繹体系の基礎を示す論理学（ユークリッド的方法論に通じる）と、否定の否定を通じての知識進化の様相を法則化した弁証法的論理学との対置に起源している。前者（論理学）が知識が整合的に組みあがることを記す認識論であるとするなら、後者（弁証法的論理学）は、矛盾を越えての知識進化を代表する認識論である点で、この二つの認識論は全く異なる様相を表している[26]。Freudenthal の行った対置を、この Hegel-Lakatos の視野から補完的に読むとすれば、数学を活動とみる立場は、矛盾の解消を通じての知識進化過程をも内包し得るとみることができる。その見解の正否については、本章の第4節において改めて確認するが、結論から言えば、Freudenthal の主張と Hegel-Lakatos のこの視野は整合的である[27]。

　このように全く異なる二つの数学認識において、一方の極、数学を活動とみる立場に立脚し、それを活動として教えることを実現するキーワードが本研究で言

---

25) Lakatos, I. (1976), *Proofs and Refutations.* Cambridge University Press. p. 142.
26) Lakatos の発見的アプローチの起源が、ヘーゲル学派の弁証法があることは、Lakatos 自身が指摘していることである（Lakatos, I. (1976) 145-146）。Hegel の弁証法が認識の進化過程に対する論理学であり、演繹証明を基礎付けるいわゆる論理学ではない（ヘーゲル, G. W. F., 武市健人訳 (1960),『大論理学』上 1., 岩波書店. 25-46）。そこに Lakatos の対置の起源を認めることができる。この二つは全く異なる認識論に立脚している。Lakatos の発見的アプローチが、Polya に触発されて発見に注目したのは確かである（同書, p. 3）が、同時に Popper の歴史の合理的再構成の延長線上での可謬主義的な認識論に立脚する（同書, p. 3）ので、ここで言う発見法は Polya のそれとは同義ではない。
27) 第4節において改めて言及するが、この整合性で示唆される Freudenthal の活動観と筆者が前節で提起した筆者の活動観との対応こそが筆者が本研究で Freudenthal の数学化に依拠する理由である。

う数学化である。しかし、数学を活動と見なし、それを活動として教える際のキーワードは、素直に考えれば活動であってよいはずである。

　Wheelerによれば、活動では誤解が生じやすいという。誤解を招きやすい活動に関する語用上の課題は、我が国の教育課程史上においても存在したことが中島健三によって指摘されている。実際、昭和22年の学習指導要領算数科数学科編（試案）[28]、そして、昭和26年の学習指導要領数学科編（試案）では、被占領国という環境下で、可能な限り、戦中からの内容水準維持と過程重視の立場を尊重すべく、活動及び過程を強調した記述がなされたと言われる。その一方で、その際の内容の後退とその趣旨に反する誤解が招いた結果の打開策として、戦中からの伝統を活かし、やがては数学教育現代化運動へと連なる動きが公になる[29]。その動きを受けて昭和31年の高等学校改訂及び、昭和33年告示の学習指導要領では、数学的な考え方が目標に示されるようになる。その趣旨を、学習指導要領の編纂に携わった中島健三は、次のように性格付けている。

「数学的な考え方は、一言で言えば、算数数学にふさわしい創造的な活動ができるようにすることである（活動が昭和22年以来強調されてきた周知の事実を前提にしている）」[30]

「（昭和22年、昭和26年の目標記述を概観して）数学的な創造を生み出す観点としても参考になるが、具体的なことばや表現の上では、多少統一を欠き、熟していない点があることは否めない。」[31]

　この記述から、学習指導要領における目標記述としての数学的な考え方は、誤解を招きかねない活動という語を、創造活動として改めて質的に性格付ける意図から記された用語であったことが伺える。先のWheelerの指摘では、活動に誤解が生じるので数学化で代替する提案がなされたわけだが、我が国の教育課程変遷史上では、活動に誤解が生じるので数学的な考え方で性格付けた[32]とみなせる

---

28) 「はじめのことば」参照、後述するように、そこでは今日言うところの構成主義的な認識論に通じる活動観が提示されている。
29) 日本数学教育学会編（1987）.『中学校数学教育史』上．新数社．106-107における松岡元久の解説による。
30) 中島健三（1981）.『算数数学教育と数学的な考え方』金子書房．p.49．中島が指摘するように、特に活動という語が用い難かった時代において、数学的な考え方という語が、数学の創造活動を特定するために用いられた。
31) 中島健三（1981）.『算数数学教育と数学的な考え方』金子書房．p.54．
32) Wheelerが活動に対して数学化という代替ラベルを示したのに対して、我が国の教育課程の目標記述では、数学的な考え方を代替ラベルとした。後で触れることであるが、背景には、「数学化」が我が国の教育課程史上、すでにその創造過程の一部を指す用語として限定的に用いられており、代替ラベ

のである。第3節で言及するように、我が国の教育課程史上は、数学化はすでに既存の用語として存在しており、この時点では、用語数学化はその性格付けの用語には成りがたい背景があったことも、ここで付言しておきたい。いずれにしても、活動という如何様にでも用いられる余地のある用語に対して、数学の創造活動を性格づける用語が必要であり、その意図から、新しい教育用語が導入されたのである[33]。

　Freudenthalの数学化も、数学の創造活動を性格づける用語である。その性格を示す意味で、まず次項では、活動という語が招く誤解の内容から記す。そして、数学化を教程化の基準とすることの必要性を確認しておく。

(2)　活動に対する二つの誤解：反教授学的な逆転と静的解釈

　数学的活動が誤解され実践されるに至る起源は、目標としてかかげながら、それを具体的な学習指導過程へと実現していく作業の曖昧さ、創造過程という基準の曖昧さ、そして教程化する教材研究手順の曖昧さに基づいている。その教程化において、どのように活動に対する誤解が生じ、実践されるに至るかを検討しておくことは、同じような誤解が起きる可能性を排除し、学校数学を数学化の立場から構成していく方策を明確化していく上で必須である。その誤解が生じる起源には、先に指摘した、所産としての数学観と活動としての数学観の相容れない二

　　ルとして想定できなかった経緯を付言したい。数学的な考え方が、数学の創造活動を表すという趣旨からすれば、その趣旨は、Wheelerの言う数学化に通じている。

33)　Freudenthalの場合、この誤解の解消へのこだわりは、数学でプラトン主義（イデアの発見）の立場からは支持されやすい発見（discover；隠されたもののカバーをはぐ）という語をあえて使わずに、教育的に意味をもたせるべく、再発明（reinvention）という語をこだわるあたりに現れている。Freudenthalは、再発明を次のように定義する。「数学を活動と解する立場は、まず第一に、教える問題を活動として分析する。〜中略〜Polyaの本は、活動としての数学に対してほとんど貢献していない。ほんとうによく見ている人であればもっと沢山のことを見い出すだろう。なぜなら、よい先生は、（生徒を想定して、その課題に対してどのような反応が返ってくるかという；引用者）思考実験を通じて、その分析を、繰り返し行ってきたからだ。〜中略〜活動として解釈し分析することで構成された指導方法を、再発明の方法と名付けた」Freudenthal, H. (1973), *Mathematics as an Educational Task*, D. Reidel., p. 120.「発明は、学習過程における段階として理解し、特に再発明においては、接頭語、再を考慮に入れている」Freudenthal, H. (1991), *Revisiting Mathematics Education*, Kluwer, p. 36.　数学を活動として解釈し分析する方法として、Freudenthalは *Mathematics as an Educational Task* (1973) では、前半では数学史との対比をその方法として採用しており、後半ではそれに数学の用例分析が加わる。続く、*Weeding and Sowing* (1978), *Didactical Phenomenology of Mathematical Stuructures* (1983) では、数学史を含む数学的構造の用例、教材の用例を書き出すことに専念している。そのような用例の分析を前提に、発生の心理現象を話題にすべきと主張している。学習過程における段階の典型は、後述するvan Hieleの思考水準である。

つの数学的認識論によって説明できる。問題は、教程化において、活動として数学を認めようとしながらも、活動として教えているとは言い難い誤解が生じる余地が、教程化において存在する点にある。以下では、この問題に対する、Freudenthal検討に学び、逆に、数学化に基づく学習過程の構成という本研究の主題を位置づけていく。

　Freudenthalは、教程化において生じる活動に対する誤解の起源を次の二つに求めている。一つは、できあがった所産（体系）を前提に公理から順に教えようとする、すなわち、所産のままに数学を教えようとするものである。それは、実は反活動的な数学認識に立脚しているのであるが、公理から積み上げてみせることを活動とみなして教えようとするものである。Freudenthalは、そのような指導を、反教授学的な逆転と呼んでいる。もう一つは、数学を所産とみなしながらも、それを活動的に工夫して教えようとするものである。Freudenthalはそのような指導を、教材の静的解釈と呼んでいる。この二つの起源に対して、彼の提案する指導法は、「活動として解釈し、分析することで構成された指導方法」(1973, p. 120) としての再発明の方法である。再発明の方法は、彼においては学校数学における数学化を実現する教程化の方策である。以下では、まず、二つの起源を特定する。

　はじめに反教授学的な逆転とは何かを述べる。Freudenthalは、数学的帰納法の指導に認められる反教授学的な逆転を次のように例示する。

> 「数学的帰納法は、ある人々にとっては、生徒自身によって定義付けるまでの再発明ができると認められる原理である。数学的帰納法を発明するには、数学的帰納法に関連した自明ないし自明でない凡例に親しんでいることが前提として想定される。歴史的には、たぶん二項定理（パスカルの三角形；引用者）がその前提になっていた。ところが、教科書では、二項定理は、数学的帰納法によって証明する。～中略～ペアノの公理から数学的帰納法の原理を定理として演繹することは、演繹的教程（course）と言える。これは反教授学的な逆転のいい例である。実際、学習過程を分析すると、演繹的教程は、（歴史的発明過程とは；引用者）正反対であることがわかる。～中略～数学的帰納法は、太古から用いられてきた。「多角数」はこの原理の意義深い適用である。この原理を意識的に受けとめ、定式化した最初の人はパスカルである。きわめて新しい言語的命題に基づくその定式化は、注目すべき功績である。～中略～かなり後になって、公理化の過程において、デデキントとペア

ノがその原理を定義付ける再解釈に従事する」[34]

　公理から演繹的に定理を導く順序をたどる教程は、大学では一般的であるが、学校数学では数学教育現代化期にSMSGなどの海外の著名な学校数学教科書プロジェクトにおいて認められたものであった[35]。Freudenthal自身、「今日（現代化が後退した時期；引用者）では、大多数の人々が、生徒に所産として教材を提示すべきでないことに同意すると信ずる」(Freudenthal, 1973. p. 118)というように、所産をそのまま提示することは多くの数学研究者が批判的に受けとめた経過にある。その一方で、当時、少数派と化していく数学を所産と見る立場においては、活動の強調を、所産における活動（公理からの体系の論理的構成）と誤解する事態も起こり得る。それゆえ、どのような教程が、反教授学的な逆転と言えるのかを吟味する必要がある。Freudenthalは、反教授学的な逆転が、教材の論理分析によってもたらされることを次のように指摘する。

　「（再発明を求めるソクラテスの対話法[36]とは；引用者）極めて異なる指導方法がある。その指導方法の哲学は、指導は系統的であるべきであり、その系統は教材の論理分析の結果であるか、さもなくばその結果の逆順によるべきであるというものだ。仮に、言語が文章からなり、文章が単語からなり、単語が音声からなるならば、文字と音声からはじめて、それを一致させつつ、順に、音節、単語、ついには物語全体へと教えられるべきである。〜中略〜仮に、かような分析により、数学が演繹的な体系を備えていると結論付けたならば、数学は構造に従って、より正確に言えば教師ないし教科書著者が信じた特定の演繹体系に従って、履修されるべきとなる。これこそ、私が、反教授学的な逆転と呼ぶものである。そこでは、ただの教授関連要素、教材の論理分析が示される；生徒は論理分析結果を提示され、結果を知っており、分析された事柄を、目前で再構成してみせる先生の姿を眺める」[37]

　すなわち、子どもが学ぶ系統を、数学的構造に基づく演繹体系に従って論理分析して作った教程こそが、反教授学的な逆転であるとするのが彼の指摘である。先に言及したHegel-Lakatosの視野から仮に補完すれば、そのような逆転は、Hegelによる論理学と弁証法的論理学の対置の場合には、論理学に従った演繹体

---

34) Freudenthal, H. (1973). *Mathematics as an Educational Task*. D. Reidel. 122-123.
35) 植竹恒男 (1967). 『アメリカのSMSG』1〜4. 近代新書.
36) すでに、脚注で指摘した通り、Freudenthalは発見法という語用は採用しない。
37) Freudenthal, H. (1973). *Mathematics as an Educational Task*. D. Reidel. p. 103.

系に基づく指導系統に該当し、矛盾による知識進化のアプローチとしての弁証法的論理学から外れているとも指摘できる。

　特に、この逆転が顕著だったのは、米国や仏国にみられた現代化である。この反教授学的な逆転に基づく教程に対して、Freudenthal が対置するのが先述の再発明に基づく教程である。Freudenthal は、再発明のための教材分析の方法を次のように記述する。

　「数学を活動と解する立場は、まず第一に、教える問題を活動として分析する。〜中略〜Polya の本は、活動としての数学に対してほとんど貢献していない。ほんとうによく見ている人であればもっと沢山のことをみいだすだろう。なぜなら、よい先生は、(生徒を想定して、その課題に対してどのような反応が返ってくるかという；引用者) 思考実験を通じて、その分析を、繰り返し行ってきたからだ。〜中略〜活動として解釈し分析することで構成された指導方法を、再発明の方法と名付けた」[38]

　「発明は、学習過程における水準（段階）として理解し、特に再発明においては、接頭語、再を考慮に入れている」[39]

　Freudenthal の Polya 批判は、逆に Freudenthal の関心が、問題の発見的解法のようなコンテントフリーな議論にではなく、学校数学の様々な教材の活動としての解釈、生徒を想定しての分析に当てられていることを示している[40]。そうであるがゆえに、彼は再発見ではなく再発明という語を用いて、学習過程における数学的知識、理論の段階的発達図式を設けて、生徒の活動を想定した教材分析を通じて行われる教程化に光を当てようとしているのである。そして、第3節で指摘するように、この段階的図式で描き出される活動こそが、Freudenthal の言う数学化なのである。

　次に、所産を活動として静的に解釈することに基づく誤解を指摘する。反教授学的な逆転とみなせる現代化教科書においても、それを子どもの活動として表現しようとする工夫は随所でなされていた。しかし、Freudenthal は、次のように指摘し、所産として数学をみなしながら、活動的に数学を教えようとすることで学校数学から真の活動が失われたとみる。

---

38)　Freudenthal, H. (1973), *Mathematics as an Educational Task*, D. Reidel., p. 120
39)　Freudenthal, H. (1991), *Revisiting Mathematics Education*, Kluwer, p. 36
40)　Freudenthal の数学化に焦点を当てることは、数学的活動を Polya のように数学の問題の解決法、発見法を学ぶ、数学を構成する方法についての議論に光を当てないことでもある。すなわち、それは序章で述べた数学学習の3つの側面の中でc)を積極的に話題にしないことに通じている。

「今世紀に入り、数学教育における（学校数学と数学研究との；引用者）分断が話題にされた時代には、すでに学校数学はあまりに真の数学とは異なるものとなっていた。～中略～基本的には、反目は、鬩ぎ合いを伴う活動的科学（数学；引用者）と、それを伴わない所産としての科学との間に存在した。所産としての科学は、アルゴリズムの集積であり、活動的科学の抜け殻であり、子どもにしてみればおとぎ話である。もちろん、教えられるためには、科学は、生徒の水準に適応したものでなければならない。しかし、ここで起こったことは、数学のおとぎ話的翻訳版が、真の数学からは独立して発展したことである。(19世紀以来の；引用者) 自律の100年の後、学校数学は、高等数学へも生活へもどこへも抜けられない袋小路に入ってしまった。～中略～この発達は、次のような二つの悪い意味で合致した鬩ぎ合う対立結果として起こった。一つは、教材の側からの観点であり、数学を教えるわけだから、数学であるべきで、演繹体系、所産としての科学を教えるべきとする立場である。もう一つは、教授学の観点であり、活動的に学習を刺激すべきという立場である。」[41]

教えるために所産としての数学を、生徒に合わせようと教材化する。その際、数学的な意味での活動とは隔たりのあるおとぎ話への翻訳が生じ、学校数学が真の数学からかけ離れたものになっていったとするのがFreudenthalの見解である[42]。第3節で取り上げるFreudenthalがNew Math当時抱いたPiaget研究利用への批判は、その典型でもある（1973, p. 120, pp. 662-667）。第3節で指摘するように、子どもの推論を数学として分析するのではなく、対話の論理分析をした結果（所産）を、子どもに求める活動とみなし教材化をはかる点に誤り（おとぎ話）が生じる余地があるのである。そして、そのおとぎ話をもたらすのが、Freudenthalの言う静的解釈である。Freudenthalは、数学的な意味での推論としてではなく、言語分析でなされる静的解釈の問題点を次のように例示した。

「（RusselとWhitehead の "Principia Mahtematica" に対して）それは、問いや問題を形成する一切の言語的意味が失われている。言語分析（analysis）[43]

---

41) Freudenthal, H. (1973), *Mathematics as an Educational Task*. D. Reidel., p.116-117
42) Freudenthalは、このようなおとぎ話的解釈を排除し、数学の活動としての特性を明らかにするためにそれぞれの教材分析を行い、それを数学的構造の教授学的現象学としてまとめた。
43) ここでは哲学の訳語を尊重し分析と訳す。数学では解析である。平凡社（1976）『哲学事典』では、分析 analysis の語源をパッポスの数学集成に求め、該当個所を邦訳を示している。Heath, T. (1921). *A History of Greek Mathematics*. The Clarendon Press. 399-400.; Thomas, I. (1941). *Selections Illustrating*

第2節　数学化が求められる背景　49

は、言語表現の静的解釈に由来する次のパラドクスに、当初は期待を持って苦闘した。Walter Scott は "Quentin Durward" の著者であるから、Walter Scott を "Quentin Durward の著者" にいつでも置き換えられる。同様に $\frac{1001}{11}=91$ だから、$\frac{1001}{11}$ をいつでも 91 に置き換えられる。しかし、'Walter Scott は "Quentin Durward" の著者である'、さもなくば、'$\frac{1001}{11}=91$ である' という記述では、同じような置き換えはできるだろうか？　言語学では、この場合の代入ではなぜ意味が変わるのかを説明しようとする痛ましい努力がなされた[44]。実際には、このパラドクスは、言語表現の静的解釈に基づいている[45]。」[46]

　ある命題には、その命題が意味をなす文脈[47]があるはずである。彼の言う静的解釈は、その文脈を外して別の目的、この場合は、わかりやすく教える目的で解釈することを指すと考えられる。その静的解釈の帰結が「おとぎ話」である。

　例として、Freudenthal の厳密さを話題にした例を利用する（Task, p. 152）。例えば、「"ある三角形が 4 つの頂点をもつならば、その正三角形は正三角形である"

---

the History of Greek Mathematics. II, Harvard University Press. 596-597.; Johnes, A.（1986）. *Book 7 of the Collection by Pappus of Alexandria*. Springer. 82-83 では、該当個所のギリシャ原典と英訳を示している。そこで総合に対置される解析は「証明すべき結論（ないし作図すべき対象）が仮に成り立つ（作図できた）として、それを成立させる条件へつぎつぎに遡っていくことで、仮定から証明すべき事柄（作図手順）を発見する方法」とみることができる。哲学事典中にある数学集成の引用は、これら英訳とは隔たりがある。広辞苑第 4 版では、「ぶん-せき【分析】（analysis）1. ある物事を分解して、それを成立させている成分・要素・側面を明らかにすること。2.〔化〕物質の鑑識・検出、また化学的組成を定性的・定量的に識別すること。3.〔論〕ア．概念の内容を構成する諸徴表を各個に分けて明らかにすること。イ．証明すべき命題から、それを成立させる条件へつぎつぎに遡ってゆく証明の仕方」とある。イは誤りで正確には上記の通りである。この誤りが、第 5 版でも正されていないことに明らかなように、原義は一般には正しく日本語に直されてこなかった。なお、分析にも、解析にも、英語・日本語ともに、細かく分けるニュアンスがあるが、パッポスには分けるニュアンスはない。

44)　B. Russell「指示について」にある事例である（ラッセル, B., 清水義夫訳（1986）．指示について．坂本百大編『現代哲学基本論文集』I．勁草書房．p.59）。飯田隆（1987）．『言語哲学大全』I．勁草書房．190-193 によれば、この記述は a「ラスコットはウェイバレーの著者である」と b「スコットはスコットである」という二つの文章を「語の意味＝指示対象」とする見解の矛盾を指摘した G. Frege にそった事例である。「語の意味＝指示対象」の立場に立つ Russell は、この事例で、Frege がこの矛盾を指摘する以前に、「ウエイバレーの作者」という語が表示句であって、そこにスコットが入るとは限らないがゆえに同じ意味論的単位をなしていないことを指摘している。飯田隆は、この両者が、言語哲学の問題と方法を提示したことを指摘しており、この事例は、その重要問題の一つである。

45)　Freudenthal は、彼の言う静的解釈を話題にしており、脚注 44 で述べたラッセル、フレーゲが話題にしようとした関心とは、異なる意味でこの事例をとりあげている。

46)　Freundenthal, H.（1973）, *Mathematics as an Educational Task*. D. Reidel. 115-116.

47)　理論付加性を鑑みれば、文脈は活動主体に依存しているので、活動と置き換えることもできるが、ここで批判する活動の誤用の問題と言葉が重なるので文脈とする。

という命題は真ですか？」という問いは、論理学的には真[48]と答えるべきだが、聞く側の厳密さのレベル[49]によっては無意味にも、誤りにも聞こえる。例えば、様々な長さの棒で三角形を構成してみる段階の子どもにこの質問をすれば、当惑するか、誤りと答えるだろう。一方で、すでにあるものとして数学を教えようとする先生は、そのような構成活動抜きで三角形の図を示し、「三角形の頂点は、2つか、3つか、4つか」というような問いを発することもある。知っている人が知らない人に教えようとすれば、その場限りに、教材の静的解釈をして、不自然な問いを発し、こどもの反応を聞いて、「よくできました」、「そうではありません」という問答を生み出していく[50]。立場によっては[51]それも教室での活動に映るが、Freudethal の視野からすれば、それは再発明の意味で教材分析とは言えず、従って数学化として話題にしたい活動とは言えない。

　以上、数学を活動とみなしながらも、誤った活動が具体化される起源として、反教授学的な逆転と所産の静的解釈に基づく教程化の問題を指摘した。

　抽象的な教材を、そのまま教えようとすれば、それは発明とは無縁な反教授学的な逆転に陥る。例えば、Dienes は、確かに構造を活動的に教えられることを話題にしたが、その活動が、本来その構造が表現したい実態を伴うものであるかは、彼の視野からすれば射程外であった[52]。子どもに合わせて静的に解釈すれば、おとぎ話が生まれる。そうではなくて、数学的知識が段階的発達するという数学化図式を基盤にして、生徒の活動を想定して教材分析（思考実験）を行うことで、学校数学において真の活動である数学化を実現しようとする。それが Freudenthal の主張である。すなわち、誤った活動を生まないための要請として、数学化を基準にした教程化への要請が、数学化の背景にあると指摘できる。

（ｃ）　**教程化の基準**；数学を所産とみなしながら、活動的に教えようとする教材の静的解釈と、体系を前提に公理から順に教えようとする反教授学的な逆転にかわる教授学的変換を進める上での具体的な手だてが必要である。数学の発生の本性に立つ数学化を、子どもの思考を想定した教程化に際しての基準とすべきである。

---

48)　一般に、誤った仮定から得られた帰結はすべて真である。
49)　これも活動主体に依存する要因である。
50)　岡田敬司（『コミュニケーションと人間形成』ミネルヴァ書房.1998.p.112）は、設問-応答-評価型の教授授業と性格付け、その特徴を検討し、討論型授業と対比している。
51)　このような立場の可能性は、後で真正の活動との対比で別に触れる。
52)　ディーンズ、Z.P.（1977）.『ディーンズ選集』1〜6. 新数社

この要請（c）は、先に（a）で指摘した数学化が学習過程に対する規範的視野を提示するという理解を前提にしている。要請（c）の必要は、その認識が欠落した誤解（b）を排除し、（a）を実現する方策の必要を求める点にある。数学の本性を数学化に認めて、それを学校数学において実現していく教程化の際の基準が数学化なのである。

　以上、Freudenthal の数学化の背景にある問題意識を、諸家の言説と対照しつつ指摘した。人間活動としての数学を教えることを目的とした用語が数学化である。誤解を生みかねない用語としての数学的活動ではなく、過程を性格づける用語数学化を提唱することは教程化の基準を提供することである。数学化は、集合と構造ではじまる現代数学を、その構造を保って子どもに教えることに対する対極として提案された用語である。Freudenthal の考え方は、「数学的活動を通して数学を学ぶ過程を構成すること」、教材開発の基準を定めることを目的とする本研究の問題意識にまさに合致するものである（第5節参照）。

　本研究の主題を具体化するには、まず、その基準となる数学化を定義する必要がある。次節（第3節）では、数学化にかかる様々な用例において、Freudenthal の数学化の位置付けを述べる。そして、第4節で、Freudenthal の数学化に依拠して、本研究における数学化を概念規定する。

第3節　数学化に対する諸説と Freudenthal の数学化

　第2節では、Freudenthal の数学化論を参照しつつ、数学化が求められる背景として、次の三点を指摘した。

- （a）　**数学の本性及び数学教育の目標**；数学は人間活動であり、その本性は、数学化にある。従って、数学化を教育の目標とするべきである。
- （b）　**活動の誤解回避**；目標としての数学的活動は誤解を含みかねない用語であり、過程を強調する目標用語としては、過程を性格付ける用語である数学化が必要である。
- （c）　**教程化の基準**；数学を所産とみなしながら、活動的に教えようとする教材の静的解釈と、体系を前提に公理から順に教えようとする反教授学的逆転にかわる教授学的変換の手だてが必要である。数学の発生の本性に立つ数学化を、子どもの思考を想定した教程化に際しての基準とすべきである。

そして、「数学的活動を通して数学を学ぶ過程を構成すること」をめざす本研究の目的に、これらの背景は整合しており、従って Freudenthal の数学化に関する研究を参照することは目的の遂行に有効であると期待されることを指摘した。そして、その遂行においては、数学化を定義し、教程化の基準を明確化する必要があることを指摘した。

本第3節では、第4節で Freudenthal の議論を前提に本研究における数学化を定義する手順として、従来の数学化に関わる語用をまず整理する。そして、第5節で、本研究の目的に対する数学的活動を規定としては、Freudenthal の議論を根拠とすることが妥当であること、同時にそのように考えたとしてもそれを具体化するには課題があることを指摘する。

(1) 数学化に対する二つの語用

数学化は過程を意識して用いられる用語であり、数学教育でその用語を用いる場合、その過程を重視し、そこでの創造活動を目標とする文脈を認めることができる。実際には、その数学化も、人によって全く異なる語用により用いられてきた。その用例において用語「数学化」の語用として、次の二種の用法に大別できる。

　　ア．現実世界に限定した意味で事象（実事象）をとらえて、実事象を数学的に表現するまでの過程ないし、その一部を指す用法である。
　　イ．現実世界に対する限定を外して、事象を数学的に表現する（し直す）までの過程ないし、その一部を指す用法である。

区別する都合上、アを現実の数学化、イを現実に限定しないという意味で単に数学化と呼ぶことにする。すでに記した Freudenthal の立場はイに属する。そして、本研究の主題も、数学の創造を事象からの創造の場合にのみ限定しないので、イの場合に属する。

以下、用例を示すが、数学化が特別な用語ではないことを同時に示す意味で、教育課程関連の公文書から用例を示す。数学教育研究における用例の検討は項を改めて行うことにする。

(1)-1. ア．現実の数学化の用例

アの用例として NCTM のカリキュラムスタンダード[53] 中の図1.1をあげる。
図1.1では、現実世界から数学的モデルを得るまでの過程に数学化という語が

第 3 節　数学化に対する諸説と Freudenthal の数学化　53

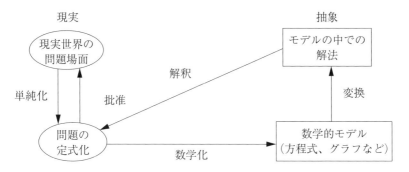

図 1.1　数学的モデル化（NCTM スタンダード所収、邦訳 p. 147）

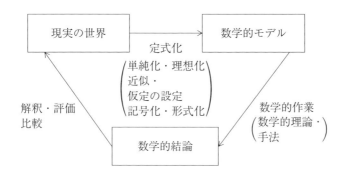

図 1.2　数学的モデル化（三輪辰郎、1982、p. 288）

あてられており、文字通り現実の数学化の用例と言える。教育課程関連文書ではないが、補説として、三輪辰郎が記したモデル化過程（図 1.2）を示す。

図 1.2 は、図 1.1 の現実の数学化部分を、「定式化」としている。現実の数学化が、他の用語で表現し得ることを示唆する一例である[54]。モデル化過程は、現実

---

53) 学会の定めた数学教育課程基準である。多方面の主要組織から裏書きを受けた文書であるから、ここでは公文書とみなす。ただし、行政による法的な意味での公文書ではない。能田伸彦，吉川成夫監修 (1997)．『21 世紀への学校数学の創造：米国 NCTM による「学校数学におけるカリキュラムと評価のスタンダード」』筑波出版会．; NCTM (1989). *Curriculum and Evaluation Standards for School Mathematics*, National Council of Teachers of Mathematics.
54) 数学的モデル化は、英語圏では、シェルセンターを中心に 1970 年代に注目された。モデルという語用を除けば、このような過程への注目は、日本では例えば、鍋島信太郎・時田幸男編による 1957 年編の教員養成課程テキスト「中等数学教育研究」にその図式を認めることができる (p. 53)。そこで、その過程が戦後の数学教育を風靡した過程の図式と指摘されている通り、それは昭和 26 年の学習指導要領にも認めることができる過程である。

世界に対してより適切な数学的モデルを求めて、モデル化過程を円環的に巡って、数学的モデルを進化させていく様相を表現している。現実の数学化は、数学的モデルを得るばかりではなく、その進化させていく過程の一部として組み込まれている。

　数学的モデル化過程はしばしば図式で表される。広く数学的活動を図式化する試みもある。数学的モデル化過程を一部に取り組んで数学的活動を図式化したのは島田茂の数学的活動の図式である。数学自身の発展を話題にした島田の考えはむしろ次のイの用例である[55]。

(1)-2. イの意味での数学化の用例

　イの用例として、文部省の教育課程関連文書から、昭和17年の要目改訂に準じて発表された文部省著作教科書「数学一類」「数学二類」の編纂趣意書[56]各巻冒頭、編纂趣旨に掲げられた次の用例を示すことができる[57]。

　「本教科書はこの（17年要目の：引用者）精神に則して編纂したものであって、大体の方針は次の通りである。
1. 既成の数学の注入を排し、事象に即して生徒を自ら数理を発見するように導くこと。
2. 問題には具体的素材を多くとり、事象を数学化し、且つこれを処理する修練を重んずること。
3. 具体に即して数理を十分に会得せしめ、然る後にその抽象化、形式化を図り、依って以てこれを具体的事象に自在に応用し得るよう錬磨すること。

（以下、方針は10項目まであるが省略する）」[58]

　引用中の方針2では、「事象を数学化する」ことは「処理する」ことと並置されている。方針1との対比からここで言う「数学化」が数理の発見に関連している

---

55) この点については礒田の修士論文（礒田正美 (1984). 数学化に関する一考察；H. Freudenthal の数学化を中心に. 筑波大学大学院修士課程教育研究科）で話題にした。ここでは割愛する。
56) 杉村欣二郎・島田茂・田中良運・和田義信著と言われる。
57) 教育課程史上「数学化」という用語はこの編纂趣意書で登場する。英語 Mathematization の用例は Webster Dictionary によれば 1908 年である。この年に The International Commission on the Teaching of Mathematics が International Congress of Mathematicians IV において設立されている。三輪によれば数学的モデル化は、1970年代の Shell Center の研究にはじまる。それ以前の数学化とは、国内では、この編纂趣意書に依拠した用語、どちらかと言えば後者の意味での語用であったと考えられる。
58) 文部省 (1943).『数学編纂趣意書』1. 中学校教科書株式会社. p.1.

こと、方針3との対比から、それが抽象化や形式化とは別の項目、問題解決に関わる一連の過程の一部を指して、ここでは「数学化」という語を用いていることがわかる。続く総括的注意では次のような記述がある。

「具体的素材より数理を抽出するはたらきが大切であり、然る後に、これを抽象化し形式化したものに習熟せしめるのが効果的である。」[59]

「具体事象の考察では、問題の核心を捉えこれを数学化する過程が重要である。そこでは、関係の観念、近似と誤差の問題が重要である。」[60]

数理を抽出して抽象化や形式化するという文脈では概念進化を話題にしているとみなせるのに対して、数学化は、同じく数理に関連しながらも問題解決過程における事象を数学としてとらえる「過程」に限定して用いられている。この総括的注意は、この教科書全体、すなわち放物線の求積などを含む微分積分まで共通する項目であり、近似は解析的な操作であるがゆえに、ここで言う事象は、現実世界の事象に限らず、数学を対象にした場合も含んでいるとみることができる。すなわち、編纂趣意書における数学化の用例は、イの場合に該当すると言える。総括的注意は、項目を改めて次のように続けられる。

「一般に事象を観察処理する態度について肝要と思われることは、目的を正しく摑んで計画を立てること、常に大局を概観して方向を誤らぬこと、推理に於てまた手段の選択などに於て全面的に考察して遺漏なきを期すること、深く穿鑿（せんさく）して論拠を固くすること、処理の各要素に於いて験証を怠らぬこと、持久の精神を以て改善を計ることなであろう。指導にあたっては、当面の数理のみを目標とせず、上（あろうまでをさす）のような科学的態度の育成に十二分に考慮を払われたい（括弧内引用者）」[61]

「素材より数理を抽出するはたらきが大切」「具体事象の考察では、問題の核心を捉えこれを数学化する過程が重要」という先述の引用と対照するならば、数理とは、数学化により得られた観念（conception）とみなせ、その数理を得るまでの問題解決過程に数学化という語が割り当てられているとみることもできる[62]。数

---

59) 文部省（1943）.『数学編纂趣意書』1. 中学校教科書株式会社. p.6.
60) 文部省（1943）.『数学編纂趣意書』1. 中学校教科書株式会社. p.7（p.6とは別項目）.
61) 前述 p.7
62) 奥招の博士学位論文「昭和10年代にみる算数科の成立過程に関する研究」筑波大学大学院博士課程教育学研究科（1994）では、塩野直道は自らの思想形成史では、数理観念を後に数理思想と言い換えたことが指摘されている（P.76）。小学校段階では、塩野直道によって目標視された数理思想の涵養が、昭和10年の緑表紙教科書の教師用書において目標として位置づけられる。ここで取り上げた中学校の改革の話題も、その延長でなされたわけであるが、開戦、国民学校との関連で理数科、科学的精神

理を抽出して後「これを抽象化し形式化したものに習熟せしめる」ことは、教科書の節毎に繰り返される。すなわち概念進化は、数理を抽出し、抽象化し、形式化することを繰り返して進展するものであり、数学化も、その一連の過程における問題解決で行われることを含意している。

　以上、教育課程関連公式文書にア、イの用例をみた。教育課程関連文書で、このように過程を強調する場合、その活動の目標視を前提としていること（前出a数学の本性）、しかも誤解のないように過程へと細分化していること（前出b活動の誤解回避）、そして過程の実現が求められていること（教程化の基準）を含意していることに注意したい。

　示した用例では、数学化は、いずれも数学の創造を進める過程の一部を指し、再帰的に繰り返される過程において規定されている。しかし、前節で述べた通り、数学化は、このような過程の一部に対するラベルとしてのみ用いられるものではない。その指摘と連関して、次に数学教育研究における用例を参照する。そして、本研究の主題に対してはFreudenthalの数学化論が、その研究基盤として妥当であることを確認する。

(2)　Freudenthalの数学化論の位置

　前節で示した例示は、活動の諸相を分類し、その一部を数学化とする用例であった。それに対して、Freudenthalの語用は、第2節で引用した通り、現実世界の問題に限定しない数学化の用例であり、特に数学化を活動の一部ではなく、活動と同義とみなす立場に立つ点で特徴的である。そこで、以下では、Freudenthalの用例を性格付ける意図で、数学教育研究における諸家の用例を取り上げる。用語としての数学化が、数学教育研究で脚光を浴びたのは、1967年に行われた数学教育の世界組織ICMIのコロキウム「数学を有用であるべくいかに教えるか」である[63]。そこでは数学化は、求められるべき教育方法の本質とかかわって諸家の言説に現れる。まずその当時の用例から整理する。

　　の強調など新しい視野も加わり、数理獲得への過程が強調されている。その過程を示す用語が数学化である。

63)　数学教育の現代化が話題にされた時代である。米国型の教科書開発研究が構造を基盤にした教科書開発を展開したのに対して、このコロキウムは、数学的活動に光が当てられて議論されている点でその後にも強く影響することになった。このコロキウムの報告書が、数学教育学で初の国際誌として意図的に発行されたEducatIonal Studies in Mathematicsの創刊号になったこともあり、多くの目に触れた。

第3節　数学化に対する諸説とFreudenthalの数学化　57

　Servaisは、「教育が生み出し、導き、促進しなければならないことは、上で述べたような数学的活動を生徒に教えること」として数学的活動を、目標視する。そして、数学的活動を、その推論関係の特徴から、数学化、演繹、応用という三つの段階区分で括った。ここで言う数学化とは現実の数学化（前項ア）である。彼は応用を数学化した対象に返すこととしている。そこで言う推論関係とは、例えば現実事象→〈数学化〉→数学的モデル→〈演繹〉→数学理論→〈応用〉→現実事象、というような流れを想定しており、これは前述の数学的モデル化過程に通じる言説であると言える。ちなみに、数学的モデル化過程を学校数学に持ち込もうとする動きは、1970年代の動向である[64]。前節で述べた、戦中の教科書にみるように当時、このような過程に対する観念は世界的に認められた。しかし、その観念を共有する上での数学教育用語は、むしろ数学化や応用というような語によっていた。

　Krygovskaは、「数学は固有な仕方で役に立っている。その固有さは、数学化という特別な述語が存在することにも現れる。他の科学には、どこにもこれと類似なものがみつからない」とし、数学外の場面から数学的構造に至る長期の過程全体を数学化としている。この用例は、出発点を数学外としている点から、現実の数学化（前項ア）の用例であると同時に、その到達点を、高次の抽象である数学的構造に置いている点で、先のモデル化過程を現実の数学化とする用例ではなく、数学化（前項イ）の用例と言える。

　そして、Freudenthalは、前節で引用した通り、「問題は、どのような数学をにあるのではなく、どのように数学を教えなければならないかにある。その第一原則は、数学は実在を数学化したものであるということだ。〜中略〜人間が学ばなければならないことは、閉じた体系としての数学ではなく、むしろ活動としての数学、すなわち、実在を数学化する過程や、できるならば数学を数学化する過程なのだ」と指摘する。活動としての数学が、実在を数学化する過程や、数学を数学化する過程においてなされるとする彼の数学化は、現実事象に対象を限定しない数学化（前項イ）である。特に彼の用例では、数学化過程と活動が同等に扱われている。それは、前項でみた昭和18年の教科書編纂趣意書の用例のように、活動過程の一部分に対するラベルとしての数学化ではなく、数学創造に関わるすべての活動を数学化過程においてとらえる用例となっている。Krygovskaの上述

---

64) 数学的モデル化過程の記述は、それ以前より内外に合ったが、数学的モデル化というラベルを利用にするようになったのは、英語圏でもShellセンターの研究が注目されて以降と言う。

の用例も同様な用例である。

　以上が、数学化が世界規模の会議で話題になった際の用例である。Freudenthal の用例が、活動過程の一部に対するラベルではなく、数学創造に関わる活動を数学化過程においてとらえるという点で、特徴的なことがわかる。

　このコロキウム以後も様々な用例を指摘できるが、活動を数学化過程においてとらえるという Freudenthal と同じ文脈で、世界的に注目された用例としては、先の Wheeler の用例と Freudenthal の指導で展開されたオランダの教科書プロジェクトの用例を指摘できる[65]。Wheeler の用例は、第 2 節の（1）で引用したので、以下、オランダの教科書プロジェクトの用例をみる。

　Freudenthal の指導によって展開されたオランダの Wiscobas 教科書プロジェクトの推進者である A. Treffers（1978、英訳 1987）は真実性のある教科書開発の一貫として、問題解決の過程において数学化を検討し、Freudenthal の実在の数学化を水平的数学化、数学の数学化を垂直的数学化と言い換え（F. Goffree, 1993, p. 30）、それを次のように規定した[66]。

「問題を数学的に表現しえるまでの試みを水平的数学化という言葉で表す。
〜中略〜垂直的数学化は、数学的手段によって問題解決ができるようにしていく概念領域をなす。問題を解く、解決を一般化する、一層形式化するなどの数学的過程に関係した活動が垂直的数学化である。」[67]

　Treffers の語用では、問題状況を探索し数学的方法を明確に適用できるまでにする状況の定式化の過程が水平的数学化であり、それが完了した上で、数学的方法により解答し、より高次の数学へと発展する過程が垂直的数学化である。教科書プロジェクトにおいて数学化を謳った Treffers は、先に引用した戦中の我が国の教科書と、問題解決過程に対して数学化という語を適用している点では同じで

---

65) Wheeler の場合、先の節で引用した用例の後、自らの用例集をまとめ、1981 年の数学教育世界会議で、講演している。オランダの教科書プロジェクトは真数学教育（Realistic Mahtematics Education）として、ドイツ、米国などで翻案され利用されている。ここで real は実世界に限定されない。数学的概念を発展させる際のリソースとして機能するような数学における内的な真実観 reality ないし生徒が想像する真世界 real word をも含んでいる；Lange, J.（1987）, *Mathematics Insight and Meaning, Teaching, learning, and testing of mathematics for the life and social sciences*. Vakgroep Onderzoek Wiskundeonderwijs en Onderwijscomputerccentrum, p. 37. 他にも、Steiner, H. G.（1968）. Theory of Voting Bodyes. *Educational Studies in Mathematics*, 1（1-2）. 181-201. など、数学化にかかわる教科書プロジェクトが存在する。

66) Treffers, A.（1987）. *Three dimensions: a model of goal and theory description in mathematics instruction — the Wiskobas Project*. D. Reidel.

67) A. Treffers（1987）. *Three Dimensions*. D. Reidel, p. 71.

第3節 数学化に対する諸説と Freudenthal の数学化　59

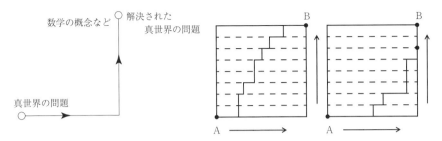

図 1.3　水平的数学化と垂直的数学化の漸進的様相

あるが、数学化を問題解決過程の一部ではなく、すべてを網羅する意味で用いる点で異なっている。

　Treffers は、問題解決による学習指導を念頭にした数学化が、学習指導における水準間で様々なルートで漸進的に進行するという視野から、漸進的数学化論[68]を展開している（図 1.3）。この Treffers の考え方は、J. de Lange（Freudenthal 研究所所長になる）等による Hewet プロジェクトでも継承されたオランダで標準的な考え方であった（de Lange 1987）。特に図4で、真世界とは、実世界ないし数学における内的な真実観のある世界を指している。この真実観を強調した教科書プロジェクトは、独逸、米国に翻案され、参照されるなど、世界的に注目されたプロジェクトに育っている。

　一方で、指導した Freudenthal 自身は Treffers 等の議論を快しとせず、彼が元々主張してきたことに立ち返り、最晩年に次のように記述する。

　「ながきに渡り、私は、水平的数学化と垂直的数学化とを区別するという考え方に躊躇してきた。〜中略〜その区別を以下のように特徴付けることにしよう。垂直的数学化は、人が生きる世界から記号的世界を導き出す。生きる世界においては、我々は営み、行う。他方で、記号世界は、構成され、再構成され、機械的に、有意に、反省的に扱われる。〜中略〜（ある人には、自然数は、その人が生きる世界に存在するもので代数和は記号的な世界に属する。しかし、別の人には、代数和は生きる世界に存在するもので、その記号表現は記号的な世界に属する。人によって生きる世界と記号的世界の区別は

68）教授原理として、現象の探究、垂直的数学化を支援する道具、自立的構成、相互作用、関連づけをあげており、水準の飛躍を漸進的に歩むことをねらっている（Treffers, 1987, 247-250）。ただし、van Hiele においても、教授局面において漸進性があった。

異なるとする議論に続いて：引用者）、水平的数学化と垂直的数学化は常に、その人が巻き込まれた特殊場面とその人が置かれた環境に依存している。そういった概論から離れた各論としては、様々な水準で例示することが、水平的数学化と垂直的数学化の間の区別を付ける最良の方法である。」[69]

ここで、Freudenthal は、生きる世界（真世界）で成していることが水平的な数学化であり、そのなしていることを前提に新たに記号的世界を構成することが垂直的数学化であるとわざわざ言い換える。この Freudenthal の引用において、数学化は「生きる世界とその再構成の繰り返し」として描き出されている。このような生きる世界とその再構成の繰り返しという視野は、Treffers においても、Lange にも存在している（de Lange 1987, p. 39, p. 72）。そして、何よりも、第1節で述べた、筆者の活動観に通じている（第5節で述べる）。

ただし、これら教科書プロジェクトに対する Freudenthal の主張は、Treffers らの水平的・垂直的数学化ではなく、水準という認識の階層と水準移行において数学化を記述すべきことを強調しているものである。漸進的な立場においては、図1.3のように一様に進行しない細層による漸進性が強調されることで、逆に、その水準は区別できなくなっている。その水準とは何か、そして、再構成とは何かについて、次節において改めて Freudenthal の主張を参照するが、水準を基に数学化を特徴づける点こそが、Freudenthal の数学化に特徴的な点である。そして、あえて彼が再解釈したことは、Treffers 等の考え方が、彼が言わんとした数学化の特質を損ないかねないがゆえに、それを特筆したことを物語っているのである。

以上、数学化を主張する諸家の用例を紹介した。諸家の数学化の用例において、ア）現実の数学化とイ）現実に限定しない数学化の用例が存在し、数学的活動の過程を分類し、その一部に数学化というラベルを貼る立場と、数学化と活動を同義に捉え、数学創造に関わるすべての活動を数学化過程とみなす立場があることを指摘した。結論として、Freudenthal の数学化は、数学化の諸用例の中で次のように位置づけられる。

Freudenthal とその指導を受けた諸家の用例では、数学化を、活動の特定の局面としてではなく、活動と同義なものとしてとらえる。特に Freudenthal は、その役割を生きる世界（真実観のある世界）の再構成に認めている。そして、数学

---

69) Freudenthal, H. (1991). *Revisiting Mathematics Education*. Kluwer. 41-42.

化の過程を、段階的な層によって表現しようとする点でも、彼らは共通している。教科書プロジェクトの場合、その層は、個別的な問題の解決や導かれる概念に応じて設定されるために、漸進的な層として描かれる。対する、Freudenthal においては、個別教材を子どもの立場から分析する各論としては、水準は固定的に記述し得るものと性格付けられている。

　数学的活動を通して数学を学ぶ過程を構成することをめざす本研究の目的に合致するのは数学創造の意味での活動と数学化を同義と見なし、その数学化の特徴を明確化しようとする Freudenthal の数学化論であり、そこでの彼の定義である。数学化を活動の一連のプロセスの一部に限定した場合、数学化という語で活動を通して数学を教える過程は話題にし難く、活動を質的に解明する基準にはならない。それゆえ活動を通して数学を教える教程に対する示唆を与えがたい。それに対して、世界的に著名な彼の数学化論であれば、上述のような捉え方に立脚し、本研究の主題に対する基礎を提供する。次節では Freudenthal によって数学化を規定する。第5節では、筆者の活動観と Freudenthal の数学化が整合的であることを改めて指摘し、本研究の主題の究明に有意と考えられることを指摘する。

第4節　数学化の規定とそのための水準要件

　前節では、数学化に対する多様な語用の中でも、Freudenthal の数学化論の特質は、活動の特定の局面としてではなく活動と数学化を同義にとらえる点、その性格を生きる世界（真実観のある世界）とその再構成と認めて、数学化の過程を、水準の階層性とその移行によって表現しようとする点にあることを指摘した。そして、数学的活動を通して学習過程を構成しようとする目的に照らせば、Freudenthal の数学化論が示唆的であることを指摘した。

　本節では、Freudenthal の数学化論に従って、本研究における数学化を規定し、同時にその規定の前提にある水準の性格を明らかにする。その際、そのような数学化の定義が、彼に固有ではなく、それ以前の日本の研究とも親和性が高いことを、Freudenthal 以前の数学教育論によって指摘する。そして、第5節でその数学化の規定が、筆者の活動観に整合することを指摘することで、その定義を基礎に本研究を構成することが適切であることを明らかにする。

(1) Freudenthal による数学化の規定

集合と構造を基盤に数学を教えることに疑問を抱く Freudenthal は、歴史的発生に認める数学本来の活動としての数学化を学校数学において実現することを願う。そして、数学史家として彼自身が極めた歴史的発生における数学化と等質な数学化が学校数学において実現しえることを、彼の指導で博士号を取得した van Hiele 夫妻の研究を参照しつつ指摘した。以下、彼の考察内容を示す。

Freudenthal は、まず、数学の系統発生における数学化を、次のように記述した。

> 「科学が単なる経験の集積から脱却するや否や、科学は経験の組織化を必然的に含むこととなる。経験が算術と幾何で組織されることを示すのは難しいことではない。実在を数学的方法で組織することは、今日数学化と呼ばれる。しかしながら、数学者は、論理的関係がより早い進歩を保証するや実在を無視するようになる。数学的経験が蓄積される。その蓄積は一部が組織されることが求められる。この要求に対し、どのような方法（means）が使えるのか。もちろん、再度数学的方法である。これが数学自体の数学化のはじまりである。」[70]

この記述に従えば、Freundenthal の言う数学化は、次のように定義しえる。

〈数学化の定義〉

数学化とは、経験の蓄積を対象として、数学的方法により組織することである。

Freudenthal 数学化論を論拠に研究を展開する本研究では、この定義を、本研究における数学化の規定とする。Freudenhtal が、数学化する活動と数学的活動を同義とみなしていることは、次の記述に現れている。

> 「数学的活動とは、経験領域を、組織化する活動である。経験領域の組織化は、数学に限らないが、数学における組織化の方法は、極めて専門的な方法によっている。」[71]

すなわち、Freudenthal においては、数学的活動とは、数学化する活動である。それは、歴史的に数学者が行ってきたことである。その活動を個体発生[72]の場で

---

70) Freudenthal, H. (1973). *Mathematics as an Educational Task*. D. Reidel. p. 44.
71) Freudenthal, H. (1973). *Mathematics as an Educational Task*. D. Reidel. p. 123.

ある学校数学においても実現する教程化の方策として、Freudenthal は再発明の方法を提起した (1973, p. 120)。その際、「van Hiele の再発明に対する解釈がより深い」と認めて (1973, p. 121)、参照したのが van Hiele の思考水準論である。van Hiele の思考水準が、数学における数学化の特徴を満たすことを、Freudenthal は次のように指摘する。

「学習過程は水準によって構造化される。下位水準の活動は、その水準の方法で組織されるが、やがて高位水準では、分析する教材（subject matter）となる。下位水準における操作材（matter）は、高位水準において教材になるのである。生徒は、数学的方法（mathematical means）によって（再）組織することを学ぶ。すなわち、生徒は、自分自身の活動に潜在する内容を数学化することを学ぶのである」[73]

「次の水準（the next level）では、子どもは、自分がその前の水準（the bottom level）でしたことを反省する。その前の水準における組織化の方法（means）は、分析の対象になる」[74]

以上の引用から、Freudenthal において数学化は、水準の階層の存在を前提に、学校数学においても歴史的発生と同義に、「経験の蓄積を対象として、数学的方法により組織すること」と定義できる。特に引用では、例示的な文脈で、数学的方法（mathematical means）に当てる言葉として、その文脈に則して matter, devices などが当てられている。そして、最後の引用中の「反省」によって「前の水準における組織化の方法は、分析の対象になる」、「下位水準の操作材は、教材になる」という記述で表される内容は、数学化の一面を表す本質である。すなわち、「経験の蓄積を対象として、数学的方法により組織する」という数学化の規定において、経験の蓄積において対象化されるのは、その経験における操作的内容としての組織化の方法であり、それを新たな「数学的方法により組織する」ことは反省という語で性格付けられる[75]。ただし、第5節及び第2章で主題として検討す

---

72) 本稿で個体発生とは学習による発達である。系統発生とは、数学者の研究による数学の発展である。
73) Freudenthal, H. (1973). *Mathematics as an Educational Task*. D. Reidel. p. 125.
74) Freudenthal, H. (1973). *Mathematics as an Educational Task*. D. Reidel. p. 128. Freudenthal は、数学教育学において引用され続ける多くの言明を残したが、中でも、この「方法の対象化」にまつわる数学的活動の図式は、後述するように、その後の研究に多大な影響を与えた。
75) Freudenthal が、数学化を「反省」という語で特徴付ける用例は、前節で引用した別の本の用例にも明らかである。Freudenthal, H. (1994). *Revisiting Mathematics Education*, Kluwer, 41-42.「反省」は第1節で話題にした Dewey においても、Piaget においても基本用語である。この点については Piaget

るように、例えば「反省とは何をすることか」や「方法の対象化とは何をすることか」という具体的な行為については、彼は詳細には記していない。

　Freudenthal の数学化論を手がかりに、数学的活動による創造的な学習過程の構成を探る本研究では Freudenthal による数学化の定義「経験の蓄積を対象として、数学的方法により組織すること」を、数学化の規定として採用する。その採用の適切性は、第1節で述べた筆者の活動観との整合性において、第5節で改めて確認する。

　先の引用に従えば、このように定義される数学化は、具体的には次の三つの局面で構成されていることがわかる。

〈数学化の過程を構成する局面〉
Ⅰ．数学化の対象：下位水準の数学的方法で組織された活動による経験が蓄積する。
Ⅱ．数学化：蓄積された経験は、新しい数学的方法によって再組織化される。下位水準の活動に潜む操作材、活動を組織した数学的方法を、教材ないし対象にして新しい数学的方法によって（再）組織する活動が進展する。
Ⅲ．数学化の結果（新たな数学化の対象）：高位水準の数学的方法で組織された活動による経験が蓄積する。

　新しい数学的方法による再組織化を伴う数学化の過程は、もとより New Math のように無矛盾な体系で、数学を教えようとするものではない。この局面を前節末で話題にした彼の数学化にまつわる見解である「生きる世界」[76]と対照しておく。「数学化の対象」でなされる活動とは、生きる世界を指しており、「数学化」とは、その生きる世界における経験を反省して抽象的な世界へと再構成していくことに相当する。そして、「ある人には、自然数は、その人が生きる世界に存在するもので代数和は記号的な世界に属する。しかし、別の人には、代数和は生きる

　の議論との関係において、第5節で再参照するが、そこで課題にすることは、反省の対象がなんであったのかは、結果論としてわかることである。仮に、反省対象を対象化されるべき方法としたとしても、指導計画を構成し得る側にない、その活動の当事者には、その内容は未決である。反省という語に込められた活動内容の意味は、第2章で検討する。

76) 「水平的数学化と垂直的数学化の区別を以下のように特徴付けることにしよう。垂直的数学化は、人が生きる世界から記号的世界を導き出す。生きる世界においては、我々は営み、行う。他方で、記号世界は、構成され、再構成され、機械的に、有意に、反省的に扱われる」Freudenthal, H. (1991). *Revisiting Mathematics Education*. Kluwer. 41-42

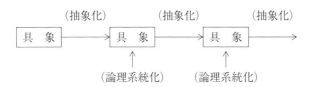

図1.4 数学学習の系統の本質（鍋島・時田編、1957）

世界に存在するもので、その記号表現は記号的な世界に属する。人によって生きる世界と記号的世界の区別は異なる」とする彼の見解（1994, pp. 41-42）は、その記号的世界も、学習を経て、生きる世界へと転じていく、その繰り返しが数学化であることを指摘したものである。後述するように、ここでの世界の区別はFreudenthalにおいては水準として記述される。そこで、改めて、水準を規定した上で、数学化のこれら局面を再考することにする。

さて、Freudenthalの数学化を生きる世界の再構成とみなす見解は、その後、世界の数学教育界でよく学ばれた見解である。しかし、それは、数学教育学史上において突出してオリジナルな見解であったからではなく、むしろ、数学教育関係者の間では、数学の本質を語る的を得た見解と認められたからであると考えられる。実際、Freudenthalがこの主張を行う16年前に出版された我が国の数学科教育法のテキストである鍋島信太郎、時田幸雄編『中等数学教育研究』（大日本図書、1957、p.57）では、数学の系統性を記述する基本枠組みとして、論理系統化と抽象系統化とをあげ、「学習者が、抽象系統化、論理系統化を行いつつ、数学を創造していく系統を作っていくことが、真の意味の数学学習をすること」として、図1.4を提示している。

図1.4は、具象が抽象化され、抽象が再び具象とみなされ、その世界で論理的な蓄積がなされ、再び抽象化されていく様相を表している[77]。仮に、数学化の局面Ⅱを、図1.4における抽象化過程とみなせば、この図式は、そのまま

---

77) 具象は、平凡社『哲学事典』では、抽象性から具体性への発展としてとらえられており、哲学においても具体と抽象に関わる論点となっている。特に、哲学者、務臺理作は、具象化的抽象という語用でそれを唱え、数学教育では和田義信により1947年の学習指導要領算数科・数学科編（試案）の「はじめのことば」の背景に盛り込まれた。その点からすれば、この数学の発達図式そのものは、Freudenthal以前の日本の数学教育界でも広く認められてきた見方といえる。務臺理作（1944）『場所の論理学』弘文堂. 蒔苗直道（1999）．戦後数学教育の指針「はじめのことば」に関する一考察．『筑波数学教育研究』18. 35-44 参考．具象化は、近年はSfard（1991）によって再び話題にされた．礒田正美（1999）．数学的活動の規定の諸相とその展開：戦後の教育課程における目標記述と系統化原理「具体化的抽象」に注目して．『日本数学教育学会誌』81（10）. 10-19.

Freudenthal の指摘した数学化過程に重ねて読むことができる。この図式が表されたのは、Freudenthal が数学化を話題にして世界的に注目を浴びる以前の日本においてである。そこでは、異なる文化圏にいながら、数学において共通の本質が話題にされているのである。

その意味で、上述の Freudenthal の主張に基づく数学化過程の定式化は、数学教育において普遍性を備えた定式化であるとみることができる。では、常識的な定式化を行った Freudenthal の数学化論は、何故、世界的に著明な数学化論となりえたのであろうか。Freudenthal の数学化論が注目された一つの点は、数学史上における数学化と同じ特性を学校数学に認めることのできる記述枠組みとして、van Hiele の思考水準論を世界に示した点にある。背景として、彼の数学者、数学史家としての名声、数学教育界における役割がその提案への注目度を高めたことは無論としても、思考水準論が高次の数学的思考の実現に際して繰り返し話題にされる事実は、彼の数学化論が参照された証でもある。

その意味で、van Hiele の思考水準論を明確化することなくして Freudenthal の数学化を明確にすることはできない。そこで、次に Freudenthal の数学化論の基礎にある van Hiele 夫妻の思考水準論を取り上げる。

(2) van Hiele の思考水準

ここでは、数学化過程を構成する際の前提にある van Hiele の思考水準論の概要を述べ、数学化の過程を検討する際の前提にある水準要件を次節で示す際の手がかりとする。以下では、van Hiele 夫妻の思考水準論の大要を、思考水準の全体像、各思考水準のもつ共通特性、思考水準の移行に区分して解説する。そして、次節以降で、Freudenthal が van Hiele 夫妻のどの議論を参照しているのかを明らかにする。

はじめに思考水準の全体像を話題にする。Freudenthal は学校数学における数学化を話題にする際に van Hiele 夫妻の思考水準を基礎にした。Freudenthal が数学化として記述する内容は、van Hiele 夫妻の思考水準では、次のような繰り返しの水準の移行として表現されている（水準の数え方は1986年版に依拠する）。

> 「幾何図形の性質の体系は、幾何図形を、第1水準で言及した図形の性質に結びつける諸関係を方法に組織されていく。第2水準では、合同、相似、平行などの諸関係が現れる。それは、最初はシンボルとして、後にはシグナルとしての性格を備える。（例えば、区別しないという意味で用語「合同」を使う

のはシンボルとしてであり、三角形の決定条件として使うとシグナルとして用いられる） しかしながら、それら新しい諸関係は、この第2水準で図形の性質を教材にしたようには、この第2水準の教材にはならない。第2水準で組織する際の方法（devices、概念装置；引用者）であった諸関係が、教材となるのは第3水準においてである。ここでは、主に論理的性格を備えた関係間の関係が組織化の方法となる。図形間の一関係としての対称性は、含意表現（means）によって関係間の相互関係として、この第3水準では利用されるが、それを教材にするのは第4水準になってからである。」[78]

この引用に現れる「前の水準における方法（devices）は、次の水準で教材（対象）になる」という構図こそが、前項で指摘したようにFreudenthalにおいては、歴史、教育両面に認められる数学の本性ともみるべきものである。歴史上の数学化と思考水準に基づく議論に共通項を認めたからこそ、Freudenthalはvan Hieleの思考水準論を学校数学における数学化を考察する基盤としたと考えられるのである。ここでは、我が国へのvan Hiele理論の紹介者平林一榮（1978, p.70）に準じて、これを「方法の対象化」と呼ぶことにする[79]。

この引用に記された幾何の水準に対するvan Hiele夫妻の見解は、夭逝した夫人の研究も含めて夫Pierre M. van Hieleによって後に整理された。特に、P. M. van Hieleは幾何の水準を元に水準の記述表現を、視覚的水準、記述的水準、理論的水準、論理形式水準、論理規約水準と命名した。幾何の場合と対応づければ次のように記すことができる[80]。

視覚的水準：第1水準（例；物を形で考える。形への注目）

記述的水準：第2水準（例；形を性質で考える。性質へ注目：形に共通する関係）

---

78) van Hiele, P. M., van Hiele, D. G.（1958）A Method of Initiation into Geometry at Secondary Schools, In Freudenthal, H. edited, *Report on Mehtods of Initiation into Geometry*, J. B. Wolters, Groningen, p. 75.
79) 平林一榮，岩崎秀樹，礒田正美，植田敦三，馬場卓也，真野祐輔（2011）．数学教育現代化時代を振り返る：平林一榮先生へのインタビュー．『日本数学教育学会誌』93（7）. 12-29. インタビュー者の一人、礒田の発言で、平林の呼称によることが確認されている。van Hiele解釈には多様な解釈があり、その解釈からのさらなる派生がある。本研究が派生解釈の中で共有するのは、方法の対象化という文言だけである。それは筆者が、その内容に対応する原典記述を確認していることによる。いずれにしても原義に忠実に解釈した上で拡張する作業が必要である。例えば、布川和彦（1992）はその吟味を行っている。布川和彦（1992）．図形の認識からみたvan Hieleの水準論．『筑波大学教育学系論集』16（2）. 139-152.
80) van Hiele, P. M.（1986）．*Structure and Insight: A theory of mathematics education.* Academic Press. p. 53

理論的水準：第 3 水準（例；性質を命題で考える。含意関係：関係間の関係）
論理形式水準：第 4 水準（例；命題を証明で考える。論証）
論理規約水準：第 5 水準（例；証明を論理規則で考える。公理体系）

　特に幾何の例示は、視覚的水準では、物を形（方法）で考えていたのに、記述的水準では、形（対象）を性質で考えるようになるというような、先に引用した方法の対象化の仕組みに注目して、記述している。van Hiele 夫妻の思考水準論においては、水準全体の順序性は、「方法の対象化（教材化）」によって保証されているのである。すなわち、水準 A の次に水準 B が来て、水準 C が直接来ないことの合理的理由は、この「方法が教材となるか、ならないか」によっている。幾何の水準で言えば、幾何の第 1 水準の次に幾何の第 3 水準ではなく、幾何の第 2 水準が来る理由は、「第 2 水準では、第 1 水準の方法であった形が対象になる」という「方法の対象化」によって保証されるのである。繰り返しになるが、方法の「対象化」が「教材になる」ないし「主題になる」というべきものを対象化と呼んだものである点に注意する必要がある。特に教材となると訳した場合、それは指導の順序性を言及したもので、対象化は自然に実現するというような性格のものではない。「数学化すること」は方法を対象化することと換言したとしても、教材の系統性を話題にすることに近接しているのである。

　「方法の対象化」が水準間の順序性を保証する特性であるとすれば、視覚的水準にはじまり、論理規約水準で終わる五つの水準は、その順序で結ばれる思考水準の進化の全容を表現している。

　特に、オランダ語で研究を進めた van Hiele 自身が幾何の水準をこのような五つの水準記述へと整理し、英文にて発表したのは、夫妻が思考水準論によって学位取得して 30 年後のことである[81]。その間 Alan Hoffer は、夫妻の幾何の思考水準の一般化をカテゴリ論を根拠に展開している。同時期、礒田（1984）も、思考水準論とカテゴリ論との対応を話題にしている。ストリヤール（Столяр）は代数領域において、礒田は関数領域[82]においてそれぞれ五つの思考水準を提起している（関数領域の水準については第 3 章でとりあげる）。

　この van Hiele 夫妻の五つの水準区分は、その理念において固定的と言えるが、その実際においては、夫妻においても下位の 4 水準（論理水準まで）ないし 3 水

---

81) ただし、夫妻の学位論文英訳から、明瞭な水準記述を認めることは難しい。学位論文をまとめなおした論文で、思考水準は明瞭に語られることとなる。
82) 本研究で関数領域では微分積分に至る学校数学の内容領域を指す。

準（理論的水準）までを話題にするに留まっている。実際、最終段階の論理規約水準は数学史を背景に仮設されるが、学校数学における子どもの認知発達の次元で検証すべき対象にはなっていない。夫人 Dina van Hiele の学位論文でも、詳細な移行が話題にされるのは理論的水準までである。夫 P. M. van Hiele は、幾何の水準以外では数の水準を明瞭に話題にしたが、やはり理論的水準までの移行を話題にしており、論理形式以降の数の様相について明確に検討していない。夫妻の議論にもそれ以外の領域での水準の用例が散見されるが、その用例は、その領域での五つの水準の全体像を話題にするものではなく、同じ水準にはないことを話題にする範囲に留まっている。そこでは、上述の五つの水準としての進化様相、それぞれの水準における思考がどのように進化していくかを話題にするよりも、むしろ隣接する水準間の相違に光を当てた議論が話題の中心である。その意味では、van Hiele 夫妻も、それほど、五つの水準区分にこだわっていないと言える。

次に、異なる思考水準が、どのような共通特性を備えているかを話題にする。夫 van Hiele は、上述のように進化していく思考水準が、それぞれにどのような共通項を備えているかを以下のように特徴づけている。そして、そこに思考水準に共通の特性を認めることができる（1959, p. 201）。

- a．水準に固有な方法：「各水準では前の水準で本質的であった方法（facon 仕方）も非本質的な方法の観を呈する。」例えば、物を形で考える幾何の視覚的水準では、事物の形を写し取ることは本質的な方法である。そして、形を性質で考える幾何の記述的水準では、性質を基に図形をかくことは本質的な方法である。視覚的水準では、見た目の一致を基準に描かれるが、記述的水準では性質を基準にかく。
- b．水準に固有な言語と関係網：「各水準にはその水準に適切な表象言語（symboles linguistiques）があり、その記号（signes）を結びつけるのに適切な関係網[83]がある。ある水準において『厳密』な関係が他の水準において厳密でないこともありうる。」幾何の記述的水準では性質を沢山

---

83) ここで関係網は、ゲシュタルト転換にも通じた語用である。van Hiele 夫妻は当時主流であったゲシュタルト心理学を基礎に議論を展開している。ゲシュタルト心理学自体は、その後認知心理学にとって変わられるが、海保博之が指摘するように、認知心理学の用語スキーマも、実際には、そのスキーマの特定抜きに、スキーマの相違という次元で説明理論として用いる限りは、少しの進展もない。海保博之, 加藤隆編(1999).『認知研究の技法』福村出版. p. 189. van Hiele の思考水準論は、教材構造の側から関係網の相違を特定した研究といえる。van Hiele (1986) の書名が「構造と洞察」であるように、水準、関係網の相異は異なる直観と論理の存在を象徴している。水準に固有な方法も、水準に固有な見方、考え方を象徴している。

説明することで図形を電話で伝えることができる。幾何の視覚的水準では、物にたとえて図形を電話で伝えることができる。記述的水準に至っていない視覚的水準にいるものは、性質をいくら言われてもどのような形か想像できない。

c．水準間の通訳困難性（水準の不連続性）：「異なる水準で考える二人は理解し合うことはできない」[84] 幾何の水準を例にする。視覚的水準では、おむすびは三角であり、交通標識「徐行」も三角である。記述的水準では、おむすびは空間図形であり、しかもどう投影しても角が局面であるため三角形は現れない。おむすびは三角形ではない。三角という言葉を使う人と三角形という言葉を使う人の間では、必ず誤解がおきる。それは、三角を知っていることは、三角形を学ぶ際に有意であると同時に障害ともなることを示唆している。記述的水準では、正方形は台形ではない。しかし、理論的水準では、正方形は台形である。このような通訳困難例は、水準の相違が、単なる通訳では済まない関係網の相違であることを示唆している。

d．水準の移行：「高い水準へ移る成熟は独特な仕方で生じる。この成熟は教育の課程であって、生物学的な順序での発達と考えるべきではない」幾何の視覚的水準から記述的水準への移行は、学習指導抜きでは達せられない。

　P. M. van Hiele（1959）は、このような水準の性格ゆえ、水準の相違が、思考の相違、直観の相違を意味するとも指摘している。

　特にbで、van Hiele の言う言語とは、専門語のことである。思考水準論は、言語階層という意味では、その専門語が理論の進歩とともに進化していくことを話

---

84) van Hiele 自身は通訳困難性を次のような形で記した。「数学の教師になるや否や、私はそれを予想外に大変な専門職であると感じた。わたしがいくら説明を重ねても、生徒にほとんど理解されない教材の一群があった。生徒は確かに理解しようとはしているのだが、理解しなかった。特に、幾何入門において、極く単純な事柄の証明を求められるとき、生徒は最大限の努力をしているようにみえた。しかし、生徒にとって、教材はあまりに難解であるかのように映っていた。それでも、私は、自分が新米教師であるために、下手な教師だからではないかといつも心配していた。その心配は、次のような反応によって肯定された。すなわち、突然、生徒は教材を有意味に説明できるようになり、理解した様子を現す。そして「そんな難しくないのに、何であんなに難しく説明したのか」と、しばしば口にするのである。私は、何度も説明の仕方をかえてみたが、そういった難しさを取り払うことはできなかった。その難しさとは、あたかも私が異なる言語を話しているかのごとき状況であった。そして、この状況を熟慮することによって、私は、思考には異なる水準が存在するという解答を得たのである」van Hiele, P. M.（1986）, *Structure and Insight: A theory of mathematics education*. Academic Press, p. 39.

題にした理論である。そしてc、dは、水準間の上下（前後）関係を話題にした項目である。cでわかりあえない理由は、bの相違に基づいている。先述の「方法の対象化」という特性は、水準における方法の固有性を指摘するaと水準の移行dを関連づけた思考水準の階層的順序性を構造的に説明するキーワードでもある。そこで筆者は、水準の序列性を性格づける「方法が教材となる」特性を「方法の対象化」条件eとして追加する。そしてa〜d、及び水準の序列性を性格づける「e.方法の対象化」をvan Hieleの思考水準に共通する特性とみる。

最後に、思考水準の移行について解説する。bより言語水準として性格づけられる思考水準の移行を、van Hieleは専門語の学習を伴って進展するものと説明する。そして、方法の対象化としては説明していない。ここで専門語の学習と関係網の相違を区別しておく必要がある。関係網の相違は短期的な学習に基づく直観の相違、ゲシュタルト転換のようにその場における対象世界が、その場において一瞬で違って見えるような話題まで包摂される。言語の相違は長期的な指導による。その関係網がその都度変わるだけでなく、学習する専門語によって専門語で語られる理論が備えた直観を維持できるようになることと連関している[85]。その過程を、夫P. M. van Hieleは、次の5つの指導局面を設定した（1959, p. 202、1986, pp. 53-54）。

情報：　　話題となる活動領域を確定する。
制約ある適応（導かれた方向付け）：
　　　　　関係網を（再）構成するための課題が与え、遂行する。
明示化（説明）：（潜在した）関係を明示する。
　　　　　その際必要な専門語を教える。
自由な適応（自由な方向付け）：
　　　　　その関係網において一般性の高い課題を主体的に探求する。
総合：　　学んだことが鳥瞰でき、
　　　　　新しい関係網が思い通りに使えるようにする。

彼は、総合までを経て、新たな水準が達成されるとした。そこでは、「その水準の思考領域として適切な直観が備わり、全く別な直観を持っていたそれ以前の思考水準における思考領域の代替となる」（1959, p. 202）として、直観まで違ってくることを指摘している。方法の相違、言語の相違、関係網の相違によって、直観

85）　専門語が局所的な理論を成立させる。

が異なるのは当然であろう。

　この指導局面が、指導過程として意味をなせば、水準移行の意味での数学化過程は具体化しえる。5つの指導局面は、数学化を教室で具体化する際の方策とみれば、本研究もこれを具体化すれば決着することになる。では、そのような数学化過程を記述する普遍性をこの指導局面が備えているだろうか。本研究では否である。実際、Freudenthal はこの指導局面を知っていながら引用していない。

　Freudenthal が van Hiele の水準移行において特筆し引用した議論は、子どもが文脈に応じては水準を超えた思考を実現することである[86]。すなわち、水準間には飛躍があり、それを乗り越える上で学習指導が必要であったとした場合、子どもが特定の場面では、高位の水準の思考がなしえることであり、教師側が提示する教材を工夫すれば、高位の思考をなしえることまでしか言及していないことである。Freudehthal が承知していながら、上述の五つの局面を話題にしなかったことは、彼が数学化を説明する上でこれら局面が必須とは考えなかったことを示唆している。

　礒田と Nancy Whitman 等の幾何教育の日米比較研究（1992, 1995, 1997）では、学齢のずれを除けば履修者（米国は選択、日本は必修）に対する達成度は同等であった[87]。米国では、おおむねこの順序に近いものの制約ある適応と明示化ばかりが繰り返され、日本では、問題解決の指導形態によって、自由な適応を先に行い、明示化し、総合してから制約ある適応を行う展開を繰り返すというように、指導局面の序列性に相違が認められた。礒田と Whittman 等の研究では、局面は、専門語を指導する際の観察枠組みとして機能した。授業を構成する際に教師が活用する枠組みとしては普遍性がないことが示された。

　数学は専門語で成り立っており、その学習が重要であることは言うまでもないとしても、Freudenthal は van Hiele の五つの指導局面を数学化を論ずる際に採用していない。五つの指導局面も確かな順序性があるとは言えない。水準の移行過程とは何か、数学化の過程は何かは、未解明な研究主題である。

　以上が、van Hiele 夫妻の思考水準論の大要である。次節では、この大要をふまえて、Freudenthal の数学化の前提を明らかにする。

---

86) これはヴィゴツキー理論を背景に言えば、発達の最近接領域を指すとみることができる。
87) 筆者等の研究（礒田, 橋本, 飯島, 能田, Wittman, 1995）では、宿題と解説の繰り返しである米国の幾何指導の例では、制約ある適応と明示化ばかりが認められた。日本の問題解決型の指導では、自力解決と練り上げの繰り返しから、情報、自由な適応、明示化、総合、（制約ある適応）というような順序性が認められた。米国の場合も、日本の場合も、履修者の 2/3 が水準移行に成功していた。

(3) 数学化の前提としての水準要件

　Freudenthal は学校数学における数学化の記述枠組みの典型として van Hiele の思考水準を選び、幾何領域での数学化の典型としてその詳細に言及する[88]が、Freudenthal の数学化論は、上述のように van Hiele の議論とは同義ではない。そこで、ここでは van Hiele の議論が Freudenthal にどのように受け止められたかを確認し、数学化の前提にある水準要件を示す。

　まず、Freudenthal の言う水準の性格について述べる。Freudenthal は、水準を van Hiele が示した五水準に準じて割り当てるのではなく、議論の対象とする数学的な内容・方法の相違に注目して水準を区別する立場に立っている。従って、水準を記述する対象は、幾何のような大規模な内容領域に限定されない上、水準の区分も五つに限定されていない。当面した話題に対して、水準が議論されるのである。実際、第2節に引用した数学的帰納法の事例では、Freudenthal は、数学の歴史的発展[89]とを対照しつつ、次のように記述している。

> 「最下位の水準においては、帰納的推測が実践される$_A$。次の水準では、数学的帰納法は、原理とみなされ、反省の対象となる。同じ（さもなくばより高位の）水準で、その原理は、数学的帰納法の証明パターンとして定式化される$_B$。そこから、自然数に対するペアノの公理系までの過程は、局所的には議論できない$_C$。（下線引用者）」[90]

この議論（下線部）は、

　　A　帰納的推測までできる第0水準、
　　B　数学的帰納法で証明までできる第1水準、
　　C　数学的帰納法を成立させる自然数の公理系まで前提にできる水準

として構成されている。Bが曖昧なのは、反省という語で性格付けられた数学化過程も含めて、彼が水準記述をするためである。B、Cの間では、ペアノによる公理的構成が、数学の大局的な再組織化で行われるために、Cの前提が単純にBであるとは言い難い面があることが話題にされている。この事例を前述の van

---

88) Dina van Hiele の幾何入門の指導過程を、組織化（数学化の定義の一部）の例として詳細を引用している。(1973, 406-419)
89) 歴史としてみれば、帰納的推測は、二項係数を推測できる時代、例えば、14世紀の朱世傑の四元玉鑑の時代であり、数学的帰納法は、二項係数の定理を証明した17世紀のパスカルの時代である。数学的帰納法の前提には自然数列があるが、パスカルの時代には、自然数の存在は直観的である。数学的帰納法の原理による自然数の公理系の構成は19世紀のペアノの時代である。
90) Freudenthal, H. (1973). *Mathematics as on Educational Task*. D. Reidel. 122-123.

Hiele の議論と対照しよう。

　まず、Freundenthal が、P. M. van Hiele の行った五つの思考水準にこだわっていないことは、A、B、C に対して、先述の van Hiele の語用に従って「視覚的水準」、「記述的水準」、「理論的水準」、「論理形式水準」、「論理規約水準」のどれに割り当てればよいか不明瞭な点からも明らかである。そこでは、幾何領域のような大規模な内容領域に対してではなく、数学的帰納法という証明法を話題にして、それにまつわる推論方法の変貌に対して水準が設定されている。実際、自然数の公理系を話題にする水準は、数の水準としては最高位の論理規約水準であるが、ここでの Freudenthal の議論は、それとは切り離されて、数学的帰納法に関連する推論に絞って議論がなされている。このような相違は、Freudenthal の水準に対する語用が、van Hiele のように内容領域をより広義の、様々な数学上の主題（組織化原理：後述）に対して、数学的方法や数学的知識の進化、系統に関心を寄せて用いられていることを物語っている。話題に応じて様々な水準が設定しえるのが Freudenthal の数学化論における水準の語用の特徴なのである。

　次に、Freundenthal の水準の語用が、先に認めた思考水準の特性を満たすかを検討する。

　a. 水準に固有な方法としては、A では、パターンの一般化としての帰納的推測がある。B では、逆に推測の根拠になるパターンが保証されることを、初項と二項関係の保証とによって証明する証明法として数学的帰納法がある。C では、数学的帰納法は証明法ではなく自然数構成上の公理として位置づけられ、以後、自然数から構成される演繹体系に位置づける際の構成法となる。

　b. 水準に固有な言語ないし表現の関係網の相違として、A は数字の列 $\{1, 2, 4, 7, \cdots\}$ 表現がある。B は文字による数列 $\{a_n\}$ 表現がある。数学的帰納法の原理を定式化した Pascal[91] は、第 n 項を言葉で表現するのに苦労している（B の前半部分）が、その表現すらも、単純な数字の列表現を越えている。今日的に言えば、A と B は数字列と数列記号表現 $\{a_n\}$ で表現上区別できるが、このような便利な表現法が確立したのは歴史的には後世のことであり、Pascal 当時は、記号表現は未発達で A と B を同じ言語表現で表していたと言える。C での言語は、形式的である。

---

91) ギリシャ以来の言語的表記を尊び代数的表現を忌避したことでも知られている。伊吹武彦, 渡辺一夫, 前田洋一編（1959）.『パスカル全集』1 所収, 原亨吉訳. 数三角形論. 690-735.；前田洋一, 由木康, 津田穣訳, 幾何学的精神について. 116-148. 人文書院参照.

c. 水準の不連続性は、理解の問題としてはAとBの間にある、数列の表現学習の困難性に関連して指摘されてきた。Bの側からみて、推測で満足していることは認められないし、Aの側からみて、なぜBでしたことが証明と言えるのかわからないという状況が典型である。また、Aは推測の域を出ないので、仮にその推測が誤りであっても、議論の根拠に使う場合があるが、Bではそれは根拠とはなり得ない。すなわち、Aで真とするものとBで真とするものの間には相違（矛盾）が存在し得る。その相違は異なる水準で思考している者の考えを他の水準の考えへと通訳することを不可能にしている。

d. 水準移行は、それが学習によることは確かであるとしながらも、Freudenthalにおいてそれは数学化として進められるべきものとなる。実際、「経験の蓄積を対象として数学的方法により組織すること」としての数学化は、この引用中では、「反省」という語が当てられている。水準移行条件は、数学化の前提条件ではなく、数学化そのものである。

e. 方法の対象化は、水準の序列性を保証する条件であり、Aの直後に、Bは来ても、Cは来ないことを示す条件である。実際、Aではパターンの発見に基づく帰納的推測が積まれる。その推測が正しい場合もあれば、反例があがる場合もある。それを反省すれば、正しさが保証される場合とは、そのパターンがすべての数において成立する場合である。すなわち、Aで主要な方法であった帰納的推測を対象化し、パターンが保証できるかどうかから逆吟味して、数列を見直すという数学的帰納法によってAからBへの数学化は達せられる。ここではBの主要な方法である数学的帰納法が、Aで蓄積した経験を組織する数学的方法になっている。一方で、Aで主要な方法である帰納的推測を対象化（教材）して、自然数の公理系は導くことは困難である。すなわち、Aの直後にCは来ない。

Freudenthalの水準論は、van Hieleの思考水準論のように五つの水準区分や大規模な内容領域は必ずしも話題にされていない。同時に、van Hieleの思考水準である幾何の水準を典型としていることは、その特性も包摂しているとみることができる。Freudenthalの水準論は、van Hileleの思考水準論より広義である。

Freudenthalは、彼が「組織化原理」と呼んだ各水準で繰り返し再構成される数学内容に注目して、数学的帰納法のような特定数学内容の再組織化過程として数学化を記述する[92]。Freudenthalは、van Hiele水準の彼なりの言い換えをする中

---

[92] 礒田正美（1984）．数学化の見地からの創造的な学習過程の構成に関する一考察：H. Freudenthalの研究をふまえて．『筑波数学教育研究』3. 60-71.

で、水準は「組織化原理」に注目すると認めやすいと指摘している。幾何の水準で言えば、平行に注目すれば、平行は敷き詰め活動において現れる辺の関係であり、それは図形の性質を考える第2水準の考察である。そこから平行の作図法、同位角や錯覚の性質を話題にすることができ、その性質から平行を導く議論は、性質を命題で考える第3水準である。さらに、平行線の性質は命題を証明する際には欠かせない性質となる。それは、命題を証明で考える第4水準の内容である。そして平行線の公準を前提とするか否かは、第5水準においてどのような幾何の体系を構成するかという大局的な内容の根幹となる。組織化原理としての平行は、幾何の各水準において、繰り返し再構成されるが、それぞれの水準における方法を用いる際に、重要な役割をなす数学内容である。このように繰り返し再構成される主要内容が組織化原理であり、その内容に注目して Freudenthal は数学化を解説したのである。Freudenthal においては、特定内容に注目して水準を記述すればこそ、van Hiele が話題にしたような言語水準としての記述の仕方は話題にならないとみることもできる。

特に Freudenthal は、彼の後継者の数学化論に不満を述べる際に、生きる世界を象徴する意味で水準という語で数学化を議論すべきことを強調している。van Hiele の幾何の思考水準の特性は、学校数学において数学化を議論する際の前提にある生きる世界を象徴する条件とみることもできる。ただし、Freudenthal の議論が以上のように特定内容（組織化原理）に注目して記されることに注目する必要がある。水準の不連続性条件は、言語に限定することなく、表現の関係網の違い、例えば帰納という語の語用の違い、平行という語の意味合いの違いとして説明しえる。それは、概念の再定式化を迫るものでもある。

水準の移行とは数学化のことであるから、van Hiele の思考水準の条件より、数学化の前提にある水準条件を減らし、数学化を話題にする際の水準を、次のように整理する。

◆数学化の前提としての水準要件
要件1. 水準に固有な方法がある。
要件2. 水準に固有な言語ないし表現とその関係網がある。
要件3. 水準間には通訳困難な内容がある。
要件4. 水準間には方法の対象化の関係がある。

第 4 節　数学化の規定とそのための水準要件　77

　数学化の前提にある水準の要件と van Hiele の思考水準の条件との共通点、相違点を確認しておく。共通点は、要件 1、2 に基づく水準の相違が、思考の相違をもたらすがゆえに、この場合も思考水準とみなせる点である。そこでは、水準が異なれば思考も用いる言葉も異なること、直観も異なることも説明される。次に相違点を述べる。すでに述べた通り、Freudenthal の場合、水準は当面する話題に対して設定され、大規模な内容領域には限らない。van Hiele の場合、言語と関係網の相違としたが、Freudenthal の場合、幾何のような大規模な内容領域に限定されないため、言語的違いはそれほど鮮明でない場合も含まれる。そこで、ここでは、言語ないし表現とその関係網の相違に改めている（要件 2）。例えば、パスカルは、二項定理の証明（数三角形論）において a_n を表す文字記号表現を持たず、a_n を言葉で表す工夫に終始している。言語は明確には改まっていないが、表現を工夫して、その考え方を表すことは歴史的になされてきたことである。要件 2 がゆるめられたことに関連して、要件 3 では、通訳困難な内容が存在するという形式に簡約化した。その通訳困難な内容は、先述したように、矛盾や互いの水準から相手の水準の話を聞いた場合のわかりにくさとして指摘される。関係網の相違までゆるめた場合でも、水準の相違に伴う直観の相違という考えは維持される。

　van Hiele の思考水準論と Freudenthal の数学化の前提としての水準論は、包摂関係で記すならば、図 1.5 のような関係にあると言える。特に Freudenthal は実際、幾何以外の水準を積極的に議論しているし、下位水準から生み出される高

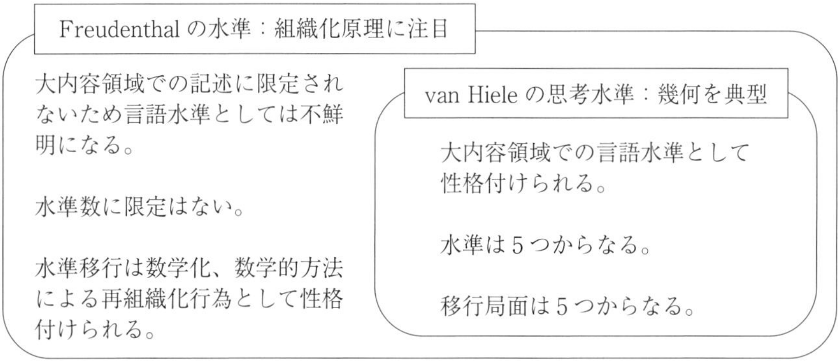

```
┌─────────────────────────────────────────────────────┐
│  ┌─ Freudenthal の水準：組織化原理に注目 ─┐           │
│                                                     │
│  大内容領域での記述に限定され                         │
│  ないため言語水準としては不鮮   ┌─ van Hiele の思考水準：幾何を典型 ─┐
│  明になる。                                          │
│                                 大内容領域での言語水準として          │
│  水準数に限定はない。             性格付けられる。                    │
│                                                                    │
│  水準移行は数学化、数学的方法     水準は 5 つからなる。                │
│  による再組織化行為として性格                                        │
│  付けられる。                    移行局面は 5 つからなる。            │
└─────────────────────────────────────────────────────┘
```

図 1.5　Freudenthal の水準と van Hiele の水準の包摂関係

位水準が一つに定まるものではなく、多様であるとも指摘している。van Hiele はそのようなことは話題にしていない。その相違は、とりもなおさず、Freudenthal が個別の数学内容に注目して、多様な水準の存在を想定したことの証でもある。この水準のもつ特質を本研究では、「下位水準に対する高位水準の多様性」と呼ぶことにする。

　van Hiele の思考水準で述べた通り、van Hiele の思考水準論自体も、五つの水準や移行局面とは関わりなく議論される場合もあり、van Hiele の水準と Freudenthal の水準に明瞭に区別できない。その意味では、Freudenthal の水準は、van Hiele の思考水準論の中で、他領域へ拡張するには制約となる「大内容領域における言語水準」条件を外して、その本質のみを共有した水準論ということができる。

　以下では、混乱を避けるため広義の Freudenthal の水準の用法の場合、単に水準と呼び、van Hiele の五つの水準を意識した場合には思考水準と呼ぶことにする。このように区別すると、思考水準は水準の特別な場合となる。そして、上述の四つの要件で話題にするのは、単に水準ということになる。

　本研究では、学校数学における数学化を検討する際には、この四つの水準要件で検討していく。ここでは、いずれを欠いても、本研究で話題にする数学化の視野からは外れることに注意したい。例えば要件4「方法の対象化」は、単独では、「それまで行ってきたことを振り返って、新たな考察をすすめる」というように、それまで行ったことを対象化する反省に伴う数学的認識の発展性の意味で、数学教育学では幅広く活用されている[93]。ただし、「方法の対象化」だけを話題にすることは、Freudenthal が言おうとした水準間にたつ数学化を逸脱する。水準は、思考や言葉、推論、直観の異なる生きる世界を表しており、その生きる世界の再構成こそが彼の数学化である。

　本節のはじめにも述べたように、四要件を満たした水準に立つ数学化は、Freudenthal の言う世界という語で著せば数学における「生きる世界における活動とその再構成活動」を主題にしている。それゆえ「生きる世界における活動とその再構成活動」こそが、本研究で主題にする数学化である。数学化は、あくまで要件1、2で記されたような水準の相違を、要件3で記されたような水準間に潜

---

[93] Z. Dienes による「述語の主語化」は、言語水準を伴わない抽象化図式の一例である。方法の対象化の広義解釈の範例とみなせるが、Freudenthal 自身はこのような議論を数学化とはみなさず、一つの水準，生きる世界内での活動とみなしている（1973, p. 127）。

む矛盾を越えて進められる過程であり、要件4、方法の対象化もその一要件である。再構成を求めるということは、New Math のような公理体系に基づく無矛盾な系統を主張しない点に特質がある。「蓄積した経験の数学的方法による組織化」という数学化は、四つの要件を前提にした次の過程である。

〈数学化の過程を構成する局面〉
Ⅰ．数学化の対象：下位水準の数学的方法で組織する活動、下位水準の言語ないし表現とその関係網として経験が蓄積
Ⅱ．数学化：蓄積された経験は、新しい数学的方法によって再組織化される、下位水準の活動に潜む操作材ないし活動を組織した数学的方法を、教材ないし対象にして新しい数学的方法によって組織するより反省的な活動
Ⅲ．数学化の結果（新たな数学化の対象）：高位水準の数学的方法で組織する活動、高位水準の言語ないし表現とその関係網として経験が蓄積

上述の水準の性格から、それぞれの局面を再述しよう。Ⅱの数学化とは、生きる世界ⅠとⅢの間で行われる再構成活動である。Ⅰ、Ⅲそれぞれにおいて、数学的方法で組織することで得られるのがその水準に固有な関係網であり、Ⅰ、Ⅲの異なる関係網間では、通訳困難な、矛盾した内容も存在する。Ⅰ、Ⅲで構成される関係網は、数学で言えばそれぞれの水準の意味での理論であり、それは異なる性格を備える。ⅠからⅢへは数学理論の進化であり、Ⅱの過程はⅠに対する反省として性格付けられる。Ⅰ、Ⅲは、時に矛盾をも含んだ異なる理論を表すことになる。このような議論は、数学理論を論理学の延長線上で演繹的な体系としてとらえる立場ではなく、いわば弁証法的論理学の延長線上で理論の進化を話題にする立場に立つ。ここで、理論とは公理的な性格を備えた体系に限らない、知識の一定の関係網を指している。例えば、van Hiele の視覚的水準や記述的水準で言うような、物の形を話題にする水準や、形の性質を話題にする水準に対して、従来、我々は、日常語的な意味での理論という語は当てることはあっても、数学的な意味での理論という語を当ててこなかった。他方で学校数学では、その教育課程に準じたその時期毎に、妥当な数学理論が存在する。各水準で生じる関係網を理論とみなすことは、日常的な意味での理論から、数学的な意味での理論へと、理論が進化していく様相として学校数学を表現することを象徴する。

Ⅱの数学化では関係網の構造転換（進化）が起きるのに対して、Ⅰ、Ⅲでは、

生きる世界それぞれにおける活動を通じての関係網の深化が求められる。すなわち、Ⅰ、Ⅲそれぞれにおいて、それぞれの理論は深化していく。例えば、前項でvan Hieleによって引用したように、幾何の記述的水準（第1水準）では、最初は区別しないという意味で合同を使うが、やがて三角形の決定条件として合同という語を使うまでに関係網が使われるようになる。それは、幾何の記述的水準としての理論の深化である。このような一つの水準内で活動による理論の深化を、Freudenthalは、その後継者の言葉で水平的数学化と呼び、Freudenthal自身は、生きる世界での活動とみなしたのである。Ⅰ、Ⅲにおける活動が、それぞれの水準に応じた理論を深化させるものであるとすれば、Ⅱにおける活動は、異なる表現、異なる思考、異なる直観をもたらすような異なる関係網からなる理論へと理論を進化させる活動であると言うことができる。

　前述したようにFreudenthalは、数学化の過程Ⅰ～Ⅲにおいて、Ⅱ数学化部分に反省という語を当てる。個別内容で話題にすれば、何を主題にした数学化を議論するかに応じて、個別具体的な反省内容は異なる。その反省内容が異なれば、下位水準に対する高位水準は多様になる。その意味ではⅠ、Ⅲ部分でも、別主題での反省、多様な反省対象、対象化されえる様々な方法が話題にできる。それは、とりもなおさず、多様に展開する数学化系統も話題にできる[94]。数学化の過程Ⅰ～Ⅲを一つの主題、特定の組織化原理に注目して記す場合には、そのような多様な数学化系統は捨象し、特定内容に係る数学化過程を記述していると考える必要がある。逆に、そのような多用な数学化系統があるがゆえに、特定の数学化過程は、Freudenthalの言うように特定の組織化原理に注目してしか、明解に記述できないのである。そして、組織化原理に注目して数学化過程を描くことは、もとより綱目状の教育課程の系統から特定の進化系列をとり出すことである。その綱目を認める単位も、幾何や関数という大領域から個別教材まで様々である。

　そして、そこでの反省対象も様々である[95]。数学化がⅡの数学化部分で主題（対象）に対する反省行為を伴うことは確かなことである。活動同様に反省とい

---

94) 学校数学では教材を深読みすれば深読みするほど多用な系統性を認めることができる。教材の系統は時系列を備えた関係網である。組織化原理に注目してその系統を読むことで、一つの数学化過程を記述し得る。話題にする組織化原理を換えれば、その関係網に違った水準を認めることもできる。
95) Deweyにおいては反省は活動による経験を象徴する意味で活動と対で用いられる。数学化も経験の一種ということになるが、その語用にとらわれると、"How We Think"で話題にされるような、探究とは何かという別の語用を話題にする必要がある。それは本研究の主題ではない。第2章で述べるように、ともすれば振り返る対象それ自体を意識できない、何を振り返るのか結果論としてしかわからないところにその難しさがある。

う語は様々な意味内容を伴うので、本研究では反省を数学化の水準要件には数えない。それはIIの数学化部分は主題（対象）に対する反省が求められることを損なうものではない（この問題は第2章で改めて解説する）。

　以上、学校数学における数学化を念頭に議論しているが、このような数学化の前提にした水準要件は、数学史上の数学化においても確認できる（Freudenthal, 1973, p. 122など参照）。数学者・数学史家であったFreudenthal自身は、学校数学における数学化に対してここに述べた以上の具体化は行わず、数学教育学上の関心を適切な教材分析の基礎を築くための数学教材の現象学へ向けた。その空白に対して彼の後継者達は、彼の議論を、教材の次元へ具体化すべく、彼の視野を逸脱して水平的数学化、垂直的数学化論を起こした。Freudenthalの意味での数学化の立場からの学習過程の構成を願う本研究では、「生きる世界における活動とそれを再構成する活動」という彼の視野を保ちつつ、学校数学へ教材の次元で具体化する枠組みを次章で改めて提出する。そして、その際、歴史的範例についても、改めて提示することにする。本研究でFreudenthalの視野を保とうとする最大の理由は、Freudenthalの数学化論と筆者の数学体験に基づく活動観との一致である。そこで、次節では、その適切性を検討する。特に、数学化規定の具体的な活用は第2章以降において検討する。

第5節　数学化規定の妥当性と適用上の課題

　本章の第1節では、「主体が自らの生存のために自らを更新していく上で進める対象（含む客体）との相互作用」として本研究の活動観を定義し、構成主義を視野にその性格付けを行った。その活動観の規定は、数学教育学研究としての本書の位置を教育学的に定める必要からなされたものである。本節では、その位置付けを実際に行うものである。

　本節の具体的な目標は、第1節で述べた活動観と第4節で規定した数学化との整合性を指摘すること、そして特定の内容に対する教材化を進める際の課題を明らかにすることである。同時に、本節では、第1節で参照しながら、第2節～第4節の考察では、その内容を直接話題にしなかった理由も同時に明らかにする。実際、第1節で構成主義を前提に活動観を話題にしたとすれば何故、構成主義を前提に数学にかかる活動を定義しないのかという問いが生じる。この問いに答える意図から、本節では、構成主義だけでは、数学における教材研究の基準の意味で

の方法構築をめざす本研究が基盤とする数学化、数学を再組織化する様相を表現する、学習による発達段階を記述する水準が導けないことを指摘する。そのために、本来の構成主義の源流である Piaget の発生的認識論の根拠でもある彼の発達段階論が数学化に対する含意を保証しないこと、そして Piaget さえも、自らの認識論の正当性を話題にする過程で、Freudenthal の研究を参照していたことを話題にする。そして、この二点から本研究において数学化の前提となる水準こそが、教材研究において数学化の系統性を問題にする本研究にふさわしい数学の発達論であることを確認する。そして、教育課程の基準がめざす「数学の学習」との整合性を指摘するとともに、数学化の過程でなすべき活動内容、例えば方法の対象化の意味内容を明確にすることの必要を指摘する。さらに、数学化を学校数学において実現する上で、水準を設定することの必要性を指摘する。本節で述べるこの必要性が、第2章において本研究独自の枠組みである表現世界の再構成過程が求める根拠となる。

(1) 数学化の規定と活動観の整合性

　数学的活動を通して学ぶ学習過程を構成することをめざす本研究では、第4節のように Freudenthal の研究に従って数学化の諸規定が筆者の活動観によく適合することを第1節と対照して指摘し、その適切性を述べる。
　筆者の活動観「主体が自らの生存のために自らを更新していく上で進める対象（含む客体）との相互作用」は、次の要請を念頭とするものである。
　　要請1. 活動とは、当面した対象に対する主体の生存可能性を保証しようとして進展する。
　　要請2. 活動には、主体の対象に対する相互作用において、矛盾のない同化による過程、既知が難なく使え、活用範囲が広がり豊になる過程が存在する。
　　要請3. 活動には、その相互作用において主体の認識との矛盾が生じ、主体が自らの既知を再構成していく、調節の過程、構造転換の過程が存在する。
　第1節で述べたように「主体が自らの生存のために自らを更新していく上で進める対象（含む客体）との相互作用」を行う必然が、要請1で指摘する生存可能性の追究であり、その際に行う更新の有様が要請2の同化、要請3の調節である。前節で規定した数学化が、これら要請を満たすことを指摘しよう。はじめに、要

第 5 節　数学化規定の妥当性と適用上の課題　83

請 2 と要請 3 について述べる。

　要請 2 は、数学化で言えば、数学化の対象となる活動であり、言い換えるならば、それは各水準における活動、Freudenthal が「生きる世界における活動」とも呼ぶ活動に該当する。そこでは、知識は整合的に深化・発展し、知識の関係網は広がっていく。それは、Piaget によれば、同化とも言える過程である。例えば、帰納的推測でよい水準で活動する限りは、様々なパターンの帰納的発見が繰り返される。そのようにして得られるパターンは、自然の中でも理論的裏付けのないままの様々な規則性すべてへと広がりえる。一方で、数学的帰納法で証明する水準では、その中で証明し得るパターンのみが承認され、逆に事象を帰納的に定義する活動も営まれる。すなわち、数学化では、異なる水準では、それぞれに性格の異なる活動が営まれ、その世界が広がっていく。そのような意味で、数学化は、要請 2 を満たしている。

　次に要請 3 は、数学化で言えば、数学化する活動、「生きる世界を再構成する活動」に該当する。そこでは、知識の関係網は再定式化されていく。例えば、帰納的推測でよい水準では、虱潰しに調べようとする過程で推測したパターンが成り立たない場合がしばしばある。その推測と矛盾する反例が出ないようにするには、推測がすべての場合に成り立つことを証明する必要が生じる。そして、数学的帰納法によって推測の普遍性を確認するようになれば、そこでは関係網の構造転換が起きるのである。それは、事象からパターンが成り立つことを推測するまでの関係網から、逆にパターンが成り立つことを前提にして事象を定義する関係網への転換を意味している。このような構造転換の過程としての数学化は、まさに要請 3 を満たしている。

　最後に要請 1 について述べる。まず、水準に応じて対象が異なるがゆえに、生存可能性の意味が異なることに注目したい。帰納的推測でよい水準であれば、調べた範囲内ではあるパターンが成立（生存）する。また、たいていの場合は、それを越えてもそのパターンは通用する（生きている）。そのような意味で、当面した事象において、帰納的推測は保証されている。その保証を高める一つの方策は、さらに多数の場合で確認することである。有限事象であれば、虱潰しができるが、無限事象では虱潰しできない。無限事象の場合、帰納的推測で得たパターンは暫定的である。数学的帰納法で証明する水準であれば、数学的帰納法によって証明されれば、自然数の範囲でその命題は保証される（生存する）。自然数の公理系の水準で言えば、その保証の根拠が自然数の帰納的定義にあることが明らか

になり、さらには、選択公理を前提に整列集合を仮定すれば、数学的帰納法は、整列集合一般の超限帰納法へ拡張される。水準によって、話題にする対象が、当面する事象から、自然数全体、自然数を含む整列集合全体へと拡大しており、しかも、そこで扱う命題の一般性が高まっている。すなわち、水準に応じて当面する対象が変わり、生存の意味合いも異なるのであるが、それぞれに生存可能性を保証すべく、より一般性の高い方向へと数学化は進展している。このような意味での一般性向上の意味で、数学化は、要請1を満たしている。

　以上の確認から、前節で規定した数学化は、筆者が第1節で述べた活動観に適合するものであり、従って、本研究において前節のように数学化を規定することは妥当であると言える。すなわち、活動観の要請1～3は、Piagetに代表される構成主義を参照し本研究で設定したものである。数学教育と教育学一般で参照される構成主義と整合性がある第4節で述べた数学化の定義は、数学教育研究において汎用性のある特定活動の規定であると言える。

　第4節では、特にFreudenthalの場合には、数学的活動とは数学化であることを指摘した。また、数学化が、言語水準から表現の関係網まで、様々な単位で話題にできることを指摘した。そこでは、小さな規模の数学化が繰り返されることで、大局的な数学化がなされるという入れ子構造がある[96]。本研究では、数学化が活動によってなされるという語用を採用し、数学化の過程でなされる活動は、それが別の視野からは個別の数学化とみなせるとしても、数学化とは呼ばずに単に活動と呼ぶ。すなわち、数学化の過程に対して、次のような語用が存在する。

相対的な見方1：数学化の過程でなされる個別活動
相対的な見方2：数学化の過程（局面Ⅰ、Ⅱ、Ⅲ）
相対的な見方3：多層的な水準における数学化の再帰的過程

　ここで相対的な見方として三つの区別を示したが、そのような相対的区別は、実際には、内容の定め方（組織化原理として何を定めるか）に依存する。本章第2節では、数学化が要請される背景3で、数学化が教程化の基準となることを指摘した。Freudenthalは、数学化の過程を話題にする上では、特定内容として彼が選んだ内容（組織化原理）に注目して記述した。第2章以降では、学校数学に

---

[96] Piagetの用語を借りて言えば、ある水準における活動においても同化や調節、矛盾の解消を必要とする個別の再組織化が存在する。

おいて数学化を実現する上での基準として、本章で定義した数学化を適用していく。その際、注意すべき点は、数学化は、選択された特定内容に対して議論するものであり、そこで話題にする活動内容も、特定内容の選定に依存する点である。例えば、数学的帰納法の水準は、数学的帰納法の有無と用い方に注目して区別される。他方で、それを包摂する数の水準としてみた場合、その区別は別に検討し得る。選んだ主題に応じて、そこで話題にされる活動内容の範囲が変わる点に注意する必要がある。

(2) Freudenthal の数学化論と Piaget の発生的認識論

ここでは教材研究をめざす本研究が、Freudenthal の数学化を採用することの妥当性を一層明瞭にするために、Piaget の構成主義に準拠した活動は数学化に限らないが、数学化は特に Piaget に基づく活動観とも整合することを述べる。具体的には、Piaget の認識論と、本節で定義した数学化が「方法の対象化」の意味で整合する。そして、次項では、Piaget の認識論とはその発達段階の特定において整合しない、教材の意味内容を問題にしないことを指摘することで Freudenthal の数学化を何故採用する必要があるのかを確認する。その上で、本節では両者の語用では、数学化の過程をそれ以上に分析し、詳述する術がないことを指摘する。

第1節では、経験と合理的知識、行為と精神というような二元論的認識論ではなく、それらを連続してとらえることを前提にした Dewey の「環境を目的的に変更する活動と認識との連続性を維持する」認識論（知識論）と、「新生児における純粋に生物学的な過程と認識過程の本当の始まりを示す組織された行為のタイプとの間には連続性がある」とする Piaget の発生的認識論とが整合的であることを指摘した。Piaget の発生的認識論では、同化と調節を通して組織を環境に適応させる点で、生物学的システムと認識論的システムの間の連続性を保証している。そして、その同化・調節を通じての生物学的システムから認識論的システムへの進化が進む様相は、Piaget においては、発達段階論として記述された。

結論から言えば、Piaget の発生的認識論と先に定義した数学化は、方法の対象化と反省的抽象論において整合する（以下述べる）が、発達段階論においては整合しない（次項で述べる）。そして、その不整合より、数学教育における教材研究の方法論の構築をめざす本研究では、Freudenthal の数学化を採用し、Piaget の発達段階論は採用しない。はじめに、両者が整合する面として、Piaget の言う操

作の対象化（意識化）と反省的抽象を話題にする。この整合性は「方法の対象化」や「反省」の重要性を顕在化させる。

　Piaget の発生的認識論の根幹とされる思考（含む数学的思考）が操作によって規定されるとする考え方は、Piaget に限った議論ではなく、数学的定義の仕方を数理科学の定義の仕方へと一般化する契機となった操作的定義の提唱者 Bridgman の議論[97]などに広く認められた考え方である。操作に対する Piaget の発生的認識論の際立った特徴は、論理数学的知識の発達の本質を、操作に対して操作を導入していくこと[98]による成長として認め、それを反省的抽象として性格付けた点にある[99]。そして、この点で、Freudenthal の数学化論と、Piaget の発生的認識論は高く整合する。実際、Piaget は、発生的認識論において、数学の本性を次のように認めている。

> 「数学的存在は、私たちの思考の内部にまたは外側から決定的なものとしてあたえられた理想的対象のようなものであることをやめ、したがって、存在論的意味を示すのをやめ、たえず、水準を変えることによって、機能を変えている。そして、こういう「存在」について行う操作が、次には理論の対象となるといったぐあいに、より強い構造によって交互に構造化したり構造化されたりする構造にまで至るのだ。」[100]

理論から理論への数学の発展を、「存在」に対する操作が次の理論で対象になるという文脈で記述する数学の発達論は、前述の数学化の前提にある水準要件に符号する。すなわち、Piaget は数学認識の本性として、前節で定義した数学化を認めているとみることができる。その整合性の背後には次のような無理もない理由がある。

　実際、論理学者 Beth との共同研究「数学的認識論と心理学」で Piaget は、発生的認識論の立場から純粋直観の存在を謳う Kant 批判をする根拠として

---

97) P. Bridgman (1936), *The Nature of Physical Theory*, Dover, p. 11. 物理学における操作的定義を提言し、後に諸科学へも広まった操作的定義の提案者であるでは、数学が行ってきたように概念を操作（性質）によって定義し、その有意性（すなわち対象化）は、そこから言えることを後から実験して確かめればよいと指摘している。

98) Piaget は、発達段階論においては、操作の操作が可能になることを形式的操作段階の特性ともみなしている。ピアジェ，J., 滝沢武久訳（1972）.『発生的認識論』白水社. 63-71.

99) 操作に対して操作を導入することに数学の本性とみなす考えを、Piaget は最初に身近な数学者から聞いたとしている（Piaget, J. (1970), *Genetic Epistemology*, Norton, p. 19, 芳賀純訳（1981）.『発生的認識論：科学的知識の発達心理学』p. 22）。すなわち、操作に対して操作を導入するという見解も、奇抜な発想ではない。

100) ピアジェ，J., 滝沢武久訳（1970）.『発生的認識論』白水社. p. 105.

Freudenthal の数学史研究を採用している。前後も含めて以下引用する。

「H. Freudenthal が非ユークリッド空間について次のように書いている。『カント学派は、非ユークリッド幾何発見の価値を下げようとしてきた。直観的空間としてはユークリッドのままに残されるとはいえ、非ユークリッド空間は、カントも認めた、悟性によって認められた空間であった。こう書くと次の疑問がわいてくる；ここで直観とは何か？　数学者は、ユークリッド空間とはもはや似ても似つかぬ対象を*直観的に操作する*（イタリックは、ピアジェ自身による：引用者）ことを学んできた。時に、その対象の直観的性格は、ユークリッド空間における直観以上に強調されてきた。誰も、直観とは何かを話題にする者はいないのか。未開人であれ、赤子であれ、我々幾何学文明の影響を受けていない。』ここでの歴史的経緯は発生的問題に対する注目すべき記述である。なぜなら、それは、操作の学習によって新しい直観が発達する可能性を断言しているからである。従って、子どもの直観とそこでの新直観の間になんらかの明確な断絶が存在する疑いを抱かせるからである」[101]

ここで Piaget は操作が新しい直観を生み出す根拠として Freudenthal の記述を参照している[102]。そして、前項までに述べた通り、Freudenthal においては、数学化は、新しい直観と論理、数学的な見方・考え方をもたらすものでもあった。Piaget が、数学化を発想する Freudenthal を自らの記述の根拠の一つに採用したことからすれば、操作に対する Piaget の議論が Freudenthal の数学化論に符合するのは極めて自然である。そして、Piaget は、この Beth との共著書の中で、かような数学の本性も一つの根拠に、操作の区別によって認知発達を段階設定し、操作の意識化（対象化）を段階の移行として性格付け、発生的認識論を定式化しているのである。

多くの研究者が注目してきたように（例えば平林一榮、1987, pp. 176-178）、Piaget の認識論で数学教育への示唆に富むのが、操作に対して操作を導入することを実現する反省的抽象論である。Freudenthal が数学化過程において、前述のように反省に注目している通り、この点でも Piaget の発生的認識論は Freudenthal の議論と整合的である[103]。ただし、Piaget は論理数学的知識の獲得

---

101) Beth, E., Piaget, J. (1966, 1961 in French), *Mathematical Epistemology and Psychology*, D. Reidel, p. 222.
102) このような議論の仕方それ自体が Freudenthal のいう生きる世界という考え方に通じている。
103) Dewey も反省的思考を経験を特徴付ける際に用いている。教材研究を目標とする本研究では、思考過程の記述に関する議論には立ち入らない。

と重さなどの物理的世界からの感覚に起源する抽象とを区別して、論理数学的知識の獲得に対して反省的抽象という用語を当て、その語用は彼に固有なものとなっている。以下、整理しておく。

「(物理的世界から知識を抽象する:引用者) 第1の型は単純抽象 (経験的抽象:引用者) と呼ぶべきものだが、(論理数学的知識の抽象である:引用者) 第2の型は反省的抽象と呼ぶべきもので、この述語を用いる場合には、この語に次の2つの意味をになわせたい。ここで"反省的"とは、物理学でそれが有する意味"反射・反映"(邦訳では反射を当てている:引用者) に加えて、心理学の領域では少なくも2つの意味をもつ。物理学の意味では、反射・反映[104]とは光線が1つの表面から他の表面に反映するような現象を指す。心理学の第1の意味では、抽象するということは階層的な1つの水準からもう1つの水準に移すことである (例えば、行為の水準から操作の水準へ)。心理学のもう1つの意味では、反省するということは反省の心的過程、すなわち、思考の水準で1つの再組織化がなされるということを指す」[105]

「反省(引用者注:邦訳では反射を当てている)的抽象作用は、ふたつの不可分な意味で反省に基づいている。ひとつは、より下位水準から抽出されたものを、より上位水準に移行させる「反映 (引用者注:邦訳では反射を当てている)」であり (たとえば活動から表現への移行)、もうひとつは、先行水準からひきだされるものを、新しい水準で再組織化する精神的な意味での「反省」である。」[106]

ここでの Piaget の議論は、訳語の当て方の問題も加わって難解である (平林一榮、1986)[107]。ここでは、中原忠男 (1995) に準じて数学的知識の獲得に際して機

---

104) 邦訳書や中原忠男の議論では、反射と反省という対置で訳語が採用されているが、reflection/reflexion の訳語には反映もある。心理学で反射 reflex と言えば、条件反射の刺激反応理論を連想させるのでこの訳語は混乱を招く。特に反射は、ぶつかえって跳ね返る語感が強いが、反映は、物理的には反射によるが、反射より映った像を問題にする語感が強いので、本研究では反映を選ぶ。実際、ここでの Piaget の語用は、跳ね返る語意よりむしろ一方向的である。例えば、力学理論の経験レベルへの反映として記されている。そこでは、反映は、理論を鏡に見立てての経験的抽象の跳ね返りとみなせる。ピアジェ, J., ガルシア, R., 藤野邦夫, 松原望訳 (1996)『精神発生と科学史:知の形成と科学史の比較研究』新評論. p. 274
105) Piaget J., Duckworth E. translated (1968), *Genetic Epistemology*, Columbia University Press, Norton Version, 1971, p. 17.; 芳賀純訳 (1981). 『発生的認識論:科学的知識の発達心理学』評論社. p. 23.
106) ピアジェ, J., ガルシア, R., 藤野邦夫, 松原望訳 (1996), 『精神発生と科学史:知の形成と科学史の比較研究』新評論. p. 345.
107) 必ずしも、記述の仕方が一定ではない。Beth E., Piaget J. (1961), *Mathematical Epistemology and*

能する反省的抽象が、次の二つの意味を備えた用語とみることにする。
　〇反映：下位水準のものを上位水準へ移す。
　〇反省：反映によって得られたものを基に再構造化を進める。
　特にPiagetは、反映に続く反省によって、反省的抽象が完了するとする彼の見解を次のように指摘している。

> 「もし、先に得られた一定の諸関係を思考の新しい平面に投影するという擬幾何学的な意味での「反映」と、それらの諸関係をその新しい平面で再構成せざるをえない再組織化という知性論的意味での「反省」とが、反省的抽象の内部で区別されるならば、後者の側面は前者の側面よりまさることとなる。」[108]

　下位のものを上位に移す抽象としての反映と、それを元に再構成を進める反省からなる反省的抽象によって、最終的に操作に対して、操作を導入することにともなう再構成が完了する。以上の引用を総合すれば、反省的抽象とは、上位表現への移行と関連する関係網の再構造化を伴うものである。反省的抽象でなされることは、数学に限れば、前節で定義した数学化とまさに整合する。すなわち、Piagetの反省的抽象論を数学の認識論として議論すれば、Freudenthalの数学化論は、発生的認識論の側から説明される。このようなPiagetの議論との整合性は、Freudenthalの数学化論は、数学の発達に対して、他領域とも共有し得る一定の普遍性を記述した議論であるとみることができるであろう。すなわち、前節で示した、Freudenthalに基づく数学化を定義は、第1節で参照した構成主義、中でもPiagetの発生的認識論からみても妥当な議論とみることができるのである。

　同時にこのような整合性は、数学化において「方法の対象化」、Piagetの言葉で言えば「操作に対して操作を導入する」反省的抽象はいかに達し得るのかという問いを提起する。例えば、第4節では、van Hieleの思考水準移行指導の五局面が、Freudenthalの言う数学化の過程とは考えにくいことを指摘した。では、それはどのような過程であるのか。Freudenthalにせよ、Piagetにせよ、反省という語をそこに当てたことは確かなことである。実際に、そこでなされるべき具体

Psychology, D. Reidel, 1966では、次のように記されている。「反省的抽象は、下位水準における活動ないし操作の体系から導き出され、それが保証される高位水準の活動ないし操作へ（擬物理的な意味で）反射する一定の特性からなる」p.189、「反省的抽象は、先立つ構造の再構成からなるが、より高位の段階では、それはより大きな構造に取り込まれる」p.203

108）Piaget J. (1970), Translated by Ways W. (1972), *The Principles of Genetic Epistemology*, Routledge & Kegan Paul., p.64, 滝沢武久訳（1972）『発生的認識論』p.94

的な反省行為の内容は、それ以上は記述していないのである。本研究の第2章では、その問題を表現の立場から再検討する。ここでは、さらに問いを深めるべく、何故 Piaget ではないのかを検討する。

(3) Freudenthal による Piaget 批判からみた数学化の課題

　操作の対象化と反省的抽象論におけるかような整合性からすれば、Piaget の議論は数学教育においても実り多いはずであり、実際に Piaget によって研究の基盤を築く研究も多く存在する[109]。では、本研究では何故 Piaget ではなく、Freudenthal の数学化を、教材研究の方法を構築する本研究では採用する必要があるのか。以下では、その必要性を、Piaget の発達段階論が教材の意味内容を話題にする理論ではないという Freudenthal の主張を根拠に指摘する。

　Piaget の発達段階研究の一つの特徴は、個別的な子どもの数学的活動の観察する場合でも、子どもの活動を数学的な意味では観察しない点にある。その意味で Freudenthal も Piaget に対して批判的である。実際、Piaget は、「知識の論理学的および合理的な系統においてなされる進歩と、それに対応する形式的、心理学的な過程との間には平行関係が存在する」という見解を発生的認識論の基本仮説としている。そして、生物学的システムから認識論的システムへの移行を、論理学的な視野から跡づける目的で発達段階を設定し、実証したのである。そして、その問題意識は、学校数学において数学の本性を実現しようとする数学化の問題意識とは異なるものである。すなわち、Piaget の発生的認識論は、操作の対象化という意味では数学化に整合しながらも、その発達段階論においては数学化の水準とは別の対象を表そうとしているのである。

　Piaget の発達段階は、論理を基準[110]にしており、Freudenthal の数学化の前提

---

109) Ed. Duvinsky の研究などがそれにあたる。
110) Hegel が行った論理学に対する弁証法的論理学「正、反、合」の創成に認識論創設の一つのモデルをみた Piaget は、発生的認識論を、Hegel が弁証法的論理学を通じて批判した論理学を越えた様相論理学と対置し論理操作の発達の一般論「内、間、超」を提示した。認識の一般則を求めた Piaget からすれば、当然であるが、発生を論理で分析する点が Piaget 固有の方法論であった。ピアジェ, J., ガルシア, R., 芳賀純, 能田伸彦監訳, 原田耕平, 岡野雅雄, 江森英世訳 (1998). 『意味の論理』サンワコーポレーション. 第 10 章 論理学と発生的認識論. 170-187 及び解説「現代論理学の発展と意味の論理学」223-228. van Hiele による Piaget 批判には、Piaget による子供の活動の論理分析が、子供の活動の水準ではなく、van Hiele の言う論証の水準である第4水準である点を理由にしている箇所がある。van Hiele, P. M. (1986) *Structure and Insight: A theory of mathematics education*, Academic Press, p. 101. その批判は大人の側の論理で子供の思考を判断することに潜む誤解を問題にする点で適切だが、Piaget の側からすれば意に添わない指摘である。実際、「意味の論理学」では、Piaget が後年、その論

第5節　数学化規定の妥当性と適用上の課題　*91*

にある水準要件である子供が自らが生きる世界の意味での水準としては設定されていない。Piagetによるサイクロイドの作図課題に対する発達段階による反応の相違を例にする（Piaget 1974；邦訳 1986 pp.97-109, 1983；邦訳 1996 p.172)[111]。ここでPiagetはサイクロイドの作図課題を、前操作、具体操作、形式的操作段階における子どもの思考の相違にはどのような論理操作上の相違があるかを明らかにするために、各段階の子どもに提示している。子どもにはサイクロイドをかく道具、定木と円盤（円盤の周上の1点に鉛筆を通す穴がある）、鉛筆が与えられ、「円盤の周上にある穴に鉛筆を刺して、円盤を、定木上転がすと、どのような結果になるか」を問われ、予想を答え、その上で実行し、予想と結果を対比してどうかを尋ねられる。

4歳～7歳の前操作段階（内的操作段階）の子どもは、円とか直線を予想するが、かいてみてそうならないことを知る。そして、その原因を、かき方の失敗に求めて、予想が誤りとは判断することができない。Piagetは、この段階の子どもは、結果を予想と関係付けられないと性格付ける。

それに対して、7歳から9歳の具体操作段階（間操作段階）の子どもは、同じような誤った予想をしたとしても、かいてみた結果が違うことから予想が誤りと判断する。

11～12歳の形式操作段階（超操作段階）の子どもは、サイクロイドのような曲線ないしその断片を予想した。Piaget等は、結果が予想を修正すべき反例であることを認める意味で、論理操作の意識化ができたのは、具体操作段階の子どもからであると結論づけている。

以上を数学的認識とみた場合の問題は、子どもは実際にはどう理解し、推論して設問に答えたのかという点である[112]。前操作段階の子ども（園児）の反応は、目的や状況を理解して答えているとは考えがたい。例えば、念頭で想像する以前

　理とは旧来の論理学に対する弁証法的論理学に対置する、命題論理学に対する様相論理学に類する彼固有の論理学であることが明確化されている。このような議論は、Piagetが話題にした思考操作が、数学的な意味での思考操作ではなかったことを明解に示している。

111)　ピアジェ，J., 芳賀純訳（1986）．『矛盾の研究：子どもにおける矛盾の意識化と克服』三和書房．；ピアジェ，J., ガルシア, R., 藤野邦夫, 松原望訳（1996）．『精神発生と科学史：知の形成と科学史の比較研究』新評論．

112)　Piagetの数学教育への適用に際しての課題一般は、数学教育学ではvan Hiele（1964），Freudenthal（1973）、平林一榮（1987）によってすでに指摘されている。三者に共通した批判は、発生的認識論を研究目的にしたPiajget研究では、実験課題の設定と反応の解釈とが、被検者と検者の間の会話の論理分析によってなされ、被検者が数学的に見てどのように理解しているかを話題にしていない点にあげている。

に、運動する点の動きをスケッチするという質問の意味がわかっているだろうか。Piaget の解釈は、園児が課題をどのように解しているかを話題にする意図ではなされていない。そして、具体的、形式的操作段階の子どもの反応に対する Piaget の考察も、数学的な意味での内容の考察とは言えない。例えば、通例、数学の軌跡課題を解答する場合、ア）運動の様子をイメージしようとする、イ）最初、途中、最後のような極端な場合を想像して、それを結んでみる、ウ）少しずつずらして動かしてみる、エ）幾何学的イメージ（図形当てはめ上書き推論）を適用して、作図題の意味で解く、オ）代数幾何的表現（解析幾何、ベクトル表示など）を用いて解くなどの解法が数えられる。エ、オには高等数学の知識が必要であり、ア～ウは数学を知らなくても可能である。特にサイクロイドは代数方程式で表現できない曲線であり、機械的にしか作図できない。そのサイクロイド求長課題になると、ガリレオさえも誤解した。すなわち、適切な解答は、エ、オによるアプローチではじめて表現できるわけである。一方で、Piaget の議論はエやオと一切関連ないばかりか、ア～ウにも十分立ち入っているとはいえないのである。

　このような観察視点の相違は、Piaget の目的が、あくまで彼の発生的認識論の一部をなす発達段階論の検証にあり、子どもの活動内容の数学的意味解釈ではないことに基づいている。数学教育的な関心からすれば、具体操作段階の反応を示した子どもは、その考え方を前提に、どのようにして、形式操作段階に移れるのかが問題になる。Piaget の段階記述では、その論理操作が意識できたかできないかまでは話題にされる。しかし、どのようにすれば意識できるようになるか、その思考が何を学習することで変わるかは直接扱ってはいない。それは、反省的抽象や矛盾という語で話題にされても、具体的に学習によってどう変わるかは話題にされていない。Piaget の段階論は、数学的な具体的意味内容（後に対象化されるであろう操作）の吟味から外れている。そこでは操作に対して操作を導入することは話題にされ、それを反省的抽象と表象しながらも、具体的に数学上の操作の構成過程は話題にしていない。

　以上の意味で、操作の操作、反省的抽象などの類似性が存在しながらも、数学的な意味内容からみた認識の進化図式を表す数学化と、Piaget の発達段階論は無縁である。Freudenthal の数学化の価値は、学習を通して、ある水準の子どもが次の水準に発達する、その数学内容・教材の階層性を話題にしている点で、数学教育において意味をなす。Freudenthal の Piaget 批判は、本研究が求める教材研

究理論の構築という視野における Freudenthal の数学化を選択することの妥当性を示すものである。同時に第 4 節で述べた Freudenthal の数学化の拡張枠組みが教材研究に際して備える次の二つの課題が明らかになる。

　一つは、Piaget の発達段階論が教材研究の枠組みとして有意でないとしても、教材を系統化する上で Freudenthal の言う水準を如何に構成し得るのかという課題が残る。例えば、水準は、言語ないし表現の関係網であるという。それは具体的に、どのように階層化しえるのかという問題である。この課題は本研究では第 3 章で取り組む主題である。

　もう一つは、Freudenthal の数学化において本質的な方法の対象化や反省は、Piaget の認識論では、操作に対して操作を導入する、操作を対象化する、反省的抽象するというような考え方に通じる点である。具体的には方法の対象化や反省によってなされる再組織化とは具体的にいかなる活動内容を指すものであるのか。実際、数学教育研究では、方法の対象化や反省は、教材の次元において繰り返し記述されてきた。それは言わば、自分自身の思考を内観して説明されてきた。ある水準からある水準への方法の対象化、言わば操作に対して操作を導入することは具体的にどのような活動によって達することができるのか、方法の対象化、操作に対して操作を導入したことで得られる新しい水準とは、それ以前の水準とどう違うのか。Piaget が類似概念を提案していたとして、それに具体性がないと批判するならば、Freudenthal の「方法の対象化」や再組織化には具体性があるのかという問題である。個別教材という意味で具体性はあるのか、それが実際に指導可能であるか、指導するには何が課題になるか。反省という形容は教育学的には、よく使う言葉であるにもかかわらず、教材研究上はけっして具体性があるとは言えないのである。反省とは実際には何をなすべきか、それは本研究では、第 2 章で取り組む課題となる。

　第 2 節で述べたように、教材開発の方途を構成することを目標とする本研究で数学化という語を採用するのは、活動という語が誤った解釈を導き得るからである。第 4 節で拡張可能な形で定式化しながらも、Piaget の発達段階批判同様に、水準の設定次第では数学としての教材研究上の誤りとみなせる危険性がそこに存在し得る。Freudenthal によれば、Piaget の場合には、それは論理と意味内容とのすり替えにおいて発生した。であるならば、そのようなすり替えによらず、内容に沿って数学化の過程、方法の対象化、水準の意味内容を表象し、そこでの再組織化を進めるような教材研究方法を定めることが課題となる。その課題に応え

るべく、第2章では、本研究の数学化を拡張する枠組みとして表現世界の再構成過程を導入し、その過程の内実の詳細を解明し、第3章では水準設定の方法を検討する。

(4) 数学化規定と日本の教育課程基準との整合性

本研究で考察する数学化は、構成主義に基づく活動観の要請1〜3と整合した。それは、教育一般にも汎用性のある規定が、本研究で採用されたことを含意している。特にPiagetの発生的認識論と対比した場合、操作の対象化、反省的抽象という、教育一般に汎用性のある発生的認識論の基本的な考え方と、Freudenthalの数学化は整合する。そして、本研究が目的とする教材研究方法に対する教材の系統を表す基盤となるのは、数学内容に注目した水準論であって、内容解釈よりむしろ論理解釈に注目したPiagetの発達段階論ではない。その議論からすれば、本研究の活動観において数学化を目標とする教材研究は、第4節で述べた数学化と水準で記された要件を前提とすればこそなしえるものである。

最後に、このように妥当性のある数学化規定が日本の教育課程とも整合することを確認する。

序章で言及したように中学校学習指導要領解説数学編（1998）では、数学の学習を次のように解説している（再掲）。

A）数学の学習で大切なことは、観察、操作や実験を通して事象に深くかかわる体験を経ること、そしてこれを振り返って言葉としての数学で表現し、吟味を重ね、さらに洗練を重ねていく活動である。数学の学習は、こうした学習を通して、数学や数学的構造を認識する過程ととらえることができる。観察、操作、実験による体験を振り返りながら数学的認識を漸次高めていく活動は、自らの知識を再構成することにほかならない。（振り返ることによる絶え間ない知識の再構成）

B）活動を通して数学的な命題に気付き、確かな根拠を基にこれを論理的に考察し、数学的認識を次第に高めていく数学的活動を通して、現象世界の背後に厳然として存在する数学の秩序を知る。こうして、数学の世界でのみ経験できるこの認識の確かさを体験することに数学学習の意義を見いだすことができる。（数学的認識とその価値の追求）

C）こうした経験によって得られた数学的知識は価値があるが、さらにまた重要なことは、その時に身に付けた知識を獲得する方法、または、知識を構成す

る視点である。これこそ新たな問題場面における問題解決の有効な手がかりとなり、新たな問題発見につながるとともに、新たな知識の獲得を促す源となるものである。新たな知識の獲得やより深い数学的認識は、自らの活動による数学的な経験に応じて得られるのであり、ここに積極的な問題解決的学習の展開とそこでの数学的活動の充実が求められるゆえんがある。(数学の発展方法の獲得)[113]

A)～C) の数学学習内容において、本研究における数学化が追求するのは、その文言の対照から明らかなように、A) と B) である。A) は Freudenthal の言葉で言えば、再組織化、生きる世界の再構成に係る活動と考えられる。B) は生きる世界を指すと考えられる。これは、Freudenthal の記述を引用した Piaget の言葉では固有な直観を備えた世界である。

文部科学省による解説 A)～C) 自体も、A)、B) をふまえて C) が記されるように、C) の学習に際して A)、B) は必要条件とみることができる。それゆえ、A)、B) に注目して数学化を検討することは日本の教育課程とも整合する。加えて、本研究の目的「数学的活動を通して数学を学ぶ過程を構成すること」は、既存の教育課程や教科書の存在に限定されない一般理論を構成することにその特質がある。

以上のように Freudenthal の数学化は、数学的活動を通して数学を学習する過程を構成しようとする本研究において、汎用性のある規定である。第 4 節で述べた以下の規定は、Freudenthal の記述に準拠したものであるが、その規定は、Freudenthal の数学化を拡張する目的で、本研究において設定したものである。

〈数学化の前提としての水準要件〉
要件 1. 水準に固有な方法がある。
要件 2. 水準に固有な言語ないし表現とその関係網がある。
要件 3. 水準間には通訳困難な内容がある。
要件 4. 水準間には方法の対象化の関係がある。

第 4 節で述べたこと確認すれば、下位水準に対する高位水準の多様性という視点からすれば、要件 1 で話題にする固有な方法は、一連の水準からみた場合に固

---

113) 括弧内は筆者が追記。礒田正美他編 (2005) 参照。

有であり、高位水準からみて固有とみなしえるものである。実際には、各水準の活動には多様な方法がある。一連の水準をみる場合、言語ないし表現の中で、再構成されていく数学的帰納法や平行のような組織化原理がある。それがいかに変わっていくかを象徴する内容において、様々な、一連の水準を説明することができる。要件2で言う言語は、言語水準としてみた場合には言語の相違に注目し、表現水準とみた場合には表現の相違として説明できる。水準はどのような内容についての水準であるかによって、その規模は著しく変わる。要件3で言う通訳困難性は、水準間の相違を説明する場合に話題にされるものであり、水準の移行は、限定的な文脈では生徒は水準の相違を越えた活動がしえるということを根拠になされるものである。その意味で、水準は不連続に設定されているが、水準の移行指導の意味でなすべき数学化は、そこに存在する矛盾を意識することなく実現可能である。後からその相違を、矛盾として自覚する場合もあるのである。

〈数学化の過程を構成する局面〉
Ⅰ．数学化の対象：下位水準の数学的方法で組織する活動、下位水準の言語ないし表現とその関係網として経験が蓄積
Ⅱ．数学化：蓄積された経験は、新しい数学的方法によって再組織化される、下位水準の活動に潜む操作材ないし活動を組織した数学的方法を、教材ないし対象にして新しい数学的方法によって組織するより反省的な活動
Ⅲ．数学化の結果（新たな数学化の対象）：高位水準の数学的方法で組織する活動、高位水準の言語ないし表現とのその関係網として経験が蓄積

　前項最後で話題にしたように、Piagetの発達段階は、数学内容の数学化過程を記述しない。方法の対象化、反省などの整合性は、教材研究においてそれらを実現することをの必要性を一層明確化した。他方、水準と発達段階の相異は、これら条件を活用しようとする際に、誤用する余地があることを示唆している。例えば、数学化の過程でなすべき「再組織化」とは何をどのように再組織化することなのか？　それが果たして方法の対象化を指していると言えるのだろうか。水準がPiagetの発達段階ではないとしても、水準に固有な言語、表現ないし関係網とは、いったい何を指すのか。生きる世界の再構成とは、具体的には何がどのように再構成されるのか。具体的にこれら要件や過程に記された事柄は何をすることを指しているのか。

Freudenthal 自身は、幾何や数学的帰納法など限られた内容において、数学化教材を先に引用した範囲で述べたに過ぎない。教材の系統を多様に読みとれるように、話題にしえる数学化も多様であり固定的ではない。数学化を目標に教材研究を行えるようにするには、本章で行った規定を、教材研究に際してさらに活用可能な形で定式化する必要がある。それは第2章で検討する。その際、これら要件は、数学化を一層具体的に記述する枠組みを導出する際の根拠として利用する。すなわち、本章で定めた要件は、第2章で Freudenthal の考えを拡張するために利用される。

　次章以降で行う作業は、彼の考えを反映した上記の要件や基準に対して行うものである。そのような議論の進め方それ自体、もはや彼の議論ではない[114]。第1章では「Freudenthal の枠組み」であるが、第2章以降では彼の名を冠することなく展開する。数学化を具体化する水準の設定方法は第3章で、具体的な教材開発は第4章で、教材研究を進めることを通して考察する。

第1章のまとめ

　第1章の目標は、数学を活動を通して学べるようにする上で必要かつ妥当な規定を、数学化として定式化し、第2章で提出する本研究の枠組み、表現世界の再構成過程を、数学化の過程を説明する枠組みとして定めるための準備を行うことであった。

　そのための教育学的前提として、第1節では、筆者が求める活動観を、「主体が自らの生存のために自らの更新していく上で進める対象との相互作用」と定め、Glasesfeld, E. V.（1995）, Piaget, Dewey を参照し、①生存可能性の保証、活動要請②矛盾のない同化、活動要請③矛盾を越えた調節として性格づけた。

　第2節では、何故、数学的活動ではなく、数学化を話題にする必要があるのかを問題にした。数学化の意味での数学的活動が数学の本性であり数学教育の目標であること、活動と言う語のもつ曖昧な誤解を避ける必要があること、New Math のように数学的構造を活動的に教えようとする誤った教育課程に対して、適切に教程化を進め内容に、その基準を示す趣旨があることを確認した。この確認により数学的活動それ自体を目標に教材研究を進める本研究の目的と、数学化

114）　Freudenthal は、数学的構造の教授学的現象学にみられるように、数学それ自体の表現を記述することに関心を置いていた。

が整合することが明らかにされた。

　第3節では、数学化を提案する用語に諸説あることを参照した。活動としての数学を教えることを話題にしたFreudenthal, H.（1973）は、数学の「数学化」というように再組織化を謳い、事象の数学化、数学の数学化を話題にするものであり、事象との関わりで数学の応用と対置する語用とは異なる用法であった。類似用法は原語mathematizationの訳語「数学化」の我が国の教育課程上の起源である中学校数学第一類、第二類にもみられ、Freudenthalの用語数学化は我が国の教育課程史上でも親和性の高い用語であると認められた。

　第4節では、Freudehthalの「数学化」が「蓄積された経験の数学的方法により再組織化であること」を確認し、その典型事例であるvan Hieleの思考水準をFreudenthalの意味で解説した。例えば、Freudenthalは他領域でも水準という語を使うが、van Hieleは使っていない。Freudenthalの言う再組織化としての数学化を説明する手立てとして、思考水準は典型であるが、思考水準によって説明しない数学化があることも併せて確認し、そのどちらも生きる世界の再構成であることを指摘した。その上で、数学化を、Ⅰ．数学化の対象、Ⅱ．数学化、Ⅲ．数学化の結果という数学化の過程によって記述し、Freudenthalの意味での水準を、水準要件1．水準に固有な方法、水準要件2．水準に固有な言語ないし表現とその関係網、水準要件3．水準間には通訳困難な内容の存在、水準要件4．水準間には方法の対象化の関係として拡張的に定式化した。

　第5節では、第4節で定義した数学化が、最初に示した活動観の要請1～3と整合することを確認するとともに、特に構成主義の中でもPiagetの発生的認識論との異同を述べた。そもそも、Piagetは、自身の考えを定式化するに際して、Freudenthalを典拠にしていた。その典拠に基づく部分は、Piagetの考えは極めてFreudenthalに類似しているとみることができる。実際、第1節の活動観と第4節の規定との合致は、生きる世界とその再構成という数学化の性格に基づくものであった。他方で、Piagetの議論は時に数学の内容をその意味において話題にしないために、教材研究方法を構築する本研究では、Freudenthalの定義を参照することが妥当であることを確認した。最後に、導いた数学化の定義が1998年告示の学習指導要領で話題にされる学習活動内の一つの意味に対応することから、本研究の数学化の規定が妥当であることを確認した。

　第2節で述べたように、また第5節で確認したように、Freudenthalの数学化を採用することは活動としての数学それ自体を教育目標とすること、すなわち、

数学化すること自体を数学の指導内容とすることを含意している。数学の特定内容を活動を通して学べるようにする教材研究方法を定める本研究において、本章は、数学化の基本枠組みを提供したものである。その基本枠組みは、水準要件と、数学化の局面で構成される。その基本枠組みは、第2章で、本研究としてのオリジナルな枠組み「表現世界の再構成過程」を導入する際に、そのオリジナルな枠組みが、第1章で述べた数学化と言えるのかを検証する際に用いられる。また、第1章第5節で指摘したように彼の議論に依拠する限り、数学化の過程をそれ以上詳しく知ることは難しい。第2章では、方法の対象化の意味内容を明確化する必要は、そこでなすべき活動の内容が、表現世界の再構成過程によって一層、顕在化することを説明することによって意義づけられる。

本研究の数学化は、その考え方を提唱したFreudenthalの意味で汎用性がある。第5節の議論は、数学化の過程を明確に記述するために筆者が提出する第2章の枠組みの有効性を示す際に、再び参照される。

第2章
表現世界の再構成過程としての数学化

第2章の構成

「活動を通して数学を学べるようにする際に、そこで実現されるであろう学習過程が、真に数学を活動を通して学べる過程であると判断する際の基準[1]を示すこと、そして、その基準を学習過程の構成原理として特定内容に係る教材研究を進め、その特定内容を活動を通して学べる学習過程が実際に構成できたかを確認できるようにすること」が本研究の目的である。第1章、第2章は、研究目的前半部分、本研究の基本的な枠組み、数学化とその過程を定め、判断する基準を提出する章である。その基準の有用性、すなわち目的の後半部分に該当する考察は第3章、第4章において、具体事例として関数領域を例に例証するものである。

第1章で定義した（Freudenthalの）[2]数学化を実現する教材研究では何が求められるのか、その指針を示すには、数学化の過程を一層明瞭にする必要がある。もとより、Freudenthalは限られた例で彼自身の数学化を示したに過ぎない。それを、与えられた任意の数学内容に対して、数学化の立場からの教材研究を行うために第1章では本研究における数学化を定義した。その定義をさらに具体化するには、改めてその定義において不明確な内容を拡張的に定式化する必要がある。例えば、固有な言語ないし表現の関係網を備えていることを水準の要件に数えた。では、言語、表現及びその関係網とは具体的な数学教材において、実際には、何を指すのか。仮に関係網が記されたとして、それを再組織化する過程は、いかなる過程であり、それはどのように表せるのか。反省とは何か。方法の対象化とはいったいいかなる過程であるのか。

学校数学の場で繰り返される再構成をFreudenthal研究所の後継者らは、水準とは言わなかった。そこには、van Hieleの水準が幾何限定で言語水準として話題にされ、Freudenthalの水準が組織化原理や関係網を話題にするという水準という語の多様性があった。彼は生きる世界の再構成とも表象しなおした。では、生きる世界は何なのか。

これらの問いに具体的に応える形で、本章では、第1章で定めた数学化を本研究の目的のもとで定式化し直す。

第2章の目標は、「数学的活動を通して数学を学ぶ過程を構成する」ために、第

---

[1] 話題にするのは必要条件であり、その都度教材研究が求められるゆえに十分条件ではない。
[2] 第1章第5節末で述べたように第1章で定式化したFreudenthalの数学化を本章では拡張的に定式化する。そのため特に必要がなければ「Freudenthalの」という冠を今後被せない。

1章で述べた数学化の過程でなすべき再組織化、そこで求められる生きる世界の再構成を詳細に記述する枠組みとして表現世界の再構成過程を導入することである。表現世界の再構成過程によって、方法の対象化が具体的に何をすることなのか、その意味を明確にすることができる。そして、そこで認められる学習課題を提起することで、第3章、第4章において具体的な教材を特定した上で学習過程を構成する際の基盤を築くことができる。すなわち、数学化の立場からの教材研究を進めることができるようになる。

　数学化を通して生きる世界の再構成を記述するためには、その世界が少なくとも有意味である必要がある。また、それは生徒が数学を表す世界であると考えられる。そのように考え、本章ではFreudenthalが話題にした生きる世界を有意味な表現世界とみなし、生きる世界を有意に記述する枠組みを表現世界の再構成過程として示し、数学化過程の記述理論を構成する。そして、そのようにみなすことのよさを議論する。結論から述べればそのように定めることのよさの一つは、数学化過程における反省活動によって起きる「方法の対象化」が、表現の記述枠組みからみればその内容を特定できること、学習課題を示すことができることである。

　以上の本章の主旨から、第1節では、表現の記述枠組みを導入する。その記述枠組みは、頭中の思考の意味での認知過程を表象する意図からではなく、表出された表現を、表現の関係網として記述できるようにする枠組みである。

　もとよりFreudenthalは思考過程を外に表象したものと、頭の中での内的な認知過程を区別する立場に立っていない。本研究では、数学化の過程を表象する目的で、その枠組みを導入する。そのために、第2節では、教室における学習指導事例でもある「分割数における数学化」例を、表現の記述枠組みで分析的に記述する。その分析を通して、表現世界の再構成過程を導出する。

　ここで取り上げる数学化事例は、第1章で述べた数学化を実現する目的で実践した事例である。その事例を、第1節で示した表現の記述枠組みで分析記述できれば、数学化の過程の内実、すなわち数学化において具体的になすべき行為は何かを明瞭にすることができる。そして、そこから表現世界の再構成過程を導くものである。

　数学化の過程を、表現世界の再構成過程によって認めることで、逆に、数学化の基本概念の一つである「方法の対象化」が、実は結果論を話題にしているにすぎないことを指摘する。具体的には、第1章第5節で話題にしたPiajetの「操作

の操作」、「操作の対象化」というような用語で記述しえる対象が、表現の再構成過程によって記述できることを示す。そして、表現世界の再構成過程が、結果論ではなく、実際になすべき内容を記述することを説明する。

表現世界の再構成過程は、第2節では、表現の記述枠組みを適用して学校数学の範例から導出される。問題は、その活用範囲、射程である。表現の記述枠組みそれ自体は外的表現を分析的に記述する枠組みである。その意味で表現世界の再構成過程は外的表現を表した過程である。その表現世界の再構成過程は、実際には数学化過程を記述するものとして、内的表現と外的表現というような認知過程を問題にしない、教材を読む枠組みとして利用可能である。そのためには、数学史、学校数学教材を読む枠組みとして数学一般で普遍的に利用できる枠組みであることを示す必要がある。そこで、第3節では、表現世界の再構成過程が、数学の歴史的発展過程において認められることを、Descartes による数学化を例に示す。

もっとも、第3節が話題にする、数学の発展とは、数学史家それ自体が話題にする数学史ではなく、歴史的に行われた事柄を教材とみて、教訓的に再構成した発展過程である。そこに、第1節で述べた表現の記述枠組みではなく、第2節で導出された表現世界の再構成過程を適用する。第3節の考察は、表現世界の再構成過程が、数学史上においても存在することが教訓的に例証しえることを示すものである。それは、第1節で示した表現の記述枠組み抜きで、表現世界の再構成過程が数学史上の教材に適用可能であることを指摘する。そして、表現世界の再構成過程が異なる数学理論を支持することに伴う立場の相異、同じものに対する見方の相異を示すことを確認する。

表現世界の再構成過程は、Freudenthal の言う生きる世界の相違、水準の相違を象徴するものとして提出される。生きる世界は、第2節では数学化の過程でなすべき行為の存在、相違を明確にするものとして性格づけられ、第3節では、数学に対する見方の相異を生むことを指摘する。それにより、再構成前と再構成後の世界がいかに異なる生きる世界であるのかを示す。

これらの結果を総合し、第4節では、表現世界の再構成過程は、学習課題を示すことを確認する。第4節では、機構における学習指導事例を前提に表現世界の再構成過程において具体的に何が学習課題となるかを指摘する。そして、表現世界の再構成過程によって記述し得る学習課題を示す。第4節で示した表現世界の再構成過程で話題にしえる学習課題が、次の第3章、第4章で関数領域の場合の

数学化を吟味する際の方法となる。

　本章の考察によって数学化の過程は、表現世界の再構成過程によって改めてその詳細を性格づけることができる。第1章で形容した活動の反省による方法の対象化で行うべき具体的な行為内容が表現世界の再構成過程では記述される。表現世界の再構成過程で数学化過程を記述すれば、反省という形容それ自体は、表現世界の再構成過程に代替される。他方で、方法の対象化は、水準間の関係を象徴する要件であり、主として、再組織化の意味での水準の階層性を発見する第3章で活用する。

第 2 章が基盤とする筆者の全国誌・国際学術誌等査読論文

　本研究は、筆者のこれまでの研究成果を整理しなおしたものである。そのため、本研究では、筆者の先行研究を本文内で適宜参照しつつ考察を進める。特に第 2 章が前提とする全国誌・国際学術誌等における主要な査読論文は、以下の 2 点である。

礒田正美 (1990). 数学化の立場からの学習指導に関する事例的研究：分割数 (number of partitions) の授業分析.『日本数学教育学会誌』72 (9), 340-350.

本章の第 2 節では、第 1 節で述べた表現の記述枠組みで、この論文の内容が再構成され、記述されている。

Isoda, M., Matsuzaki, A. (2003). The Roles of Mediational Means for Mathematization: The case of mechanics and graphing tools. *Journal of Science Education in Japan.* 27 (4), 245-257.

本章の第 4 節は、第 2 節、第 3 節で得た表現世界の再構成過程で具体的な学習指導過程を分析した場合に、そこで話題にしえる学習課題を説明する上で、この論文を利用している。

　なお、学術書としては、本章の第 3 節で採用する教材研究の方法論による考察が、数学化という用語抜きで「論理と直観」という語で展開されている。

礒田正美, Bartolini Bussi, M.G. 編 (2009).『曲線の事典：性質・歴史・作図法.』東京：共立出版

『曲線の事典』では、曲線が歴史的に荷った役割、そこでの理論の相異が認められるようにすることに務めた。そのため、本研究の文脈では数学化と呼ぶべきところを、あえてそのようには呼ばずに整理した。

第1節　課題に対する表現の記述枠組みの設定

　数学化の過程、特に方法の対象化とは具体的に何をすることかが明瞭でないという第1章第5節で述べた課題に対して、表現に注目してその過程の詳細を表すことが本章前半の目標である。実際、前章では、固有な言語ないし表現の関係網を備えていることを水準の要件に数えた。前章末では、Piajet の発達段階論が、数学の意味内容を話題にしていないとする Freudenthal の批判を話題にした。では、数学の意味内容はどう定めるか。言語、表現及びその関係網とは具体的な数学教材において、どのようなものを指すのか。仮に関係網が記されたとして、それを再組織化する過程は、どのような行為によるものか。教材研究の方法論を追究する本研究では、教材の意味内容を話題にして、水準に固有な言語ないし表現の関係網を表現することが求められる。

　本節では、その言語ないし表現を具体的に記述する枠組みを設定する。そして続く節で、前章で定義した数学化過程を学校数学において構成する際に、その活動内容を記述し得るようにする。それによって、数学化過程でなすべき事柄、達せられるべき事柄を明確化することをめざす(第2節)。そのために本節では、数学化を通じていかに理論を表す言語ないし表現が再構成されるのかを記述すべく数学の表現が更新する様相を記述する枠組みを提示する。

　以下、数学の内容表現(以下では表現と呼ぶ)に着目して、J. Kaput [1989]、A. H. Schoenfeld [1986]、J. Hiebert [1986] の研究を参考に、数学理論の記述表現が進化する様相を記述するための枠組みを設定する[3]。その枠組みは諸氏の研究を説明するためではなく、あくまで、表現の関係網がいかに再構成され、更新するかを説明するために設定する。本研究で、表現の関係網という場合、それは記述表現に限らない心的表象を含む。ただし、本節で分析対象にする表現とは、

---

3) 本節で提出した枠組みは、次の論文で提出されて後、洗練された。礒田正美(1990). 数学化における言語の再構成過程に関する一考察：数学的表現からみた分割数の授業の分析Ⅱ.『数学教育論文発表会論文集』23. 19-24.；礒田正美(1993). 学習過程における表現と意味の生成に関する一考察. 三輪辰郎先生退官記念論文集編集委員会編.『数学教育学の進歩』東洋館出版社. 108-125.; Kaput, J. (1989). Linking Representations in the Symbol System of Algebra. NCTM. *Rsearch Issues in the Learning and Teaching of Algebra*, Lawress Erlbaum Associates. 167-194.; Schoenfeld, A. H. (1986). On Having and Using Geometric Knowledge. Hiebert, J. (ed.) *Conceptual and Proceedural Knowledge: The case of mathematics*. Lawress Erlbaum Associates. 225-264.; Hiebert, J., Lefevre, P. (1986). Conceptual and Procedutal Knowledge in Mathematics. Hiebert, J. (ed.) *Conceptual and Proceedural Knowledge: The case of mathematics*. Lawress Erlbaum Associates. 1-28.

学校数学の教科書やノート等にみられる数学表現である。本節で提示する枠組みの有効性や前章で述べた水準、数学化との対照は、次節以降で検討する。次節では、再組織化や生きる世界の再構成が具体的にどのようなものであるかが、本節で提示した記述枠組みによって実現する。

(1) 表現と意味

言葉は、言葉の意味内容抜きに語ることはできない[4]。意味との関わりで表現を考察したのは Kaput である。彼は次のように述べている。

「我々の議論は関係的意味論である。すなわち、我々は抽象的意味もしくは意味の源の存在を考えない。むしろ、意味は特定の表現もしくはその総体下で、さもなくばそれらに関係して、発達する。従って、例えば、数学用語、関数に対する絶対的意味が存在するのではなく、むしろ、関数の多くの物理的、心的表現が織り成す意味の全体網が、そして諸表現の調和が存在する」[5]

Kaput の立場に立てば、多様な表現の相互関係網が、表現に意味を与える基盤となる。例えば、関数は、Kaput や三輪［1974］に指摘されるように、表、式、グラフそれぞれの表現法とそれら相互の参照関係を含んだ表現系全体で主として意味付けされる（図 2.1）。

そこでは、意味の関係網を構成するものとして、次の表現タイプを認めることができる。

ア．特定表現法内での表現
イ．複数の表現法間の翻訳（参照）表現

例えば「$2x + y - 3 = 0$ は、$y = -2x + 3$ より、x の係数 -2、定数項 3 の 1 次関数である」という表現はアの用例であり、その表現生成は、式変形という、相対的にみて手続き的、構文論的な特徴が認められる。また、「表から変化の割合

---

[4] 教材研究を基本的方法論とする本研究では、解釈者は執筆者であり、この記述は、言葉に対して意味が当てられることを前提にしている。記号論では、記号、解釈項、記号内容の三者関係により、記号の多様な解釈、意味内容を話題にする。米盛裕二（1981）．『パースの記号学』勁草書房．教材研究でも、その多義性を生かす方法はある。二宮裕之, 岩崎秀樹, 岡崎正和（2005）. 数学教育における記号論的連鎖に関する考察：Wittmann の教授単元の分析を通して．『愛媛大学教育学部紀要』52（1）. 139-152.；森田康義, 礒田正美（2008）．問題解答の記号論的分析に関する一考察：補助問題の階層性の記述．『数学教育論文発表会論文集』41. 777-782

[5] ここで「糸」という考えは三輪による．三輪辰郎（1974）．関数的思考．中島健三, 大野清四郎編．『数学と思考』第一法規．210-225.; J. J. Kaput (1989) Linking Representations in the Symbol System of Algebra. *Research Issues in the Learning and Teaching of Algebra*, Lawress Erlbaum Associates. p. 168. ここでの Kaput の引用部分は、表現を心的な表象と記述しえる外的表現を区別していない。

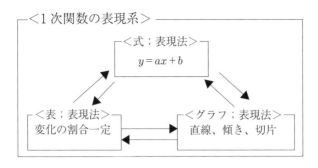

図2.1　1次関数の表現系

が一定だから1次関数であり、$y = ax + b$とおけば〜」という表現はイの用例であり、その表現の生成は、複数の表現法間を翻訳し合う（参照し合う）という、相対的にみて概念的、意味論的な特徴が認められる。

　表現法を固定し認知システムを論ずることに関心を寄せる Kaput の枠組みに対して、概念（Knowing What）と手続き（Knowing How）という二元論的な知識成長の図式を示した Hiebert の枠組みは、表現による意味生成を考える上で参考になる。特に、Hiebert を受けた清水克彦（1989）の議論[6]を参考にすれば、概念的知識と手続き的知識の二元論は、「〜は…である」と表現できる意味表現と、「〜のときは…せよ」と表現できる手続き表現とを視野にして置き換えることができる。この規定に従えば、アの用例では、「1次関数 $y = -2x + 3$ では、x の係数が -2 で定数項は3である」は式の意味を述べたものとみることができる。そして一見、手続きにみえる方程式から関数式への変形をするイの用例の根拠には、「$y = f(x)$ は関数である」という意味が潜在しえる。イの用例で「$y = ax + b$ は変化の割合が一定である」は、翻訳による意味を述べたものとみることができる。相対的にみてアよりイの方が、1次関数の性質に対し含意する意味の関係網は豊かとなりえる。Kaput の場合、その点に着目してか、イを意味として

---

6)　鈴木康博，清水克彦（1989）．数学学習における概念的知識と手続き的知識の関連についての一考察．『筑波数学教育研究』8 (a). 113-126.; Hiebert, J., Lefevre, P. (1986). Conceptual and Procedutal Knowledge in Mathematics. In Hiebert, J. (ed.) *Conceptual and Proceedural Knowledge : The case of mathematics.* Lawress Erlbaum Associates. 1-28.；礒田正美，原田耕平編著（1999）．『生徒の考えを活かす問題解決授業の創造：意味と手続きによる問いの発生と納得への解明』明治図書出版．；礒田正美編著（1996）．『多様な考えを生み練り合う問題解決授業：意味とやり方のずれによる葛藤と納得の授業作り』明治図書出版．

重視する。本章では学習過程での表現、表現法、表現系の成長に着目するので、Hiebert の規定に従い両者を意味とみなす。すなわち、次の二つの形態で表現に意味を認める。

アでの意味．手続き的な意味；特定の表現法内の表現として記述される意味である。イとの比較相対としては、手続き的、構文論的な記述である。一見、構文論的な記述も、その根拠を問えば意味が存在（潜在）しえる。

イでの意味．概念的な意味；特定の表現の意味が、他の表現法の表現を活用（翻訳や参照）して記述される場合の意味である。アとの比較相対として、言い換えによる表現変更記述として、概念的、意味論的な意味記述であり、その解釈では、個別の表現法の根拠解釈（ア）が一層求められるために、内在する意味の関係網はアと比較して豊かである。

異なる表現法間の翻訳：特にイの概念的な意味で表すと的確な解釈ができる場合には、その解釈方法を、異なる表現法間をつなぐ翻訳方法とみることができる。そこでの翻訳方法は、通常一方向的である。双方向であればその概念的意味は、強固とみることができる。

以上の二つの意味形態を扱うことは、上記事例で「意味」を「説明根拠」としても理解しえるように、表現の数学的根拠に対応する意味を扱っていこうとすることに他ならない。学習指導では、意味を個別認知との次元で論ずる必要があるが、ここで扱う表現とその意味は教材研究レベルでの表現法に対する考察である。すなわち、本研究では、表現に対する以上のような意味付与まで考慮する点で、表現記号とその意味を併せた教材の次元での表象の問題を議論する。序章で話題にしたように、教材研究の方法論構築に携わる本研究では、個別の認知・理解の相異、それぞれの子どもの理解の相違の詳細を話題にすること自体は、本研究の射程外である。特に発見やメタ認知の問題を議論しない[7]。また、先の図 2.1 は、必要十分な関係網を例示しているが、実際のア、イでの話題にのぼる表現や関係網は、必要十分性を話題にしていない。例えば、$y = ax$ は一次関数であるが、一次関数は $y = ax$ に限らない。すなわち、表現の関係網の例示は、個別的には無数でありえるが、常に典型に留まる点に注意されたい。

[7) 第1章の第2節、第3節で述べたように Freudenthal は、教材の次元に注目し、発見法に関心を寄せていない。Freudenthal を出発点とする本研究の立場も同様である。

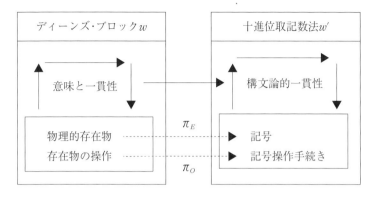

図2.2 ブロックから数への抽象（Schoenfeld[9], 1986）

(2) 表現の記述枠組み

学習過程における表現の進化、意味の改訂を扱う上では、上述の表現法、表現系の内容が逐次的に進化する様相を記述できる必要がある。A. H. Schoenfeld は、子どもが特定の意味を解する世界（特定の数学理論）W から新しい意味を解する世界（新理論）W' を抽象する際に直面する複数の障害の存在を指摘するために、ブロックから十進位取り記数法への抽象化を例に、図2.2のような図式を提示している[8]。

図2.2、左側のブロック表現法内での数学内容の表現は、ブロック（表現自体のシンボル）S と、（表現の生成）操作 O によって与えられる。右側の記数法内での表現は、数字・記号（表現自体）と計算（表現の生成操作）によって与えられる。そして、図2.2で、二つの表現法を結ぶ右向きの矢印は、「□□□と□□のブロックを合わせて□□□□□にするという操作は、数では $3+2=5$ と表す」というような翻訳表現に相当するとみることができる。

ブロックから記数法への学習過程では、子どもが数学内容を表現する世界そのものが再構成されていくと期待できる[10]。実際、この学習過程では、当初、子ど

---

8) Schoenfeld, A. H. (1986). On Having and Using Geometric Knowledge. Hiebert, J. (ed.) *Conceptual and Proceedural Knowledge: The case of mathematics*. Lawress Erlbaum Associates. 225-264.
9) この図自体は、ブロックを参照することで記数法世界が獲得できるという、単純な内化的図式で行われた Resnic の研究の限界を指摘するために記された。この図式の限界は、再構成されるものを再構成として記さずに、単純な対応関係を想定して記している点にある。この図式に関連した解説では、以下、仮定、仮設、期待というような語で解説するが、それは、その点を批判した Schoenfeld の議論に従っている。
10) Schoenfeld は、現実には、図2.2ほど単純でないことを指摘している。例えば、「みかん3個とリン

もはブロック表現で意味を解し、思考を展開すると仮定される。そして、そのブロック表現を土台に記数法表現を学んでいく。やがて、記数法表現は、ブロック表現を参考にせずとも独自に生成されえるようになるとともに、記数法表現で処理した結果をブロックに適用するというような状況に至ると仮設される。

ここで数学化で問題にすべき言語（ないし表現）の再構成は、ここでは子どもが数学内容を表現する世界（表現世界）の違いとして記される点に注目したい。その再構成の過程に対しては、この図式は参照関係が存在すること以上の含意を含んでいない。その過程を明らかにすることが、数学化における言語（ないし表現）の再構成過程が具体化できるのである。

以上を先行研究として、言語再構成過程の記述枠組みを以下のように設定する。

表現：表現とは「具体的な数学内容の記述」を指す。記述といっても紙に書かれた記号、図などに限るものではなく、具体物なども含めたシンボル[11]による表現を指す。

表現法：表現法 R とは「特定種の**シンボル S（表現自体）**と、その**シンボルの生成操作 O** で生みだされる表現の集合」を指し、シンボル S とその生成操作 O により $R(S;O)$ と記す。例えば、前述のブロック表現法を $R_ブ$（ブロック；いじくる）、略して $R_ブ$ と表す。表現法の議論においては、必要に応じて、表現法 R 内での表現生成の一貫性を問題にする。例えば、前出の十進位取記数法 $R_キ$（全数；計算）は、加法・乗法において閉じている（すなわち一貫性がある）が、減法、除法については閉じていない（一貫性がない）。

翻訳：ある表現法に属する特定の表現を別の表現法に属する表現に言い換える場合に、表現を翻訳するという。ある表現法のすべての表現が別の表現に翻訳できるというわけでない。

表現系：表現系とは「翻訳（参照）関係を備えた複数の表現法の集合」を指す。表現系といえども、すべての表現が翻訳できるわけではなく、特定の表現において翻訳関係がある。ブロック表現法 $R_ブ$ と記数法 $R_キ$ は、低学

ゴ2個、あわせてくだもの5個」というような議論は、ブロック表現で吟味しえない。すなわち、この図2.2を越えた表現はいくらでもある。

[11] 何をシンボルとみなすか自体、'see as'に関わる認知的問題であるが、本研究では、個別認知以前に、教材としての分析を目的とする。「表現の意味」を問題にする意味で、本研究では、表現を心的表象、内的表現と観察しえる外的表現とに二分しない。本節では分析対象として外的表現をとり上げる。

年算数の学習後、翻訳関係を備えるに至ると期待される。すなわち、ブロックの操作を計算に翻訳することもできれば、計算をブロック操作に翻訳することもできる。それゆえ、二つの表現法の間にその当該内容に翻訳関係がある場合には $R_ブ$ と $R_キ$ は表現系をなすと言え、その翻訳の方向を矢印 ⇒ で表せば、$R_ブ ⇔ R_キ$ と表せる（⇔ は双方向に相互翻訳が可能であることを表す）。双方向に翻訳がきかない場合でも表現系であるが、表現系としては不完全である。ここでの翻訳は、二つの表現法の当該内容に係る翻訳関係を話題にするものであり、当該しない内容については、翻訳できないのが通例である。

意味：個々の表現は必ず、なんらかの表現法もしくは表現系に属し、そこで意味を有する。例えば、表現 $2+3=5$ は表現法 $R_キ$ に属し、**手続き的意味**を有する。また、表現「□□□と□□のブロックを合わせて□□□□□という操作は、数では $3+2=5$ である」は表現系 $R_ブ ⇔ R_キ$ に属し、**概念的意味を有する**[12]。本記述枠組みでは、<u>手続き的意味とは一つの表現内での表現変更行為</u>であり、<u>概念的意味とは複数の表現法間での翻訳、通訳行為</u>である。

表現世界：当面する課題に対して仮設される表現世界は「各時点に現れうる表現法または表現系」を指し、これを W で表す。例えば、普通、小1途中では $W_キ = [R_ブ ⇔ R_キ]$ はわかると仮設して学習指導が進められる。第2節で議論するように、表現系が深まれば、表現世界は複雑化し、第3節で議論するように、かような記号で表記すること自体も容易でない。

以上で、添え字ブ、キは、違いを明瞭にするために付けられている。

以上の記述枠組みを適用する場合、ここでは教材研究として、意味が表現から特定し得ると仮定して、この枠組みを適用していく[13]。まず、一連の表現から意味が特定できることを解説する。例えば、以下のように三つの式が書かれたノートがある。

$$x = 3$$
$$2(x-1) = 4$$
$$2x = 6$$

---

12) 意味は、別の表現に変更したり、翻訳したりすることで多様に表せる。
13) 記号論的には、一つの記号の意味内容は一意に決まらない。教材研究を行う本研究では、その問題には立ち入らない。

この順序で上から読めば、教材研究としては、解が等しい三つの方程式であると読める。
　真ん中、下、上の順序で読めば、方程式の変形であり、「分配法則で左辺を展開し、右辺へ移項して計算すれば、解答を得る」というようにその意味内容を解説し得る。
　他方で、教材解釈において、単独表現「$x=3$」の意味解釈は多様な可能性がある。「$\therefore x=3$」であるのか「$x=3$ であるとき」なのか、というように、与えられた問題や、その表現が置かれた文脈に応じて記号内容はかわる。この事例の場合には、三つの異なる表現の方程式（数学上の文章の一種）が与えられていればこそ、その複数の文書の配列順序が文脈（意図・目的）を表象する。ある順序で配列すれば「解が等しい方程式の集合」であり、ある順序で配列すれば「与えられた一つの方程式を解く手順」を表象する。
　教材研究で数学表現を取り上げる場合には、一連の表現として表現が意味をなす場合を話題にする。一連の表現が与えられれば、そこに文脈を認め意味を読みとる。逆に、教材研究では、その一連の表現を生成操作する文脈（課題）を適切に与えれば、表現が生成できると仮定し、教材を解釈する。一連の表現の生成操作が表現に対して定まり、その生成操作によって生み出された一連の表現が一定の固まりで示されれば、その表現の文脈が特定でき、表現の意味内容は明瞭となる。仮に、それが子どもの解答であっても、子どもは合理的に推論したに相違ないと考え、子どもが表現しようとした内容を解釈し、解釈できれば解釈できたと考える。本研究では、このように一連の表現が連鎖し、文脈（意図・目的）が固定でき、意味が特定し得る表現を話題にする。単独表現も、最初は、多様な解釈可能性が話題にできるが、そこから一連の表現が連なれば、そこで表現しようとした内容は特定しえる。
　学習過程の各段階における表現法、表現系に属する諸表現は、その生成操作とともに示されれば（1）で話題にしたような意味アやイを有しえるがゆえに、表現世界は、数学（教材）上の意味世界とみることができる[14]。以上、表現世界の再構成過程の記述枠組みである。次に、この記述枠組みの表現研究における特徴が、表現の進化を記述する点にあることを指摘する。

---

[14]　この枠組み設定は、数学化を生きる世界の再構成、言語ないし表現の再構成であるとしたFreudenthalの数学化論に通じた設定となっているが、その確認は、次節以降で行う。

(3) 表現の記述枠組みの適用法と適用結果の解釈方法

まず、上述の記述枠組みに対する範例を記し、その枠組みの適用法を例示する。次に、その枠組みで、表現が進化する様相が記述し得ることを説明する。以下では、表現を研究主題にした院生（被験者）に対する筆者の「表現とは何か」を問うための指導過程の概要を示し、それを前節の記述枠組みに従って分析することで、枠組み活用の範例とし、次にその範例は、表現の研究においてどのような特徴を備えるかを指摘する。

はじめに「図のよさ」についての事例を筆者が学生（被験者）に示そうとして、次の問題を黒板に書く。

> 問題[15]；横の長さが縦の長さより3cm長い長方形があります。この長方形の縦の長さを2倍、横の長さを3倍した長方形を作ります。できた長方形の周の長さは、もとの長方形の周の長さの2倍より10cm長くなりました。もとの長方形の周の長さを求めなさい。
>
> 解題；周の長さがたてとよこの和の2倍であり、その2倍と問題文中の2倍を混同して間違えやすいこの問題の特性を知っていない限り、立式は間違えやすい
>
> ○方程式による解答；たてx、よこ$x+3$とする。
> $$\{2x+3(x+3)\} \times 2 = (x+x+3) \times 2 \times 2 + 10 \text{ より } x = 2$$
> ○図による解答；次図で、$2(x+3) = 10$ より $x = 2$

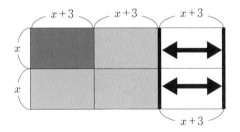

被験者に対する筆者の指導過程では、以上の解題は示さずに、被験者に問題のみを提示し黒板で解くように指示する。図のよさについて考える事例として出されたので、被験者は図をかこうとするが、図のよさがわかるように、まずは図をかかずに解くように指示する。

---

15) この問題は、根本博氏より伺った。

被験者の板書 1 回目；

　　　横 x　　　縦 $x-3$
　　$3x$　　　$2(x-3)$
　　$2\{3x+2(x-3)\}=2(x-3)+10$　（中略）　$x=5/3$

ここで被験者は黒板を消そうとする。指導者は、なぜ消そうとするのかを聞く。「分数になっておかしいと思った」と答える。そして、被験者は、次のように改める。

被験者の板書 2 回目；

　　　横 x　　　縦 $x-3$
　　$3x$　　　$2(x-3)$
　　$2(5x-3)=2\{2(2x-3)\}+10$　（中略）　$x=2$

被験者は、縦の長さが負になることに気づく。考え込む様子なので聞くと、「問題がおかしくないか、立式がそれでよいか」考えていると答える。そして、次のように改める。

被験者の板書 3 回目；

　　　横：$x+3$　　　縦：x
　　　横：$3x+9$　　　縦：$2x$
　　$2(5x+9)=2\{2(2x+3)\}$　（中略）　$x=2$
　　$2(2x+3)=14$　　　　　　　こたえ 14 cm

被験者がこれでいいというのをふまえ、図をかいて解くように指示する。

被験者の板書 4 回目；次の情景図を漠然とかく。

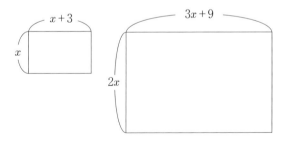

　その後、この図をもとに $2(5x+9)=2(4x+6)+10$ と立式し、三回目の板書の解が正しいことを改めて確認する。
　図のよさを問うと、これまでの立式でわかっていたことを前提にかいた図

が、最後に2倍することなどを忘れずに方程式を立式する際に、確認として役立っていると被験者は図のよさを答える。立式の際に文意との対応確認として役立つという被験者の指摘に対して、他に図をかくことのよさはないかを問う。思い付かないという反応であったので、今、目見当で図をかいたが、「縦の長さを2倍」というように、より問題の意味に忠実に図をかいていけないかを問う。質問が伝わらないので、はじめにかいた長方形を問題文の条件に従って引き伸ばしていくような図をかくことを求めるが、やはり伝わらない。

そこで次のように見本をかき、見本に続けて問題文に従って図をかきくわえるように指示する。

見本

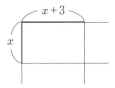

この見本に準じて被験者は図をかいた。

被験者の板書5回目

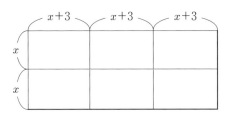

被験者は上の図をかいた。考えはそれ以上進展しない様子なので、「もとの長さの周の長さの2倍の図形はどの部位に相当するか」と尋ねた。

被験者は次のように加筆した。

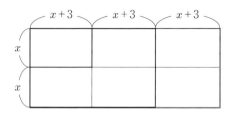

そこから進展がないので、さらに、「問題文の10 cmは、図上のどの部分に該当するか」と尋ねた。被験者は、気づきを次の方程式で表し、解答した。

$$2(x+3) = 10 \quad より \quad x = 2$$

さらに、「先ほどセミナーで被験者が読んだLappanの研究には『図は計算を補う』とある。この問題で言うとどういうことか」を聞く。

被験者の板書6回目

被験者は気がついて、右の図をかきくわえる。

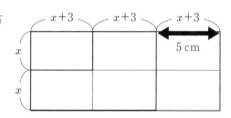

指導者は、もはや方程式の計算さえ不要であり、図をみるだけで解答もできれば、この図を利用して類題、新問題も作問できること。先に被験者がかいた図は、問題を表象しただけの図であり、図それ自体は方程式を立式する助けとなりえるが、その図からは解答しえないこと（立式の補助としての図）。それに対して、こちらのような操作性を備えた図は、それ自体で問題も解答も生成し得る図であること、操作性のある図は、数学の一つの表現世界さえも構成するよさがあることを指導した。

以上、概要である。前項で導入した表現の記述枠組みによって、以上の議論でどのような表現が生成され、どのように変貌したかを考察する。なお、先に指摘した通り、この記述枠組みでは、認知的な問題は話題にしない。どのような認知過程をたどったかというような発見法に関わる部分、例えば被験者が、験者のヒントを得て、求める図がかけたというような、アイデアの起源や源泉は本分析で

は話題にしない。

　板書1回目～3回目　文章題表現から方程式を立式し、式変形して解を出す。そこでは文章題表現法と方程式表現法、そしてその間の翻訳がなされる。具体的には文章題は立式に際して条件を参照する際に用いられ、文章表現の生成操作それ自体はここでは行っていない。方程式は、変形操作が行われた。解の妥当性は、文章題に照らして行われる場合（板書2回目）と、数値の奇妙さによって吟味される場合（板書1回目）があった。すなわち、次のように記述できる。

> 板書1回目　$R_{文、未}$（文章題、未確定）$\Rightarrow R_方$（方程式、変形）
> 板書2回目　$R_{文、未}$（文章題、未確定）$\Leftrightarrow R_方$（方程式、変形）
> 板書3回目　$R_{文、未}$（文章題、未確定）$\Rightarrow R_方$（方程式、変形）

　いずれの場合も文章題表現法 $R_{文、未}$ は、条件換えなど、文章表現を生成する対象ではなく、立式の根拠として参照されている。板書2回目に、方程式の解が負になるために、問題状況にそぐわないことが指摘されている。板書3回目は、文章題に対する解の適切性は、条件文への代入によって確認されており、文章題に立ち返っての吟味まではなされていない。解法は立式後方程式に頼るという機械的な形式であり、解の妥当性の判断もあいまいである。

　以上の前提の基で、この時点までの表現世界 W は、次のように表せる。

> 文章題に解答する表現世界
> 　$W = [R_{文、未}$（文章題、未確定）$\Leftrightarrow R_方$（方程式、変形）$]$

　この表現世界 W は方程式に対する文章題の解答ではよくある世界である。
　板書4回目　文章題に対して、図をかくが、単なる情景図にとどまっており、長方形から大きな長方形の図を構成する意識はない。

> 板書4回目
> 　$R_{文、未}$（文章題、未確定）$\Rightarrow R_{図、未}$（図形、未確定）$\Leftrightarrow R_方$（方程式、変形）

　特に板書4回目の図は、形式的には文章題に対して記されたものであるが、実際には方程式を立てる際の条件を参照して表現されており、図の変更は、その条

件の変更によって与えられる形式となっている。

　板書5回目の図は、最初の長方形を基に構成された。すなわち、$R_{図、未}$(図形、未確定)は、$R_{長、構}$(長方形、構成)へと表現対象を長方形に限定して図を構成する様式で進化した。ただし、この図だけでは、解答は得られず、方程式へもどして計算する必要が残った。

板書5回目
　　$R_{文、未}$(文章題、未確定) $\Rightarrow$ $R_{長、構}$(長方形、構成) $\Leftrightarrow$ $R_{方}$(方程式、変形)

　この板書5回目の段階では、長方形を基に図を構成することのよさはまだ認められておらず、$R_{長、構}$を一貫して用いることは保証されているとは言い難い。

　板書6回目の図は、方程式を立式せずとも、解が得られる操作を内包した図になっている。すなわち、$R_{長}$(長方形、構成)は$R_{長、量}$(長方形、構成・量)として、機能している。そして、それによって、もとの文章題の構造もみえるようになった。

板書6回目
　　$R_{文、未}$(文章題、未確定) $\Leftrightarrow$ $R_{長、量}$(長方形、構成・量) $\Leftrightarrow$ $R_{方}$(方程式、変形)

　以上のやりとりでは触れていないが、被験者である学生にとって、もとより文章題は生成可能であり、$R_{文、未}$(文章題、未確定)はいつでも$R_{文}$(文章題、条件換え)へと進化しえる。板書6回目で相互参照関係にある図が、長方形に限定しての一定の操作性を備えたことで、それと参照関係にある文章題も限定されるはずである。板書4回目の情景図が、文章題や方程式抜きでは描けなかったのに対して、板書6回目の図は、文章題や方程式抜きでも、作図並びに解答可能である。上述の範例にはないが、例えば、次のように確定しておく。

長方形求長に限定された表現世界 $W_{長} = [R_{求長、換}$(長方形求長問題、条件換え$) \Leftrightarrow R_{長、量}$(長方形、構成・量$) \Leftrightarrow R_{方}$(方程式、変形$)]$

　以上で、表現の記述枠組みによる記述結果は、上述のそれぞれのボックス枠内の内容である。実際には、枠内それぞれの個別図式だけから新たに得られる情報

は乏しい。図式化された内容の意味内容把握するにも、上述のような解説が必要になる。実際に、この記述枠組みによる記述が意味をなすのは、このような枠内個別図式が、一連の過程において複数図式が連鎖的に表象された場合である。個別図式の連鎖は、この問題に対する表現、表現法、表現系、表現世界がどのように進化していったかを表している。個別図式を単独で読むのではなく、複数の図式を対比的に一連の流れの中で読むことで、明らかになる文脈があり、その文脈から、それぞれの図式の意味を改めて与えることができるのである。

　この一連の流れで読んだ場合に、この範例において、表現の記述枠組みで表すことにより、何が記述できたかを述べる。表現の記述枠組みは、次の三点に関わる認識の進化を表す。

- ア．新しい表現の出現：範例では、板書4回目に図による表現法 $R_{図, 未}$ が出現した。
- イ．新しい表現の生成操作の確定；範例では、板書4回目の図表現法 $R_{図, 未}$ は、文章題による表現法 $R_{文, 未}$ と方程式による表現法 $R_{方}$ に依拠してしか生成できない情景図であった。板書5回目では、もとの長方形を利用して作図するという長方形に限定した図の生成操作が出現し、板書6回目では、文章題や、方程式を逐一参照しなくとも解を得られるまでの操作的な図へと変貌した。以上、$R_{図, 未}$ から $R_{長, 量}$ が出現するまでの過程である。ただし、図の生成操作が、生成範囲を長方形に限定することから、図による表現法は、長方形による表現法となった。
- ウ．表現世界の漸進的変貌；範例では、文章題から方程式を立式して形式的に解答する表現世界 W は、図表現法の出現とその生成操作の確定、図の長方形への限定というように漸進的に進化した新表現世界 $W_{長}$ へと、表現世界は漸進的に進化している。

　表現の記述枠組みの特徴は、表現法や表現系、表現世界の進化を、このように記述できる点にある。最後に、本記述枠組みとこれまでの表現研究との関連を指摘する。

　表現については、数学教育において、これまで多くの研究がある。以上の記述枠組み設定に際して特に参照したのは Kaput と Hiebert, Schoenfeld の研究である。Kaput の関心は認知過程の図式化に、Hiebert の関心は、概念的知識と手続き的知識の相補性に、Schoenfeld の関心は概念獲得での課題の図式化に置かれていた。本記述枠組みでは、シンボル、操作という視野を Schoenfeld に求めてお

り、枠組みとしては彼の延長線上にあるが、表現の進化を記述するという本記述枠組みの関心は彼とは異なっている。

　表現に対する国内の研究としては、中原忠男の研究が知られている[16]。中原の研究と本研究における表現の記述枠組みとの記載内容の根源的差異を指摘しておく。中原は、Leshの表現モデルなどの表現に対する海外の諸研究を前提に、数学教育に現れる表現様式を類型化し、表現体系モデルを提案している。具体的には、様々な表現方法に対して、その方法の性格的違いに注目して、現実的表現E1、操作的表現E2、図的表現I、言語的表現S1、記号的表現S2という5つの表現様式として特定する。そして、授業過程における認識の進化が、この順での表現様式の変更に対応するものとして、規範的な対応付けを行い、授業モデルを設定している。その順序的規範性を、中原は次のよう根拠付けている。

　　「E1→E2→I→S1→S2は、Brunerの指摘した認知発達の流れ（EIS原理を指す；引用者）でもあるし、具体的で親しみやすい表現からだんだんと抽象的で高度な表現へと進む流れになっている。」[17]

この記述は、表現様式を視野に数学的認識の変遷を規範的に性格付けたものとみることもできるが、その規範的順序性は中原も指摘する通り柔軟性があり、すべての場合にそうあるべきというような性格の要請ではないと考えられる。

　数学的認識の変遷を表現様式によって規範的、固定的に性格付けようとする中原の研究に対して、本枠組みは、表現法の変遷過程の実際を、そこでの個別教材の意味内容を解釈する形で上述のア〜ウのように分析的に記述する。特にその変遷では、表現法はシンボル（表現自体）、操作、一貫性を基に区別され、表現法間の翻訳関係も加味した表現系、表現世界の次元で表現法の変遷を図式化する。そして、表現法の変遷、特にその進化の様相を、図式の相違によって明確に表象する。実際の数学的認識の変遷の様相の一面を記述することを実現する。その進化の様相を、次節で記述する。

　この表現の記述枠組みは、ア〜ウのように過程を分析的に記述する。この記述から、数学化過程の詳細を示すことが本章の主題である。

---

16)　中原忠男（1995）．『算数・数学教育における構成的アプローチの研究』聖文社．
17)　中原忠男（1995）．『算数・数学教育における構成的アプローチの研究』聖文社．p.206.

第2節　表現世界の再構成過程と数学化の過程

　第1章で述べた数学化を、広く活用できるように、またその活動内容が具体的にわかるように拡張的に定式化することが本章の課題である。そのために第1節では、表現の記述枠組みを設定し、その枠組みで、新しい表現の出現、新しい表現の生成操作の確定、表現世界の漸進的変貌などの表現世界の進化過程が記述できること、水準を性格付ける「言語、表現と関係網」が表現世界として表象されることを指摘した。

　本節では、その記述枠組みによって第1章で述べた数学化過程を具体的に記述できることを例証する。その手順として、(1)で、範例として「分割数における数学化」を取り上げ、表現の記述枠組みで、そのプロセスを分析記述する。次に(2)で、表現世界がいかに進化するかを検討し、第1章第4節で述べた数学化と対照し、数学化の過程の詳細を示すことを確認する。最後に(3)で、そこで検討しえる内容が1章で述べた生きる世界の再構成としての数学化でなされるべき内容、再組織化の内実を表すことを指摘する。そして、第1章、第5節で課題とした、表現の関係網や方法の対象化とは何かを、表現の記述枠組みによって明らかにする。

(1)　「分割数における数学化」の分析

　筆者は、第1章で述べた数学化の過程Ⅰ～Ⅲの範例として、E. Wittman（1981）の分割数についての検討[18]を前提に「分割数における数学化」（礒田、1990）[19]の指導を提案した。分割数における数学化が過程Ⅰ～Ⅲを満たすことはその研究で確認済みである。その事例を、本章第1節で示した記述枠組みにより分析記述する（礒田、1993）[20]。ここでは、数学化の過程Ⅰ～Ⅲを話題にすることなく、最初にそれを表現の記述枠組みで記述し直す。その際、記述対象とするのは、授業プロトコルではなく、その中で現れた一連の表現（含む口頭表現）である。以下で

---

18) Wittmann, E. (1981). The Complementary Roles of Intuitive and Reflective Thinking in Mathematics Teaching. *Educational Studies in Mathematics*. 12 (3). 389-397.
19) 礒田正美（1990）. 数学化の立場からの学習指導に関する事例的研究：分割数（number of partitions）の授業分析.『日本数学教育学会誌』72 (9), 340-350.；礒田正美（1990）. 数学化における言語の再構成過程に関する一考察：数学的表現からみた分割数の授業の分析Ⅱ.『日本数学教育学会数学教育論文発表会論文集』23. 19-24.
20) 礒田正美（1993）. 学習過程における表現と意味の生成に関する一考察. 三輪辰郎先生退官記念論文集編集委員会編.『数学教育学の進歩』東洋館出版社. 108-125.

は、第1節の表現の記述枠組みの適用法と同じく、意味をなす一連の表現を分析単位に、経時的に記述する。そして、その記述結果を、一連の流れとして読み直すことで、表現からみて数学化の過程として、実際に何が行われるのかを解釈する。

本研究は数学化を目標とする教材研究の枠組みを提出する研究であり、序章で述べたように、実際の授業過程にみられる発話プロトコルを分析の対象としていない。実際に学習指導を行った事例ではあるが、以下では、その研究方針に準じて授業概要について字下げして記載し、解説で、表現の記述枠組みによって記述する。ここで分析とは、表現の記述枠組みで記した複数図式を、一連の流れの中で認め、全体として何が起きているかを解釈することである。

1. 書き出してカウント

問題　自然数を自然数の和で表す。表し方は何通りあるだろうか。

ただし、元の数も1通りと数え、和をかき並べる順序は区別しないものとする。

例．　$1 = 1$（1通り）　$2 = 2$（2通り）　$3 = 3$（3通り）
　　　　　　　　　　　$= 1 + 1$　　　　$= 2 + 1$
　　　　　　　　　　　　　　　　　　　$= 1 + 1 + 1$

$\begin{pmatrix} \text{「3の2分割は2＋1の1通り」} \\ \text{「3の分割数は3通り」という読み方も指導} \end{pmatrix}$

この後、4の分割数は何通りあるかを書き出させる。

解説：4の分割では、試行錯誤的に和に分け、すべてを書きだし、何通りかを数える。この書き出しでは「自然数の和」が表現内容であり、表現の生成操作は「和に分けること」であるから、この実際に和をすべて書き出そうとする表現法を $R_{書、和}$（自然数和、和に分割）と記す。実際に書き出してみる $R_{書、和}$ は試行錯誤的であり表現生成に一貫性は乏しいが、問いに対してどのような作業をすべきかを示す手続き的な意味を備えた最初の表現世界 $W_{書}$ となる。この段階では、$W_{書} = R_{書、和}$ である。

$$W_{書} = R_{書、和}（自然数和、和に分割）$$

2. カウント結果の表の規則性

8の分割数は何通りあるかを求めさせる。8の分割数では、直接書き出して求

めたものと次のように表を作って帰納しようとしたものとの間で、22通りか、23通りかの議論が起こる。表では階差の規則性から23通りになると推測されるが、実際には22通りしか書き出せない。

数	1	2	3	4	5	6	7	8
通り	1	2	3	5	7	11	15	

     1 1 2 2 4 4 8

うまい書き出し方法を探すことと、表の規則性を探すことが課題になる。

 解説：4の分割と違って、8の分割になると過不足なく書きだすことが困難になる。すなわち、$W_書$は、問題に対して過不足無く書き出せたかどうかがわからない、一貫性を欠く表現世界である。書き出し、遺漏をチェックすることの面倒さから、表を作り、規則をみつけようと帰納を試みる者が現れる。規則はみつかったかに思え、表は一時的に規則という手続き的な意味を備えるが、誤りとわかる。ここでの表現は「表」であるが、書き出しなくして表を生成することはできない。すなわち、表は$W_書$から自律した表現法にはなっていない。この自律していない表現法を表としての自己生成操作（生成規則）がないという意味で$R_{表,?}$(表、？)と表す。この表に規則性があり、書き出しなくして、自律的にこの表を生成できるならば、表による表現法は、$W_書$に新たな表現法が加わることになる。現実には、この表から意味ある規則性は見い出せていない。表は、ただ書き出し表現$R_{書,和}$を遺漏なく数え記録したものにすぎない。この段階では、数えた結果を記録する手続きが表への翻訳方法（⇒）である。$R_{書,和}$と$R_{表,?}$は、分割数が何通りあるかの表現生成に一貫性のみられない未確定な表現法である。一貫したそれぞれの生成操作を確定することが課題になる。

$$R_{書,和}(自然数和、和に分割) \Rightarrow R_{表,?}(表、？)$$

3. 分割表の出現

 表を、10まで、そしてそれ以上に広げても、規則性は現れなかった。より詳しく調べようとして、次の分割表を書き出した者が現れる。斜めに同じ数値がならぶなどの規則がありそうなことが予想できた。この時点では表を生成できるよう

な規則性は見いだせずに行き詰まる。

P37表2		自		然		数				
		1	2	3	4	5	6	7	8	9	10
分	1	1	1	1	①	1	1	1	1	1	1
	2		1	1	②	2	3	3	4	4	5
	3			1	①	2	3	4	5	7	8
	4				①	1	2	3	5	6	9
	5					1	1	2	3	5	7
	6						1	1	2	3	5
割	7							1	1	2	3
	8								1	1	2
	9									1	1
	10										1
分割数(和)		1	2	3	⑤	7	11	15	22	30	42

分割数の表の作り方

$4 = 4$ 4の1分割は①通り
$ = 3+1$ ⎫
$ = 2+2$ ⎭ 4の2分割は②通り
$ = 2+1+1$ 4の3分割は①通り
$ = 1+1+1+1$ 4の4分割は①通り
と読んで分割数の表(分割表)を作る。

解説：分割表には、斜に同じ数が並ぶ等、並び方に規則がみられるが、その規則に潜む一貫性は認められない。分割表は、$R_{書、和}$(自然数和、和に分割)を利用して書き出した結果を整理して得られる表現に過ぎない。それゆえ、この表の意味は、結果の記録という手続き的意味に限られる。独自の生成操作をもたないこの表現法を $R_{分割表、未定}$(分割表、未定)とする。

$$R_{書、和}(自然数和、和に分割) \Rightarrow R_{分割表、未定}(分割表、未定)$$

4. 書き出し方の様々な工夫

行き詰まりを打開すべく、うまい書き出し方はないかを調べる。書き出し方の工夫として、様々な工夫が出される。項数の少ない順に書き出すなども、工夫の一つである。

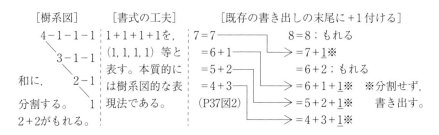

解説：この段階では、意味をなす表現世界は $W_書$ に限られるので、再度、うまい書き出し方を考えることになる。様々な工夫が出される。中には、これまでと発想が異なる「既存の書き出しの末尾に +1 付ける書き出し法」があるが、この方法にも「もれ」がある。末尾に +1 付ける書き出し表現の生成操作を I_1 として、この、既存の書き出しの末尾に +1 付けて書き出す表現法を $R_{既書、1?}$（既存の書き出し、I_1？）と記す。$R_{既書、1?}$ は「もれ」があり一貫性に欠けるので、生成操作はなお？を残す。この段階では、$R_{既書、1?}$ における表現は、他のうまい書き出し表現とは優劣付け難く、同列に位置している。その意味で $R_{既書、1?}$ は $W_書$ に含まれるが、数を分割して和を作る発想だけではないので、$R_{既書、1?}$ は $R_{書、?}$ とは異なる表現である。すなわち、ここまでの議論で、表現世界 $W_書$ は、当初の $W_書 = R_{書、和}$ より多様な表現法を内包する世界へと深化しはじめている。残された課題は、$R_{既書、1?}$ における「もれ」部分の書き出し方法と $R_{分割表、?}$ の生成操作の探求である。

$$R_{書、和}(自然数和、和に分割) \supset R_{既書、1?}(既存の書き出し、I_1?)$$

5. 先頭数を基準とした分割表現と先頭表の出現

ある生徒が書き出しを工夫するうちに、次の表を得た。これまでの分割数の書き出しが項数の少ない順に並べたのに対して、先頭の数が小さい順に配列して、同じ先頭数毎にカウントして得たものである。この先頭表は、驚くべきことにカウント方式が異なる分割表と一致していた。

		自		然		数					
		1	2	3	4	5	6	7	8	9	10
先頭数	1	1	1	1	[1]	1	1	1	1	1	1
	2		1	1	[2]	2	3	3	4	4	5
	3			1	[1]	2	3	4	5	7	8
	4				[1]	1	2	3	5	6	9
	5					1	1	2	3	5	7
	6						1	1	2	3	5
	7							1	1	2	3
	8								1	1	2
	9									1	1
	10										1
分割数(和)		1	2	3	[5]	7	11	15	22	30	42

例　$4 = \underline{1}+1+1+1$　　先頭数 $\underline{1}$ の時 [1] 通り

　　　$= \underline{2}+1+1$
　　　$= \underline{2}+2$　　　　先頭数 $\underline{2}$ の時 [2] 通り

　　　$= \underline{3}+1$　　　　先頭数 $\underline{3}$ の時 [1] 通り

　　　$= \underline{4}+1$　　　　先頭数 $\underline{4}$ の時 [1] 通り

　　　　　　　　　　　　　計 [5] 通り

解説：分割表とは異なるこの先頭表による表現法を $R_{先頭表、未定}$（先頭表、未定）とする。この表も自律的生成操作は未知であり、先頭数を基準に書き出し、カウントして得られる表現である。異なる数え方（翻訳規則）であるのに、表が一致するのは不思議である。異例の出現により、前出の書き出し表現法 $R_{既書、1?}$ は項数の少ない順に並べた書き出し法であることが改めて明確になる。

$$R_{書、和}(自然数和、和に分割) \Rightarrow R_{先頭表、未定}(先頭表、未定)$$

6. 分割表の生成規則 I_1'

カウント方式が異なるのに同じ表が得られることの奇妙さから、分割表の規則を探り始める。説明はできないが、次のような数値的対応があることに気づく者が出る。この規則性の一般性が説明できれば、分割表は、この数値対応で生成できる。説明するために、「既存の書き出しの末尾に +1 付ける書き出し法」は、分割表上の数値では何を表すかを問う。この書き出し法によって、斜めに同じ数値が並ぶ場合は説明できることに気づく。

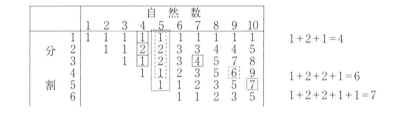

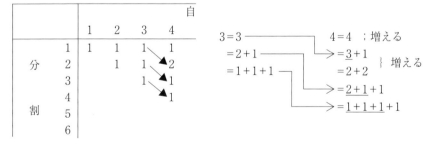

解説：「末尾に +1 付ける I_1」による書き出し表現法 $R_{既書、1?}$（既存の書き出

し、I_1?)を、$R_{分割表、未定}$(分割表、未定)に翻訳しようとすれば、書き出し生成操作「末尾に +1 付ける I_1」は、分割表では「斜め矢印 I_1'」に相当することがわかる。これにより、表現法独自の生成操作が未定だった分割表による表現法 $R_{分割表、未定}$(分割表、未定)は、生成操作の一部 I_1' が付与され、$R_{分割表、1?}$(分割表、I_1'?)へと進化する。同時に書き出し表現法 $R_{既書、1?}$ は、表による表現法 $R_{分割表、1?}$ との対応関係の存在により、他の書き出しの工夫以上に注目すべき表現法となる。そこでは、末尾に +1 付ける I_1 と斜め矢印 I_1' との翻訳関係から表現系 $R_{既書、1?} \Leftrightarrow R_{分割表、1?}$ がきる。表が自律的生成操作を持ち始めたことから、$R_{分割表、1?}$ はこれまでの書き出すことだけに起源してきた表現世界 $W_書$ は、書き出すことをしなくても可能な表現世界 $[R_{既書、1?} \Leftrightarrow R_{分割表、1?}]$ へと変貌しはじめたとみることができる。特に表現系 $R_{既書、1?} \Leftrightarrow R_{分割表、1?}$ では、$R_{分割表、1?}$ の斜め矢印 I_1' には、末尾に +1 付ける I_1 の翻訳による概念的意味が与えられる。この意味づけは、「分割表では、同じ数が斜めに並ぶ(?)」という手続き的意味より有意である。ただし、「もれ」が存在するがゆえ、$R_{分割表、1?}$ は表現法としての一貫性を欠く、未成熟な方法である。

$$R_{既書、1?}(既存の書き出し、I_1?) \Leftrightarrow R_{分割表、1?}(分割表、I_1'?)$$

7. 分割規則 I_2 と分割表の生成規則 I_2'

書き出すための分割規則 I_1 と分割表を生成する斜め矢印規則 I_1' との対応関係が見いだせたことで、これらの規則からもれる書き出し規則が存在し、その規則が分割表を生成する規則にも対応すると予想がつく。そこで、「末尾に +1 付ける」場合以外の書き出しのもれ、例えば $2+2$ や $3+2$ は何を元にすれば書き出せるかを検討することになる。様々な可能性の試行錯誤の後、次のような「すべての項を 1 増やす」という方針がその一つに数えられる。

$$
\begin{aligned}
&& & & & (\underline{4}+1) \\
3 = \cdots & & 4 = 4 & & 5 &= 5 \\
= 2 + 1 & & \cdots & & &= \underline{4} + 1 \\
\cdots & & (\underline{2}+1)+(\underline{1}+1) & & &= 3 + 2 \\
& & & & & \cdots
\end{aligned}
$$

すべての項に1加えると末尾に1加えることを分割表上で表すと次のようになる。

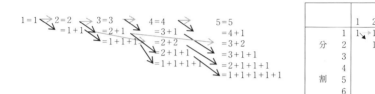

この対応関係から、「末尾に +1 付ける」書き出しが分割表の「斜め矢印」に、「すべての項を1増やす」書き出しが分割表の「横飛び矢印」にそれぞれ対応することがわかる。すなわち、分割数を得るための二つの表現に、次のような生成原理の存在が示唆された。

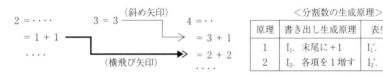

<分割数の生成原理>

原理	書き出し生成原理	表生成原理
1	I_1. 末尾に +1	I_1'. 斜め矢印
2	I_2. 各項を1増す	I_2'. 横飛矢印

解説：書き出し表現法 $R_{既書, 1?}$ と表による表現法 $R_{分割表, 1?}$ には、生成規則に不備があり、もれがでる。そこでの一貫性改善の為に、既存の書き出しから「もれ」部分の書き出し方を探る。「もれ」部分の書き出し生成操作は「それぞれの項を1増す I_2」である。これと「末尾に +1 付ける I_1」と組み合わせれば、$R_{既書, 1?}$ は $R_{既書, 12}$(既存の書き出し、$I_1 I_2$) へ進化する。ただし、「それぞれの項を1増す I_2」を見いだした段階では、ただ書き出しの工夫に過ぎない。その進化が保証されたのは、「それぞれの項を1増す I_2」を $R_{分割表, 1?}$ へ翻訳して得られるのが、分割数の表のもう一つの生成操作「横飛び矢印 I_2'」として確認されて後である。これにより $R_{分割表, 1?}$ は $R_{分割表, 12}$(分割表、$I_1' I_2'$) へと進化する。ただし、これら進化の確定は、これら分割数の生成原理の妥当性を、検討を経て、最終的に達成される。

$$R_{既書, 12}(既存の書き出し、I_1 I_2) \Leftrightarrow R_{分割表, 12}(分割表、I_1' I_2')$$

8. 生成原理の妥当性の検証

分割表において、これまでに気づいていた次のような性質を、説明できないかを検討し、説明した。

ア．あるところから、斜めに同じ数が並ぶ。
イ．アで現れる同じ数は、分割数（和）に出る数列 1, 2, 3, 5, 7, ……に一致する。
ウ．縦に和をとった値は、その右横に数値として飛んで現れる（次図）。

		自然数										
		1	2	3	4	5	6	7	8	9	10	
分	1	1	1	1	1	1	1	1	1	1	1	$1+2+1=4$
	2		1	1	2	2	3	3	4	4	5	
	3			1	1	2	3	4	5	7	8	
割	4				1	1	2	3	5	6	9	$1+2+2+1=6$
	5					1	1	2	3	5	7	$1+2+2+1+1=7$
	6						1	1	2	3	5	

ウを説明すると、ア、イも同時に明らかになる。ウは次のように説明できる。

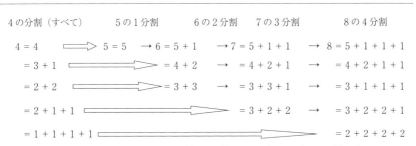

○書き出しの末尾に +1 付けると項数が1増えて、次頁の表では斜め矢印 ↘、上の書き出しでは → になる。
○書き出しのすべての項を1増やすと、合計が項数分だけ増えて、次頁の表では横飛び矢印 ⤳、上の書き出しでは ⇒ になる。

		\multicolumn{10}{c}{自　然　数}
		1	2	3	4	5	6	7	8	9	10
分割	1	1	1	1	1	1	1	1	1	1	1
	2		1	1	2	2	3	3	4	4	5
	3			1	1	2	3	4	5	7	8
	4				1	1	2	3	5	6	9
	5				0	1	1	2	3	5	7
	6				0		1	1	2	3	5
	7							1	1	2	3
	8								1	1	2
	9									1	1
	10										1
分割数(和)		1	2	3	5	7	11	15	22	30	42

解説：生成原理の妥当性の確認は、数学的帰納法によって行うべきであるが、ここでは、対象が中学生であったこともあって、分割表に認められる性質（現象）の説明可能性によって確認した。生成原理の妥当性が確認できたことで、一貫性のある表現系 $R_{既書、12} \Leftrightarrow R_{分割表、12}$ が確立する。分割数の問題に対する一貫性ある表現系が確立したことで、分割数を求めるのに、逐一書き出す必要はなくなり、分割表を機械的にまとめれば済むことになる。すなわち、これまで出されたような、様々な書き出し上の工夫を含んだ表現世界 $W_書$ は不要になり、分割数の問題に対する簡便な解法を提供する代替的な表現世界 $W_{分割表} = [R_{既書、12} \Leftrightarrow R_{分割表、12}]$ が出現した。以後、分割数を求めるために書き出す必要はもはやなくなり、$R_{分割表、12}$ によって表をかくだけで求められるようになった。

$$W_{分割表} = R_{既書、12}(既存の書き出し、I_1 I_2) \Leftrightarrow R_{分割表、12}(分割表、I_1' I_2')$$

学会誌に示された授業記載はここで終わっているが、さらに生徒から出されたレポートを分析するならば、結果として次の補遺のように授業は続く。

Appendix（補遺）：以上の表現系 $R_{既書、12} \Leftrightarrow R_{分割表、12}$ では、先頭表と分割表が一致するかどうかの説明が残されている。先頭表と分割表の一致の検討は、時間的都合により授業では省略され、解説プリントを配布し、それを

解説する形式で行われた。その解説プリントでは、その一致を説明するために、新しい表現法として左下のような碁石配列表現が、新表現法として導入される。一つの碁石配列表現を横に読むか、縦に読むかで、右下にみるような分割表への書き出し表現と先頭表への書き出し表現が得られる。

［横読みを分割数とする］　　［縦読みを先頭数とする］

　　$4 = 4$ ……………… ア　　$4 = 4 + 1 + 1 + 1$ …ア
　　　$= 3 + 1$ …………… イ　　　$= 2 + 1 + 1$ ……… イ
　　　$= 2 + 2$ …………… ウ　　　$= 2 + 2$ …………… ウ
　　　$= 2 + 1 + 1$ ……… エ　　　$= 3 + 1$ …………… エ
　　　$= 1 + 1 + 1 + 1$ …オ　　　$= 4$ ………………… オ

一つの碁石配列を横に読むか、縦に読むかの違いが、書き出しの違いをもたらしている。

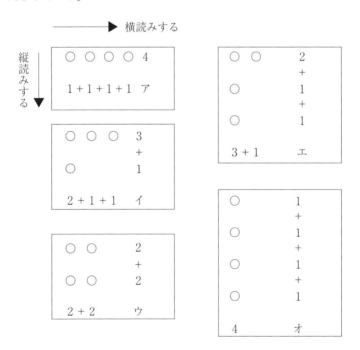

碁石表現を利用すれば、次ページに示すように、碁石配列に碁石を追加

して置く際の置き方を横読みして縦読みすることで、分割数の生成原理から、先頭数の生成原理を導入できる。先頭数の生成原理は、先頭表の生成原理をも示唆する。この対応関係により分割表と先頭表が一致した理由も明らかになる。

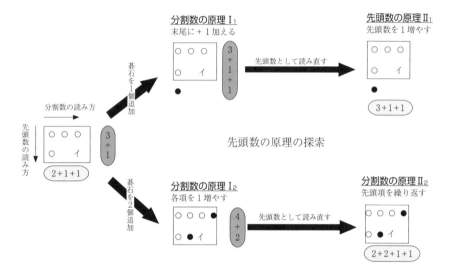

以上の分割数の原理に対応した先頭数の原理が導入できたことで、最終的には次のような統一的表現世界 $W_{碁石}$ が導かれた。

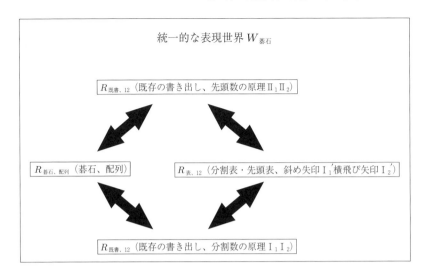

　以上が、分割数の授業にみる表現法の進化を、表現の記述枠組みによって記述した。全体として、どのような過程を経たと言えるのか、次項では、その過程を鳥瞰する。

(2) 表現世界の再構成過程としての数学化

　上述の範例「分割数における数学化」過程が、表現の記述枠組みによる一連の記述として読み解くことでその過程がいかなる過程であるのかを記述する。次に第1章第4節で述べた数学化とその過程を対照し、第2章第1節で示した表現の記述枠組みが数学化に対していかなる示唆を与えるのかを検討する。

　範例を表現の記述枠組みによる一連の記述として解すと図2.3のようになる。
　図2.3の表現世界の再構成過程を、前項範例に沿って、順に解説する。

　　［前提］**既存の表現世界の深化**：分割数を書き出す様々な表現法の工夫が生まれる。書き出しもれが起こりやすい場合への対処法、表現の仕方の工夫、論理的な場合分けの工夫など、様々な表現法の工夫も含まれる。

　　ア．**新表現の導入**：新表現を導入する過程である。既存の表現から新表現への翻訳規則は、ここで定まる。前項範例では、新表現として導入される表は、すべて書き出すことなく求めようとして導入される表現法の工夫の一例であり、既存の表現世界の一部をなしている。最初は、表に固有

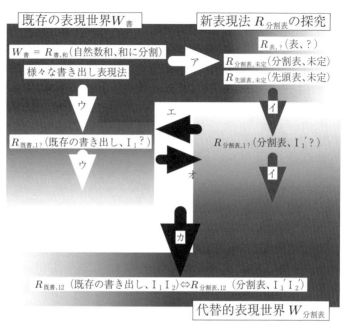

図 2.3 分割数の授業における表現世界の再構成過程

な生成規則が見い出せない、この時点では、書き出し結果を整理して表記することが、唯一の表の生成方法となっている。すなわち、表から、書き出しを得る自律的な方法はない。

図 2.3 では、$R_{表, ?}$(表、?)、$R_{分割表, 未定}$(分割表、未定)、$R_{先頭表, 未定}$(先頭表、未定)は、生成規則未定であるがゆえに、新表現は既存の表現世界の一部とみなしている。他方で、「規則がある」、「パターンがある」などと認めて推論をはじめた瞬間にそれは、すでに次のイを行っている。

イ．**新表現法の生成操作の探究**：新表現の生成操作を探究する過程である。前項範例では、異なる数え方で得られる分割表と先頭表が同じ表である不思議から、規則性を見い出す必然性が起きる。そこには説明できないが、なにかしらのパターンがあることが予想される。分割表の生成操作は、書き出し表現と対照しながら、構成されていく。「同じ数が並んでいる」というように推測して、その前提で、予想が実際と合うかどうか合理性を探すような活動は、すでに、この活動である。実際には、それは

容易に成就しないため、思考錯誤が続く。

ウ．**既存の表現世界から、新表現法に対応する特定表現法の対象化**：既存の表現世界には多様な表現法が包摂される。その中で、新表現法の生成操作に対応する表現法が意識されるようになる。範例では、多様な書き出しの工夫、いずれも書き出し漏れ（「もれ」）が問題になる方法である。その中で、同じように書き出し漏れがある末尾に1加える表現法などに焦点化されていく。末尾に1加えるに焦点化されるのは、分割表にみる規則性との対応においてである。

エ．**既存の表現世界の再構成を促す**；ウに対する新表現の寄与である。新表現の生成操作を探究する過程で、参照される既存の表現世界の表現を中心に、既存の表現世界が再構成される。例えば、分割表の生成操作として、斜めに同じ数が並ぶことを説明しようとする過程で、書き出し表現において末尾に＋1に注目する。それ以外の書き方の工夫などは、この議論に入りこむ余地がない。分割表を説明する書き出し方にのみ注目が集まる。

オ．**新表現法の生成操作の根拠を示す**；イに対する寄与である。新表現法の生成操作の妥当性は既存の表現世界によって確認される。範例では、分割表の規則性は、書き出し表現法によって説明された。すなわち、表に斜めや横飛びの規則性が見いだせる。その規則をどう説明するのか。その説明を、書き出し表現によって行おうとする。末尾に＋1、すべての項を1増やすということと、表の斜め矢印、横飛び矢印が対応していることがわかる。表の規則性を、書き出しで説明できたのである。

カ．**代替表現世界への転換**；新表現法が確立するまでは、既存の表現世界は必要であったが、一度新表現の生成操作が確立してしまえば、新表現法は既存の表現世界を参照する必要がなくなり自律する。分割数を求めるには、しらみつぶしに書き出すより分割表をかくほうが簡便であり、その簡便な手続きが見い出せた以上、もはや書き出すことは、ばかばかしい行為となる。代替表現世界は、既存の表現世界を再構成した表現法 $R_{既書, 12}$（既存の書き出し、$I_1 I_2$）を取り込んだとしても、中心は、新表現法である。例えば、分割表を中心とした代替世界には、分割表に対応した書き出し表現のみが意味を成す。最初の頃に挑戦した様々な書き出し表現法の工夫は、表に対応していないために、参照しなくなる[21]。

138　第2章　表現世界の再構成過程としての数学化

[再帰] 代替表現世界の深化と再構成；確立した代替表現世界は、再び既存の表現世界としての役割を担い、再び表現世界の再構成が営まれる。分割数の場合、代替世界が確立して後、先頭表と分割表の対応関係を明らかにするために再び、新表現法として碁石表現を導入する。その表現の自律的な生成方法を検討することで、新たな表現世界の再構成が営まれていく。

以上が、図2.3の解説である。図2.3及びその解説は、分割数の数学化に認められた活動内容を、表現の記述枠組みによって記述し、その記述を一連の流れの中で解釈したことで実現している。先に述べたように、分割数の範例は、数学化過程Ⅰ～Ⅲの範例として、授業化されたものである。以下では、ここで図式化された表現世界の再構成過程が、改めて数学化の過程とどのように対応するかを述べる。この対照により、表現世界の再構成過程が、数学化の過程のどのような面を具体化するかを議論することができる。その議論それ自体は、次項で話題にする。

はじめに、数学化の過程と前項の範例を対照し、数学化の過程との対応の概要を確認した上で、表現世界の再構成過程が、数学化を語る前提として言語、表現の関係網などの水準要件を保証することを指摘し、対応付けの妥当性を示す。範例「分割数の数学化」を第1章第4節で示した数学化の過程に対照すると図2.4のようになる（網掛け部分以外、網掛け部分は後述）。

図2.4（網掛け部分なし）で、分割数の範例と表現世界の再構成過程との対応はすでに述べた通りであり、改めてその対応を図2.4に追記する（網掛け部分の追加）。

図2.4の対応から、数学化の過程で再組織化される内容は次の二つであることがわかる。

　　再組織化内容（その1）：特定表現法の対象化（ウ）
　　　　具体的には、多様な書き出し法とその工夫がなしえる世界から、特定の書き出し法以外は不要になる再組織化がなされる。
　　再組織化内容（その2）：新表現法の生成操作（イ）
　　　　具体的には、書き出し結果を記録するだけの表から、自己生成できる表

---

21)　特にカは、ゲシュタルト心理学で言えば、中心転換、みえる世界が著しく変わる状況を指す。中心転換がいついかに起きるかは認知的な問題である。分割数の指導事例では、多くの生徒はそのような見方の転換は、それを学んだとしても容易でなく、習熟が必要であった。

数学化の過程	範例:分割数の数学化(礒田、1990)[22]	表現世界の再構成過程
Ⅰ. 数学化の対象; 経験の蓄積／下位水準の数学的方法により組織された活動	分割数を書き出す。すでに書いた書き出しを利用して、次の数の場合を書き出すなど、そこには様々な工夫がある。表は、その工夫の一つである。表の規則性はまだ見い出せない。様々な書き出し方法、数え上げの工夫、表への記録は下位水準の方法に相当する。	[前提] 既存の表現世界の深化: 表現世界の再構成過程では、数学化の対象である経験の蓄積に対応する過程は、既存の表現世界における深化経験である。
Ⅱ. 数学化; 蓄積された経験は新しい数学的方法によって再組織化される。下位水準の活動に潜む操作材／活動を組織した数学的方法を、教材／対象にして新しい数学的方法によって組織する活動。	当初、様々な方法が考察対象になる。その中で、最終的に対象化される方法は、表に対応する書き出し法である。 表の規則性がわかれば、表が生成可能になる。それゆえ表の規則性を探そうとするが、有意な規則性は容易に見い出せない。 書き出しの工夫の中で、表の規則性を説明する書き出し方があることを見い出す。それまで書いた書き出しを順に利用することとが、表の規則性を説明することを見い出し、表の規則性を説明する書き出し方法に注目が集まる。 最終的に分割表の規則性を説明する書き出し法によって書き出す行為が再組織化される。	表現世界の再構成過程では、数学化に対応する過程は、ア～カの過程である。新しい数学的方法とは、ここでは新表現法を指している。この新表現法により、既存の表現世界は再組織化される。すなわち、イの新表現法の生成操作の探究を通じて、新表現法に対応する表現法を既存の表現世界内で意識化させる(ウ、エ)。そして新表現法の確立は、表現世界の転換を成立させる(カ)。
Ⅲ. 数学化の結果(新たな数学化の対象); 経験の蓄積としての高位水準の数学的方法で組織された活動。	分割表のすべての規則性が特定の書き出し法で説明できるようになり、表を自己生成できるようになる。同じように先頭表が説明できないか、検討がはじまる。	[再帰] 代替表現世界の深化と再構成; 表現世界の再構成過程では、代替表現世界の深化が、新たな数学化の対象となる。

図2.4 数学化の過程と分割数の範例、表現世界の再構成過程との対応

への再構成がなされる。

　第1章第2節、第3節で述べたように、Freudenthalは、彼の後継者の数学化論に不満を示し、改めて、彼の後継者の議論をも取り込む意図で、数学化を「生きる世界の再構成」と性格づけ、その生きる世界を水準という語で呼称した。数学化の過程Ⅰ～Ⅲで言えば、Ⅰ、Ⅲは「生きる世界」であり「水準」であり、Ⅱは「生きる世界の再構成」に対応する。それをさらに図2.3で読みかえれば、「表現世界の再構成過程」において、「既存の表現世界」と「代替的表現世界」がそれぞれに生きる世界、水準に対応する。すなわち、表現世界の再構成過程は、「生きる世界の再構成過程」としての数学化の過程を表象する。

　以上が、数学化の過程と表現の再構成過程の対応関係である。ここで事例「分割数」の対応関係において、論理的には、表現世界の再構成過程は数学化の過程であるが、数学化の過程は表現世界の再構成過程とは言えない。それは、表現世界の再構成過程が、現状では、表現の記述枠組みに対する分析結果として導かれたからであり、口頭でも表記でも、外に表象された表現に限定して導出しているからである。Freudenthalが話題にする「生きる世界」や「水準」はそのような外に表象された表現に限定したものではなく、思考それ自体も内包している。本節に続く第3節では、数学史の場合で議論するが、その際には、表現の記述枠組みに対する分析結果ではない形で、表現世界の再構成過程の存在を認め、表現世界の再構成過程の活用範囲を広げることで、この相違を解消していく。

　以上の対応を認めることで、表現の再構成過程ア～カは、数学化の過程Ⅱを表象したものとなる。すなわち、表現の再構成過程は数学化の過程でなされるべき行為の詳細を記述したものと考えられる。そして、このように考えてよいかの妥当性は、本研究で示した第1章第4章の枠組みに準ずれば、水準要件と対照して確認する必要がある。

　そこで、数学化を語る際の前提にある水準要件を、表現世界の再構成過程が満たすことを確認し、言語、表現の関係網や方法の対象化の意味を表現世界の再構成過程から説明する。

　数学化の前提にある水準の要件は以下の通りであった。

22）礒田正美（1990）．数学化の立場からの学習指導に関する事例的研究：分割数（number of partitions）の授業分析．『日本数学教育学会誌』72 (9)．340-350 では、大局的なレベルと、局所的なレベルの2通りの場合で、数学化の過程を適用している。当時は、活動と数学化の区別をしていなかった。本研究では、当時、局所的なレベルとして記した内容は、活動と性格づけられる。

要件1．水準に固有な方法がある。
要件2．水準に固有な言語ないし表現と関係網がある。
要件3．水準間では通訳困難な内容がある。
要件4．水準間には方法の対象化の関係がある。

　表現世界の再構成過程では、水準とは、既存の表現世界と代替表現世界に該当する。そして上述の範例では、分割数の問題を話題にした表現世界の再構成過程を視野にしているので、水準は、分割数に関わる既存の表現世界と代替表現世界とに区別される。以下、それぞれの要件を満たすことを示す。

要件1「水準に固有な方法がある」の確認：

　既存の表現世界に固有な方法とは、範例では、書き出す方法である。その方法には様々なバリエーションがある。既存の表現世界で優れた表現法は、すべて書き出そうとする、場合を尽くす書き出し方である[23]。代替表現世界に固有な方法とは、範例では、原理に基づく機械的な書き出しないし表の構成である。そこでは具体的な書き出しは話題にすることなく表が構成できる。代替表現世界の方法を得れば、既存の表現世界の方法は採用されなくなる。代替表現世界を未知とする既存の表現世界においては、既存の表現世界の方法以外の方法は採用しようがない。そのようなわけで、既存の表現世界と代替表現世界とは異なる表現方法に基づく異なる見方、異なる直観を備えている。表現方法の相違に現れる異なる直観は、生きる世界の相異をも象徴している。

要件2「水準に固有な言語ないし表現とその関係網がある」の確認：

　既存の表現世界に「固有な言語ないし表現とその関係網」とは、既存の表現世界における表現、表現法、表現系である。範例では、様々な書き出し法の工夫がそれに該当する。代替表現世界に「固有な言語ないし表現とその関係網」とは、代替表現世界における表現、表現法、表現系である。範例では、分割表や先頭表は、代替表現世界に固有である。分割表、先頭表は、書き出しとは全く異なる世界であり、そこでの直観もまるで異なる。分割表や先頭表で、横飛び矢印、斜め矢印は加法にみえる直観である。書き出しでは書き出しの塊間の対応である。両者が対応することがわかったのは代替表現世界の確立後のことである。それ以前の既存表現世界のみの推論では、どの書き出し表現の工夫がよいのやら、どれも

---

[23] 第1章第4節で「下位水準に対する高位水準の多様性」において話題にしたように、数学化の前提となる活動では、対象化しえる様々な方法が存在する。分割数の事例も、書き出しの工夫は多様にあり、数学化の過程では、どの書き出し法がよいかという議論が存在している。

漏れがあり優劣はない。既存の様々な直観が反映されているに過ぎず、そこには卓越した直観はない。卓越した直観が卓越したとわかるのは、代替表現世界の確立後である。

要件3「水準間では通訳困難な内容がある」の確認：

既存の表現世界と代替表現世界の間には、同じと思われる表現、表現法、表現系があるが、実際には同じ内容を表しておらず、そのために矛盾ないしわからなさが生じる。実際、分割数の表と先頭数の表は、表としては同じだが、書き出し方とその数え方は、同じではない。次に示す例では、様々ある書き出し表現法のうち、代替表現世界においても存在する表現法と代替表現世界では存在しない表現法とに結果として区別される。

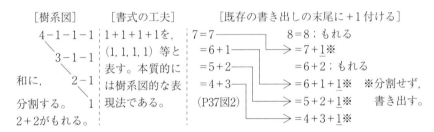

同等にみえる表現法も、実際には、異なる関係網において整理され、利用される。代替表現世界に通訳困難な表現法（上では樹形図や書式の工夫）は、代替表現世界では利用できない。代替表現世界に通訳しえる表現こそ意味をなす。様々な書き出し表現を工夫することは、書き出してみて納得する既存の表現世界を象徴する方法である。原理で導出する代替表現世界の求め方は、書き出さなくともよいわけで、既存の表現世界の書き出し表現に馴染む立場からすれば、実際に確認する必要はないかなどの疑問を抱く。原理で機械的に導出できることがわかっている代替表現世界からみると、既存の表現世界の人が、原理によらずにいくら書き出したところで、それで書き出し漏れがないと言える保証がないところに疑問を抱く。

要件4「水準間には方法の対象化の関係がある」の確認：

表現世界の再構成においては、既存の表現世界内で、新表現法に対応する表現法が意識化され（ウ、エ）、新表現法の生成操作の構成（オ）に役立てられる。すなわち、方法の対象化とは、既存の表現世界では、一つの表現方法であったウが、新しい表現方法イによって意識化されることを含意しており、それはすなわち

エ、オのような行為を含意している。そして、方法の対象化は、表現世界の再構成過程からすれば、ほんの一面を話題にしているに過ぎない。

分割数の場合で言えば、既存の表現世界には、様々な書き出し方法がある。書き出し方が方法である。それが対象化される場合に、実際に対象となるのは様々な書き出し方法の中でも特定の書き出し方法のみが対象となる。それは表という表現法である。表という表現に対応する書き出し法のみ対象化され、その書き出し表現法も無用に思えるほど、表は自己生成可能な表となる。新しい表現世界における方法は、特定の書き出し表現に対応した自己生成可能な表なのである。

以上のように数学化の前提にある水準要件を表現世界の再構成過程において説明し得る。特に、言語、表現とその関係網は、表現世界の再構成過程においては「その表現世界における表現、表現法、表現系である」と指摘できる。また、方法の対象化とは、「イを進めようとすることでウが顕在化すること」を指していると指摘できる。このような意味で、図2.4のような数学化の過程と表現世界の再構成過程との対応付けのもと、表現世界の再構成過程は、数学化の過程とみなすことができる。ここでは、このような対応を前提に、図2.3を表現世界の再構成に注目した数学化過程と認めるべく、その過程を図2.5のように一般表記する。

図2.5で示した表現世界の再構成過程は、分割数を範例に導かれたものである。図2.5の表題は、その事例に固有な過程として記していない。第1節で例示した方程式文章題から図による長方形求長に限定された表現世界の導入も、実際には、この過程をたどっている。実際、方程式の文章題の表現世界の再構成過程を同じように整理してみる。

まず、以下は、第1節で述べた分析結果である。

文章題に解答する表現世界（板書1回目〜3回目）
$W = [R_{文、未}(文章題、未確定) \Leftrightarrow R_{方}(方程式、変形)]$
板書4回目
$R_{文、未}(文章題、未確定) \Rightarrow R_{図、未}(図形、未確定) \Leftrightarrow R_{方}(方程式、変形)$
板書5回目
$R_{文、未}(文章題、未確定) \Rightarrow R_{長、構}(長方形、構成) \Leftrightarrow R_{方}(方程式、変形)$
板書6回目
$R_{文、未}(文章題、未確定) \Leftrightarrow R_{長、量}(長方形、構成・量) \Leftrightarrow R_{方}(方程式、変形)$
$R_{文、未}(文章題、未確定)$ は $R_{文}(文章題、条件換え)$ へと進化

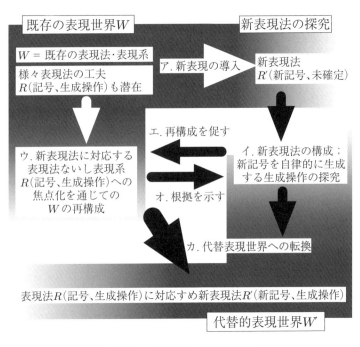

図 2.5　表現世界の再構成過程

　この結果では、$R_方$ は表現としては不変であるが、図表現が変わっていく。その過程に注目して表現世界の再構成過程の図式に沿って表せば次の図 2.6 のようになる。

　図 2.6 で、既存の表現世界では、文章題は方程式による解決の対象であり、方程式のみが文章題を生成する方法である。それに対して、代替表現世界では、文章題は、自己生成可能な図を根拠に文章化したものであり、方程式を解くことなく、同じ構造の問題であればいくらでも随意に作問できるようになる。特に図 2.6 では、カの過程が記されていない。これは、第 1 節で取り上げた事例が、板書表記を対象に分析したことによる。文章題の条件換えを図を根拠にできる、文章題の解答も図でできるころは、口頭で話題にしたために、表記されていなかったことによる。

　この表現世界の再構成過程が数学化と言えるかどうかは、水準要件と数学化過程を満たすかを確認する必要がある。それは、図 2.4 に準じ確認済みである。特

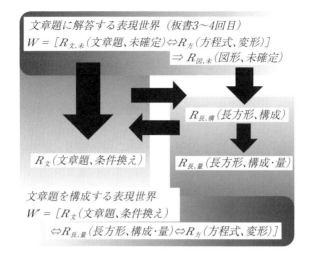

図2.6 方程式文章題に対する図表現における表現世界の再構成

に方法の対象化のみ話題にすれば、下位水準においては図によらず方程式で解こうとする。その際、表わす図も正しく立式するための情景図に留まる。その図を対象化して、図を生成可能な表現とみなせるようになり、そこで、長さの意味もわかると、文章題の構造を、図から読みとれるようになる。ここで、立式の方法であった図が、対象化され、生成可能な図となることで、解答の方法としての図、文章題を生成する方法としての図となる。

以上、表現世界の再構成過程の存在は事例に依存して例証された。実際には、表現の記述枠組みによってあえてそのように分析しなくとも、学校数学において、様々な場面で、この表現世界の再構成過程を普遍的に認めることができる。例えば、日本の小学校における乗法導入の場合で述べれば、加法表現を前提にした乗法の導入は次頁の図2.7の過程として記述することができる[24]。

乗法導入の他にも、表現世界の再構成過程は、学校数学の様々な場面で、特に日本の場合に限れば認めることができる。それは、数学的活動の実現をめざして歴史的に営まれてきた教材研究の賜である。学校数学の様々な場面で認められる

---

24) Supervising editors, Shin Hitotsumatsu, et al.（English Editon of chief editors, Isoda, M., Murata, A.; translators, Abednego S. M., Sanuki, M., Cheah, U. H.）(2011). *Study with Your Friends, Mathematics for Elementary School*（学校図書『みんなと学ぶ算数』英訳本）. Gakkohtosho.

加法から乗法への表現世界の再構成

数学化の対象；加減に限定した表現世界、累加表現も含まれるが、乗法に対応した累加表現としては意識されていない。

数学化の過程；

ア．新表現法である乗法は累加に対して乗法記号が定義されるが、乗法記号を定義した段階では、解を得る方法は加法である。

ウ、エ．乗法が累加によって定義されると、乗法表現できる累加事象と乗法表現できない非累加事象とは区別される。すなわち、新表現法である乗法によって加減に限定した表現世界は、累加場面において再構成されはじめる。

イ、オ．乗法の解を累加でなくぱっと求める方略として、九九が漸次構成され、暗記される。

カ．九九を構成して暗記するようになると、乗法は、九九の範囲内であれば加法によらなくとも計算結果が求められるようになる。すなわち、累加場面に対する代替計算手段として、乗法は自律する。

数学化の結果；九九範囲に限られた乗法を、それ以外の場合へと拡張しはじめる。

図2.7 加法から乗法への表現世界の再構成

表現世界の再構成過程は、通常扱われない教材である分割数の範例のように、未知教材の教材化に際しても機能しえるとみることができる。であるとすれば、表現世界の再構成過程は、数学化において本質的な過程である。その議論は、改めて第3節で数学史を事例に議論するものである。

(3) 表現世界の再構成過程が明かす数学化過程でなされるべき活動内容

前項では表現世界の再構成過程が、数学化過程とみなせること、表現世界は第1章第4節で定義した水準とみなすことができることを指摘した。そこでは、数学化においてなされるべき「再組織化の内容」や「言語、表現及びその関係網の内容」、そして「方法の対象化の内容」を具体的に示すことができた。表現世界の再構成過程が数学化に対して示す具体的示唆は、前項ア～カで記したような、数

学化の過程に潜むダイナミズムを表現世界の再構成により明示的になすべき活動を行為として記述した点にある。これは、表現の記述枠組みによる数学化過程の一範例の分析を通じて、はじめて顕在化したことである。そして表現世界の再構成過程は他の場合にも認められるものである。さらに歴史上も認められるが、その事実は次節で述べる。

　最後に、なすべき行為ア～カが記述できたことで顕在化する前章における数学化過程を前提とすれば、その活動内容を、ダイナミズムというような言葉で修辞的に形容することなく、また「方法の対象化」というように形式的に形容するのではなく、具体的に記載できることそれ自体が表現世界の再構成の意義であることを指摘する。その指摘に際して、前章末で指摘したFreudenthalの方法の対象化に通じるPiagetの「操作の対象化[25]」という考え方が言わば結果論であることを指摘する。

　表現世界の再構成過程を前提にすると、Piagetの指摘する「操作の操作」及び「操作の対象化」という用語が、教育では恣意的に用いられる余地がある。

　　α．「操作の操作」とは、数学化の結果として言える語用である。操作の対象になる操作は、数学化の前提となる水準では、それが何かは容易に意識できない。従って、操作に対して操作が簡単に導入できるかのごとき指導論が語られるとすれば、それは数学化の見地からは誤った議論である。

　　β．「操作の対象化」とは、新表現法の生成操作探究過程で成立するもので、それ自体が単独で起こることはない。Piagetの場合、あくまで、操作が矛盾を通じて意識されるか否かを話題にするに留まっている。

　まず、それぞれに対するPiagetの議論を吟味し、次に、具体例で検討する。

　はじめにαから述べる。Piagetは、操作を意識できる場合（すなわち思考の対象にできる場合）とできない場合を区別することで発達段階を設定している。反省的抽象を経て高位の発達段階で意識できる操作は、下位の発達段階では意識できない。すなわち、下位段階の子どもの思考においては、その操作が仮に無意識

---

[25] 操作の対象化は、第1章で話題にしたように方法の対象化に対応する用語である。Piagetの操作は、数学を範例に話題にされる用語である。逆に言えば、数学だけに適用することを求めた用語ではない。数学に限定して述べると、そこで指摘される話題は、発達段階論の相違と言う問題を除けば、方法の対象化に対応する。ここでは、Piagetの考えを、彼自身の発達段階論ではなく、水準による階層に適用する。適用した段階で、それはPiagetの考えを本研究が利用した議論を進めるものであり、Piagetのオリジナルな研究それ自体を話題にしていない。

148　第2章　表現世界の再構成過程としての数学化

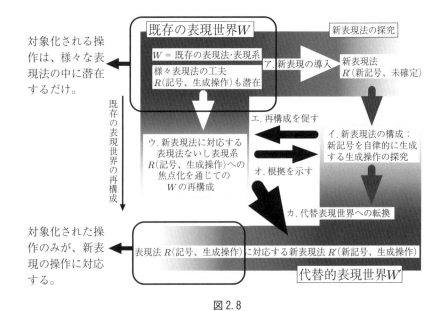

図 2.8

に行われたとしても、明示対象として存在していないとみなすわけである。その考え方を数学の場合に適用し表現世界の再構成過程において認めようとすれば、その相違は図 2.8 の枠囲いでなされる操作の意味の質的相違を示すと考えられる。

　すなわち、操作の操作が実現されるのは、数学化の結果である代替的表現世界においてであり、数学化の対象である既存の表現世界においては、当初、操作の操作で操作されることになる操作は仮に潜在したとしてもそのようなものとしては意識しえない。前章で引用した「操作に対して操作を繰り返し導入していくこと」を数学の本性と認めた Piaget の記述においては、意識し得ないことを子どもはどのように意識し得るようになるのだろう。例えば、第1章第5節で引用した次の文言はどうであろう。

　　「「存在」について行う操作が、次には理論の対象となるといったぐあいに、より強い構造によって交互に構造化したり構造化されたりする構造にまで至るのだ。」

　それまで行ってきた操作を対象化して新しい操作を導入するこの記述は、「方法の対象化」という数学化過程の一面を描いた記述に対応する。図 2.8 で示され

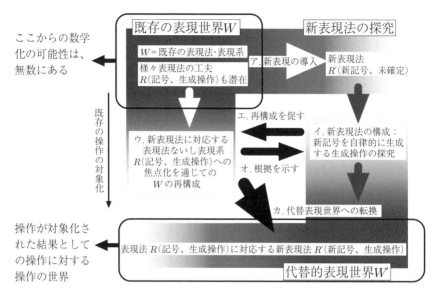

図 2.9

たことは、現実問題として、「存在」について行う操作は表現世界の再構成過程において、一つの操作に特定しえないか、さもなくば、それと意識されないということである。「理論の対象」となる操作、その理論を知っている大人の目にはその操作はすでに特定されている。他方で、下位水準にいる子どもは、大人と同じようにそれを特定しえない、意識しえないのである。それが特定できるのは、高位水準の理論を知っている者に限られる。そして、理論をすでに知っている者の目には、下位水準の子どもにとっては意識しえない表象は、実に単純な構造に映るのである。Piaget の「「存在」について行う操作が、次には理論の対象となるといったぐあいに、より強い構造によって交互に構造化したり構造化されたりする構造にまで至るのだ」という記述は、理論を知っている者にとって意味をなす記述である。「存在」において行う操作を対象化できない段階の子どもには意味をなさない。それは別の言葉で言えば、数学化をその結果から語った解説になっているのである。以上の相違は、図 2.9 の様に表される。

　すなわち、下位水準の活動には、数学化される可能性のある操作、対象化される可能性のある操作は無数にあるが、数学化の結果においては、すでに対象化された操作は、特定されている。「操作の操作」という記述は、あくまでも、数学化

の結果を知っている者に限って意味をなす語用である。表現世界の再構成過程において、どのような行為が求められるのかが記されればこそ、Piaget の議論が結果論と言えるのである。それは、反省という語のもつ問題点でもある。「反省しなさい」という語は行った後からしばしば話題になる語であり、行っている際にそれを話題にできれば、そもそも「反省しなさい」とは言われないのである。

次に β の操作の対象化の生起の問題点について検討する。操作の対象化は、上図では既存の表現世界 W の再構成過程ウ、エの過程で記されている。すなわち、操作の対象化は、新表現法の生成操作の探究イ、エを通じて進展する。ここでは操作の対象化が、新表現の生成操作の探究に伴って起こっている点に注意してほしい。操作の対象化という用語自体も、どちらかと言えば数学化の結果をみて言える語用である。表現世界の再構成過程に準ずれば、操作を対象化することそのものを目的にするよりむしろ、新表現の生成操作を知ろうとして必然的にそれまで行ってきた操作が意識（対象化）されるものなのである。

van Hiele 水準の構造を「方法の対象化」によって説明する場合にも以上の指摘と同じ問題がある。「方法の対象化」とは、数学化の過程でなされることのほんの一面を語っているにすぎない。第3章第1節では「方法の対象化」の水準設定における有意性を述べるが、いかに方法の対象化するかはむしろ、新しい方法を生みだそうとすればこそ、新表現の生成操作を見い出そうとする文脈においてこそ、なしえるものである。

結果論として Piaget が指摘した操作に対する操作、操作の対象化にまつわる語用を、結果を知らない子どもの教育へ単純に適用できると考えた場合、ともすれば、大人が知っていることをわからせようとする指導法の工夫が正当化される。わからせようとすること自体が、数学化が求められる背景、知識体系としての数学を活動的に教えようとする New Math の考え方と同期するものであり、自ら再組織化を進めることを願う数学化とはむしろ逆の方向の考え方となる。

第2章第1節で取り上げた図 2.10 のブロックを利用しての十進位取り記数法の導入を例にする。

図 2.10 は、ブロック操作に対して数計算操作を導入する過程とみることができる。しかし、この図の通り、操作に対して操作を導入する形式で指導は成立するのであろうか。Schoenfeld（1986）は、この図式で研究した Resnick（1986）を批判する[26]。その際、この図の指導が成立するための作業仮説の存在を指摘する。

仮説．ブロック世界において、ブロックによる数の表現と、加減法の生成操

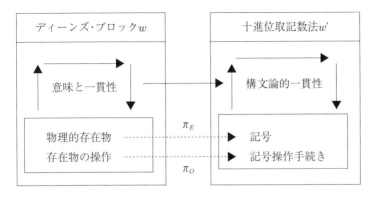

図2.10 （図2.2再掲）

作を生徒が理解できたなら$_\beta$、そして、ブロック世界と記数法世界の対応関係を理解したなら$_\alpha$、記数法世界の記号手続きは理解され、習得されるはずである。

下線部 α が、Piaget の語用「操作の操作」の誤用に通じる仮説であり、下線部 β が「操作の対象化」の誤用に通じる仮説と言える。これらは結果論として言えるとする上述の考察からすれば、Resnick の指導はまさに知っていることを前提とした指導と言える。実際、この仮説に立つ Resnick の研究は、結果として成功しなかったことで知られている。Schoenfeld は、Resnick の研究の難しさとして、この仮説を成立し難くする次の5要因を具体的に記している。

要因1. **ブロック世界の複雑さ**：ブロック表現が記数法に対応するとみる我々の期待に反して、ブロック世界は、個に応じて様々な意味を付与されており、そのままでは記数法に対応しない。例えば、12 を 10 ブロック1個と1ブロック2個で表したい子どもと、1ブロック 12 個を一列に表したい子どもの間には、位取り構造の有無の差異があるが、ブロック表現ではどちらも併存し得る。

要因2. **記数法世界の固有性**：記数法表現は、固有に発展し、ブロック世界は対応しきれない。例えば記数法表現では、次の二つの計算を同じとみなすが、ブロック表現では同じとみなせない。

---

26) Resnick, L. B., Omason, S. F. (1986). Learning to Understand Arithmetic. In R. Glaser (Ed). *Advances in Instructuional Psychology.* 3. Lawrence Erlbaum Associates. 41-56.

```
   763        7630
－ 327      － 3275
```

要因 3. 多数の表現世界間の干渉：記数法表現に対応する表現は、ブロック以外にも、お金などの多様な表現があるが、それぞれの表現には固有の生成規則があり、それは互いに対応しない。例えば、お金の場合硬貨は少なくする原則がある。50 円玉 1 個、500 円玉 1 個、10 円玉 2 個もって、420 円買う場合、お金で 500 円玉 1 個、10 円玉 2 個でお釣り 100 円玉をもらう。その原則がないブロックの操作でそれを行う場合、筆算で残金を計算する場合、いずれとも一致しない。

要因 4. 表現世界の構成的性格：ブロックから算法を構成するという方針にもかかわらず、現実には算法を説明するためにブロック表現を利用するというような逆方向も本質的である。例えば、前項で述べた、分割数の碁石表現は、一種のブロック表現であり、分割数から構成された新しい表現とみることができる。

要因 5. 参照の非容易さ：表現世界を知っているからと言って、参照するとは限らない。参照したからと言って、適切に参照できるとは限らない。十の位に 0 のある三桁の減法筆算では、ブロック表現を知っていても、ブロックではなく筆算で解き、百の位からの繰り下がりを誤る子どもは多い。

以上のような要因は、Resnick が前提とした次の過程が、操作に対して操作を導入するという数学化の結果として言える α、β を、これから数学化を進めようとする子どもに平易に成立すると仮説していることに対する具体的な批判として示されている。

Schoenfeld が指摘した Resnick の仮説に基づく指導過程の困難性は、事例に対する彼の洞察及び関連する諸研究を参照してなされたものである。その仮説の成立困難性は、それとは独立して構成された表現世界の再構成過程からみても批判できる。実際、Schoenfeld が Resnick の仮説を批判した 5 要因の内、要因 1、要因 2、要因 4 は、表現世界の再構成過程から説明可能である。要因 1 は、Resnick の仮説がウ、エの過程に対して配慮を欠いているためと説明できる。すなわち、混沌とした状況にある既存の表現世界の中で新表現に対応する表現がいかに焦点化されるかへの配慮が、Resnick の仮説では欠落している。表現世界の再構成過程においては、イ新表現法の探究の必然として、ウ、エ既存の表現世界の再構成

第2節 表現世界の再構成過程と数学化の過程 153

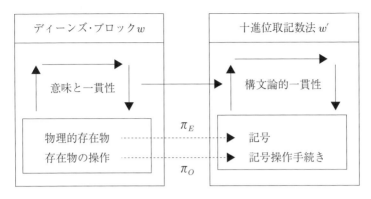

図2.11 （図2.2再掲）

が進むとみなされる。話題にされるべきは、ブロックの操作よりむしろ、十進位取り記数法の算法をいかに開発するかである。Resnickの仮説は、その最も重要な話題を意識していない。それは、要因4でも問題にされる。表現世界の再構成過程では、新表現の生成方法探す過程で、エ、オによるフィードバックがなされている。加法筆算の妥当性を検討するためにブロックで表現して妥当性を確認するのはこの手順によっているにもかかわらず、Resnickの仮説にはそれが記されていない。要因2は、Resnickの仮説が、表現世界の代替（カ）に対する配慮を欠いているためと説明できる。既存の表現世界は、代替表現世界と決して一致しないことを表現世界の再構成過程は示している。

　以上が、Piagetの「操作の操作」、「操作の対象化」に関わる結果論として意味をなす語用を、過程と誤解することで生じる指導論の例である。ブロック操作を対象に数計算を導入するという教師の意図に反して、子どもは数計算を知らずにブロックで遊ぶ。そこで、子どもは、ブロック操作とはどのような操作なのかすら特定できない。Resnick-Schoenfeldの事例は「操作に対して操作を導入する」というようなPiagetの語用に潜む危険性が現れた事例とみることができる。ただし、はじめに断った通り、Piaget自身は、必ずしも教育を目的に考えていなかった。このような誤用は、教育の場合にPiagetの議論を単純に適用できるとみなした場合において起こりえる。数学化の結果を知っている教師には、数学化以前の段階にいる子どもの立場がわかりにくいだけに、このような誤用が少数ケースとは考え難い。以上のような指摘を、表現世界の再構成過程を根拠に指摘できることは、表現世界の再構成過程が、数学化の過程の詳細を具体的に記述してい

ることによっている。それは、数学化過程の記述における表現世界の再構成過程の貢献である。

　前章末ではPiagetの「操作の操作」や「操作の対象化」が、数学化の本質にかかわるものとして、「方法の対象化」という数学化の考え方の妥当性を示す根拠となることを指摘した。以上の議論は、「方法の対象化」という用語がもつ課題である。第1章第4節で述べたように、「方法の対象化」は、Freudenthal, van Hiele に起源するとしても、その内容を平林一榮が形容し直した用語である。Freudenthal, van Hiele の解説は、そこまで歯切れはよくない。実際、Freudenthal は数学化を「蓄積した経験を数学的方法により組織しすること」と定義し、Piagetのように「操作を対象に操作を導入すること」とは表現しなかった。Freudenthalに準じて言えば、対象化されるべき方法は、蓄積した経験の中に潜んでおり、それを経験した段階では、意識し難い。であればこそ、Piagetのように歯切れよく「操作に対して操作を導入する」と彼は記せないのである。そして、van Hiele は「方法の対象化」を「下位水準で組織する際の方法（devices）であった諸関係が、高位水準で教材となる」とし、対象となるというかわりに教材になるとしている。「下位水準で活動する際に用いられた諸関係は、高位水準においては考察の主題としての教材になる」というもとの記述は、下位水準の操作がそのまま高位水準の対象となるわけではないことに配慮した記述であると考えられるのである。このようなPiagetの結果論的な語用と、Freudenthal, van Hieleの数学化過程により配慮した語用との差異の存在を指摘できたのも、表現世界の再構成過程として数学化過程をより詳細に記述できたことによっている。すなわち、「方法の対象化」とは、結果論として数学化が連鎖する様相を表現するとしても、数学化の結果を知らない者に「方法の対象化」をしなさいといってそれができる代物ではないのである。

　最後に、Schoenfeldが指摘する要因の中で、表現世界の再構成過程から即説明できない要因3、要因5の存在について指摘から、表現世界の再構成過程が、逆に何を捨象するかを確認する。

　まず、要因5について述べる。表現世界の再構成過程では教材に注目してその対象や表現が生み出されることの必然性、必要性までは話題にするが、個別の理解や発見法は議論の対象外である。数学（教材）の側からのアプローチを主とする本研究では、認知科学的な関心から発見のメカニズムを解明することは検討対象にしていない。

　要因3はブロックのみが十進位取り記数法の参照表現ではないことを問題にし

ている。数学化を多様な表現世界のどこから始めるかに関わる要因3は、対象とした問題状況を限定した上で数学化を話題にする表現世界の再構成過程では説明するというよりは生活経験などの背景が特定困難であることにかかわる要因である。実際、一つの代替表現世界への数学化を実現したい場合に、仮定される既存の表現世界は一律には限定しえない。そこには文化的状況の相違すらも反映し得る。例えば、貨幣体系の相違である。日本では、お釣りのコイン数が少なくなるように、お釣りのもらい方を工夫して、お金を払う。一方で1/4硬貨のある米国などでは、仮にそのように工夫して払おうとしても、コインの種類が複雑なため、予想したコインでお釣りは返ってこない。貨幣体系の相違は国家間の文化差異だが、家庭や個人間の文化差異となると特定しがたい。

　本研究では、存在し得る未知の表現法、表現系を逐一数え上げ特定するのではなく、むしろ、多様な表現法ないし表現系というように、おおまかに表示し、表現世界の再構成過程を簡潔にモデル化して議論する。すなわち、$R, O, S, \Rightarrow$ などを逐一表記するのではなく、おおまかに概括的に表示する。そして、その表現の内容を補説することで背景状況を可能な範囲で明確化し、そこで記述されるべき表現を補う方式でこの問題に対応していく。表現世界の再構成過程モデルは、発見法、文化・認知的相違を捨象して導かれている。特に、文化・認知的相違に関わるSettingについては、本研究では、次の第3節で、数学者間の対話に注目して考察する。教材研究を主題とする本研究では、教室における実際の対話や、個別生徒の思考内容などは議論の対象とはしない。

　もとよりFreudenthalの数学化は、数学の歴史的発展にも、学校数学の学習過程に対しても適用し得る共通用語であった。本節で行った表現世界の再構成過程に関する考察は学校数学おける検討に限定された。そこで次節では、表現世界の再構成過程が、数学の歴史的発展も表象しえることを確認することで、表現世界の再構成過程の数学化の記述枠組みとして一般化し、その普遍性を確認する。

第3節　表現世界の再構成からみた歴史上の数学化

　数学化の立場からの教材研究する際の参照可能な基準を導くことが第1章、第2章の課題である。前節では表現世界の再構成過程が、数学化とみなせること、しかも数学化の過程でなすべき活動内容を表現の再構成という形で具体的に記述できること、また日本の教育課程においても認められる過程であることを確認し

た。では、表現世界の再構成過程は、数学の発展史上、認めることができるのであろうか。認めることができれば、表現世界の再構成過程を学校数学で実現することは、数学からみても数学の発展史に認められる数学化過程を実現したものと価値づけることができる[27]。

第1章第2節では、世界的な数学者、数学史研究者として知られるFreudenthalの数学化論が、数学の歴史的発生の過程を、数学化の過程という形式で学校数学に持ち込む意図でなされていることを指摘した。その過程に対する彼の見識は、数学者としての彼の経験と、やはり世界的に著明な彼の数学史研究を背景にしており、歴史的にも裏打ちされたものであり、しかも第1章第5節で述べたようにPiagetも自身の主張の根拠に採用する見解であった。

本節では、前節までに学校数学の題材を参照して規定した表現世界の再構成過程が、数学の歴史的発展においても認められることを、第1節で用いた表現の記述枠組みを用いることなく指摘する。それによって、表象された表現の分析記述から得られた表現世界の再構成過程を、歴史上認められる本質的な数学化過程であるものとして認めることができる。特に、本節では、その作業を通して、表現世界の再構成過程が、異なる数学理論に立つ数学上の立場の相異を表象することまでをあわせて指摘する。それは、表現世界の再構成過程として数学化過程を記述することで、数学化が巻き起こす社会的対立が描き出されることを含意する。

繰り返しになるが、本節が進める作業は、第2節で得た表現世界の再構成過程を数学史上で認める作業である。第1節で述べた表現の記述枠組みを数学史に適用する作業ではない。例えば、第1節の表現の記述枠組みは、表現系が複雑になると、適用困難である[28]。本章は、第1章で述べた数学化の過程で実際になすべきことを明らかにすること、方法の対象化をなしえる過程で再構成の意味を考えることを課題としている。この目的に準じて、そのような煩雑な作業抜きに、表現世界の再構成過程を、第1節で述べた表現の記述枠組み抜きで認めることが、数学史を事例に検討する意図である。

以上の意図から、本節では、歴史上の数学化をDescartesの場合で解説する。表現世界の再構成過程を例証し、表現世界の再構成過程モデルが数学の数学化を表象する上でも本質的な過程であることを確認する範例として数学史上に数学者

---

27) 数学者は大学数学の数学を構成的に記述することを義務付けられている。
28) 分割数の事例では、分割数と先頭数の関係に致る過程を記述するあたりから、既に複雑化している。

が自らの数学創造を語った記録が明瞭に残されている Descartes の数学上の業績を取り上げる[29]。Descartes は、既存の数学（ギリシャ以来の伝統的な幾何学）における発見法の喪失を嘆き、数学化を構想したことで知られている。Descartes の場合、喪失された発見法と彼の構想、そして、それに反する動きなどにまつわる周辺的な数学者等の考えに関わるテキスト等が現存しており、その過程を具体的に記述しやすい。周辺的な数学者等の考えを話題にする意味で、以下で話題にする数学史は、Descartes 個人に注目する[30] というよりむしろ、通史的な意味でギリシャから Descartes に及ぶ時代に注目する。以下の歴史記述は、正確さに定評ある Boyer の『数学の歴史』[31]、近年の通史の中で最も定評のある Katz の『数学の歴史』[32]に依拠し、通史的事実を、適宜、原典及び各専門領域で著名な数学史家の研究を参考にする形式で考察する。注記のない場合は、Boyer 及び Katz による通史を典拠とする。数学化を話題にする本節では、以下、通史を、（1）Descartes の数学化の対象と（2）Descartes による数学化と数学化の完了を概観し、それを（3）で表現世界の再構成過程として認め直す。その際、数学者が互いに異なる数学を主張する際の数学上の立場の相異を、表現世界の再構成過程が表象しえることを指摘する。

本節で進める歴史解釈は、本研究の教材研究の方法論、内容に教育目的を埋め込む作業としてなされたもの、その意味で筆者の解釈が投影されたものである[33]。もとより本研究は数学史研究ではない。歴史家が学術上議論する意味での Descartes 個人が具体的にどのような考えを前提に、それをいかに何時頃発展させたのかという、通史批判によるオリジナリティを追究する歴史解釈学的研究[34]

---

29) 考察は次の論文を書き改めたものである。礒田正美（1997）．曲線と運動の表現史からみた代数、幾何、微積分の関連に関する一考察：幾何から代数、解析への曲線史上のパラダイム転換に学ぶテクノロジー利用による新系統の提案と幾何の水準の関連．『筑波数学教育研究』16. 1-16.；礒田正美（1999）．数学の弁証法的発展とその適用に関する一考察：「表現世界の再構成過程」再考．『筑波数学教育研究』18. 11-20.；礒田正美（2002）．解釈学からみた数学的活動論の展開：人間の営みを構想する数学教育学へのパースペクティブ．『筑波数学教育研究』21. 1-10
30) デカルトについては次の研究が世界的に知られている．佐々木力（2003）．『デカルトの数学思想』東京大学出版会．
31) ボイヤー，C.，加賀美鉄雄，浦野由有訳（2008）．『数学の歴史』1～5．朝倉書店．
32) カッツ，V. J.，上野健爾，三浦伸夫監訳（2005）．『カッツ数学の歴史』共立出版．
33) このような歴史記述の方法論は歴史研究それ自体ではないことは、以下で述べた．礒田正美（2009）．あとがき．礒田正美，Bartolini Bussi, M. G. 編．『曲線の事典：性質・歴史・作図法』共立出版．286-289．
34) Descartes にかかる歴史研究の典型は、佐々木（2003）である．それに対して本研究では通史を、原典で後付ける形で自身の解釈を構成する．一般論として、通史は、数学史家にとっての批判対象であ

を本研究では行わない。特に、通史文献を論拠に原典を開く本節の考察では、Descartes「の」、「による」というように記述を多用するが、それは通史と原典英訳、和訳とを基盤にしたその時代に係る通史と矛盾しない筆者の生み出した解釈である。筆者自身は教材研究対象として数学史を取り上げている。その方法を筆者は解釈学的営みとして性格付けている。

(1) Descartesの数学化の前提

Descartesは、ギリシャの幾何学から普遍数学への、結果として、今日我々の知る代数幾何（解析幾何）学への数学化に携わった。次節で述べるように、その背景には、ギリシャ数学に対するDescartesの認める喪失感と閉塞感がある。ここではDescartesによる数学化を記述する上で必要な、Descartesによる数学化の対象になったギリシャにおける数学上の経験の蓄積と、そこでなされたはずだが、Descartesにおいては喪失されたと認められた、ないし刷新されるべき、とみなされた発見法について記す。

よく知られるようにギリシャ数学は、エジプト・メソポタミアの数学を数学化して、飛躍的に発展した最初の公理体系的数学である[35]。エジプト・メソポタミアにおける膨大な知識の集積に対して、ギリシャ数学の特質は、算術・代数など含めて幾何学的演繹体系として一括し、それをギリシャ語で記述した[36]点にあ

る。常に既存の解釈を乗り越えた新解釈を生みだすことが、数学史家の学術研究上の使命である。筆者が本研究で採用する方法論は、教材研究であり、本節の場合、数学史（通史）の教材解釈である。その解釈目的は数学化過程の記述である。それは筆者自身が得た解釈であり、数学史家の考える数学史それ自体ではない。教材研究を方法論として数学史を記載する筆者の数学教育研究上の立場は、以下で述べた：礒田正美, Bartolini Bussi, M. G. 編 (2009).『曲線の事典：性質・歴史・作図法』共立出版. そこでは、今日とは異なる論理と直観によって数学がそれぞれの時代に研究されたこと、その論理と直観がいかなるものであるかを示すために当時の作図器を解説することが追究された。それは、本研究では「生きる世界」の相異を説明したものである（同書, 本書を利用する方へ. p. x ; 第1章. 道具に埋め込まれた直観. 1-30 参照）。筆者自身の解釈方法論は、以下に記したように、「理解」、「他者の立場の想定」、「自己理解（教訓）」、「解釈学的循環」という営みで説明される。礒田正美 (2001).数学的活動論、その解釈学的展開：人間の営みを構想する数学教育学へのパースペクティブ.『数学教育論文発表会論文集』34. 223-228.；礒田正美 (2002). 解釈学からみた数学的活動論の展開：人間の営みを構想する数学教育学へのパースペクティブ.『筑波数学教育研究』21. 1-10.；礒田正美 (2005). 他者の立場の想定による数学的世界構築としての理解論：数学的活動論、その解釈学的展開（Ⅱ）.『数学教育論文発表会論文集』38. 721-726.

35) 以下、ギリシャ数学とは、ギリシャで公理的数学ができあがった起源前3世紀以降の数学を念頭にする。公理的数学の成立については、サボーの弁証法起源説が定説となっている。サボー, A., 中村幸四郎他訳 (1978).『ギリシア数学の始原』玉川大学出版部.

36) ローマ帝国時代に地中海世界全域で通用した言語は、ギリシャ語、ラテン語である。ギリシャ語は、科学を記述する言葉であった。ギリシャ語で記述したのは、ギリシャ人に限定されず、ギリシャ数

る。体系は命題の発見、証明手順の発見があって構成される。そのためギリシャ当時、その発見法が盛んに議論された。特に著明な著作としては、Euclid（前300年頃と推定）の『デドメナ』、Archimedes（前3世紀）の『方法』と Pappus の『数学集成』が知られている（Heath, 斉藤による）[37]。いずれも、Euclid 原論にみる知識体系に位置づける総合の前段にある発見法、解析について記している。ここで解析とは、「求めるべき結論が得られたと仮定して、所与からそれを求めるための方策を検討する」ことによる、命題や証明手順の発見法である。そして、総合とは、所与から結論を演繹的に導く証明により体系に位置づけることである[38]。『デドメナ』、『数学集成』が共に解析に有意な補助定理集を意図して編纂されたのに対して、Archimedes の『方法』は機械学による解析を提唱し、機械学による解析のあとで原論に基づき証明する形式で記述される点に特徴がある。

　以下、Archimedes の言葉から例証するように、彼らが解析についてわざわざ書き残し、それを後世の人々が繰り返し筆写し続けた歴史的事実は、命題を発見する方法、証明を発見する方法を記述することは体系的な数学を構成する上で誰もが必要と認めてきたことであることを示している。Archimedes は、機械学による解析への思いを次のように明確に書き残している。

　「この書の中に、貴殿（Eratosthenes）に、ある種の独特な方法を書き記しまして説明申し上げるのが適切かと存じました。その方法と申しますのは、このやり方によって、数学におけるある種の問題を機械学によって探究する事ができるためのきっかけを貴殿に得ていただくためのものであります。そしてこの方法は、定理の証明そのものにとりましても、同様に有用であると信じております。と申しますのは、この方法による探究は証明を与えるわけではありませんので、機械学的に最初明らかにされたいくつかのことは、あとで幾何学的に証明されねばなりませぬが、その際、この方法によって、追及されている問題について、いくつかの知識をあらかじめ得ておきますると、何らの知識なしに追及するよりも、その証明を求めますのが、はるかに

学はギリシャ人の数学ではない。

37) 斎藤憲（1997）.『ユークリッド「原論」の成立：古代の伝承と現代の神話』東京大学出版会．ヒース，T. L., 平田寛訳（1959, 1960）.『ギリシア数学史』1, 2. 共立出版．

38) 解析と総合の対置は、Pappus の『数学集成』に記されている。Johnes, A. (1986), *Pappus of Alexandria, Book 7 of the Collection*, Part 1, Springer, 82-84.; Pappi Alexandrini (1660). Mathematicae Collectiones, a Federico Commandino Urbinate in Latinum conuersæ, & commentarijs illustratæ, in hac nostra editione ab innumeris, quibus scatebant mendis, & præcipuè in Græco contextu diligenter vindicatæ. Bononiæ: ex typ. HH. de Duccijs.

容易であるからなのでございます。(中略)わたしは、(これら定理の発見の)方法を書き記して発表しようと思います。その訳は、その方法について以前に(「放物線の求積」において)述べましたことが、たんなる空言であったと人々に思われたくはありませぬのと、この方法が数学にとって少なからず役立つであろう事を確信いたしておりまするからでございまする。ともうしますのは、この示された方法によって、現在や次代の人々のだれかが、まだわれわれに思いつかれていないようなほかの定理を見い出すであろう事も推定されるからなのでありまする。」[39]

　ここで Archimedes は数学におけるある種の問題を機械学によって発見し、それを幾何学的に証明し直したと記している。彼がここで機械学と呼ぶ解析の方法は、後に Archimedes の静力学的方法と呼ばれる、天秤と支点からの長さ、重さの比の関係を活用するものである。それは、求めたい図形の量(線分、面積、重心位置など)に重さがあると見て、天秤の一方に図形を下げ、それにつりあう重さに相当する線分などを、その図形に固有な性質を基に推論して他端に釣り下げバランスをとることで解答を得る発見法である。「仮につりあったとすれば」とか、「つりあうには」というように、つりあい状態を前提に推論するところが、「重さが仮に求まったとすれば」というように結論を仮定することに相当する。それは、作図題における解析に類する発見的推論の発生状況をもたらすのである。そして、機械学による解析の後で、彼が証明に使ったのが Euclid 原論で支持される取り尽くし法であった。命題を体系に位置づける目的であれば取り尽くし法で証明すれば済むことであり、それは、すでに彼は『放物線の求積』で執筆済みだった。『方法』は、機械学による解析の方法を広める目的で執筆されたのである。

　ギリシャ数学は、地中海世界がローマに制服される前後に最躍進した。Archimedes も、シラクサ陥落の折りにローマ兵によって殺されている。ローマ支配下では、ギリシャ数学は、ギリシャ語で記述することに拘った伝統保護指向による弊害もあって停滞する。結果として、ラテン語によりキリスト教化される新興ヨーロッパ世界(ギリシャ世界として残るビザンチンを除く)には、ギリシャの科学はほんの一部[40]しか継承されなかった。一方で、インドと地中海世界の

---

[39] アルキメデス、佐藤徹訳 (1990)『方法』東海大学出版会. 3-6.; Archimedes (1941). The Method. Translated by Thomas, I. *Greek Mathematical Works*. Harvard University Press. p. 221. アルキメデスは、後のカバリエリの原理、不可分者に通じる無限小も話題にした。

[40] 『科学史技術史事典』によれば、自由7科が整理されたのは420年頃のことである。5世紀末から6世紀初頭にかけて Boethius は、自由7科の内、数学の4科(算術、幾何、天文、音楽)の教科書を書

狭間で起こるイスラムの世界における学問の奨励によって、今日現存するギリシャの科学の多くはアラビア語によって継承されることになる。そして、新興ヨーロッパ世界において、それら科学がラテン語訳されるのは、イスラム世界に浸食された地中海世界を、新興ヨーロッパのキリスト教世界が押し返すはじまりとなる12世紀の十字軍を経ることになる。実際 Euclid 原論全巻がラテン語訳され改めて整備されるのはアラビア語からの翻訳で、12世紀のバースの Adelard 版からであったという[41]。

上述の Archimedes の方法は、後に中世末から科学革命期に向けて、不可分量の方法として再発見され17世紀に積分法として定式化される[42]。しかし、彼の静力学的方法を記した『方法』自体は、ラテン語によるヨーロッパ世界では、かつて存在したことはわかっていても、散逸状況にあり、その実物が確認されたのは今世紀初頭であった[43]。

ギリシャ数学において蓄積された内容で、将来、数学の理論として、数学を再定式化する際の方法ないしヒントになったものは数限りない[44]。Archimedes の死の数十年後に記された Apollonius の円錐曲線論第1巻にある様々な円錐曲線の定義の同値性を扱う議論はその典型である。円錐曲線を作図する簡便な方法があったとしても、Apollonius はその方法で作図される図形が、円錐の切断面に現れる図形と同じ図形であることを確認しておく必要があった。その定義と性質の同

いた。数学史家 Boyer は、その程度の低さ、論理構造の欠落を指摘している（邦訳、第2巻、p.105）。伊東俊太郎は、Boethius によって原論が全訳された可能性を指摘しているが、仮に全訳されていたとしても新興ヨーロッパ世界では散逸ないし極端に翻案されてしまい、継承された事実は残っていない。中世を通じてギリシャ伝来だが、その論理構造が失われた数学が学ばれた点で両者の見解は一致している。特に、伊藤は、アラビアでは原論は多くの数学的注釈が出されたことから数学的に読まれたと指摘し、ラテン世界では資料として利用、参照された余地は認めつつも、数学として研究された形跡を認めていない。伊東俊太郎編（1987）．『中世の数学』共立出版．p. 52.

41) Busard, H.（1983），The First Latin Translation of Euclid's Elements Commonly Ascribed to Adelard of Bath, *Pontifical Institute of Mediaeval Studies*, p. 5．；伊東俊太郎（1978）．『近代科学の源流』中央公論社．p. 222．アルキメデスの「方法」が発見された経過からすれば、羊皮紙の中にギリシャ数学は存在していた。地中海世界からみれば辺境の地ヨーロッパでは、高度なギリシャ数学が知られるのは十字軍の時代以降と考えられている。

42) Torricelli, E.（1608-1647/1919）De Dimensione Parabole, *Opere di Evangelista Torricelli* 1（1），88-138, Faenza, G. Montanari. Torricelli の全集には、アルキメデスの方法と見まがう不可分量を利用した議論が展開されているが、それは、再発見された方法である。

43) さらに一度喪失されて、再発見される。リヴィエル・ネッツ、ウィリアム・ノエル（2008）．『解読！アルキメデス写本：羊皮紙から甦った天才数学者』光文社．；斎藤憲（2006）．『よみがえる天才アルキメデス：無限との闘い』岩波書店．

44) Alchimedes の静力学的方法、Pappus の複比、射影幾何に通じる命題群等々。

値性に関する議論には、今日の線形代数を前提とした推論に照らせば、そこには主軸変換に類する議論が含まれている。もっとも、活用の容易さを保証するために、複数存在しえる円錐曲線の定義の同値性を円錐曲線論の冒頭で確認しておくべきことは、諸命題を体系の上で位置づける数学では当然の作業である。後の数学において、対照される内容がギリシャ数学に存在したとしても、それは、ギリシャ数学では、後に注目される内容として存在するものではなかった。

ギリシャ数学においては、後々の数学の芽を含む膨大な数学的経験がなされ蓄積された。そして、アルキメデスの例にみるように数学の体系的記述を越えて発見的推論を書き残そうとする工夫も存在した。でありながらも、前3世紀にユークリッド原論、アポロニウスの円錐曲線論などの体系書がそれ以前の諸改訂のもとで確立して以後、根元的な再構成はなされなかった。そして、羊皮紙への転写の過程で、限られた情報のみが後世に伝えられる。

以上が、数学化の対象となる経験の蓄積である[45]。

(2) Descartes が携わった数学化

Descartes による数学化の方法的起源は、アラビア数学に求められる。12世紀以降、アラビア伝来の代数及びギリシャ数学に対する研究がはじまり、ルネッサンスにおいて本格化する。すでに9世紀にアラビア人は、解法アルゴリズムをアラビア語表現する言語代数の妥当性をギリシャ伝来の幾何学で説明していた[46]。すなわち、言語代数と幾何（ギリシャ数学）の対照は、すでにアラビアで始まっていた[47]。12世紀にヨーロッパで移入した時代の言語代数は、すでに幾何学的表現を持っていたのである。ヨーロッパへ移入後の最初の代数学における成果である、三次方程式の解の公式を記した Cardano の「大いなる技」(1545) においてさえ、代数公式の幾何学による証明（説明）が、アラビア同様になされていた[48]。

---

45) 佐々木力 (2003). 『デカルトの数学思想』東京大学出版会には、デカルトが学んだ数学が何かが詳細に議論されている。本節で取り上げるのは、デカルトその人ではなく、デカルトが生きた時代に前後する数学者の営みとして数学史家が記述した内容である。

46) 鈴木孝典 (1987). アラビアの代数学. 伊東俊太郎編.『中世の数学』共立出版. 322-344.

47) アラビアの代数学は、解の公式をアルゴリズム形式で言語表現した、言語代数であり、今日の代数とはかけ離れている。ギリシャ数学が体系化されて以降、ギリシャ数学では、代数が幾何学的表現で扱われる幾何学的代数が行われた。それは幾何学の一部であった。3世紀に Diophantus が記号化を進めたが、なおギリシャ語による文章中に記号が含まれる様式であった。アラビアにもそのような意味では方程式表現はあった。Diophantus, Thomas, I. translated (1941). *Greek Mathematical Works* Harvard University Press, 512-561.

48) Cardano, G., translated by Witmer, T. (1968). *Arts Magna: The rules of algebra*, Dover.

一方で、地中海のギリシャ世界に生きた人々を古代人と呼び、自らのルーツとさえみなそうとするラテン語で結ばれたヨーロッパ人には、ギリシャ数学において失われたものを復興することが課題となった。当時、ギリシャ数学において培われた発見法（直観）の多くは失われたか、必要な常識が失われた結果、難解で発見法とはとても思えぬ代物になっていた。その発見法を新興の代数学で代替する機運に始まったのが17世紀初等のDescartesの時代であり、その喪失感と閉塞感は、後で引用するようにDescartes自身の言葉で知ることができる。

解の公式に相当するアルゴリズムを言語表現したアラビアの言語代数は、ラテン語に翻訳されて数世紀後に記号的表現に置き換えられ、「未知数を仮定する（すなわち求めるべきものが求まったと仮定する）」（代数における）解析として注目を浴びる[49]。その解析をもとに新数学（普遍数学）を構想したのがDescartesである[50]。Descartesは、蓄積した経験を組織する方法として、当時の新発見法、代数学を採用し、そのための具体的道具として、それまでの省略代数を今日とほとんど同じ代数記号による方程式表記に改良した。Descartesは、このような彼の学問的計画を記した精神（知能）指導の規則において、ギリシャ数学に対する喪失感、閉塞感を交えて次のように語っている[51]。

「規則4. 事物の真理を探究するには方法が必要である。〜中略〜昔の幾何学者たちは一種の解析（結論が得られたと仮定する）を用い、それをすべての問題の解決に広く適用していたのであるが、ただ彼らは、それを後世の者に対して出し惜しみしていた。そして現在、代数と呼ばれるところの数論の一種が盛んであるが、これは古代人（ギリシャ人）が図形についてなしたこと（作図ができたと仮定する、証明ができたと仮定する）を数（解が求まったと仮定する）についてやろうとするものなのである〜中略〜かって哲学の創始者（ギリシャ人）たちは、数学を知らぬ者には知恵の研究に入ることを許そうとしなかった。彼らには、この学問が何よりも容易であって、しかも、

---

[49] 式表現を行う省略代数で知られるFrancois Vieteの「解析法入門」で述べられている。ホリングデール, S., 岡部恒治監訳（1993）.『数学を築いた天才たち』講談社. p.193.; Klein, J., translated by Brann, E. (1968). *Greek Mathematical Thought and the Origin of Algebra*, Dover, 313-353.

[50] このような構想は、Vieteにはみることができる。Vieteは、同次性の原理という、体積、面積、長さ、という幾何学的表象にこだわっており、その意味でギリシャ数学に依拠していた。Descartesは、精神（知能）指導の規則で、この呪縛から逃れることを提唱し、今日的な記号代数を創始した。極限の存在を仮定する（無限小）解析と代数における解析も区別する必要がある。

[51] デカルト, R., 山本信訳（1965）. 知能指導の規則. 務台理作他編『デカルト』世界の大思想7. 河出書房新社. 1-72.

他のもっと重要な諸学問にとりかかるため知能を訓練し準備するのに最も必要なものだと考えられていたようである。これはいったい何に由来するのであろうか。そこで私は、彼らは何かわれわれの時代の通常の数学とは全く異なった数学を知っていたに違いないということに思い至った。〜中略〜この真の数学の痕跡は、あの最初の時代ではないが現代より何世紀も前に生きていたパッポスやディオファントスにおいても、まだみられると思われる。〜中略〜最後に、知能の卓越した人々があらわれ、あの学問を今の世に復興しようと努めた。というのは、外来（ギリシャ以外、転じて野蛮）の名称によって「代数」と呼ばれている学問は、もしそれが負わされている雑多な数字や奇妙な図形から解放されえて、真の数学がもつべきだと考えられるところの、この上ない明瞭さと容易さを完全にそなえるに至りさえすれば、まさにあの（真の）数学に他ならない〜中略〜秩序と度量とが研究されるところのすべての事物が、そしてそれのみが、数学に関係するのであって、その際、そうした度量が問題にされる対象が、数であるか図形であるか、天体であるか音であるか、あるいは更に何か他のものであるかはどうでもよいのである。したがって、特殊な資料とは関係なしに、およそ秩序と度量について問題にされうるかぎりのことをすべて説明するような、ある一般的な学問（真の数学）がなければならぬことになる。そしてこの学問は、外から借りてきた言葉によってではなく、古くからあり一般にうけいれられている言葉によって「普遍数学」と名づけられるべきである。（山本信訳、pp. 13-17、括弧内引用者）」

　Descartes（1637）は、「方法序説」で同じような考えを記した上で、序説の実際的価値を示す試論を掲げ、その一つ「幾何学」において普遍数学の構想を具体化する[52]。Descartes の「幾何学」は、乗法、除法、開平の作図からはじまる。当時知られた数とその計算がすべて作図可能なことを示した上で、ギリシャ数学で難解とされた傾斜の問題（＝作図題）が代数的に解けることを示す[53]。その上で、一般解が失われた Pappus の問題の解法に言及していく。すなわち、ギリシャ数学で解ける難問が、代数的に解けることを示した上で、ギリシャ数学によってはこの時代の人が解答できないとした問題が解答できることを示している。Descartes は、当時の人々が信じるギリシャ数学を利用して、彼が提案しよう

---

52) デカルト, R. 谷川多佳子訳（2001）.『方法序説』岩波書店.
53) デカルト, R. 原亨吉訳（1973）. 幾何学.『デカルト著作集』1. 白水社. 1-121.

する普遍数学が、それを越えることができることを示したわけである。

　Descartes が新数学を構想し、幾何の問題を代数的に解くことを示したことから、解析幾何の創始を Descartes に求める場合がある。実際には、Descartes は図形をギリシャ数学によって定義した。今日の解析幾何にみる代数方程式による図形定義は、当時、なされなかった。それゆえ、Descartes の幾何学は、今日、我々の知る解析幾何学とはかけ離れたものとするのが数学史上の定説である。最初に円錐曲線の代数的定義を採用したのは、John Wallis の円錐曲線論（1655）[54] と言われるが、それも、Apollonius の結果を代数的に表現する域、Apollonius 流に円錐曲線に応じて定義される斜交軸に対する議論に留まった。そして、その議論は無限小の幾何学への言及もみられるなど、微積分創始へ至る過程の書であり、幾何学、代数学と解析学は、この時代には未分化なままに記述された。その未分化状況は、後述するように Descartes にも共通していた。今日我々が知る意味での解析学とは区別しえる解析幾何学は、19世紀初頭に Monge, G. とその弟子 Lacroix, L. S. において確立する（Carl B. Boyer, 1968, p. 521）[55]。その区別には、代数的に解決可能な範囲の特定と、平面上から座標平面上への幾何学の転換の問題があり、学科目としての解析幾何の成立の問題が含まれている。

　すなわち、Descartes は、ギリシャ数学以来の蓄積を、代数的方法により組織できることは示したが、彼の実現した範囲は、数学化の過程からみれば、途上であり、組織して、数学化を最終的に完成させたのは後世の人々であった。

　Descartes の競合者[56]との関係を知ることはその数学化途上における代数と解析学の未分化な状況や、幾何との対立的な状況を知ることに通じており、しかもそれらの状況は、数学化の過程で起こり得ることを叙述に示している。以下、その対立状況を記す[57]。

○既存の数学との決別；Vieta と Descartes
　代数において Descartes の前にいたのは Vieta, F. である。Vieta は、次のよう

---

54)　Wallis, J.（1655/1972）, De Sectionibus Conicis, Nova Methodo Expofitis, Tractatus, *Opera Mathematica*, 1, Georg Olms Verlag. 291-354.
55)　Boyer, C. B.（1968）, *A History of Mathematics*. Wiley. p. 521
56)　必ずしも同世代人ではない。
57)　例えば、Vieta（1540-1603）と Descartes（1596-1650）は、異なる時代に生きており、通常の同時代に存在する意味での競合や対立は話題となりえない。ここで対立とは、その当時に凌駕しようとした数学的対象を含む。

に述べている。

　「同じ次数の量のみが、他の項と対比されるべきである」[58]

　この同次性の原則は、ギリシャ以来の伝統である[59]。今日的式表記でも $x^2 + ax$ は面積（2次元、平方）和、$x^3 + ax^2$ は体積（3次元、立方）和であると読む言語表現的制約[60]から、面積と体積を互いに足し合わせることはできないとする原則である。一見次数の異なる $x^2 + x$ は $x^2 + 1 \times x$ とみなしたのである。この同次性の原則からの決別が、先の引用中の「秩序と度量とが研究されるところのすべての事物が、そしてそれのみが、数学に関係するのであって、その際、そうした度量が問題にされる対象が、数であるか図形であるか、天体であるか音であるか、あるいは更に何か他のものであるかはどうでもよい」という記述で、Descaretes が言わんとするところである。そして、「精神指導の規則」で、同次性の原則が外されるのは、最終頁においてである。「幾何学」でも、乗法・除法の定義では同時性の原則は外されていながらも、第2巻までは、同次性の原則を背景にした方程式が表示され、第3巻で、ようやく、その原則を外れた方程式が現れる。人々が共感する事例からはじめて、新しい議論を導入する記述法が、そこで採用されている。すなわち、既存の数学と矛盾する、正反対の議論をもたらすような話題は、既存の数学との整合性をみてから示すという記述形態が、そこで採用されているのである[61]。

○新数学の未分化渦中での探究；Fermat と Descartes

　次に、Descartes の時代に、代数学と解析学の区別が未分化であったことで生じた対立状況を述べる。Descartes 当時は代数的数しか意識されておらず[62]、す

---

58) Viète, F., Brann, E. translated (1968). Introduction to the Analytical Art, In Klein, J., *Greek Mathematical Thought and the Origin of Algebra*, Dover, p. 324.
59) ユークリッド原論では、比は同種の比で定義されている。Klein, J., Brann, E. translated (1968). *Greek Mathematical Thought and the Origin of Algebra*, Dover, p. 276 にギリシャのテオンによる記述がある。
60) 日本語で正方形と平方は別の表記だが、英語で square は正方形と平方の両方を含意する。
61) 数学で矛盾と言えば論理的な矛盾を言うが、ここで「既存の数学と矛盾する」という場合、経験や既存の習慣に対して違った立場、踏襲しない立場という意味を含意している。例えば、Descartes は平均律を生み出すメソラボスコンパスの権威でありながら、若いころに執筆した音楽論では平均律ではなくピタゴラス音律の支持者である。論理的選択と情動を伴う理解に立つ選択は Descartes においてさえ一致していない。礒田正美、Maria G. Bartolini Bussi 編（2009）.『曲線の事典』共立出版. 213-214 参照。
62) 例えば、Descartes 以前に、John Napier が対数を構成していたが、それがどのような数かが話題になるのは Descartes より後世である。この時代には、代数的数という概念自体もなく、正確には有理

べての量が代数的に解答可能と考えた Descartes はその方法を万能と信じていたが、Fermat, P. の接線法を知ることで、自らその方法の限界、自らの主張に矛盾を感じる状況に出会う。Descartes に先んじて Fermat は、極値の求め方を研究し、「仮に極値が求まったと仮定する（今日で言えば極限を代入して求める方法に通じる）」議論を展開した。興味深いことに、Fermat も、曲線の極値を話題にする際に、ユークリッド原論の延長で理解し得る、周長を固定した長方形の面積を最大にする図形は正方形であることを題材に、その解説を進めていた[63]。Fermat は、この極値法を接線の作図題に適用する。そして、Mersenne を通じて Descartes と接線法においてどちらの方法が適切か対立する。Fermat の方法は、後に微積分において定式化しえる方法である。対する Descartes は原論に依拠して法線により接線を定義する。そして今日で言うところの超越関数の接線の作図法を問われて自ら提案する方法では解答できず、接線概念の修正を迫られる矛盾に当面する（近藤洋逸 1945、1952、原亨吉 1975）[64]。Fermat を越えようとする Descartes は、個別に接線概念を捉え直すというようにその接線論も弁証法的に進展する[65]。

○既存の数学の発展との対比；Pascal と Descartes
　新数学を代数学の延長上で構想した Descartes に対し、Pascal は射影幾何学を（ユークリッド）幾何学の延長上で構想した。Descartes は晩年に若き Pascal と出会うが、Pascal の Descartes に対する対抗意識は、諸処で認めることができる[66]。Descartes の「幾何学」が、フランス語で流布し、さらに van Schooten によ

数以外の数である。Descartes は、そのような数も含めて代数的に処理できると考えていた。
63）　人が納得できる事例でその方法が有効であることを確認した上で、未知の場合へと議論を進めるという論法は、公理体系以前の数学理論の記述形式としては一般的である。Smith, D. E. edited (1959). *A Source Book in Mathematics*, 2. Dover.; Fermat, P. (1969). Maxima and Minima, Struik, D. J. *A Source Book in Mathematics, 1200-1800*. Harvard University Press. 222-227.
64）　近藤洋逸（1945、1952）．伊東俊太郎，原亨吉，村田全（1975）『数学史』筑摩書房．
65）　近藤洋逸（1945）はその変貌を「デカルトの「幾何学」における接線（法線）法は、アルジ宛の書簡のそれへと一変し、さらにメルセンヌへの書簡では数学解析的な考えに貫かれながらもサイクロイド特有の性質を利用する特殊な接線決定があらわれてきている。だが我々としては、絶えず変転するデカルトの思惟が「幾何学」からアルジ宛書簡の接線法へと変換している過程の中で、実に注目に値する理論的発展とげているのを見逃してはならぬ」と指摘している。
66）　パスカルは、真空論でデカルトと直接対話して後、無限小幾何学に関心を寄せ、彼流の無限小の幾何学を展開する。そこでは、原論に忠実に議論する箇所もある（A. デトンヴィルから ADDS 氏への手紙、冒頭部分参照）。パスカルは、不可分量を扱う上で、アルキメデスと同じ、またトリチェルリとも同じ、秤による静力学的方法を採用した。その再（新）発見では、先に引用したアルキメデスと同様の

ってラテン語訳され[67]、ヨーロッパ全土で読まれるようになっていく。他方で、Pascalはギリシャ以来の幾何学を擁護し、次のような議論を展開する[68]。

「幾何学的精神について（題目）　一、真理の研究には三つの主要な目的がありうる。第一は真理を追求する時には、それを発見すること、第二は真理を所有する時には、それを論証すること、第三は真理を吟味する時には、真を偽から識別することである。私は第一については語らない。特に第二を取り扱いたい。そうすれば、それは第三をも包含する。なぜなら、われわれは真理を証明する方法を知れば、同時に、それを識別する方法をも知りうるであろう。〜中略〜これら三つの分野においてすぐれている幾何学は、未知の真理を発見する術を明らかにした。それは幾何学が解析と呼んでいるものである。しかし、それについて説くことは、すでに多くのすぐれた著述が書かれたあとでは無益であろう。」[69]

発見法としての解析を積極的に記したのはDescartesである。それを尊重した上で妥当性を示す意味での論証に焦点を当てることが記されている。もっとも、Pappusが解析の後で総合（証明）するのに対して、Descartesは、結論（未知数）を仮定する、すなわち、必要条件からのアプローチを議論し、総合を記さない。Descartesの「幾何学」をラテン語化したことで知られるvan Schooten (1646)「平面における円錐曲線論」を例にする[70]。この書自体は、ギリシャ以来の（ユークリッド）幾何学を前提とする書であり、最初の問題は、円周角の定理の証明をそのまま採用する。その書の記載を超えて、もし、仮に、その問題を代数的に証明しようとすれば、そこでは、証明すべき知識を仮定して推論しない限り、解析

発見法を伝えようとする思いを綴り、デカルト同様、発見法の喪失を問題視する議論もしている（A.デトンヴィル氏から前国事院勅任参事官ド・カルヴィ氏への手紙、冒頭部分参照）。これは本文で記したパスカル像とは異なる一面であるが、パスカルの発見法が、代数による解析ではく幾何学の延長線上で構想されている点で一貫している。パスカル、原亨吉訳 (1959)。A.デトンヴィルからADS氏への手紙及びA.デトンヴィル氏から前国事院勅任参事官ド・カルヴィ氏への手紙、パスカル全集1数学論文集、東京：人文書院、545-748

67) Descartes, R. (1659). *Geometria, à Renato Des Cartes, anno 1637 Gallicè edita; postea autem unà cum notis Florimondi de Beaune ... Gallicè conscriptis in Latinam linguam versa, & commentariis illustrata, operâ atque studio Francisci à Schooten.* Elzeviros.
68) パスカル, B., 前田陽一, 由木康, 津田譲訳 (1959). 幾何学的精神について．礒田による『曲線の事典：性質・歴史・作図法』（共立出版, 2009）では、Schootenの円錐曲線論が、端緒をなす。伊吹武彦, 渡辺一夫, 前田陽一監約, 『パスカル全集』1. 白水社. p.116.
69) パスカル, B., 前田陽一他訳 (1959). 幾何学的精神について．『パスカル全集』1. 白水社. 冒頭.
70) Schooten, F. (1646). *De Organica Conicarum Sectionum Constructione.* Elsevier.

幾何的に座標で表現できない状況に遭遇する。学校数学において、解析幾何学で代数方程式を立式する際に、初等幾何（ユークリッド）で証明すべき結論とみなす内容を仮定することが必要な場合がある。そして方程式を解く以前に証明すべき内容をとり上げる場合がある。それが許されるのは、初等幾何と解析幾何とが異なる数学の理論体系であるからである。Descartes, Pascal の時代には、その区別がなかった。

ギリシャ以来の幾何学的精神を追い求めることは、Descartes 批判に通じている。真空をめぐって直接対立した Pascal の対 Descartes 観は穏やかではなかったようで、死後にメモを編纂したパンセには次のようなくだりがある[71]。

「76. 学問をあまり深く究める人々に反対して書くこと。デカルト。〜中略〜79. デカルト。大づかみにこう言うべきである。「これは形と運動から成っている」と。なぜなら、それはほんとうだからである。だが、それがどういう形や運動であるかを言い、機械を構成してみせるのは、滑稽である。なぜなら、そういうことは、無益であり、不確実であり、苦しいからである。そして、たといそれがほんとうであったにしても、われわれは、あらゆる哲学が一時間の労にも値するとは思わない」[72]

Descartes が「幾何学」の中で、定規とコンパスによる作図と、それに限らない機械作図との境界をなくした点からすれば、ここで話題にされた機械批判は、Descartes の提唱する新数学（普遍数学）批判を含意する。Pascal は、ユークリッド幾何学の延長線上で、新しい幾何学となる円錐曲線試論（射影幾何）を既に発表しており、晩年には、微積分の直接的起源になる無限小の幾何学を展開する。Pascal は、Descartes と対峙し、彼とは別の方向を探ったのである。

○諸対立の止揚

Vieta と Descartes との矛盾点（相異）は、Descartes の普遍数学が、既存の数学のいずれでもないことを含意している点にある。Fermat の方法と Descartes の方法との対立は、極限を議論する解析学と代数的に解決する解析幾何学との区別にある。これは、Descartes の構想した壮大な普遍数学がもたらした現実的所産として解析幾何学が分化していく必然を投げかけている。そして、Pascal による証明の強調は、逆に、図形定義を幾何学から代数方程式への転換する必要を示

---

71) パスカル, B., 前田陽一訳 (1978) パンセ. 前田陽一責任編集.『パスカル』中央公論社. 98-99.
72) 礒田 (1999, 2002) 参照

唆するものである。すなわち、幾何学に証明の根拠を求める限りにおいて、解析幾何学は単なる発見法の役回りを担うに過ぎない。解析幾何学は、図形を最初から代数的に定義することによって、はじめて代数的計算によって議論することの中に証明を含意することができる[73]。同時にそれは、作図題というギリシャ数学における問題提示形式それ自体が、実際に作図をする必要性の乏しい幾何に転換することで、失われていくことまでも含意していた。やがて解析幾何学は、平面から線形空間へと拡張され、解析幾何学自体からも数学上の研究対象として興味深い問題が喪失していく。一方で、Descartes が関与した代数表現による普遍数学の構想自体は、解析幾何に限定されることなく、広く話題にされる主題となり、今日の数学の基盤にも通じる数学の代数化の文脈を形作り、数学的構造によって数学を構成する現在への源流となる。

(3) 表現世界の再構成からみた Descartes の数学化

　解析幾何学へ至るまでの数学化過程は、数学化の対象としての「経験の蓄積」としてはギリシャ以来の数学を、対象を組織する「数学的方法」として代数的方法をみなせば、「ギリシャ以来の数学を代数的方法により再組織化する」過程とみることができる。しかし、ギリシャ以来の数学を代数的方法により再組織化する過程に認められた細部は、この一括では捨象される。第1章第4節で述べたように、数学化は様々な数学の発展系統図の中で一つの系統のみを特別に取り上げて話題にしたものなのである。その過程は、表現世界の再構成過程として読み直せば、図 2.12 のように図式化できる。

　図 2.12 は、第1章第4節、並びに本章第2節で述べた数学化や表現の再構成過程を話題にするために、図式化していることに注意したい。特に図 2.12 の場合は、Descartes に焦点を当て、解析幾何学への数学化を念頭に描き出しているので、解析幾何学への数学化は、表現世界の再構成モデルとしては図 2.12 の枠内が該当する。

　第1章第4節で「下位水準に対する高位水準の多様性」と述べたように、数学化の前提となる活動には、対象化しえる様々な方法が存在している。前提となる活動を反省すれば、一つの数学化がなし得るというわけではなく、数学化の方向性も多様に存在しえるのである。それは数学史上でも真である。歴史的事実は、

---

73) 現実には、代数的な式変形が必要十分な規則として認知されるのは、19世紀の公理化の過程においてである。

第3節　表現世界の再構成からみた歴史上の数学化　171

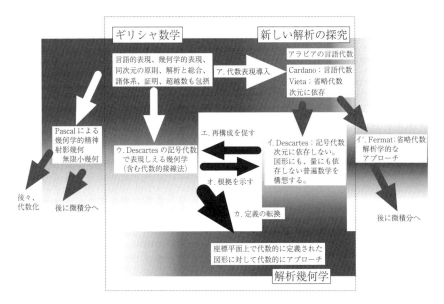

図2.12　解析幾何学への数学化

同時期に存在した枠外のような他者がそれぞれに進めようとした理論発展とDescartesとの相互作用が図2.12の進展に欠かせなかったことを示している。Pascalは射影幾何を創始するが、射影幾何それ自体は複素数、複素数平面の導入によって複素関数論へと代数化されていく。Fermatの極限論は、後に微分積分へ再定式化されていく。そのように多様に展開する数学の発展の一部のみを、図2.12は象徴的に表象したものである。

　Descartesに焦点を当てているので、図2.12の点線枠外のDescartesの対立者Pascal, Fermatが既存の数学理論とどのような参照関係をもって新理論を開発したのかは記述していない。図2.12枠外を補足すれば、Pascalの場合、Descartes, Fermatのように代数的アプローチは採用せず、幾何学における解析（無限小幾何）と総合（Euclid的証明）をアプローチの基本にしていた。Fermatは、Descartes同様に代数による解析に基づく新数学の創世をめざしたが、極値を得る方法を問題にするFermatと、記号代数を工夫しようとするDescartesの間にはアプローチに隔たりがある。

　以下、このような図2.12の意味の限定を前提に、表現世界の再構成過程ア〜カ

と歴史的な数学化過程とを対照し、歴史的見地からみた表現世界の再構成過程モデルの妥当性を示す。

　ア．新表現の導入：ギリシャ数学は、今日では代数の問題とみなされる問題（＝作図題、軌跡題）に対して、作図によって解く幾何学的代数を包摂していた[74]。一方で、解法アルゴリズムの意味での代数は、メソポタミア、インドの影響を受けたアラビアで、9世紀初頭に存在した。特に、al-Khwarizumi（アルファリズミ）の『ジャブルとムカーバラ（方程式の簡約操作を指す）』では、文字ではなく言葉で表現された解法アルゴリズムの妥当性を、幾何学的証明によって確認している[75]。その方針は、3次方程式の解法を記したCardanoの『大いなる技』に継承される。代数方程式の簡便な記法は繰り返し開発され、特にVietaは、記法を簡略化した省略代数を開発していた。代数の起源を幾何以外にもちえるアラビアを除いて、代数と幾何は当初から綿密な関係にあった。特に、x^3は体積、x^2は面積、xは長さを表すという幾何学的表現との対照は、同次性の原理と共にギリシャ数学の影響を明確に示すものであった。代数に新数学への可能性を認めたDescartesは、その同次性原則を破棄することで、図形にも量の種類にも依存しない普遍数学を構想した。それは、既有の幾何学的表現世界の一部としての代数からの決別を意味していた。

　イ．新表現法の生成操作の探究：Descartesは、ギリシャ数学の喪失感と閉塞感を前提に、ギリシャ数学以来の数学の問題（それは作図題を意味した）の平易な解決法として代数を認め、代数的方法による解決を模索する。もとより、Apolloniusの円錐曲線論をはじめ、ギリシャ数学の内容には代数方程式と同等の内容を含む命題が数限りなくあるので、今日的にはそれは自然な見方であるが、ギリシャ数学は次元に依存した表現であり、今日のように簡便な代数方程式の表現がない時代では、作図題の解決は卓越した直観が必要であったと考えられる。そして、その直感によらずとも解答できるようにするために、それまでの省略代数に対して、同時性原則を破棄した記号代数を開発し、幾何学では、その有り難

---

74) 立方体の倍積問題の解決にメナイクモスは円錐曲線（幾何図形）を用いたが、アラビアでは代数の問題に対するアプローチとして、その幾何学的方法が再認された。斉藤は、Euclid原論にある等積変形に関わる諸議論を幾何学的代数の典型としている。ギリシャ数学でそれをどのように用いたのかは喪失した。それがDescartesの置かれた状況である。

75) アラビアの代数学は、その起源において、ギリシャ数学のように同次性の原理の強い制約を受けていないが、比例関係を推論の基礎にする点では、ギリシャと共通していた。比例性を基礎にするのは、中国数学においても同様である。

味が、ギリシャ数学以来の作図題の解決に有効であることを指摘した。
  ウ．既存の表現世界から、新表現法に対応する特定表現法の対象化：
  エ．既存の表現世界の再構成を促す：
  ウ．エ．Descartes の幾何学は、当時知られたすべての数、演算が、面積、体積としてではなく長さで作図できること、すなわち同次性の原則を外す議論からはじまっている。代数的に処理することを優先すべく、幾何学自身の再構成から議論を起こす必要があったのである（エ）。未知数を仮定する記号代数で幾何学はすべて表現できるという Descartes の主張に一石を投じたのは、Fermat との間で競われた接線問題である（ウ）。Fermat は、極値を仮定する解析を展開する。代数的方法では、超越関数に対する接線問題は扱えないが、元々の幾何学の作図題には、そのような問題も存在する。すなわち、Descartes の幾何学は、普遍数学を構想した彼の意に反して、代数的に扱える範囲に幾何学を限定する結果を招いた[76]。
  オ．新表現法の生成操作の根拠を示す：
  カ．代替表現世界への転換：
  オ．カ．Descartes の代数的方法の卓越性は、Pappus の問題が代数的解決できることによって示された。彼の提唱する普遍数学の根拠はギリシャ以来の幾何学によって与えられたのである。幾何学的に定義された図形を代数表現した Descartes に対して、とどのつまり、その妥当性は幾何学によって与えられていることを指摘したのは Pascal である（オ）。図形を代数的に定義した解析幾何の成立は、その 100 年以上後のことである（カ）。その定義の仕方の転換には、解析的に解ける範囲と、代数的に解ける範囲の区別など、数学の分化が必要であった。
  以上の解析幾何への数学化の歴史的過程との対応から、表現世界の再構成過程は、数学の発展形式を表す一つのモデルとして歴史的にみても妥当であると言える[77]。そして、以上の議論から、表現の記述枠組みにおいて記述することによらずに、数学史の場合において表現世界の再構成過程を例証し得たと言える。

---

[76] Descartes は普遍数学を構想したが、そのような構想をもったのは Descartes に限らない。Libniz もその一人である。Descartes の新しい発見法である代数による解析で数学を再構築するという構想は、Libniz による微積分の代数化など、その後の諸数学の代数化の動きに強い影響を与えたという。
[77] 数学の史的発展の様相の記述可能性は無数にあり得る。例えば、弁証法的発展を視野にした場合、Descartes の時代において多様な記述主題がある。礒田正美（1999）．数学の弁証法的発展とその適用に関する一考察：「表現世界の再構成過程」再考．『筑波数学教育研究』18．11-20 及び Ernest, P. (1994), The Dialogical Nature of Mathematics, Paul Ernest edited, *Mathematics Education and Philosophy*, Falmer Press, 33-48 参照．

(4) 表現世界の再構成過程に潜在する矛盾、対立と数学化

歴史的範例からの表現世界の再構成過程への示唆を述べる。第2節で述べた分割数の範例が教材分析であったのに対して、以上の範例は、異なる数学理論を信じる者、主張する者の間でなされる対話[78]という社会的視野を内包している。教材研究は、通例、一人で行うわけだが、教室の学習は、複数で行われ、対話による協調があるとしても、一人ひとりが個別に考える状況にあり、教材研究それ自体も対話的に行われる必要がある。数学化が結果として一つの主題についての方法の対象化として記されたとしても、反省対象となる方法は、その状況において一通りではなく、数学化には多様な志向性がある。そこでは異なる志向において考えが対立する状況、弁証法的に議論が展開する状況も生み出される。この対話弁証法による視野において、数学化の過程としての表現世界の再構成過程に、異なる数学理論に基づく立場の相違が埋め込める。

実際、上述の歴史的範例からすれば、表現世界の再構成過程を、教材研究において実現しようとすれば、以上の歴史的範例は、次のような数学者間で行われるであろう他者との矛盾や対立の克服を含んだ過程を示唆している[79]。

数学の再構成、新数学の創造を目論んだ数学者は；
- ○ 新しい方法を持っていた。
- ○ その新方法は既存の方法より強力であると信じていたが、時に、そうではない状況に出会い、その矛盾を克服しようとした。
- ○ 新方法による結果は既存の方法で支持されるべきことを知っており、その数学者においても二つの方法は併存し、いずれも利用していた。

と言える。

数学者間の対話という社会的視野に注目すれば、
- ◎ 他の人々はその数学者の新方法を必ずしも知らなかった。
- ◎ 新方法を知る数学者は、知らない人々へ新方法を広めようとし、他の

---

[78] 教材研究において対話とは、必ずしも実際に存在した対話やその音声記録を主として残したプロトコルを含意しない。教育学では産婆術とも言われるプラトンが記したソクラテスの対話も、ガリレオが天文対話で記した対話も、ラカトシュが記した対話も、基本的には、異なる立場の存在を前提に著述した著作における想定対話である。本節で話題にした対話も、手紙などによる数学上の発展記録をもとに後世に歴史家が記した事柄を再構成したものである。授業研究の原点とされる若林虎三郎、白井毅編纂（1884）『改正教授術』普及舎における対話もその一種である。

[79] 礒田正美．数学の弁証法的発展とその適用に関する一考察．『筑波数学教育研究』18．11-20 及び Ernest, P.（1994）. The Dialogical Nature of Mathematics. Ernest, P. edited. *Mathematics Education and Philosophy*. Falmer Press. 33-48 参照。

人々は、それに対する賛否を返した。

　◎　新方法を知る数学者は、知らない人々に新方法を説明し、よく知られた既存の方法でその妥当性を確認した。

と言える。

このような対話的視野は、数学化の弁証法的性格を記述することでもある。そして、同じような状況は教室においても認められる[80]。

この対話的弁証法視野からみれば、表現世界の再構成過程において、数学理論を担う数学者／生徒間に起こり得る矛盾[81]にかかる次の3つの対立が認められる。

対立1)．既存の表現世界に導入される新表現アと新表現の生成方法の探究イの狭間での矛盾（図2.13）

　　歴史的には、Descartesの新理論とVietaの旧理論の間にある矛盾である。Vietaは、同次性の原理を重視するが、Descartesは排除することで新理論を構成しようとした。同次性原理は、ユークリッド原論以来、ギリシャ数学以

---

80) 例えば、次の文献は、数学教師が行う対立的な対話が、教室に浸透する様相を実証している：礒田正美, 野村剛, 柳橋輝広, 岸本忠之 (1997)．教師間の対決型討論が教室文化に及ぼす影響に関する研究：ティームティーチングを通して数学の授業で討論する生徒を育てる実践記録．『日本数学教育学会誌』79 (1). 2-12. 次の文献は、生徒間の対話では、共感的な態度と競争的な態度の両方が、数学コミニュケーションを促進することを実証している：Lee, Y-S. (2000). The Process of Collaborative Mathematical Problem Solving: Focusing on emergent goals perspective, Japan Society of Science Education. *Journal of Science Education* 24 (3), 159-169.；石塚学, 李英淑, 青山和裕, 礒田正美 (2002)．数学用携帯端末による数学コミュニケーション環境の開発試行研究．『科学教育研究』26 (1). 91-101.；Isoda, M., McCrae, B., Stacey, K. (2006). Cultural Awareness Arising from Internet Communication between Japanese and Australian Classrooms. *Mathematics Education in Different Cultural Traditions—A Comparative Study of East Asia and the West The 13th ICMI Study*. Springer. 397-408. 次の文献は、弁証法的な議論が、「一般化のふるい」を判ってなされることを例証している．礒田正美 (1993)．算数授業における説得の論理を探る．北海道教育大学教科教育学研究図書編集委員会編．『教科と子どもとことば』東京書籍．126-139. 特に授業研究・指導法研究の文脈では、礒田はこれまで次の提案を行っている：礒田正美, 田中秀典編著 (2009). 『思考・判断・表現による「学び直し」を求める算数の授業改善―新学習指導要領が求める言語活動：アーギュメンテーションの実現―』明治図書出版．；礒田正美, 笠一生編著 (2008). 『思考・判断・表現による『学び直し』を求める数学の授業改善―新学習指導要領が求める対話：アーギュメンテーションによる学び方学習―』明治図書出版．；礒田正美, 岸本忠之編著 (2005)．『自ら考える力を伸ばす算数の発展授業：意味と手続きによるわかる算数授業のデザイン』明治図書出版．；礒田正美, 原田耕平編著 (1999)．『生徒の考えを活かす問題解決授業の創造：意味と手続きによる問いの発生と納得への解明』明治図書出版．；礒田正美編著 (1996)．『多様な考えを生み練り合う問題解決授業：意味とやり方のずれによる葛藤と納得の授業作り』明治図書出版．

81) DescartesとPascalの解説で述べたように、ここでの矛盾は数学的な意味での矛盾、概念的矛盾に限定されない。それぞれに正しくとも異なる考えで考察を進める数学上の立場の相異、信念、価値観など、基盤となる考え方の相異までも含む。

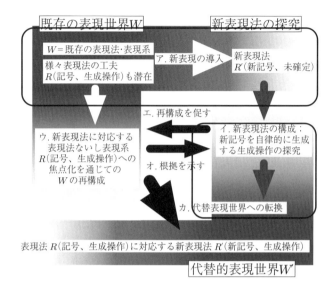

図 2.13 既存の表現世界に導入される新表現アと新表現の生成方法の探究イの矛盾：アは既存の表現世界で考えるべきもの。イは既存の表現世界ではないとみなさないと、代替表現世界が構成できない。同じものを異なるものとみなす必要がある）

来継承されてきた原理であり、Vieta は旧理論を踏襲したのである。ユークリッドは自然言語としてのギリシャ語を基盤としており、「平方」とは「正方形」を同時に意味していた。x^2 は「一辺 x の正方形」を意味していた。式変形について意味を見い出すために、代数方程式及びその式変形を文章として読めば、その束縛から逃れられない。

その時代には Vieta の考え方は自然だった。Descartes の考え方は、当時の人々には簡単に受け入れられないのである。

分割数の範例では、冒頭の段階では、書き出す以外に、何通りか調べることができない。その段階では、漏れが生まれないアルゴリズム作りこそ価値がある。それを探すのはめんどうな作業を伴う。表上で数値の規則性を認め、その規則性を利用して、どんどん表が拡大できるように思える。書き出す以外にできないと思っている生徒には、仮にその規則が正しいとしても、怪しい方法である。常に、表上の数値が正しいのか疑われる。

対立 2)．新表現の生成方法の探究過程イにおける未分化な活動に現れる対立、矛盾（図 2.14）

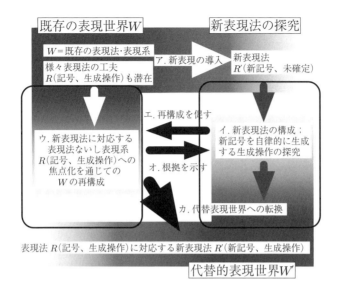

図 2.14 新表現の生成方法の探究過程イに現れる対立、矛盾（代数方程式は文章で書くのか、記号で書くのか。分割数の表、先頭数の表など、同じようで同じでないものが幾多も現れる）

　代数による解析の探究は、Descartes の新理論と Fermat の新理論がともに行ったことであるが、その方法は未確定であるがゆえに、同時に様々な方法を内在しており、互いに鬩ぎ合う状況が生まれた。Descartes は自ら提案した普遍数学の制約を察知することになる。

　先頭数の表と分割数の表が同じことは不思議であるが、どちらの書き出しがよいか、どちらの表がよいかは、最初の段階では議論し得ない。書き出しを表にまとめた段階では、同じ表であるにもかかわらず、異なる意味でしか、解釈できない表である。

対立 3). 既存の表現世界から新表現法に対応する特定表現法の対象化過程ウに際して現れる矛盾（図 2.15）

　代数による解析の探究によって、既存の幾何学の中で代数的に処理できる幾何学への再構成が始まる。その様相に対し、旧理論を支持する Pascal は妥当性の根拠としての幾何学的精神のよりどころである体系の重要性を提起する。代数方程式を立式しようとすると、幾何学的には証明すべき内容を自明のこととして証明抜きで利用する。新理論の基盤を、旧理論の側から間接

178 第2章 表現世界の再構成過程としての数学化

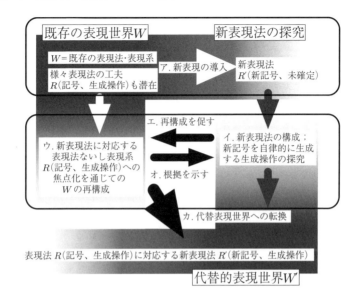

図2.15 既存の表現世界から新表現法に対応する特定表現の法に注目する過程で現れる矛盾（既存の表現世界からすればウは一面であり、代替表現世界を築こうとすればウのみが本質的な構造である。既存の表現世界を成り立たせる理論からすれば、その理論を歪曲した理論を構成しているように思える）

的に批判したのである。

　分割数の場合では、分割数を書き出す目的においては、次の方法は、いずれも優劣がつかない。それぞれに自分の方法がよいと思えるに過ぎない。

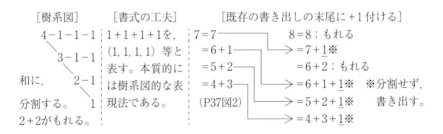

　特に、異なる二つの表現の翻訳をとりなすエ、オは、このような矛盾を解消するように互いの再構成を促す過程として性格付けられる。ただし、仮に論理的、

概念的な意味での矛盾が解消されたとしても、それまで自分の行ってきた数学、自分にとっての既知の数学や、自分が生み出そうとする異なる新数学がよいという考えは残る。すなわち、異なる数学をそれぞれに支持する対立は容易に解消されない。

　数学史上の範例から想起されたこのような矛盾や対立の存在を意識すれば、表現世界の再構成過程は、異なる数学をそれぞれに支持する異なる立場、それぞれに信ずる数学理論に依拠した立場の相異を表象しているとみることができる。

　このような対立の解消は、数学化の際の学習課題とも言うべきものである。その意味では、以上の三つの対立は、教材レベルで話題にしえる対立である。その対立は、Freudenthal の言葉では生きる世界の相異であり、本書の形容では旧理論と新理論の相違によるものである。数学化によって、この対立はどのように解消していけるのであろうか。第1章第4節で述べた数学化の過程を図2.16のように図式化し、その解消の難しさを確認する[82]。

　図2.16で、表現世界の再構成過程が、その詳細を記述するのは、Ⅱ．数学化の過程部分である。図2.16は、特に数学化以前の理論（既存の表現世界）、数学化後の理論（代替表現世界）を対置しており、次のように言える。

　α．目的によっては、数学化前の考察の方が数学化後より適当な事柄があること。
　　分割数の場合では、書き出し表現のみが、具体的な場合を示す。

　β-β'．対応する事柄についての考察では、数学化以前より、数学化後の方が、簡単、明瞭、厳密になったり一般化されたり、統合されたりすること。
　　何通りあるかは、表を生成すれば、もれなく得られる。

　γ．数学化以前には予想もつかないことが、数学化以後はできること。
　　書き出し結果の総計（一番下の行の数列）が、斜めに表上に現れる理由が説明できる。表のもつ性質を命題として表し証明することができる[83]。

---

82) α、β、γ の相異は、以下で話題にした：礒田正美（1995）．van Hiele の水準の関数への適用の妥当性と有効性に関する一考察—水準間の通訳不可能性による認識論的障害の存在と数学化の指導課題を視点に—．『筑波数学教育研究』14．1-16．

83) パスカルがパスカルの三角形の場合で、同じような議論をしている．パスカル，B．，原亨吉訳（1959）．数三角形論．伊吹武彦，渡辺一夫，前田洋一編『パスカル全集』1．人文書院．724-735．；パスカル，B．，原亨吉訳（1959）．単位数を母数とする数三角形の様々な応用．伊吹武彦，渡辺一夫，前田洋一編『パスカル全集』1．人文書院．704-723．

180　第2章　表現世界の再構成過程としての数学化

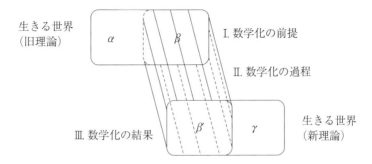

図 2.16　数学化における二つの世界の対照関係

　数学化直後では、γはほとんどなしえない。その段階で、β-β'間の比較をしても、α, βがよいと思う者には、β'の魅力は容易にわからない。例えば、分割数の範例では、数が大きくなると、分割数を実際に書き出すことは困難である。それでも、書き出してみて個数を数えてはじめて、分割数を求めたことを実感する段階の生徒は、そうなるか書き出してみたいと思う。表を構成して得られると言われても実感がない。表がどのようなものであるか、習熟し使える必要がある。

　以上、本節では、歴史上の数学化の過程が、表現世界の再構成過程として認められることを確認した。そこでは、表現の記述枠組みで記述することなく、表現世界の再構成過程を認めることができた。そして、表現世界の再構成過程は、対立1～3のような異なる数学上の立場を象徴することを指摘した。そしてその対立が容易に解消しえないのは、数学化直後の段階では、数学化以前の考え方の方が容易いと考えることによることを指摘した。歴史から表現世界の再構成過程としての数学化に得られる示唆は、一言で言えば、数学化の結果が充分達しえない段階では、様々な数学理論の発展可能性が存在し、それぞれに優劣がつかない状況にあるということである。それはそれぞれの数学理論の通用性の意味での生存可能性を追究する本研究の活動観からすれば自然な事態である。

　第2節では、表現世界の再構成過程は数学化過程であること、Freudenthalが言う「生きる世界」や「水準」と対応することを指摘した。この節では、表現の記述枠組みを適用しておらず、口頭ないし記述された表象としての表現それ自体を分析の対象にしていない。その限定を外した考察を行った意味で、表現世界の再構成過程は、外に表された表象としての表現ではなく、その限定を外した思考表現を話題にする枠組みとして本節では取り扱われた。もとより Freudenthal

は、外に表された表象としての表現ではなく思考表現全体を問題にした。表現を外に表出された表現に限定しない議論によって、表現世界の再構成過程は、Freudenthal の言う「生きる世界の再構成」と「水準」に対応する議論となる。

この対応を前提に、本研究では数学化の過程が表現世界の再構成過程とみなすことを確認する。第1章第4節で述べた数学化の過程は水準の要件に依存していたものであり、水準は、言語ないし表現の関係網によるものであった。表現世界が言語ないし関係網の表象であると解釈する限りは、数学化の過程は表現世界の再構成過程と対応する。その意味で表現世界の再構成過程は数学化の過程と言える。もとより、表現世界の再構成過程と、数学化の過程は、異なる用語を用いており、その対応はその都度、事例において確認して、そうと認めえるべきものである。本研究は教材研究を基本的方法としており、議論は教材事例においてその都度解釈し例証するものである。本節で認めた事例で言えば、Descartes が進めた普遍数学の構想は、第1章第4節の枠組みでは、数学化の過程として記述しえるものであり、本章第2節で提出した表現世界の再構成過程で言えば、表現世界の再構成過程として記述しえるものである。両者に対応関係はあるが、表現世界の再構成過程は、より詳細に数学化の過程を表象しているとみることができるというのが本節の結論である。

繰り返しとなるが、第1章第4節で述べたように本研究の数学化は、Freudenthal の考えを設定した条件のもとで拡張するものである。Freudenthal 研究それ自体を目的にしていないという意味で、Freudenthal の数学化それ自体ではない。第1章第4節自体も、Freudenthal の考えとして、筆者が構成し提出した枠組みである。その過程をより詳細に示す枠組みが表現世界の再構成過程である。本節で述べたように表現世界の再構成過程それ自体も、本章第1節で述べた表現の記述枠組みぬきで成立している。

次節では、このように数学化の過程の詳細を記す表現世界の再構成過程において、いかなる学習課題が認められるかを検討することで、この枠組みのよさを確認する。

第4節　表現世界の再構成過程からみた数学化の学習課題

本節では数学化過程を表現世界の再構成過程としてとらえた場合、実際にどのような内容が指導課題となりえるのか。教師が学習指導の難しさを認める指導課

題は、生徒からすれば学習課題となる[84]。本節では、現実事象からの数学化事例をとりあげ、そこでの学習課題を述べる。そして、第3節までの考察と総合し、表現世界の再構成過程における指導課題を特定する。本節で取り上げる事例はクランク機構である。クランクは、機械としては現実世界にある具体物である。以下、(1)では、数学化の過程において、その具体物の意味が数学化を通してどのように変わっていくかを記述する。そしてその過程を表現の再構成過程によって記述し、生徒の反応に現れた困難を例に学習課題を指摘する。そして、(2)では、第3節までの考察と総合し、表現世界の再構成過程からみた数学化の学習課題をまとめる。

(1) 学習課題を認める事例としてのクランク機構

　三角関数学習後の高校2年生9名に対して、クランク機構の数学化に伴う学習課題を調べるために次のような授業を行った[85]。以下、学習指導上の困難、生徒が行った予想や考えと、教師側が求められる考え、生徒から引き出したい考えとのギャップの意味での生徒側の抱える困難性を記すことを目的に、その概要を記し、それがいかなる数学化過程であるかを説明する。

Ⅰ. 数学化の前提：メリーゴーランドの木馬の動きを探る、表す。

　「メリーゴーランドの木馬はどのように動いているのか」という質問から、木馬の動きの再現を求めた。生徒は「上下に動く」と考えた。メリーゴーランドの動きをビデオで再現したところ、次の図2.17のように理解した。我々からみれば、この動きがクランク機構そのものである。では、生徒は、そのようにクランク機構の動きとしてとらえているのか。それを調べるためにレゴを利用して運動の再現を求めた。

　レゴでこの動きをする模型を作ることを課題にした。必要なレゴ部品を渡して生徒が最初に作った模型は木馬それ自体（図2.18）であり、そこからクランク機構に容易に進む状況はなかった。そこで、教師は、未完成な見本を示し、そこか

[84) 序章で述べたように、また、本章の記述枠組みからもわかるように、教材研究を主題とする本研究では、教室での学習指導それ自体ではなく、数学内容に注目した考察を行っている。概念的な意味で子どもを話題にする本研究では、そして子どもの個別の学習や個別教師による教室での指導を考察対象としない本研究では、指導と学習の区別を問題にしない。

[85) Isoda, M., Matsuzaki, A. (2003). The Roles of Meditational Means for Mathematization: The case of mechanics and graphing tools. *Journal of Science Education Japan.*. 27 (4). 245-257. なお、これに先立つ授業研究の成果は次に記されている：松嵜昭雄，礒田正美（1999）．数学的モデリングにおける理解深化に関する一考察：クランク機構の関数関係の把握．『日本数学教育学会誌』81 (3). 78-83.

第4節　表現世界の再構成過程からみた数学化の学習課題　*183*

図 2.17　生徒の描いた木馬

図 2.18　生徒の作ったクランク模型

図 2.19　教師見本から完成させたクランク

ら作るように指示した（図 2.19）。

　ビデオ映像から図 2.17 をかいたことでクランクの形状や運動をイメージできたように思われたが、生徒はなお木馬それ自体をイメージし、クランク機構の構造には注目できていなかった。模型を作った上で木馬がどのあたりについているのかを考えながら、どのように木馬が運動するかを尋ねたところ、生徒は円運動と答えた。楕円や卵形[86]の運動になると答えた生徒はいなかった。

184　第2章　表現世界の再構成過程としての数学化

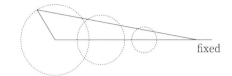

図 2.20　生徒の予想に沿う図

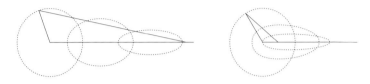

図 2.21　クランク運動の各点の軌跡二例

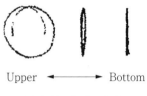

図 2.22　軌跡の実際

　図 2.17 の軌跡から、生徒は図 2.20 のようにイメージしたと考えられる。正確には卵形とでも表象すべき対象である（図 2.21）。生徒は、事物を目の前にして観察しても、それを的確に表象できていない状況にある。そこで、図 2.19 のクランクに鉛筆を挿して、クランク運動の各部位の軌跡をかけるようにした。得られたのが図 2.22 である。Upper がメリーゴーランドでは上の方、Bottom が下の方の部位の運動を表している。

　模型、図 2.19 の動きで、円らしく運動をするのは図 2.22 の Upper の場合、上の方に鉛筆を挿した場合であること、ここで木馬の動きが円運動をしているとすれば、木馬がメリーゴーランドの天井にぶつかってしまうと指摘し、考えを修正した。

　最終的に生徒は、卵形か、楕円のような形になると認めている（以上 2 時間）。
　以上は、小学生でもなしえる活動と考えられ、高校生らしく運動を数学的に定

86）デカルトの卵形線など、卵形に定まった曲線はない：礒田正美, Bartolini Bussi, M. G. 編（2009）.『曲線の事典：性質・歴史・作図法』共立出版.

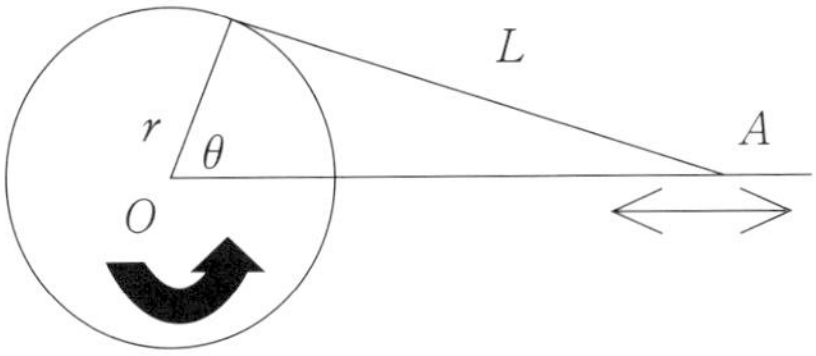

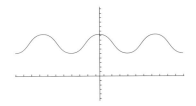

図2.23　クランク機構

図2.24　グラフ表示したクランクの上下運動

式化したとは言えない。いわば、現実世界における活動である。

Ⅱ．数学化の過程：クランク運動の数学化

図2.22から観察されることは、左右振幅は位置に依存するが、上下振幅は位置によらず、一定であることである。そのことを前提に、次の課題を課す。

（課題）　クランク機構における動点Aについて時間とOAの長さの関係はどうなっているか考えてみましょう。

生徒は、容易に立式できなかった。教師の支援を得て、次の式を得た。

$$f(\theta) = OA = r\cos\theta + \sqrt{L^2 - r^2\sin^2\theta}$$

具体的にこの関数がどのようなグラフになるのかを知るために、グラフ電卓で描画した。

生徒に図2.24のグラフと図2.19で作ったクランクの運動がどう対応するかを考えさせると説明することができた。

次に、図2.23で、動径と棒の長さを変えたらどうなるか、パラメータの変化を話題にした。$r:L$の比を順に変える。多少変えてもと一部が切れたグラフが現れた。

グラフが何故途切れるのかを生徒は、説明できなかった。レゴで、それぞれの場合を再現させる。生徒は、「あ、この長さとこの長さが同じだと」というよう

Ratio	1) e.g. $r:L=1:3$	2) e.g. $r:L=1:1$	3) e.g. $r:L=3:1$
Graphs			

図 2.25　クランク条件の変更とグラフの変化

図 2.26　$r:L=1:1$

に、具体的に部品を換えて考え（図 2.25）、それが機構として実現しえるのか否か、実現するとすればどの範囲で実現するのかなど、確認した。以上、1 時間。

この授業と別に行った進学校での事例[87]では、生徒は自ら立式した。そして、図 2.25 のように途切れたグラフの出現をみて、式が間違えていると考え、式を見直そうとした。この事例と同様に、現実のクランクが機構として破綻しているとは考えなかったのである。

Ⅲ．数学化の結果：

数学化の結果、図 2.25 から立式したグラフが時間に伴う上下振幅の様相を表すこと、機構としての破綻状況がグラフが途切れる様相として表象されること、それが平方根内が負になることに起因することなどがわかった。

授業はここで終わるが、次のようなことを確認しえる（図 2.27[88]）：

➢ 棒の長さ L と半径 r で運動の様相が変わること

---

87) 松嵜昭雄，礒田正美（1999）．数学的モデリングにおける理解深化に関する一考察．『日本数学教育学会誌』81（3）, 21-25.
88) Isoda, M. 開発による友田勝久の GRAPES 多言語版による表示である（ここではタイ語版）。

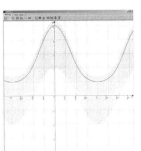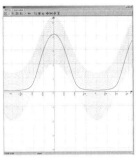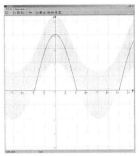

図2.27 左より $r:L=2:3$、$r:L=2:2.1$、$r:L=2:2$
$r<L$ で r が固定されれば上下振幅は変わらない。

> ➤ 棒の長さ L を固定して円の半径 r を換えると上下振幅が変わること
> ➤ 半径 r を固定して棒の長さ L を換えると上下振幅が変わらないこと
> ➤ 事象（クランク）と式の間の表現関係が確立され、式の変域には注目すべき意味があること

　数学化の結果、メリーゴーランドの木馬がどのような仕組みで動いているのかという考えが、クランク機構による説明へと再構成された。当初から木馬が上下運動すると考えた。その上下振幅は木馬の位置によらず普遍で、その振幅の時間による変化の様相はグラフ表現が得られた。木馬それ自体は卵形運動していることがわかった。経験的な世界における運動の様相が、数学化によって再構成され、式の変域の意味も伴うまでになった。

　以上、事例、クランク機構における生徒が当面した困難の概要を記した。ここで記した困難は、クランク機構を数学化するまでに生徒が乗り越えるべき課題、学ぶべき内容という意味で学習課題と言える。

　困難の解消という意味での生徒の学習課題としては、特にクランク機構の意味の変容に注目すれば次の5種のクランク機構の表現を認めることができる。

　①木馬としてのクランク：映像でみた木馬それ自体である。

　②木馬運動のモデルとしてのクランク機構：当初、生徒は、現実事象で考えているが、その運動を的確な表現で表すことができない。クランクの導入は、図2.19のモデルによっている。モデルには、円の半径や棒の長さなどの変数があ

る。しかし、彼らはそれら変数を基準には考えておらず、それを木馬運動のイラスト図 2.17 の延長で認めている。

　③振幅としてのクランク機構：図 2.22 で、軌跡をかいて対象化するまでは、木馬そのものがイメージされ、それを表象するためのクランク機構が意識できない。図 2.22 によって、上下振幅は変わらないが左右振幅が変わる卵形であることで、クランク機構が注目される。振幅は結果であり、何がその原因かという変数はこの段階では特定されていない。

　④立式対象としてのクランク機構：図 2.23 に表現された静的な図としてのクランク機構である。パラメータを換えると何が起きるか、各変数の変域までは意識できていない。

　⑤制御パラメータによるクランク機構：クランク機構の可動範囲が $r<L$（半径＜棒の長さ）の場合というように、パラメータ r と L の設定次第で定められる。

　数学化を通して、①から④へと再組織化されている。そこでの数学的方法は、数学化の前提においては、小学校的にコンパスを利用して行う作図、クランク機構による軌跡の作図までである。そして、数学化の過程においては、高校の三角関数である。高校で学ぶ三角関数により、パラメータに注目したクランク機構が得られたと言える。これを数学化前後の理論の相違という言い方で説明すれば、数学化前の旧理論は、小学校的な意味での道具による作図とその観察で得られる性質（上下振幅普遍、左右振幅変動）である。数学化後の新理論は、三角関数であり、そこで話題にされる理論は、クランク機構のパラメータである。新理論がクランク機構を説明する理論であることは確かだが、実際のものづくりには部材の強度、うまく稼働するための機構のピッチを緩めた遊び、モーター出力などここにはない変数が多々存在する。

(2) 表現世界の再構成過程からみた学習課題

　上記数学化事例を、表現世界の再構成過程において図 2.28 に記述する。そして、本章第 1 節〜第 3 節の議論と総合し、学習課題を明らかにする。

　図 2.28 において学習課題を解説する。

◆**既存の表現世界に基づく推論での新表現導入**：含むア

　新表現としてのクランク機構が考察の対象として導入されるが、木馬にみるクランク（①）、モデルとしてのクランク機構（②）という状況にある。図 2.23

1) 既存の表現世界に基づく推論における新表現導入

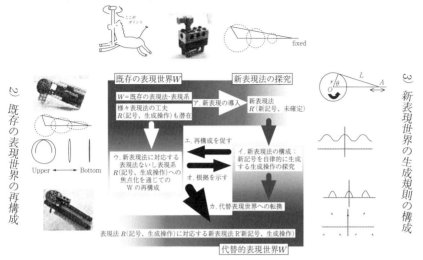

4) 新表現に基づく代替表現世界における推論

図2.28 表現世界の再構成過程とクランク機構

を導入し、立式を求めた段階（④）でも、r, L の関数関係や変域に彼ら自身で注目できない[89]。

◆**既存の表現世界の再構成：含むウ、エ**

既存の表現世界の再構成（ウ）は新表現の生成規則構成と並行して進む（エ）。

既存の表現世界の再構成は、上下振幅は変わらないが、左右振幅は部位により変わるというように（③）、クランク運動の様相の中でも特定変数に注目することで、最初に進展する。

機構としてのクランクに対して上下振幅を、時間の関数として表象する。立式し、運動をグラフで表現する。円運動に付随する運動であり、波状の周期関数が現れる。生徒には、このグラフはもっともらしく映り、そのグラフをクランク運動で説明できる。対応するクランク運動の上下振幅が周期運動であるこ

---

89) 進学校の場合、立式できているが、パラメータの機能は、やはり同様に後から発見している。松嵜昭雄，礒田正美（1999）．数学的モデリングにおける理解深化に関する一考察：クランク機構の関数関係の把握．『日本数学教育学会誌』81 (3). 78-83.

とが自覚される。

さらにグラフが途切れる場合のクランク機構がどうなるか考えることで、クランク機構のパーツ変更がグラフの形状に影響を及ぼすことがわかる。そこで、半径と棒の長さの関係、その変域、可動な機構として機能するかに注目するようになる（⑤）。

このように上下方向の運動と、その運動を起こす部品の組み合わせに焦点化され、クランク機構を構成する変数の中でも特定の変数に注目が集まる。

◆**新表現世界の生成規則の構成**：含むイ、オ

新表現の生成規則構成（イ）は、既存の表現世界の再構成と並行して進む（オ）。

図2.23から関数関係を表す方程式が立式される（④）。関数関係を表す方程式は、生成規則である。ところがこの生成規則を与える方程式の意味が実はよくわかっていないことが、途切れグラフ解釈不能状況によって明らかになる。現実のクランクのどのような状況を、そのグラフが表象するのか。生成規則としての方程式の根号内が負になることを知ることで、途切れグラフの意味がわかる（⑤）。

◆**新表現に基づく代替表現世界による推論**：含むカ

生徒は、木馬の運動を説明するのにもはや木馬は必要とせず、クランク機構がその運動表現となる。

数学化に際して現れる困難の様相が、以上のような表現世界の再構成を進める学習活動の内容として認められる。この内容は逆に学習課題を示すものである。

本章第1節〜第3節は、数学の数学化に該当する事例を取り上げた。本節では、現実事象の数学化に該当する事例を取り上げた。第1節、第2節は、表現の記述枠組みに準じて表現世界の再構成過程を話題にした。第3節、第4節では、表現の記述枠組みによることなく、表現世界の再構成過程を話題にした。第1節、第2節は、外に表象された表現を話題にしたが、第3節、第4節は、その限定をしていない。特に第3節と第4節の相違は、第3節が歴史上の事例から考えの相違を話題にしたことであり、第4節が学習指導上の事例から困難を話題にした点である。事例から、表現世界の再構成に際して次の学習課題1)〜4)があると言える。

1) **既存の表現世界に基づく新表現導入における学習課題**：含む［前提］既存の

表現世界の深化、及びア．新表現の導入

　新表現を、既存の表現世界で理解しえるような形で導入すること、それ自体が生徒にとっては学習課題である。新表現を導入する場合、その新表現を生徒は既存の表現世界で考えており、教師側が認めるような特別な意味はもたない。

　生徒は木馬クランク機構のイラスト図 2.17 をかきながらも、木馬にこだわる。木馬を抜きにして、その運動を実現する機構のみに注目することは容易ではない。既存の表現世界では、多様な表現が生まれる。教師側で導入したい新表現は、その多様な表現の一つにすぎず、導入段階では、教師の思う意味での特別な表現としては意味をなさない。木馬はターンテーブルの上をクランク運動している。そこで話題になる変数は多様にある。木馬を作るのも一表現である。木馬の運動は当初は上下運動であり、クランク機構導入時には、円運動である。それが、上下振幅普遍で、左右振幅が違うというように認める、そのような新表現の性質を見出すことで、新表現の特別な意味に注目できるようになる。

　多様な表現の中で、新表現を導入する際には、翻訳規則が決まる。クランク機構の仕組みが翻訳規則になる。図 2.23 の翻訳規則は、回転角 θ、半径 r、棒の長さ L と余弦定理である。そこに木馬は登場しないが、r や L がどのような意味をなすかを考えられるわけでもない。

　旧表現世界で新表現アを導入したとしても新表現の生成方法の探求イには容易に進まない。それは第 3 節で述べた次の三つの矛盾に関連している。

第 3 節で述べた対立 1）　既存の表現世界に導入される新表現アと新表現の生成方法の探究イの狭間での矛盾

　　　第 3 節で指摘した Descartes と Vieta の間にある矛盾も同様である。Vieta は、同次性の原理を重視するが、Descartes は排除することで、新理論を構成しようとした。同次性原理は、ユークリッド原論以来の原理であり、Vieta は旧理論を踏襲したのである。これまでの慣習を破棄することは容易なことではなく、Descartes はそれを破棄することを訴える。Descartes はイの発想をしているが、多くの者は既存表現世界での表記法アに留まっているので、Descartes の思いは容易に伝わらないのである。

第 3 節で述べた対立 2）　新表現の生成方法の探究過程イにおける未分化な活動に現れる矛盾

　　　第 3 節で指摘した矛盾である。代数による解析の探究は、Descartes と Fermat がともに行ったことであるが、その方法は未確定であるがゆえに、

同時に様々な可能性を備えた方法を内在しており、鬩ぎ合う状況が生まれた。Descartes は未知数を仮定する方法を踏襲するが、それだけでは接線問題は解決しない場合がある。Descartes は自ら提案した普遍数学の限界を察知することになる。対する Fermat は極限を仮定する方法を採用する。極限を代数のように代入してしまうのである。Descartes の方法の可能性を追求する際に、同時に別の方法の可能性を追求する議論が併存することで、Descartes の方法それ自体がいっそう未知の方法と思われ、そのよさが認め難い状況を生むのである。

以上の2点は、旧表現世界から、新表現世界の生成方法を探る過程イにまつわる矛盾である。既存の表現世界から新表現法に対応する特定表現法の対象化するウにまつわる矛盾も第3節で指摘した。

第3節で述べた対立3) 既存の表現世界から新表現法に対応する特定表現法の対象化過程ウに際して現れる矛盾

　　代数による解析の探究によって、既存の幾何学の中で、代数的に処理できる範囲での幾何学へと再構成が始まる。現実には、多くの問題は幾何学的に解答しえる。幾何学的には証明すべき内容を仮定して代数的に解くことの有り難みはわからない。Descartes の記号表現も、Vieta 流の記号表現と区別できるまでに長じている者は多くない。その様相に対して、Pascal は妥当性の根拠としての幾何学的精神のよりどころである体系の重要性を提起する。旧来の数学の方がよいというのである。Pascal が創出した射影幾何は、その200年後には複素数範囲での方程式計算で解答されるようになる。彼の時代には代数的に定式化し難いし、仮に定式化したとしても、それは当時、誰もが認める体系としての幾何学的精神を備えたものではなかった。既存の表現世界を根拠にする限りは、Descartes の方法が長じているとは考え難いのである。

新表現世界の生成方法の探究イ及び旧表現の特定表現方法の対象化ウに係る矛盾は現実にはイとウの相互関係の検討を求めるエ、オ抜きでは解消しえない。すなわち、次の2つの学習課題を指摘することができる。

2) **既存の表現世界の再構成にかかる学習課題**：含むウ．既存の表現世界から新表現法に対応する特定表現法の対象化、エ．既存の表現世界の再構成を促す

　既存の表現世界の再構成（ウ）は新表現の生成規則構成と並行して進む（エ）。そのためには新表現の生成規則の意味は、既存の表現世界で説明しえる。そし

て、その説明ができるようになること自体が、生徒にとっての学習課題となる。

　三角関数で表現されることを知っている教師側からすれば、次の式は最初から意味がある。

$$f(\theta) = OA = r\cos\theta + \sqrt{L^2 - r^2\sin^2\theta}$$

生徒がこの式の意味がわかるためには、この式から、クランク機構の意味を説明できなければならない。生徒はグラフとクランクの対応をこの式によって説明する（図2.29）。次にグラフが途切れる状況を認める。生徒は、その意味がわからない。具体的にそうなるクランク機構を作ることでその意味がわかる。新表現の生成規則を説明する既存の表現世界の内容として、棒の長さの変更という部品交換が問題になる。既存の表現世界の中で、特定の表現が取り上げられるようになる。

3）　新表現世界の生成規則の構成にかかる学習課題：含むイ．新表現法の生成操作の探究、オ．新表現法の生成操作の根拠を示す

　新表現の生成規則構成（イ）は、既存の表現世界の再構成（オ）において焦点化された特定表現に裏付けられて進む。生成規則で様々な表現を生成してみて、その妥当性が、既存の表現世界で根拠づけられるようになることそれ自体が生徒の学習課題となる。

$$f(\theta) = OA = r\cos\theta + \sqrt{L^2 - r^2\sin^2\theta}$$

で様々な場合のグラフをかくと、グラフが途切れる場合がある。式では、そこで根号内が負になることがわかる。負になった場合は、クランク機構が破綻した場合であるということに気付ければ、グラフも式も的確に意味づけられる。

　第2節で示した分割の場合も、多様な表現の工夫がなされるが、それぞれにその表現の生成規則があり、それぞれによさを主張しえる。最終的な表現とそれ以外との優劣を話題にする根拠が、新しいパターンが見い出せるまではない。

　新表現方法が確立すれば、旧表現世界と新表現世界の相違が明確になると新表現世界を代替表現世界として認めるようになる。

4）　新表現に基づく代替表現世界による推論を採用するに際しての学習課題：含むカ．代替表現世界への転換及び［再帰］代替表現世界の深化と再構成

　新表現と新表現の生成規則を使って推論できるようになること、その推論によって得られる成果を蓄積していくことで、旧表現世界の問題を代替して代替表現

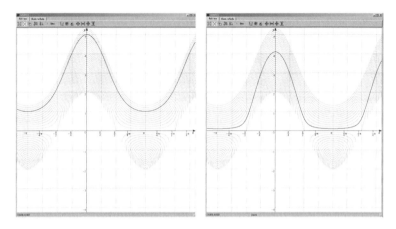

図 2.29

世界で考えるようになるまでの学習課題である。

例えば、次のグラフは、上下振幅は同じであるが、右側のグラフは上下振幅の意味では一瞬、留っている状況にある。その間、左右に大きく動いている。いわゆる三角関数のグラフのような周期運動になるのは、L を r の 10 倍以上にした場合である。クランクの動きを、実物抜きで説明できるようになるには、新表現と新表現の生成規則に長じている必要がある。

第 3 節の Descartes の場合で言えば、新しい幾何学を提案した彼自身も、代替表現世界の意味で、図形の定義それ自体も代数方程式による解析幾何学には至らなかった。

以上が、表現世界の再構成過程からみた数学化の学習課題である。表現世界の再構成過程によって数学化の前提としての水準要件 4 における「方法の対象化」の活動内容が明らかになる。それは、表現世界の再構成過程ではウ、学習課題で言えば 2) の部分を指すが、それはエ抜きではなしえないものであり、エは学習課題で言えば 3) 抜きでは確立しないものである。特に、水準要件 1 における「固有な方法」の内容が明らかになる。もとより、各水準に方法は多様にありえる。その方法が固有であるかは、後から明瞭になる。表現世界の再構成過程ではイ、学習課題で言えば 3) の部分を指すが、それはオ抜きではなしえない。オは学習課題で言えば 2) 抜きでは確立しないものである。すなわち、数学化において表現に注目した場合に、どのような学習活動がなされるべきかは、表現世界の再構成

過程によって具体的に説明しえるようになったのである。

第 2 章のまとめ

　第 2 章の目標は、「数学的活動を通して数学を学ぶ過程を構成する」ために、本研究の数学化の記述枠組みである表現世界の再構成過程を導入し、そこで認められる学習課題を示すことで、学習過程を構成する際の基盤を築くことであった。

　第 1 章で、思考水準を数学化の水準要件に拡張的に定式化したことで、それぞれの水準に固有な方法とは何か、そして言語ないし表現とその関係網とは何か、そして数学化による再組織化で何がなされるべきかなどを明確にする必要があった。この要請に対して、第 1 節では、表現の記述枠組みを導入し、事例を通してその記述方法を確認した。第 2 節では、表現世界の再構成過程を、筆者の事例「分割数の数学化」をもとに導入した。第 1 章で示した数学化の過程Ⅰ〜Ⅲを満たす指導事例「分割数の数学化」を、表現の記述枠組みによって記述し、整理すると表現世界の再構成過程が描き出せることを確認した。その対応関係により、言語、表現及び関係網としての水準、生きる世界というような第 1 章、数学化の規定に盛り込まれた内容は、表現世界として表せること、結果論としての「方法の対象化」、「操作の操作」などの語用に対して、そこで実際になすべきことが何かを表現世界の再構成過程が記述することを指摘した。第 2 節の考察を通して、第 1 章で定義した数学化は、本研究の基本枠組みである表現世界の再構成過程として拡張的に定式化された。

　第 3 節では、表現世界の再構成過程を、数学化の過程の詳細を記述する枠組みとして認めるべく、数学における範例として数学史上の Descartes による「幾何の代数化」例を記述した。その結果、歴史的に存在した数学者の対立、矛盾が、表現世界の再構成過程においては、異なる理論を支持する数学者間の考え方の相異として記されること、そこでの対立の解消がその場だけでは対処不能な問題を抱えていることを指摘した。そして、第 4 節では、表現世界の再構成過程が、いかなる数学化の学習課題を示すかを特定するために「機構」を範例に取り上げた。機構と分割数、幾何の代数化を例に、四つの学習課題を示した。

　本章の考察を通して、表現世界の再構成過程は、次のような数学化に対する特質を備えたものとして導入された。

　表現世界の再構成過程の備える特質：

- 数学化の前提としての水準概念、生きる世界を表現世界という形で表す。
- 数学化の過程でなされるべき行為の詳細を、方法の対象化などの結果論ではなく、具体的に記述する。
- 数学化の過程に存在する異なる理論の存在と、それぞれの立場からみた異なる見方の存在を記述する。
- 学習課題を記述する。

特に表現世界の再構成過程は、数学化において次の学習課題があることを指摘する：

- 学習課題1）既存の表現世界に基づく新表現導入
- 学習課題2）既存の表現世界の再構成
- 学習課題3）新表現世界の生成規則の構成
- 学習課題4）新表現に基づく代替表現世界による推論の採用

以上の結果は、表現世界の再構成過程で数学化を表現すればこそ、解明された。

本章の考察によって数学化の過程は、表現世界の再構成過程として拡張的に定式化された。それにより、第1章で述べた「活動の反省による方法の対象化」でなされるべき具体的な行為内容を明確にできた。「方法の対象化」という結果論的事象に反省という形容を与えてもそれが何かは、活動の過程ではわからない。表現世界の再構成過程は、そこでなすべきことが何か、その具体的な課題を明らかにした。「方法の対象化」は、その意味でプロセスを表すものではない。そうでありながらも水準間の関係を象徴する要件として、再組織化の意味での水準の階層性を発見する際に活用する（第3章）。

第1章で導かれた数学化の過程と水準の要件は、Freudenthalを前提に本研究の数学化を規定するものとして示したものである。第2章の表現世界の再構成過程は、その数学化の過程の詳細を示すために本研究で導入したもので、第1章、第2章の議論がFreudenthalに準じながらも、その論を越えた議論を展開した意味で、Freudenthal数学化論は拡張的に議論されたものである。その拡張された枠組みは、第3章、第4章においてその意義とともに例証される。

以上、第1章、第2章で議論した本研究の理論枠組みを前提に、続く第3章、第4章では、関数領域に場合を検討する。第2章で述べた表現世界の再構成過程は、関数領域の考察に適用される。

第3章
学校数学における関数の水準

第3章の構成

　数学的活動を通して数学の学習過程を構成する本研究において数学的活動とは数学化である。教材とは教育目的が埋め込まれた内容であり、教材研究とは内容に教育目的を埋め込む行為である。本研究では、数学化を目的とした場合の教材研究方法を定める。第2章の課題はその枠組みを、第1章で述べたFreudenthal数学化論に準じて拡張的に定めることであった。第3章、第4章の課題は、その枠組みを教材研究に実際活用し、数学化の過程を表すことである。

　第3章の主題は、水準設定の方法と、数学化における教材研究に際して、その水準を設定したことの意義を示すことにある。水準設定の方法を示すには教材研究を行う特定内容領域を定める必要がある。本章では、具体化を進める範例として、関数領域に焦点を当てる。その理由は、幾何領域同様に教育課程上、その指導系統が歴史的に著しく変わってきた領域であり、その領域において数学化という系統性を示し、その意義を示せるからである。

　第1章第2節、第3節で述べたように、数学化とは、New Mathで志向された集合と構造から演繹的に数学内容を配置しそれを活動的に教えようとする動向に対する異議として提唱された。数学化は、数学内容を再組織化すること、生きる世界を再構成することそれ自体を目標とする教程化を提案して提唱された用語である。それは逆に言えば、集合と構造から始め、再組織化を求めない数学教育を排する志向性を備えている。そして、その志向性は、第1章第1節で述べた構成主義に基づく活動観において、採用されるものであった。

　再組織化としての数学化を実現する系では、与えられた内容領域において、そこでの内容を繰り返し再組織化する系統を定める。その系統はもとより多様であり、複雑である。特定内容に注目した場合にその仕組みを表すものが水準である。ここでは、第2章までの検討を前提に、関数の水準を定める作業を進めることにより、与えられた内容領域において数学化による再組織化系統として水準が定められることを示す。そして、その水準を設定する方法を示す。その上で、水準を設定し、数学内容の再組織化する系統が築けることを確認する。

　学習過程の構成に際して求められる教材研究には無数の変数がある。例えば関数領域、幾何領域というような領域呼称をしてもその内容は広範で漠然としており、何に対する教材研究なのか、判然としない。学習指導要領に記される内容も、時代によって変わるのである。van Hieleによる幾何の水準は、論証を目標とす

る初等幾何を志向した小学校を含めた学校数学の内容領域において、幾何教材の指導系統を示すものととらえることができる。本章で取り上げる関数の水準の場合、関数領域として念頭にするのは微分積分を目標にした内容領域である。関数領域のような大領域で数学化を具体化しようとする場合、小学校から高等学校まで、12年間にも及ぶ、数学化の繰り返し、再組織化の繰り返しとして内容の系統を表す必要がある。そのために、関数の水準を導入する。関数領域の内容を繰り返し再構成する系統という意味で、関数領域の教材が系統化される。

　第1章第4節で述べたように、思考水準は数学化の範例の一つであるが、数学化の前提としての水準は、思考水準より全く広義である（図3.1）。

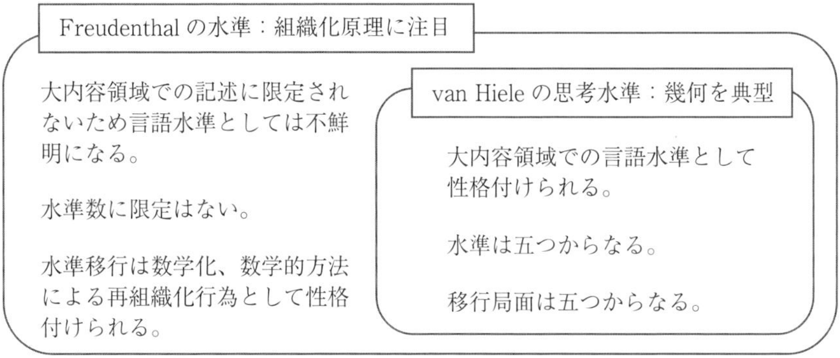

Freudenthalの水準：組織化原理に注目

大内容領域での記述に限定されないため言語水準としては不鮮明になる。

水準数に限定はない。

水準移行は数学化、数学的方法による再組織化行為として性格付けられる。

van Hieleの思考水準：幾何を典型

大内容領域での言語水準として性格付けられる。

水準は五つからなる。

移行局面は五つからなる。

図3.1　（図1.5再掲）

　思考水準が5つの言語水準に象徴されるのに対して、数学化が話題にする水準は「固有な言語ないし関係網」である。その「固有な言語ないし関係網」を明瞭にするために、第2章では表現世界の再構成過程を導入した。大領域を念頭にする関数の水準は、言語水準の意味での思考水準として設定するものである。本研究では上図のように思考水準も水準とみなすことから、ここでは関数の水準というように「思考」や「言語」を付けずに以後記載する。第2章で取り上げた教材は、そのほとんどの事例が「関係網」に注目するものである。それに対して第3章では、言語に焦点を当てる。そして言語水準としての水準の設定方法を、先行研究を前提に関数領域の場合において明らかにする。その際、表現世界の再構成過程の適用方法も同時に明らかにする。

　まず、第1節では、広義の水準設定に係る様々な先行研究を参照し、水準設定

の方法として「系統発生（数学史）との対比」、「個体発生（指導による発達）との対比」、「思考水準からの類推」を示すとともに、幾何の思考水準を設定したvan Hieleとの相違も述べる。これは「van Hieleの水準は、幾何のみに限定されるのか」という問題に対する解答も包摂している。

第2節では、関数の水準を、第1節で述べた3つの水準設定方法に依拠して解説する。あわせて関数の水準が水準要件を満たすことを確認し、関数の水準を定める。教材研究の方途として思考水準に注目する本研究では、幾何教育の系統が定かでない国で流行した生徒の幾何水準の判定研究で話題にされる水準に係る議論を基本的に参照しない[1]。第1節で言及するように、van Hieleが水準を定めた意図は、生徒の思考を論証をめざして再構成する教育課程開発にある。子どもの水準の判別は、van Hieleが水準を定めたこの問題意識とも異なる研究である。また、そして、第1章第4節で述べたように、van Hieleは生徒の思考は与えられた課題に応じても変わるものであり、それを利用して水準移行をめざすものと考えている。個人がどの水準にあるかを目的に設定されていないにも関わらず、水準を判定することをめざした判別研究は、教材研究の方法論を探る本研究の先行研究ではない[2]。

Freudenthal研究所の研究者が、漸進的な数学化論を話題にした背景の一つは、Freudenthalが言う水準が、幾何以外に水準が示されていなかったことによる。そして仮に幾何以外に水準を設定できたとしても、日々の学習指導内容を話題にするのは関係網の意味での水準である。数年の学習指導を単位とする言語水準の移行としての数学化を、どう学習過程の構成に際して話題にしえるのか。数学内容を学ぶことで編年的に変わることと、日々の学習指導において変わることとの間

---

[1] データを基盤とするvan Hiele水準の活用研究では、むしろ水準の判定研究が主流である。しかし、それは、van Hieleがめざした研究ではなかった。水準の判定に関わる初期の研究は以下の研究である。これらの研究を参考にした研究は非常に多いが、水準を判定することを主題にした研究は、本研究では先行研究とはみなさない。Mayberry, J. (1983). The van Hiele Levels of Geometric thought in Undergraduate Preservice Teachers. *Journal for Research in Mathematics Education*, 14 (1), 58-69.; Burger, W. F., Shaughnessy, J. M. (1986). Characterizing the van Hiele Levels of Development in Geometry. *Journal for Research in Mathematics Education*, 17 (1), 31-48.; Usiskin, Z., Senk, S. (1990). Evaluating a Test of van Hiele Levels: A response to Crowley and Wilson. *Journal for Research in Mathematics Education*, 21, 242-245.

[2] 水準の判定を行う研究を否定しているわけではない。筆者自身も、日米比較研究において達成度の比較を行っている。礒田正美, 橋本是浩, 飯島康之, 能田伸彦, Whitman, N.C. (1992). van Hieleの思考水準による日米幾何教育達成度比較研究：日本側の結果を中心に.『数学教育論文発表会論文集』25. 25-30.

には隔たりがある。水準移行のための指導は、そもそも、生徒がどの水準にいるか判別すること、生徒をいずれかの水準かに整除することを目的としていない。幾何入門の教育課程を提案する中で van Hiele は水準を見出した。それは本研究においては、より上位の水準への移行指導、ある水準から続く水準への数学化においてである。

　第3節では、関数の水準において、そのような高位水準への再組織化を進める指導を受ける生徒が、実際にどのような困難に遭遇するのか、その過程を編年態で、調査した結果を示す。そこでは、関数の水準における数学化に認められる困難を、第2章第4節で述べた学習課題に注目し、実際の子どもの反応を、表現世界の再構成過程を基準に各水準と、「旧表現の再構成（第2章第4節、旧表現における特定表現方法の対象化にかかる学習課題に対応）」、「新表現の生成規則構成（第2章第4節、新表現の生成操作探究にかかる学習課題に対応）」という形で記述する。この記述により、小学校から高等学校に至る12年に及ぶ長期的な学習過程の意味での数学化を、表現世界の再構成過程によってより詳細に記述しえることが例証される。それは、子どもの反応記述により個別の学習課題を認めることでなしえるものである。

　第4節では、関数の水準設定の意義を示すことを通して、「数学的活動を通して数学を学ぶ過程を構成する」目的で数学化を考える上で、水準がどう機能するか、どう役立つかを述べる。

　以下、本章で、水準と言えば、本章第1節で導入方法を定めた意味での思考水準である。特に、van Hiele の思考水準と形容する場合には、van Hiele の議論を参照している。そして、それは van Hiele 夫妻の研究成果であるが、以下では夫妻という語も省略して表記し、出典上区別が明瞭な場合にその区別を記すことにする。

　第3章と第4章の関数の水準に係る議論の区別は、第3章が言語水準としての関数領域全体を念頭にしているのに対して、第4章は微分積分学の基本定理への数学化に焦点を当てて考察を進める点にある。「言語ないし表現の関係網」としての水準を話題にする場合に、第3章は、前者を、第4章は後者を話題にするのである。第1章で述べたように、数学化は入れ子状に、相対的に議論される。第3章で議論するのは大局的な数学化であり、第4章で議論するのは特に基本定理の考えに限定した場合の数学化である。

第3章が基盤とする全国誌・国際学術誌等査読論文

　本研究は、筆者のこれまでの研究成果を整理し直したものである。そのため、各章では、筆者の先行研究を本文内で適宜参照しつつ考察を進める。特に第3章が前提とする全国誌・国際学術誌等における主要査読論文は、以下の7点である。

礒田正美（1987）．関数の思考水準とその指導についての研究．『日本数学教育学会誌』69（3）．82-92．

礒田正美（1988）．関数の水準の思考水準としての同定と特徴付けに関する一考察．『日本数学教育学会誌』臨時増刊,『数学教育学論究』49・50．34-38．

礒田正美，志水廣，山中和人（1990）．関数の活用の仕方と表現技能の発達に関する調査研究：小・中・高にわたる発達と変容．『日本数学教育学会誌』72（1）．49-63．

Isoda, M.（1996）. The Development of Language about Function: An Application of van Hiele's Levels. *Proceedings of the 20th Conference of the International Group for the Psychology of Mathematics Education* (Edited by Luis Puig and Angel Gutierrez). 3. 105-112.

以上は、本章第2節で主に利用される。

礒田正美（1997）．関数表現の再構成の様相の記述研究（1）：表現世界の再構成モデルを用いて『筑波大学教育学系論集』22（1）．25-36．

礒田正美（2000）．関数表現の様相の記述研究（2）：表現世界の再構成モデルを用いて．『筑波大学教育学系論集』24（2）．59-72．

以上は、本章第3節で主に利用される。

Whitman, N. C., Nohda, N., Lai, M.,. Hashimoto, Y., Iijima, Y., Isoda, M. and Hoffer, A.（1997）. Mathematics Education: A Cross-Cultural Study. *Peabody Journal of Education*. 72（1）. 215-232.

以上は、本章第4節で参照される。

第 1 節　学校数学における水準の設定方法

　第 1 章第 4 節における数学化の規定では、学校数学の特定の話題において、数学化の前提として水準が次の要件で規定されることを要請した。

> 要件 1．水準に固有な方法がある。
> 要件 2．水準に固有な言語ないし表現と関係網がある[3]。
> 要件 3．水準間には通訳困難な内容がある。
> 要件 4．水準間には方法の対象化の関係がある。

　この要件に準じて水準設定するとは、対象とする話題（数学内容、領域）に対して、要件 1～4 を念頭に教材解釈[4]を行い、内容に対する水準の区別を設けて、最終的にこれらの要請を満たすように水準記述を用意することである。その水準記述に照らして、様々な数学教材を階層的に繰り返し再組織化する系統として表現しえる。

　水準設定では、要件 2 における「固有な言語」と「表現」の区別を話題にする必要がある。「関係網」を明瞭にするために、本研究では、第 2 章で指摘した表現世界の再構成過程を導入した。第 1 章第 4 節で話題にしたように「固有な言語」とした場合が、Freudenthal が範例とした van Hiele の思考水準である。「言語水準」とした場合には広範な内容を網羅したものとして水準が記述されるのに対して、「関係網」に注目した場合には、Freudenthal が言及する組織化原理のように「数学的帰納法」というような特定の考えや内容の変遷に注目した水準記述となる。

　数学化の範例として Freudenthal が話題にした水準設定の方法を明らかにするのが本章であり、第 2 節以降では、「言語水準」の意味で関数の水準を議論する。その意味では、第 2 節で述べる関数の水準は、関数の思考水準とも言えるものである。そのために本節では水準設定の方法を述べ、水準が様々な領域で設定可能なことを述べる。そして、本節の最後に改めて述べるように、Freudenthal が水

---

[3]　第 1 章第 4 節で指摘したように、Freudenthal の数学化の前提としての水準は、van Hiele 本来の水準より広義であり、特に、ここで言う「ないし表現」という部分は van Hiele にはない。
[4]　ここで、教材解釈とは、教材の数学的解釈に留まらず、数学の歴史発生的解釈、教室での反応も伴った子どもの認知発達における解釈を包摂する。

準と言う語を広義に用い、様々な領域で水準設定が可能であることを示唆したのに対して、van Hiele 自身は幾何の思考水準しか話題にしなかったことに注目する。任意領域への水準の拡張方法を話題にする意味で、以下の議論は van Hiele の思考水準論を越えた議論を含んでおり、その意味で van Hiele の思考水準論それ自体ではない。

本章第2節で具体を述べるように水準記述を導くまでには試行錯誤がある。その意味で、水準設定方策は一律ではない。先行研究に準ずれば、van Hiele 夫妻が幾何の思考水準を設定した際の方策、Freudenthal が数学的帰納法の水準を設定した際の方策、筆者が関数の水準を設定した際の方策などがある。そこでなされた作業内容から、その水準記載に求められる方法を改めて検討すれば、次の三つの異なるアプローチがあると言える[5]。

> ア）系統発生（数学史）からの類推によるアプローチ
> イ）個体発生（指導による発達)[6]、特に同じ問題に対する子どもの反応の相違によるアプローチ
> ウ）五つの思考水準など既存の水準からの類推によるアプローチ

水準設定ではこれらアプローチはむしろ複合的に利用される。それぞれのアプローチの特徴を記すために、以下では個別に解説する。その際、煩雑なのは、その方法が、思考水準設定の方法であるのか、Freudenthal の水準設定の方法であるのかという問題である。本章では、具体例としては、Freudenthal の水準より狭義の van Hiele の思考水準に対する関数の水準設定を行う。他方で、本研究の主題は Freudenthal 数学化論の拡張である。ここで述べる水準設定方法も、van Hiele の思考水準をも含む広義の水準設定を念頭にしている。

水準設定に際し、問題となるのは、どのような内容領域を指定して水準を設定するのかということである。Freudenthal 自身が「下位水準に対する高位水準の多様性」を指摘したように、指導系統は多様でありえる。最終目標を内容として

---

[5] 礒田正美（1984）．数学化の見地からの創造的な学習過程の構成に関する一考察：H. Frendenthal の研究をふまえて．『筑波数学教育研究』3. 60-71.；礒田正美（1987）．関数の思考水準とその指導についての研究．『日本数学教育学会誌』69（3），82-92.；礒田正美（1995）. van Hiele の水準の関数への適用の妥当性と有効性に関する一考察：水準間の通訳不可能性による認識論的障害の存在と数学化の指導課題を視野に．『筑波数学教育研究』14. 1-16.
[6] 本稿で個体発生とは、無刺激で自律的なものではなく、教材で学習することによる発達である。

定めることなく、その多用な系統の可能性から水準を抜き出せない。van Hiele は、論証幾何をめざし幾何の水準の設定を行った。そこでは論証幾何を最終目標に、水準設定を議論している。上位水準を目標視することで、下位水準が定まるのである。例えば、幾何領域とはいっても変換、射影幾何など多様な目標がありえる。van Hiele は、幾何入門の指導において、論証幾何をめざし幾何の水準の設定を行った。

(1) 系統発生からの類推によるアプローチ

　第1章で述べたように、水準は、Freudenthal においては生きる世界に該当し、数学化とはその再構成を意味していた。そして、系統発生を根拠にした認識論に対して個体発生を根拠にし発生的認識論を追究した Piaget の用語で言えば、水準における活動は同化、数学化は調節とみることもできた（第1章第1節および第5節）。第1章で定義した数学化は、第1章第1節で参照した認識論に対応する活動の一つのモデルを提供している。そこでは、「生物学的システムの進化は、認識論的システムの進化のように、環境と相互作用する開かれたシステムの進化の例である。それぞれの領域の特殊性にもかかわらず、それらは共通の特性を持ち、類似した発達メカニズムに従っている」（ピアジェ, J., ガルシア, R., 芳賀純, 能田伸彦監訳, 原田耕平, 岡野雅雄, 江森英世訳（1998）.『意味の論理』サンワコーポレーション. 170-171) という視野に立脚している。その視野は、数学化を、数学の学校における教程化の基準[7]とすること、数学が再組織化されてきた数学化の過程を教育課程の構成原理として要請すること、New Math に対して数学化が求められたこととも整合する。

　ここで話題にする系統発生からの類推によるアプローチは、系統発生と個体発生の完全なる一致を話題にするものではない。類推しえる順序性の共有を前提にしたものである。その順序性とは、同じ内容に係る系統発生と個体発生における水準区分を示唆する。

　第1章第4節では、Freudenthal による数学的帰納法の水準を取り上げた。帰納的推測の水準、数学的帰納法の水準、自然数の公理的水準という Freudenthal が与えた水準区分は、系統発生においても、学校数学においても同じものとみなすことができた。

---

[7] 本研究では、その仕組みとは、Freudenthal の数学化過程および、それを具体化した表現世界の再構成を指している。その仕組みの前提が、水準概念である。

Dina van Hiele は、その学位論文[8]の中で、幾何学史を参照している。実際、幾何の水準は、西洋における幾何学史[9]を次のように反映したものとみることができる。

○エジプト以前の太古（視覚的水準）
○図形の性質を活用したエジプト（記述的水準）
○図形の性質間の関係を局所的に関係付けた前 5、6 世紀のタレスの時代（理論的水準）
○背理法も含む証明で体系が完成した前 3 世紀のユークリッド時代（論理形式的水準）
○複数の幾何学を背景に形式的公理化が行われたヒルベルトの時代（論理規約的水準）

幾何学史をその推論内容の相違から、時代区分して水準が見い出せる。逆に、幾何の水準から、幾何学史上存在した様々な数学教科書教材内容を、階層的に見通すことができる。もっとも、代数学が幾何学に 1000 年以上遅れて発生し、解析幾何学と解析学が同時発生するなどの物理的時間の相違による個別の担い手、歴史的状況の相違を話題にすれば、学校数学の教育課程は、歴史的発生とは同じではなりえない。数学上の話題を限定し、水準区分を問題にした場合の、水準区分とその出現順序に共通性を認めるのみである。

数学化は再組織化である。再組織化の必要は矛盾にある。それゆえ、数学史から水準設定する場合、「要件3．水準間には通訳困難な内容がある」に注目すると有効である。数学史上の障害は、学校数学においても話題にしえる。ここで障害とは、先行する概念が、後の概念の発展の障害になることを問題にした認識論的障害である[10]。概念は関係網として存在しているがゆえに、その障害の背景を探

---

[8] van Hiele, D. (1957/1984). The didactics of geometry in the lowest class of secondary school. In Fuys, D., Geddes, D., Tischler, R. edited, *English translation of selected writings of Dina van Hiele-Geldof and Pierre M. van Hiele*. Brooklyn College. 1-214.

[9] ここで幾何学史とは 2 章の議論同様に通史を指す。数学史も、ここで言うタレスの幾何学のような内容は数学史家による残存記述に基づく可能的再構成（推測）に依拠している：Heath, T. (1921). *A History of Greek Mathematics*. The Clarendon Press.

[10] バシュラール, G., 及川馥, 小井戸光彦訳 (1975)．『科学的精神の形成』国文社．24-25．バシュラールは単に障害と呼ぶ。フランス教授学では認識論的障害は、教育の場で認められる障害の中で歴史上も認められる場合を指す。限られた資料から可能的に過去を構成して記された歴史もある。教育の場で認められる障害から歴史を見直すこともできる。西欧数学だけが数学史の対象ではない。今日的な学校教育が営まれる以前の 18 世紀までは、数学書は教科書でもあった。正負の数の歴史などは、東洋と西欧とでは全く異なる。

ることで、「要件1. 水準に固有な方法がある」で言う方法の相違が意識できる場合は少なくない。

　数学史から水準設定する場合、注意すべきは今日との表記・表現の違いである。学校数学教材は、基本的には現代的表記や定義に準拠し、早期導入する形で構成されており、歴史的表記や定義と異なる場合が少なくない。そのため、「要件2. 水準に固有な言語ないし表現と関係網がある」に注目し、歴史的な表現と現代表記を対照する手法では、水準識別はむしろ困難である。例えば、用語としての関数は、ライプニッツが微積分の中で導入したものである。ところが、その用語が出現する以前に、その考えは存在した。ライプニッツに導入された時点でも、その用語の意味は今日の定義とはかけ離れたものであった。用語関数の歴史的変遷に注目しても、関数に関わる水準は想起できない。その困難は、関数の水準で後述する。

(2)　個体発生、特に同じ問題に対する子どもの反応の相違によるアプローチ

　数学化は再組織化であり、再組織化の必要は矛盾にある。アが系統発生における認識論的障害に注目したアプローチであるとすれば、イは個体発生である教育の場でその障害の現れを認めようとするアプローチである。すなわち、すでに学んだ先行知識が後の学習の障害になることをここでは問題にする。ここでも「要件3. 水準間には通訳困難な内容がある」が問題になる。学習指導の場では、一般に一つの問題に対し解答が多様に現れることを尊重する[11]。その中でも、ここで問題にするような正反対の反応を示す場合は、ともすれば無視されてきたか、顕在化させない指導展開が一部で好まれてきた。P. M. van Hiele は、そのことを彼が水準を意識した経緯として次のように記している[12]。

　　「数学の教師になるや否や、私はそれを予想外に大変な専門職であると感じた。わたしがいくら説明を重ねても、生徒にほとんと理解されない教材の一群があった。生徒は確かに理解しようとはしているのだが、理解しなかった。特に、幾何入門において、極く単純な事柄の証明を求められるとき、生徒は最大限の努力をしているようにみえた。しかし、生徒にとって、教材はあまりに難解であるかのように映っていた。それでも、私は、自分が新米教

---

11)　特に、島田茂や能田伸彦によるオープンアプローチでは、このような多様性が強調された。今日では、米国をはじめ各国で注目されるに至っている。
12)　van Hiele, P. M.（1986）. *Structure and Insight : A theory of mathematics education*, Academic Press.

師であるために、下手な教師だからではないかといつも心配していた。その心配は、次のような反応によって肯定された。すなわち、突然、生徒は教材を有意味に説明できるようになり、理解した様子を現す。そして「そんな難しくないのに、何であんなに難しく説明したのか」と、しばしば口にするのである。私は、何度も説明の仕方をかえてみたが、そういった難しさを取り払うことはできなかった。その難しさとは、あたかも私が異なる言語を話しているかのごとき状況であった。そして、この状況を熟慮することによって、私は、思考には異なる水準が存在するという解答を得たのである」

P. M. van Hiele, *Structure and Insight*, Academic Press, 1986, p. 39

van Hiele が水準の違いを意識したのは、幾何入門のカリキュラム開発過程における、同じ題材に対して、まるで異なる反応を示すようになる生徒の思考の相違を日々体験したことによる。ここで幾何とは論証幾何としての初等幾何であり、元来、体系的に指導されていた。その初等幾何に至るカリキュラム開発に夫妻は取り組んだのである。

例えば「正方形は台形であるか」という問いに真と答えるか、偽と答えるか。水準間には通訳困難な内容がある（要件3）。その矛盾した反応が、van Hiele が生徒の思考が変わったと考えた根拠である。それぞれの反応を正統化しえる要因は何かを「要件1．水準に固有な方法がある」「要件2．水準に固有な言語ないし表現と関係網がある」という視野で区別すれば、生徒が、図形の視覚的範型を根拠に考えているのか、性質・条件を基準に推論しているという区別が認められる。そこで、視覚的範型において性質に注目するまでの水準と、性質を基準に推論する水準との区別が、生みだされる。

(3) 一般化された水準記述からの類推によるアプローチ

このアプローチは、今ある学校数学の教材系統や数学史上の概念等の発達史と、第1章第4節で示した五つの思考水準の一般型や「要件4．水準間には方法の対象化の関係がある」というような見方、そして、「蓄積した経験の数学的方法による組織化」という数学化の定義とを対照するなどして、数学理論の発達の層を見極めて水準設定する方法である。特に五つの思考水準の一般型を、van Hiele が、視覚的水準、理論的水準、論理形式水準、論理規約水準と銘々したことは第1章第4節で示した（1986, p. 53）。Alan Hoffer (1983) は、その議論を、カテゴリー論を根拠に一般化し、様々な水準を例示した[13]。第1章第4節で述べた「方法

の対象化」という視点から、Alan Hoffer（1983）の記述枠組みを礒田の考えで記述し直せば、次のようになる。以下、Hoffer-礒田の記述枠組みとする[14]。

> 〈Hoffer-礒田による一般化された水準記述〉
> 第1水準．研究領域の基本的要素を考察できる。
> 第2水準．基本的要素を解析する性質について考察できる。
> 第3水準．性質を関連づける命題について考察できる。
> 第4水準．命題の半順序系列について考察できる。
> 第5水準．半順序系列を解析する性質について考察できる。
> ※各水準間には「方法の対象化」の関係がある。

後述する関数の水準は、解析領域において、van Hiele の幾何の思考水準と関数の系統の対照、「要件1．水準に固有な方法がある」、「要件2．水準に固有な言語ないし表現と関係網がある」、「要件4．水準間には方法の対象化の関係がある」という水準要件と関数教材との対照、そして Hoffer の上述の一般形式との対照などによる確認を経て定式化したものである[15]。

多くの場合、水準設定は、短い文言で、一般化された水準記述に沿う文言を綴ることからはじめる。それゆえ、後述するように、この方法の対象化に基づく一般化した水準記述が、水準設定に際して、最初に取り組める作業である[16]。第1

---

13) この翻訳は礒田の解釈に基づく。Hoffer は、カテゴリー論によって一般化を試みている。ここでは、彼の議論を、礒田の考えに沿って「方法」と「対象」をかき分ける形式に直した。Hoffer, A. (1985). Van-Hiele-Based Research. In R. Lesh, M. Landau edited. *A Aquisition of Mathematical concepts and processes*. Academic Press. 225-228. 礒田は Hoffer と共同研究を行った：Whitman, N. C., Nohda, N., Lai, M., Hashimoto, Y., Iijima, Y., Isoda, M. and Hoffer, A. (1997). Mathematics Education: A cross-cultural study. *Peabody Journal of Education*. 72 (1). 215-232.

14) 礒田がこのような一般化記述を開始したのは Freudenthal 研究が端緒であり、次の論文が初出である：礒田正美（1984）．数学化の見地からの創造的な学習過程の構成に関する一考察：H. Frendenthal の研究をふまえて．『筑波数学教育研究』3. 60-71．カテゴリー論は修士論文では Hoffer によることなく参照している。礒田正美（1984）．数学化に関する一考察．昭和58年度筑波大学修士課程教育研究科修士論文.

15) 関数の思考水準は、1984年関東都県算数・数学教育研究松本大会での口頭発表が初出である。学会誌への掲載は、礒田正美（1987）．関数の思考水準とその指導についての研究．『日本数学教育学会誌』69 (3), 82-92 が初出である。礒田正美（1995）．van Hiele の水準の関数への適用の妥当性と有効性に関する一考察：水準間の通訳不可能性による認識論的障害の存在と数学化の指導課題を視野に．『筑波数学教育研究』14. 1-16.

16) 筆者の初期の研究では、方法の対象化によって水準を設定することが提案され、水準は五つである必要がないとしている。礒田正美（1984）．数学化の見地からの創造的な学習過程の構成に関する一考

章第4節で述べたように、水準は五つに限らない。水準が五つに限らないとすれば、最初の作業は、方法の対象化という視野で、教材を読むことである。

(4) 幾何領域以外の水準と van Hiele の立場

以上のような3つのアプローチが単独でまた複合的にとられえることで、特定の領域における水準設定が進められる。ちなみに、本研究で、数学化の規定を選定する際の前提とした活動観は、「要請1. 活動は、当面した対象に対して主体が自らの生存可能性を保証しようとして進展する。要請2. 活動には、主体の対象に対する相互作用において、矛盾のない同化による過程、既知が難なく使え、活用範囲が広がり豊かになる過程が存在する。要請3. 活動には、その相互作用において主体の認識との矛盾が生じ、主体が自らの既知を再構成していく、調節の過程、構造転換の過程が存在する」であった。この活動観においても、水準は「生きる世界」として要請2を、「生きる世界の再構成」として要請3を認めるものである。この活動観の要請2に通じる水準の要件は、「要件1. 水準に固有な方法がある」、「要件2. 水準に固有な言語ないし表現と関係網がある」である。活動観の要請3には、水準の要件3「水準間には通訳困難な内容がある」が通じている。上述したように、特に水準の要件3は、系統発生という認識論的視野を話題にするアと個体発生という認知論的視野を話題にしたイで議論したように、水準の区別を見い出す基準として有効である。

以上のような手順に関連して先行研究で設定された水準は、どのような事例が認められるのであろうか。例えば、次のような研究がある。ストリヤール (1976) は、van Hiele の水準を前提に代数の水準を記述している[17]。そこには、導出方法の記載はないが、幾何の五つの水準に対して代数の五つの水準が示されており、(3) に準ずる方法で導出したと考えられる。Hoffer (1983) は (3) 一般化した水準記述に準じ、論理の水準、変換の水準、実数の水準を導出している。礒田・小田島 (1992) は、数概念の水準をストリヤールの代数の水準の前半の算術の水準部分から導出し、グルーピング方略を組織化原理とした場合の調査研究により、その思考様相の相違を実証している[18]。福間・礒田 (2003) は、確率の水準をア)

察.『筑波数学教育研究』3. 60-71.
17) ストリヤール, A., 山崎昇, 宮本敏雄訳 (1976).『数学教育学』明治図書出版. p.122.
18) 礒田正美, 小田島礼子 (1992). グルーピング方略からみた低学年児童の数概念発達に関する調査研究:van Hiele の思考水準に発想して.『日本数学教育学会誌』74 (2). 7-14.

〜ウ）の方法で設定し、調査で認められた子どもの思考の様相の相違を、水準に割り付けている[19]。岡部恭幸（2004）も同じような水準を提案している[20]。

これら van Hiele の思考水準の他領域への一般化を進める研究に対し、van Hiele 自身の見解は、Skemp への追悼論文集への寄稿として認めることができる[21]。その寄稿は Skemp の理解研究に対し自身の考えを述べることを目的に記されたものである。仮に思考水準の一般化という視野からその寄稿を読めば、大きく次の二点を指摘できる。一つは幾何においてこそ彼が水準の存在を確信したことであり、もう一つは他領域では、それほど明瞭には認知し難いというものである。以下、彼の見解を解説する。

第一に、彼は水準についての彼自身の原体験に基づき幾何に注目したという。彼の水準の存在認知に至る原体験はあくまで、(2)で述べた「何であのように難しく説明したのか」という生徒の声である。教師としての彼の説明は変わっていないのに、生徒がそう思ったのは生徒自身が変わったからである。彼はモンテソリー学校の教師であり、代数指導にも取り組んでいるが、彼自身は幾何においてのみその体験をした。その声は、当初、彼が、最初から公理的な幾何、定義からはじまる幾何を教えていた結果、発せられたのである。指導系統を幾何において再構成する必要があり、彼はその教育課程を構成する中で幾何の水準を得た。代数での体験は、彼が代数を公理的に教える授業を拝見した体験として、1987年にニューヨークの中等学校で群から導入する代数指導を参観したケースに限られるとも記している。彼は数学教育の心理学的研究において代数の水準論があることは承知しているが、かれ自身は代数においては、公理的には教えていなかったという意味で、幾何の場合のような指導上の体験をすることはなかったのである。

第二は、水準は他領域でも存在するが、高位水準への移行指導が充実し、下位水準に取り込まれると、水準の存在は意識できなくなるというものである。彼は Piaget を参照し、算術の水準は認めるが、水準の移行はあくまで適切な教材を指導した結果によるもので、心理学者の考えるような成熟ではないと批判している。

---

19) 福間政也, 礒田正美（2003）. 確率分野における学習過程の水準に関する研究.『数学教育論文発表会論文集』36. 228-234.
20) 岡部恭幸（2004）. 確率概念の認識における水準について.『数学教育論文発表会論文集』37. 385-390.
21) van Hiele, P. M. (2002). Similarities and Differences Between the Theory of Learning and Teaching of Skemp and the van Hiele Levels of Thinking. edited by Tall, D. and Thomas, M., *Intelligence, Learning and Understanding in Mathematics: A tribute to Richard Skemp*. Post Pressed. 27-48.

さらに、視覚的な算術水準から文字を用いる代数の水準への移行は水準の移行とみなせるようなものではないとも指摘している。代数はそこから指導が始まるのではなく、すでに算術の水準で教えているためとも指摘している。

彼の言説は数学史、数学教育史を前提にすればより解釈しやすい。現在、算数では、歴史上の代数の出現によって生まれた式表現を小学校1年生より教える。数学教育学では、文字式から代数指導が始まるとみる研究がある。しかし、数学史上は、代数は式表現と合わせて出現する。小学校1年より式指導をするということはすなわち、すでに代数の素地指導は小学校入学段階より行われていると考えるのが妥当である。歴史上、式計算以前の計算は算盤や筆算である。歴史上代数の出現は式表現の出現と同期しているにもかかわらず、学校数学では、式表現を小学校の1年から教える。それはすなわち、代数の場合、水準のギャップが減じる指導がすでに存在しており、しかも公理的に教えることもないのである。

以上のように van Hiele の立場は、幾何を公理的に教える当時の状況において、下位水準から水準移行を繰り返すことによって幾何入門の課程を自分自身で築いた彼自身の経験史に立つものである。彼が幾何の水準を発表した1958年以前のオランダの幾何教育は、オランダの中等教育であり、日本的には限られた生徒に対して行われた戦前の中学校の幾何教育である。日本の場合には、戦中の緑表紙、水色表紙教科書では、図形が積極的に取り入れられ、戦後の教育課程では、van Hiele の幾何の水準が紹介される以前に、すでに図形の教育課程は思考水準に結果として類似する系統が構成されていた[22]。教育課程が水準移行の立場から計画されていれば、幾何においても「何であんなに難しく説明したのか」という声を聞く機会は乏しくなっていく。もとより、水準移行は、限られた文脈や状況では、水準を越えた思考を成し遂げることを前提に指導されるものである。よく工夫された教育課程では、下位水準で後々の水準で役立つ内容、再構成される内容が的確に持ち込まれる。水準とその移行を潜在的にでも前提にした教育課程や指導上の工夫がなされればなされるほど、van Hiele がその時代において認めたような生々しい生徒の声は耳にすることができなくなる。このような意味で van Hiele は幾何の水準のみを話題にしたと考えられる。

他方で、代数の場合は公理的に代数が構成されるのは純粋数学において戦前に完了し、学校数学にそれが影響したのが New Math である。van Hiele が指導し

---

22) 前田隆一（1979）．『算数教育論：図形指導を中心として』金子書房．

た代数学も公理的な代数学ではない。van Hiele が言うように、公理体系的に指導した場合に、生徒がしばらく後に、何故、あのように難しく説明したのかと語れるのが水準の存在を実感する機会であるとすれば、それは教育課程がかように整備された現在においては、幾何においてさえ van Hiele が当時実感したことと同じ意味では起こり難い。強いて言うならば、現在では、公理的に概念を導入するのは大学である。大学においてのみ、van Hiele が感じたと同じ意味での「何であんなに難しく説明したのか」という言葉を聞くことができる。

水準は水準の相違、ギャップを問題にするものであるが、もとより水準の移行は指導によるものであり、それを数学化の立場から表現すること、そこでなすべき再組織化の内容を明瞭にすることが本研究である。第1章で話題にしたように、van Hiele の水準に、公理的に教える現代化教育課程系統に対する数学化の教育課程編成（教程化）原理を認めたのは、Freudenthal である。本研究では、任意の数学内容に対する数学化に基づく学習過程を構成する方途として、幾何以外の領域へ水準を拡張する。

次に、本節で述べた水準設定の方法ア）～ウ）を第2節で関数領域に適用し、関数の水準の存在を確認する。ここで関数領域とは微分積分を志向した関数に係る内容領域である。その上で第3節で、水準移行の問題を関数領域の場合において取り上げる。

第2節　学校数学における関数の水準

下位水準から発展する高位水準は多様である。内容領域を明確に定める上では、目標とする水準を定める必要がある。「下位水準に対する高位水準の多様性」という点から、関数領域において水準を定める場合でも、目標となる内容を定める必要がある。関数の水準は、微分積分への指導を目標に、前節で述べたア）～ウ）の手順を複合的に利用して得たものである。ここでは、記述順序が逆転するが、まずは、得られた結果として関数の水準を解説し、その記載方法を確認する。次に、水準設定の方法ア）～ウ）により、水準が設定されていることを確認する。同時に、以上の各解説において、関数の水準が、数学化の前提としての水準要件1～4を満たすことを確認し、関数の水準が、数学化を記述する前提としての水準であることを確認する[23)]。そして、最後に、どのような経過で関数の水準を設定

したかを記す。

(1) 水準設定の範例としての関数の水準

関数の水準は、次のように設定できる（図3.2）[24]。

第1水準：日常語で関係表現する水準
　　　　事象（対象）を数量パターン（方法）で考察できる。
生徒は、現象に潜む関係を日常語で曖昧に記述する。数値計算なども行うが、一つの量、すなわち一変数、しかも従属変数に注目しての変化パターンの議論がなされるのが通例である。伴って変わることを意識的に日常語や数量で表したとしても、それを適切に言い表す関係概念を備えていないので、その記述は正確さを欠く。事象における演算決定ができたとしても、複数の事象を関数関係として比較することは困難である。

第2水準：算術で関係表現する水準
　　　　数量パターン（対象）を関係（方法）で考察できる。
生徒は、表で関係を記述し、その算術的な規則性で表を把握する。日常語の水準より的確な関係概念によって事象を表現する。比例は、関係概念の典型である。表の規則性の関係表現としては、対応より変化を読んで表現する傾向が強い。式やグラフ表現も可能とするが、表式グラフの相互翻訳性は極めて限定的に認められるに過ぎない。

第3水準：代数・幾何で関係表現する水準
　　　　関係（対象）を関数（方法）で考察できる。
生徒は、関数を（方程）式とグラフで表現する。関数を探究する際に表式グラフの相互翻訳性を活用する。よく理解された既知関数に対しては、その関数の式表現、表表現、グラフ表現は心的には一致している。例えば、式をみた瞬間にグラフがイメージできるとか、式の表現でグラフの用語を用いるなど。

第4水準：微積分で関係表現する水準
　　　　関数（対象）を導関数・原始関数（方法）で考察できる[25]。
生徒は微積分で関数を記述する。微積分では、関数は、導関数や原始関数で探究されるが、その探究方法は未知関数を既知関数で表現する手法とみることができる。超越関数を既知の整関数で近似表現するなどは、その典型である。

第5水準：関数解析で関係表現する水準
　　　　微分や積分を関数空間[26]で考察できる。　　　　　図3.2　関数の水準

---

23) 第1章第5節で述べたように、Piagetの発達段階は、そのような水準ではない。同じような議論に異なる発達段階が当てられる余地があるゆえに、このような議論が必要になる。

24) 礒田正美（1987）．関数の思考水準とその指導についての研究．『日本数学教育学会誌』69 (3), 82-92.；礒田正美（1988）．関数の水準の思考水準としての同定と特徴付けに関する一考察．『日本数学教育学会誌』臨時増刊『数学教育学論究』49・50, 34-38.；礒田正美, 志水廣, 山中和人（1990）．関数の活用の仕方と表現技能の発達に関する調査研究：小・中・高にわたる発達と変容．『日本数学教育学会誌』72 (1). 49-63.; Isoda, M. (1996). The Development of Language about Function: An Application of van Hiele's Levels. *Proceedings of the 20th Conference of the International Group for the Psychology of Mathematics Education* (Edited by Luis Puig and Angel Gutierrez). 3. 105-112.；礒田正美（1997）．

図3.2の記述は前項で述べたア〜ウによるアプローチを複合して得たものである。ただし、第5水準は、系統発生の側からのアプローチでのみ設定された仮想水準であり、他とは記述の仕方が異なっている。

　まず、水準の記述スタイルを確認する。

　この記述スタイルで、第1水準から第4水準までは、水準の要件「1. 水準に固有な方法がある。2. 水準に固有な言語ないし表現と関係網がある。3. 水準間には通訳困難な内容がある。4. 水準間には方法の対象化の関係がある。」を念頭に、次の様式で記している。

第〇水準：[◎◎で関係表現する水準]（記述 [a]）
　　　　　→◎◎はその水準に固有な言語を指す。[要件2]
　　　　　　◎◎を言語とみる点で、関数の水準は幾何の水準に対する関数の思考水準である。
　　　[□□（対象）を■■（方法）で考察できる]（記述 [b]）
　　　　　→■■は水準に固有な方法を指す。[要件1]
　　　　　→■■（方法）は次の水準の□□（対象）となる。
　　　　　　（次の水準との関係では [要件4] に該当）
　　　[生徒は、⋯⋯⋯⋯⋯⋯⋯]（記述 [c]）
　　　　　→その水準の生徒の活動を、記述a、記述bなどに依拠した固有な関係網に注目して記したものであり、生徒の観察を通してより具体的かつ妥当な記述が得られる。通訳困難事例は、〇〇はできて（わかるが）××はできない（わからない）というように事例を通して記述する。[要件3]

---

van Hiele が定めた思考水準の記述スタイルは記述 [c] である。後に要約する過

関数表現の再構成の様相の記述研究（1）：表現世界の再構成モデルを用いて．『筑波大学教育学系論集』22 (1). 25-36.；礒田正美（2000）．関数表現の様相の記述研究（2）：表現世界の再構成モデルを用いて．『筑波大学教育学系論集』24 (2). 59-72.

25) 第4節で述べるように、旧来の関数指導研究に対する関数の水準の卓越性は、関数を導関数・原始関数で考えるのが微分積分学であるとみなした点にある。

26) 普通、収束性まで定義された共役空間（汎関数を要素とする線形空間）を関数空間と言い、その要素を超関数と呼ぶが、ここでは、関数解析における他の話題も取り込めるようなよりゆるやかな理論的まとまりを意味するために、共役空間を指すことにする。

程で、記述［a］のような記載もするようになる。記述［b］のスタイルは、幾何の水準のFreudenthalによる解説を、平林一榮が縮約し「方法の対象化」と呼称したことに起源している。日本では、方法の対象化を説明する際に幾何の水準が話題になることもあり、記述［b］様式がよくみられるが、それは本来のvan Hieleによる記述スタイルにはない。

関数の第5水準は、内容的にみて学校数学の範囲外であるので、以下では、第4水準までを考察の主対象とし、第5水準は、続いて到達すべき点として補足的に解説できるに留まる。記述a、記述bは、ア、ウを検討することで、すなわち、子どもの反応を観察することなく教材の系統や数学の発達史を参照することで仮説設定可能であるが、記述cは、生徒の反応を観察し、記述a、記述bによる仮説と対照することを通じて得ることができる。ただし、ここでの生徒はあくまでも記述者によって一般化された特徴づけられた客体であり、個別生徒の個別思考をそのものをこの記述が表すものではない。子どもの思考は水準の制約を越えて展開される。

以上、水準の記述スタイルである。もとより、この記述スタイルには、第1章第4節で述べた水準の要件1～要件4が埋め込まれている。要件が埋め込まれるように水準が記述できれば、その内容領域において水準を得たことになる。

問題は、このような記述はいかに導くことができるかである。関数の水準は第1節で述べた次のア）～ウ）のアプローチを複合的に漸進的に行って得たものである。

ア）系統発生からの類推によるアプローチ
イ）個体発生、特に同じ問題に対する子どもの反応の相違によるアプローチ
ウ）五つの思考水準など既存の水準からの類推によるアプローチ

筆者自身がその設定に際して採用した手順は、記述［a］［b］を教育内容と対照しつつ得たうえで、記述［c］を得て、その上でア）～ウ）それぞれのアプローチと対照して、その語彙を丁寧に選び、記述内容と妥当性を吟味するというものである。その際には、記述［b］がもっとも容易い。

以下、ア）～ウ）のアプローチそれぞれにおいて、ここで記した水準記述の意味を深める。そして、水準として妥当性を判断するために、それが水準の要件1～4を満たすことを確認する[27]。子どもの反応による特徴付けは、次節で、表現

の再構成過程による水準移行の特徴付けによって行う。

(2) 一般化された水準記述と関数の水準

はじめにウ）の Hoffer-礒田による一般化された水準記述と関数領域（数量関係領域）[28] と対照し、水準記述［a］、［b］の意味解釈を与える。

第1水準．研究領域の基本的要素を考察できる。

関数領域における「基本要素」とは、関係を表現する対象としての事象における数量である。小学校低学年では、関数領域は、他領域の題材の一部として指導されている。そこでは、2、4、□、8 という場合に何が入るかなど、数量の中での規則性への気づきは存在するが、その気づきを一般表現する性質記述（関係表現）には、四則計算などの表現が要請される。比例などの関係表現は、四則計算などの別表現に支えられなければ曖昧になる。実際、数量関係の一般記述抜きの関係表現記述は日常語での曖昧な表現に留まる。例えば、「美しい素肌は洗顔回数に比例する（ビオレ）」という CM には、洗顔回数というような数量がみえる[29]。過度の洗顔が肌荒れをもたらしかねないなど、この CM は、比例式で関係を完全に定式化することを念頭にしていない、そこでは、比例も美しい素肌も不明でも、洗顔回数には意味があり、一変数的である。ここで比例は、厳密な数学的概念というよりは日常語である。このような検討から、次の水準記述の意味を導出する。

「日常語で関係表現する水準 —— 記述［a］

　事象（対象）を数量パターン（方法）で考察できる。 —— 記述［b］」

第2水準．基本的要素を解析する性質について考察できる。

事象における数量を解析する性質とは、四則計算で表現した場合、和が一定、差が一定、積が一定、商が一定など様々である。特に、比例はその典型である。変量に関して一般性のある規則を表現しようとすれば、比例などの四則計算などに関連しての関係に対する一般表現が必要になる。x を1から順の

---

27) この手順で水準の妥当性を判断することを行った論文は次の論文である：Isoda, M. (1996). The Development of Language about Function: An Application of van Hiele's Levels. *Proceedings of the 20th Conference of the International Group for the Psychology of Mathematics Education* (Edited by Luis Puig and Angel Gutierrez). 3. 105-112.
28) 関数領域は、教育課程上1958年告示の小学校及び中学校学習指導要領に遡る。その後指導時数の削減から、1983年告示の学習指導要領からは確率統計などを包摂した。本研究では、微分積分への関数に係る小学校からの学校数学の指導内容を、関数及び数量関係領域に想定している。
29) 岡本光司（1988）．『数学のある風景』大日本図書．

自然数とみて記した表は、一般性のある規則性を表す上での重要な表現である。このような検討から、次の水準記述の意味を導出する。
「算術で関係表現する水準 —— 記述［a］
　　数量パターン（対象）を関係（方法）で考察できる —— 記述［b］」

第3水準．性質を関連づける命題について考察できる。

性質を関連づける命題は、式やグラフで表された関数によって表現できる。数量関係の表現としての関数関係は、前の水準にも存在しえるが、例えば、「関数 $y = ax^2 + bx + c$ のグラフは放物線（＝幾何図形）である」という命題自体は、特定事象の数量関係とは切り離された命題である。そういった命題が自立的に存在するのは、式やグラフ表現に依存している。このような検討から、次のような水準記述の意味を導出する。

「代数・幾何で関係表現する水準 —— 記述［a］
　関係（対象）を関数（方法）で考察できる。 —— 記述［b］」

第4水準．命題の半順序系列について考察できる。

命題の半順序系列とは、関数の系列となる。微分積分学は、導関数・原始関数によって、まさに関数を系列化する。このような検討から、次のような水準記述の意味を導出する。

「微積分で関係表現する水準 —— 記述［a］
　関数（対象）を導関数・原始関数（方法）で考察できる。 —— 記述［b］」

第5水準．半順序系列を解析する性質について考察できる。

関数の半順序系列としての微分や積分を議論する一般論は、汎関数を前提にしたノルム空間、汎関数を要素とした共役空間[30]、微分作用素、積分作用素などの共役空間間での写像など関数解析学[31]で扱う。そこでは個別の関数で

---

30) コルモゴロフ，A.N.，フォーミン，S.V.，山崎三郎，柴岡泰光訳（1979）．『関数解析の基礎』岩波書店によって、関連する定義を述べる：線形空間 L 上で定義され、数を値としてとる関数を**汎関数**という。実線形空間 L 上で定義された非負汎関数 p が、$p(\alpha x + (1-\alpha)y) \leq \alpha p(x) + (1-\alpha)p(y)$、（ただし $0 \leq \alpha \leq 1$）、かつ $p(\beta x) = \beta p(x)$、（ただし $\beta > 0$）を満たすとき、p は**同次凸汎関数**であるという。線形空間 L 上で、同次凸汎関数 p が、$x = 0 \Leftrightarrow p(x) = 0$、かつ、$p(\alpha x) = |\alpha|p(x)$ を満たすとき、p を**ノルム**という。ノルムが与えられた線形空間を**ノルム空間**という。完備なノルム空間を**バナッハ空間**という。ノルム空間は距離空間である。言い換えれば、ノルムとは距離公理を満足する関数である。位相線形空間 E 上の連続線形汎関数全体は一つの線形空間をなす。これを E の**共役空間**という。数直線上の無限回連続微分可能な有域関数の全体 K は、共役空間をなす。K において収束性が定義された線形空間を**基本空間**と言う。基本空間 K 上の連続線形汎関数 T を**超関数**という。

31) 特に、山崎三郎は、関数解析を次のように性格付けた。「古典解析学では主として個々の関数の性質を研究の対象としたのに対して、ここでは特定の性質を共有する関数の集合、すなわち関数空間の

はなく、特定の性質を持った関数の集合を関数空間の構造として研究する。
このような検討から、次のような水準記述の意味を導出する。

「関数解析で関係表現する水準――記述［a］

微分や積分を関数空間[32]で考察できる。――記述［b］」

以上、ウのHofferによる一般化された水準記述と関数領域（数量関係領域）[33]を対照し、記述［a］［b］を導いた。記述［a］［b］それ自体が得られたとすれば、三つの水準要件「要件1. 水準に固有な方法がある。要件2. 水準に固有な言語ないし表現と関係網がある。要件4. 水準間には方法の対象化の関係がある。」は埋め込まれていると言える。

(3) 系統発生と関数の水準

次に、アの系統発生から類推しての水準設定を視野に、系統発生と関数の水準との対照を行う。微積分に至る数学の発達史を、西洋に限定して概観すれば図3.3のように図式化できる[34]。

用語関数は、数学用語としては、微分積分学の基本定理が成立する微分積分成立期に、ライプニッツが使用する。もっとも、それは今日の意味とは異なる接線作図題とも関連して登場する。バロウも微分積分学の基本定理を作図題として話題にしている。関数の発達を用語関数の定義の変遷でみることは、用語関数の起源がライプニッツによる微積分の定式化にこそあるがゆえに学校数学と単順には対照しえない。ここでは共通の仕組みを見い出すべく、組織化原理として運動の表現法に注目して微分積分への歴史を概観する[35]。

構造を研究する。これによって古典解析の諸問題が統一的な観点から理解できるだけでなく、従来とは異なる新しい重要な問題が定義され、解析学は著しく豊かなものとなることができた」コルモゴロフ, A.N., フォーミン, S.V., 山崎三郎, 柴岡泰光訳 (1979)『関数解析の基礎』岩波書店. p.vii（訳者序文）また、竹之内脩・高井博司は、「（ここの関数の性質ではなく）ある種の性質をもった関数の集合を考え、これに解析的な手段、方法を用いて議論しようというのが関数解析である」（一松信他 (1979).『新数学事典』大阪書籍. p.630）としている。特定の性質をもつ関数を、関数空間の構造として研究する点で、半順序系列に対する性質を検討するのである。

32) ここで関数空間とは、共役空間などの汎関数を要素とする空間を代表とする広義の術語用である。

33) 関数領域とする教育課程は、1958年告示の小学校及び中学校学習指導要領に遡る。その後指導時数の削減から、1983年告示の学習指導要領からは確率統計などを包括した数量関係領域という名称に変更された。

34) 礒田正美 (1997). 曲線と運動の表現史からみた代数、幾何、微分積分の関連に関する一考察：幾何から代数、解析への曲線史上のパラダイム転換に学ぶテクノロジー利用による新系統の提案と関数の水準と幾何の水準の関連.『筑波数学教育研究』16. 1-16.

35) 第1章第4節で述べたように、Freudenthalは組織化原理に注目すると、数学化の系統が見通せる

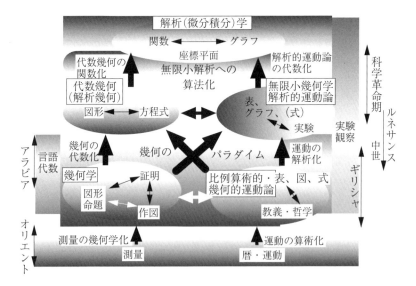

図3.3　微分積分学への歴史

　微分積分以前、後に関数とみなされる運動や曲線のグラフは元来、作図題の奇跡としての文脈で意味をなしてきた。それは、図3.3で言えば左側の幾何学の系列に認めることができる。他方で、変化や対応としての関数を認めることができる運動の歴史的数学記述としては、ギリシャのアリストテレスの研究や、中世のオレームの研究にみるような図3.3の右側の系列が存在した[36]。基本的には、それらのほとんどの記述が幾何学的表現によって考察されてきた。今日の学校数学が、数計算—代数計算の系統を基本にしているのに対して、数学史上においては幾何のパラダイムとも言うべき二千年にも及ぶ幾何学による数学支配があったことは、個体発生を促す学校数学の系統と数学史上の系統発生が異なる様相を備えていることを示している。以下、運動の歴史的記述に注目して、(1)で意味づけた関数の水準と系統発生との対照を行い、相違を越えた水準の相違を、歴史上の事例に認める。

　と指摘した。歴史上の出来事として、今日に通じる関数という語は、近代の所産である。ここでは、古代からある運動記述に注目している。

36)　伊東俊太郎は、比例を基礎にした運動記述が、当時の関数表現に相当したとしている。伊東俊太郎(1978).『近代科学の源流』中央公論社. 260-282.

第1水準に該当するのは、比例のような適切な関係概念が定式化させる以前における一変数的な規則性による運動認識である。古代エジプト人は、シリウスの出る時期が、4年に1日分、1460年で1年分ずれることを知っていたとされ、前2781年を基準にしたシリウス（ソティス）暦を採用していたという[37]。地平線上に星の現れる時期の規則的な変化に注目して暦のずれを認めたのである。そこには暦を、星の運動によって知る関係が潜在している。注意すべきは、今日の時間の関数としての運動観とは異なり、現象の周期性が観察され、その規則性によるパターンのみで一変数的に（数列的に）議論が進行していく点である。このようなパターンに注目した一変数的な議論は、陰暦を採用し、実際の太陽年とのずれ、新月の出現周期がおよそ29.5日で、31日以上でも28日以下でもないという問題に当面したバビロニアの天文学でも認められた[38]。このような周期パターンに注目した一変数的な議論は、まさに関数の第1水準における運動認識に該当している。

　第2水準に該当するのは、比例のような関係概念による二変数的な運動認識である。比例的な運動観について述べる。ユークリッド原論にみるように比例論はギリシャ数学の主要な方法であった。比例的な運動論については、以下に引用するアリストテレス（前4世紀）の議論が著名である[39]。

　　「もし、動かすもの［力］をA、動かされるもの［重さ］をB、動かされた距離をΓとし、要した時間をΔであらわすとすれば、(1) Aであらわされる等しい力は、等しい時間においてBの半分を、線距離Γの二倍だけ動かすであろう。また、(2) 時間Δの半分において線距離Γだけ動かすであろう。というのは、このようであれば、比例関係が成り立つであろうから。」
　　アリストテレス、出隆・岩崎允胤訳、自然学、アリストテレス全集3、岩波書店、1968、p.290

ここでは動かす力を一定にした場合、物体が動く距離は、時間に比例し、重さに反比例することが仮定されており、今日的には誤りと結論付けられる[40]。このよ

---

37) 矢島文夫（1982）．アラビアの占星術と天文学．村上陽一郎編．『運動力学と数学との出会い』朝倉書店．p.28.
38) ノイゲバウアー，O., 矢野道雄, 斉藤潔訳（1990）．『古代の精密科学』厚生社厚生閣．97-104.
39) アリストテレス，出隆，岩崎允胤訳（1968）．自然学．『アリストテレス全集』3. 岩波書店．
40) このような比例関係を前提にしたアリストテレスの運動論は、4世紀までにローマ帝国の蛮族化によって、西ローマ帝国地域には継承されず、12世紀のラテン語への翻訳時代に、トーマス・アクィナスによるキリスト教の立場からの再解釈を経て、中世後期においてドグマ化したとされている。横山雅彦（1982）．中世ラテン世界での展開と天文学．村上陽一郎編．『運動力学と数学との出会い』朝倉書

うな変量と比例を基盤にした運動論は、中世のスコラ学者に継承され批判される。特にオレーム（1348、1362）による時間（伸張、原因）直線と速度（強さ）直線という二次元的な表示（今日で言うグラフ表示）による数学的運動論[41]は、代数方程式による図形表示を目的とした座標以前におけるグラフ表現を代表している。このような比例関係などによる二変数的な運動論は、関数の第2水準における運動認識に該当する。

　第3水準に該当するのは、代数方程式ないし幾何学的に定義された図形（静的）と、変量的な見方（動的）とを合一させた運動認識である。古くはアポロニウス、プトレマイオスの時代における、惑星の遡行を視角化した導円・周点円の軌跡としてモデル化する議論などは、幾何学的な定義（静）と視覚的な変化（動）との合一としての運動の把握に該当する[42]。しかし、その時代には、年間で、周点円が何回転するようにすれば対応するか、何日間遡行するかというような範囲での合一であり、時間の変化に伴った運動として周点円を動かすような合一はなしえなかった。時間と運動の明確な合一は、ガリレオ（1638）に認められる[43]。ガリレオは、放射体の運動を、等速直線運動と等加速度運動との合成と認めて（動的な二次元表示）、その合成によって描かれる運動の軌跡がアポロニウスの言うパラボラ（日本語では放物線と訳される）図形である（静的な表現）ことを証明した。等速直線運動と等加速度運動との合成という視野だけであれば、第2水準の認識とも言えるが、それが幾何学的に定義された図形によって定式化されることを認めている点で、ガリレオの運動論は、第3水準の運動認識に該当すると言えるのである。ちなみに、ガリレオの時代まで、代数方程式で図形を定義する習慣はなかった。ガリレオと同時代に、デカルトやフェルマによって図形を代数方程式で表現する方法が生まれ、後に代数的に図形を定義するようになってはじめて、関数関係を式で表現する今日的な運動論が普遍化する。

　第4水準に該当するのは、導関数・原始関数により定義された運動認識である。瞬間 $\varDelta v$ への注目や、総計 $\Sigma \varDelta v \varDelta t$ に注目しての数学的処理という意味では、オレームも、ケプラーも、ガリレオも検討していた。ただし、その数学的処理は、瞬

店．p.55.；伊東俊太郎（1978）．『近代科学の源流』中央公論社．p.85.
41) Clagett, M. (1959), *The Science of Mechanics in the Middle Ages*, The University of Wisconsin Press, 231-232.
42) クーン，T., 常石敬一訳（1989）．『コペルニクス革命』講談社．92-111.；コーエン，I. B., 吉本市訳（1967）．『近代物理学の誕生』河出書房新社．48-59.
43) ガリレイ，G., 今野武雄，日田節次譯（1948）．『新科学対話』下．岩波書店．

間は接線法、総計は不可分量の方法というように個別的な幾何学的方法によってなされており、物理的なイメージの助けによって成立していた。微分積分学の創設者に数えられるニュートンにおいても、そのプリンピキアにおいては物理的なイメージを幾何学的に表現することに焦点が当てられていた[44]。微分積分学は、それら個別的な数学的方法を、微分と積分を互いに他の逆算とみる微分積分学の基本定理によって統一した数学的方法である。ライプニッツ・ベルヌーイがその方法を代数化することに努め、今日のような算法としての微分積分学の基礎を築いたのに対して、ニュートンは、ライプニッツのような関心を寄せず、代数よりは物理的な世界の記述に関心を寄せた。ニュートンが、今日我々の使うライプニッツ流の微分積分学表現を用いなかったにせよ、流率（fluxio）、流量（fluens）という微分積分概念で、彼の運動論を集成したプリンピキアを記述した[45]。流率、流量によるニュートンの運動論は、まさに関数の第4水準における運動認識と言える。

　関数の第5水準に該当するのは、関数空間を前提にした超関数の理論に基づく運動認識である。微分積分学は、応用へ、数学へ、数々の新しい問題を提出した。その一つは、最速降下曲線[46]などの特定の物理的問題に関係する関数族の研究であり、もう一つは、対数関数や超越関数などを有理関数へ表現するような関数概念の拡張の研究である。それぞれの問題は、個別的には微分積分学や関連する物理的直観などを駆使して解答されたが、やがて、その一般論を探究することで変分学、微分幾何学、関数方程式、関数論など解析系諸学が誕生する。中でも微分幾何学は、アインシュタインが相対論を構成する際に役立てられた。そして、解析学の大系化と関わって成立した関数解析学が成立する。関数解析学は、その当時の数学では存在が仮定し得ないが物理的イメージを前提にすれば数理的に解答しえる運動の問題[47]を、数学的に考察可能にするために大系化された解析学であ

---

44) ニュートン, I., 河辺六男訳 (1979).『プリンピキア』世界の名著26. 中央公論社.
45) ニュートン, I., 河辺六男訳 (1979).『プリンピキア』世界の名著26. 中央公論社. p.279（特に訳注）.；中村幸四郎 (1980).『近世数学の歴史』日本評論社. p.157.；フォベール, J. 編, 平野葉一, 川尻信夫, 鈴木孝典訳 (1996).『ニュートン復活』現代数学社. p.120.
46) ニュートンや、ヤコブ・ベルヌーイが解答している。Bernoulli (1742/1929) On the Brachistochrone Problem. edited by Smith, D. E. *A Souce Book in Matheamtics*. McGraw-Hill. 644-654.；礒田正美, Bartolini Bussi, M. G. 編 (2009).『曲線の事典：性質・歴史・作図法』共立出版. p.64.；フォベールJ. 編, 平野葉一, 川尻信夫, 鈴木孝典訳 (1996).『ニュートン復活』現代数学社. p.139.；ニキフォロフスキー, V. A., 馬場良和訳 (1993).『積分の歴史』現代数学社. p.150.
47) コルモゴロフ, フォーミンは次のように指摘している。「ある主の一連の問題では、関数の古典的概念は、定義域の x の値にある数 $y = f(x)$ を対応させる規則であるというもっとも広い意味に解釈

る。関数解析学は、量子力学の数学的背景を話題にする理論の一つとなった。解析学は、内部に膨大な諸分野を抱えており、関数解析学は、その一分野にすぎない。相対論にせよ、量子力学にせよ、そこでの運動論は、今日の解析学によって表現されていることは確かなことである。従って、このような運動論を、第5水準における運動認識とみることができる。

以上のように、関数の水準と運動の歴史的記述の進歩とが対応することがわかる。逆に、関数の水準は運動の歴史記述に対して次のような階層的視野を提供する。このような記述は、Freudenthal に準じて言えば、繰り返し再構成される運動表現を組織化原理として選んだ場合の水準記述である。

第1水準　運動の数量パターンは認めるが、変量間の因果性を適切に解せない。
第2水準　運動を、変量間の関係概念によって算術的に解せる。
第3水準　運動を、定式化する説明理論として代数・幾何学を採用しえる。
第4水準　運動を、定式化する説明理論として微分積分学まで採用しえる。
第5水準　運動を、定式化する説明理論として（関数）解析学まで採用しえる。

第2水準と第3水準の狭間は、歴史的には科学革命期と言われるガリレオ等の貢献で知られる時代である。幾何学的な運動表現は、ギリシャ期に存在していた。ルネッサンス・近代には、幾何学的な天体表現と数値-代数的な天体表現のどちらが妥当であるかが話題になった。

幾何の水準では、第1水準、第2水準は、視覚的イメージに依存した水準であり、第3水準からが理論に依存した水準と性格付けられる。関数の場合でも、第1水準、第2水準の運動論は、球面状の星の運動と連動しない惑星の遡航が円周

してもなお十分ではない。〜中略（都合の悪い場合の例示）〜　幸いなことに、いわゆる超関数（一般化された関数）を導入することにより、関数概念を狭めるのではなく本質的に拡張する方向で、この種の困難を都合よく克服しうることが明らかになった。〜中略〜超関数が導入されたのはまったく具体的な要求によるのであって、解析学の概念を可能な限り広げようとする志向からではなかったことは、重ねて強調しておかなくてはならない。本質的には、数学者の真剣な注目をひくよりも遥か以前に、この概念は使用されていたのである」コルモゴロフ, A.N., フォーミン, S.V., 山崎三郎, 柴岡泰光訳 (1979).『関数解析の基礎』岩波書店. 205-206. このような超関数の典型例は、単位衝撃問題を話題にしたディラックのδ関数であり、ディラックは柔軟に関数概念を駆使することで量子力学を展開した。今井功 (1991). 超越関数. 広中平祐編.『現代数理科学事典』大阪書籍. p.1099.

上を回る円運動として視覚的に解釈される。それは大地、地球を中心にした運動論である。特に星占いに至っては、天球面状星の運動ともはずれた呪術的な因果性を話題する。第3水準以降は、数学的に定式化する傾向が高まっていく。第2水準と第3水準との隔たりが特徴的な点で、関数の水準と幾何の水準は共通している。

一方、上記事例から示唆されるように、関数の水準に特徴的なこととして、関数の水準が、歴史的にみて高位水準へ移行する契機の一端を現実事象における応用上の文脈から得てきた点は注目に値する。実際、上記の運動記述の水準は、関数表現に注目した議論であって、物理学で言う認識の発展を話題にするものではない。でありながら物理学の発展の背後に存在した障害を視野にした場合、そこに数学表現が寄与していることを認め得る点である。例えば、第1水準から第2水準にかけての典型的にみとめられた宗教的・呪術的な運動観が、古典力学的な運動観に転換するには、第3水準や第4水準の代数・幾何学、微分積分学が貢献している。そして、第3水準から第4水準にかけての古典力学的な運動観から、相対論、量子論へ転換する際には、第5水準の解析学が貢献している。

以上、運動の場合で系統発生にも水準の区別を見い出した。「要件1. 水準に固有な方法がある。」とは、第1水準はカレンダーの周期性、第2水準は、比例の誤用・妥当な利用、第3水準は、幾何的な運動表現、第4水準は微積分というように固有な方法を見出すことができる。「要件2. 水準に固有な言語ないし表現と関係網がある」とは、第3水準は幾何学であり、第4水準は微分積分学である。四つの水準の要件がア）に基づく水準設定の場合にも認められた。

(4) 個体発生と関数の水準

最後に、イ．個体発生における学習による変容に注目しての水準設定を示す。水準記述は日本における筆者の調査研究を基盤に根拠づけられたものである[48]。

---

[48] 礒田正美 (1987). 関数の思考水準とその指導についての研究.『日本数学教育学会誌』69 (3), 82-92.；礒田正美 (1988). 関数の水準の思考水準としての同定と特徴付けに関する一考察.『日本数学教育学会誌』臨時増刊『数学教育学論究』49・50, 34-38.；礒田正美, 志水廣, 山中和人 (1990). 関数の活用の仕方と表現技能の発達に関する調査研究：小・中・高にわたる発達と変容.『日本数学教育学会誌』72 (1). 49-63.；礒田正美 (1991). 関数の水準の移行過程における思考の様相に関する調査研究：第1水準以前の場合.『数学教育論文発表会論文集』24. 67-72.; Isoda, M. (1996). The Development of Language about Function: An Application of van Hiele's Levels. Edited by Puig, L., Gutierrez, A. *Proceedings of the 20th Conference of the International Group for the Psychology of Mathematics Education*. 3. 105-112.

日本の学校で認められる学習指導による生徒の変容、水準移行の具体的様相は次節でその調査結果を示すので、ここでは、水準に応じて反応が変容する典型を限定的に例示し、特に「3．水準間には通訳困難な内容がある。」ことを例証する。そのために語用上、同じ言葉が異なる意味や文脈で使われることに伴って発生する障害の存在、教材レベルでみても明らかな事例、先行研究に示唆される事例を例示する（礒田 1995, Isoda 2001）。

(4)—1．教材上認められる水準間の矛盾事例

ここでは教材に明らかな、水準間の矛盾事例を示す[49]。矛盾事例は、水準間の通訳困難性を示す事例でもある。

〇第1水準と第2水準の語用「倍」の相違

関数の第1水準は、日常語で表現される。「人一倍努力する」という語用に現れる日常語「倍」は、2倍を意味している。この日常語で2倍とは言わずに一倍で2倍を指すためには、一倍とは差を指し、加法的な用法と考えると合理性がある。この用法を拡張的に使用すれば「倍々」で3倍を表すというように累加的語用も含まれる。対する関数の第2水準は、算術で表現される。比例は「一方を n 倍すると他方も n 倍になる」と定義される。「1倍」とは、文字通り1倍である。倍の意味が曖昧であれば、倍比例による比例定義も混乱する。先に話題にした「美しい素肌は洗顔回数に比例する（ビオレ）」というCMも、厳密には説明困難である。

〇第2水準と第3水準の語用「伴って変わる」の相違

関数の第2水準は、算術で表現される。その水準で関数関係を取り上げる場合に「伴って変わる量」に注目させる。対する関数の第3水準は、代数・幾何で表現される。定数関数は「伴って変わらない」が、関数である。

〇第3水準と第4水準の語用「接線」の相違

関数の第3水準は、代数・幾何で表現される。そこで、接線とは、重解条件すなわち、共有点1個で定義される。しかし、この定義は、3次関数の場合で、共有点

---

49) Isoda, M. (2001). Synchronization of Algebra Notations and Real World Situations from the Viewpoint of Levels of Language for Functional Representation. edited by Helen Chick〔et al.〕*The future of the teaching and learning of algebra: proceedings of the 12th ICMI Study Conference.* The University of Melbourne,. 328-335. ; 礒田正美 (1995). van Hiele の水準の関数への適用の妥当性と有効性に関する一考察：水準間の通訳不可能性による認識論的障害の存在と数学化の指導課題を視野に．『筑波数学教育研究』14. 1-16.

2個の場合に直面して困惑を与える。仮に、その問題を無視しても、代数的には因数分解可能な整関数までしか議論し得ない。他方で、ユークリッド的には円の接線は、法線によって定義され、曲線を横切らないが、変曲点では、接線は曲線を切るので、3次関数以降では、別の困惑も存在する。対する関数の第4水準は、微積分で表現される。そこで、接線とは、割線の極限で定義されるので、連続な任意曲線上で定義し得る。その扱いは、中学校の円と接線の関係で最初に取り上げられる。

○第2水準と第4水準の「比例」の相違

比例概念は自然科学、社会科学で数式を立式する際の根拠となる。比例は、日本の学校数学では中学校1年までの算数・数学の中心的主題であるが、以後は、理科などで用いられる用語となる。化学では小学校で学ぶ比としての比例の考えを多用する。片対数方眼紙などは、指数的な現象を表すデータを通常の方眼紙にプロットしても、曲線しか見い出せず、立式できないからである。直線と認めれば指数に対する比例性を認め立式が可能になる。第3水準以後は、1次関数、2次関数などの関数表現を用い、比例という語は項の解説などでしか通常用いないため、現象を記述する上で比例という語を用いることは容易でない。特に、第4水準では、比例は、原始関数にも微分方程式にも用いる。何と何の比例を話題にしているのか、その立式の難しさは際立つ。例えば「人口の増加速度は、過大な人口の大きさに比例して減少する」という文言から微分方程式（ロジスティック方程式）が想像できる大学の数学科教育法受講生は少ない。人口それ自体ではなく、人口の増加速度である点で、何の比例であるのかがわからない[50]。

以上は、同じ用語が、水準が異なると語用の文脈が変わってしまい、同じ用法であるとして水準の相違を意識せずにその語を使うと、矛盾を認める事例である。ただし、教育課程、教科書上は、そのような矛盾が認められないような配慮もなされている[51]。

---

50) Isoda, M. (2001). Synchronization of Algebra Notations and Real World Situations from the Viewpoint of Levels of Language for Functional Representation. edited by Helen Chick [et al.] *The future of the teaching and learning of algebra: proceedings of the 12th ICMI Study Conference.* The University of Melbourne. 328-335.
51) 次節で話題にするように、教科書では倍を明確に定義しても、倍々を差と区別できない子どもは現れる。

(4)—2. 先行研究で指摘されたミスコンセプションにみる水準間の矛盾例[52]

　教材の場合には、数学の論理上の矛盾と言えるが、矛盾は、学んだ子どもの考えにおいて、むしろ多々現れる。子どもの反応にみられる矛盾、通訳困難を示す事例を、ここでは海外の研究で記されたミスコンセプションを例に、水準間の反応の変容を例示する。日本の子どもの具体的な変容の様相については、次節で述べる。

　ミスコンセプションは既習知識を一般化することで発生する。下位水準の知識を、次の水準で一般化すれば、そこで発生するミスコンセプションは、高位水準に対しては矛盾する考えとなる。これは数学化の前提としての水準要件「3．水準間には通訳困難な内容がある。」に該当する。

○第1水準と他水準の相違例

　第1水準では日常事象を対象に議論する。日常事象で議論する生徒は、変数の意識が曖昧で、日常のイメージを重ねて議論を展開するため、例1[53]や例2[54]のような課題に対してミスコンセプションを起こす。例1は、第2水準以降の対応関係のある変量認識に立てば、bを選択すべきところだが、多くの生徒は、第1水準のイメージを重ねてaやdを選ぶ。例2は、速さの積分ができる第4水準の認識に立てば、解答不能であることがはっきりする。それ以前の水準の生徒の場合、第1水準における現象の運動イメージが適切に機能すれば、この設問が奇妙であることを認識しえるが、多くの子どもは、二つの曲線の交点を「出会う」という用語に重ねてミスコンセプションを起こす。

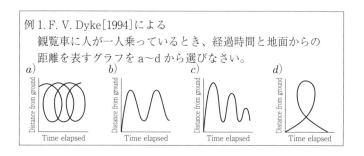

例1. F. V. Dyke[1994]による
　観覧車に人が一人乗っているとき、経過時間と地面からの距離を表すグラフをa～dから選びなさい。

---

52) 礒田正美（1995）．van Hieleの水準の関数への適用の妥当性と有効性に関する一考察：水準間の通訳不可能性による認識論的障害の存在と数学化の指導課題を視野に．『筑波数学教育研究』14. 1-16.
53) Dyke, F. (1994). Relating to Graphs in Introductory Algebra. *Mathematics Teacher*. 87 (6). 427-432.
54) Clement, J. (1989). The Concept of Variation and Misconceptions in Cartesian Graphing. *Focus on Learning Problems in Mathematics*. 11 (1/2). 77-87.

例2. J. Clement[1989]による自動車Qと、自動車Rの時間経過に伴う速さの変化を調べたら右のようなグラフになりました。自動車Qと自動車Rは出会うだろうか

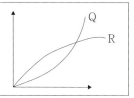

○第2水準と第3水準の相違例

　第2水準の算術表現でも第3水準の代数・幾何表現でも式に対してグラフをかく。その行為は一見、同じとみなせる。しかし、実際には、第2水準のグラフは、代数的な意味での条件を埋め込んだ $y = ax$ を満たす x, y という意味ではなく、現象を念頭にして表した式であり、その現象は多くの場合全数である。そのためグラフも、表から点をプロットして結ぶ折れ線グラフとしての性格が備える。例えば、1日の気温変化をグラフにプロットすることは、おおまかに一日の気温の変化のパターンを知ることに通じている。それを折れ線グラフで表した子どもには、自動計測器から連続的に出力される気温の連続計測結果のグラフは、折れ線にはならないがゆえに、むしろ奇異に映る。そして、第2水準では、折れ線の延長線上で比例のグラフを多くかくため、第3水準への学習の過程で、未知の関数のグラフ、例えば、1次関数や反比例のグラフをかく際に、比例と勘違いして原点と結ぶようなミスコンセプションは少なくない。点プロットして結ぶことに深い疑問を抱かない、このような第2水準までの認識は、例3[55]のような第3水準の課題に対してミスコンセプションをもたらす。グラフ上にあるかの判断は、第3水準であれば、式に求められるわけであるが、ここでミスコンセプションを表した子どもの反応は、グラフ上にあるかどうかを、グラフ用紙に点プロットする作業、すなわち第2水準までの典型的なグラフ理解によって解答したのである。第2水準の子どもでも、式に値を代入することはなしえるので、例3のようなミスコンセプションを表す子どもの反応は、第2水準でも不足とみることも可能である。しかし、原因は単に式に値を代入できるかどうかという点だけにあるわけでもない。例4[56]のように、式に値を代入して値を計算できない超越関数の場合に

---

55) Pirie, S., Kieren, T. (1994). Growth in Mathematical Understanding: How can we characterise it and how can we represent it? *Educational Studies in Mathematics*. 26 (2/3). 165-190.

56) Demana, F., Schoen, H. L., Waits, B. (1993). Graphing in the K-12 Curriculum: The impact of the graphing calculator. In Romberg, T. A., Fennema, E., Carpenter, T. P. (Eds.), *Integrating research on the graphical representation of functions*. Lawrence Erlbaum Associates. 11-39.

もミスコンセプションを起こしえる。例4は、三角関数のグラフの概形を知っているがゆえに、誤って表示されたグラフを正しいと認識したものである。例3のような誤りをそれと認識しえるには、第2水準と第3水準との間には関数のグラフの概形に対する理解の相違もあるのである。

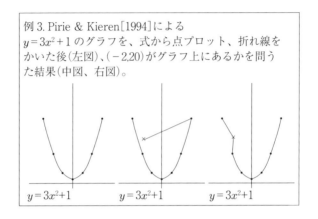

例3. Pirie & Kieren[1994]による
$y=3x^2+1$ のグラフを、式から点プロット、折れ線をかいた後(左図)、$(-2,20)$ がグラフ上にあるかを問うた結果(中図、右図)。

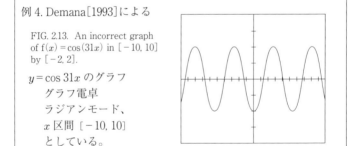

例4. Demana[1993]による

FIG. 2.13. An incorrect graph of f(x)=cos(31x) in [-10, 10] by [-2, 2].

$y=\cos 31x$ のグラフ
グラフ電卓
ラジアンモード、
x 区間 $[-10, 10]$
としている。

○第3水準と第4水準の相違例

　第3水準と第4水準の間には、前述したように、代数、幾何的に定義された接線と、微分法で定義された接線による接線概念の系統発生上の認識論的相違がある。例5[57]のような相違は、次のような接線理解の多様性として指摘されている。特に、例5の1は、変曲点における接線が、曲線を横切ることに対する抵抗

---

57) Vinner, S. (1991). The Role of Definitions in the Teaching and Learning of Mathematics. In Tall, D. edited, *Advanced Mathematical Thinking*. Kluwer. 65-81.

感を示している。これはユークリッド幾何的な接線概念を伴ったものとみることができる。

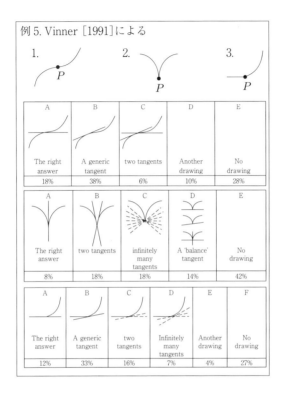

以上のような水準に応じた反応、ある水準の考え方を是とすれば、他の水準からは否に映る矛盾した考えの存在によって、水準が固有の方法やその水準に固有な言語（言葉）を提供していることがわかる。すなわち、水準要件が、イ）子どもの反応においても確認された。

(5) 水準の設定のために実施した諸調査

以上の検討から、関数の水準は、数学化の前提としての水準要件「1. 水準に固有な方法がある。2. 水準に固有な言語ないし表現と関係網がある。3. 水準間には通訳困難な内容がある。4. 水準間には方法の対象化の関係がある。」を満たすように設定されたと言える。第1章第4節で述べた水準の要件が、以上のように

水準を記述できたかを判断する際の基準となる。

　本節冒頭で記した関数の水準記述はア）〜ウ）の方法で得られたものである。この方法の中でも、実際の調査研究は実証性を保証する意味で、また詳細な水準記述を生みだす上で重要である。ただし、水準設定に調査研究が必須であるかと言えば、そうとも言えない。そもそも Freudenthal 自身がそのような立場にない。子どもが実際どうであるかを調べることは意味があるが、調査を行わない限り実証的ではないということは全くない。水準それ自体は、ア）〜ウ）いずれかの方法からヒントを得て設定できる。再組織化、水準間の矛盾こそが水準を区別する指標である。

　水準は、個別生徒の実際の思考を記述したものと解するとすれば、それは誤解である。van Hiele 自身、教育課程編成を行った結果として水準を導いている。彼の水準記述は、生徒を、指導内容抜きで観察して得たものではない。実際に、「子どもは」、「生徒は」、「できる」、「できない」というような記述［C］を得る上では、調査研究は必須である。ただし、第3節で詳しく述べるように、それは、観察して得られるものではなく、記述を得ようとして生徒に課す課題がまず必要である。本章第1節で述べたように課題に対する生徒の反応の相異が、記述［C］の根拠となる。水準を識別するための課題を用意し、生徒の思考を解釈し、そこで得た反応から、水準記述が洗練される。

　もっとも、水準に基づき反応予想される課題が事前に存在するということは、すでに数学内容が水準に振り分けられ、何ができて何ができないかは、調査以前に教材の次元で事前にわかること、調査問題を設定する時点で決まることである。それを、生徒の答案を示せば、それは一見、実証的であるが、トートロジーでもある。生徒へのインタビュー調査では、次節で述べるように事前に予想された水準の区別以上のこともわかるということである。

　水準は、ア）〜ウ）のいずれか、ある一つの方法によれば設定できる。その方法の意味でその水準設定に妥当性がある。その上で、それ以外の方法で、水準記述を探ることで、水準記述は洗練される。水準記述の妥当性は、多様な方法で確かめることを通して深まる。深まっていない段階では、水準とは呼べないかと言えば、そのようなことはない。Freudenthal は、水準という語を用いる際に、生徒の反応で実証することは行っていない。彼が記す水準とは彼の考える「生きる世界」と確信した数学の世界を理念的、範例的に記したものである。

　子どもの反応を基盤に水準を記述することの是非は、実際には水準をどのよう

に利用するかという問題と関わっている。本研究の場合には、水準に準拠して教材を系統化すること、水準移行としての数学化に役立つ教材を探る際に水準を利用する。その場合の水準の記述［C］は可能な限り一般性のある記述の方がよい。個別教材に依存した記述をすれば、水準が既存の教育課程に依存することになるからである。例えば、Hoffer は van Hiele 水準に対して、数学の問題を割り付けることを行っている[58]。そのような作業が当初必要になる。そのような作業が水準によって保証される程度に、水準が記されていることが、教材研究に際しても、調査研究に際しても必要条件となる。

関数の水準の設定経緯をその研究経過から述べれば、そこには次の手順があった。最初は記述［b］を得ようと教材を「方法の対象化」によって教材を読むことから始めた。次に、記述［a］を得ようと、数学史上の内容を考え、どのような教材がそこに当てはまるかを検討した。そして記述［a］［b］を前提に、数学化を進めるための教材研究をして、授業を行い生徒の反応を収集している。記述［c］は、イ）の調査研究をすればこそ深められる。ただし、その際、調査問題を設定するには、既に水準が設定できていなければならない。それには、ア）やウ）が必要である。ここで言う個体発生とは、学習指導による発達である。

関数の水準の場合には学習指導による発達を次の調査報告を行っている。
① 指導による生徒の水準の移行
　　礒田正美（1987）．関数の思考水準とその指導についての研究.『日本数学教育学会誌』69（3）. 2-12.
② 生徒のインタビュー調査
　　礒田正美（1988）．関数の水準の思考水準としての道程と特徴付けに関する一考察.『数学教育学論究』49・50. 34-38.
③ 大規模ペーパー調査
　　礒田正美, 志水廣, 山中和人（1989）．小中高にわたる関数の活用法及び表現法の発達と関数の水準：関数の水準に関する研究Ⅲ.『数学教育論文発表会論文集』22, 7-12.
④ インタビュー調査
　　礒田正美（1991）．関数の水準の移行過程における思考の様相に関する調査研究：第1水準以前の場合.『数学教育論文発表会論文集』24.

---

[58] Hoffer, A. (1981). Geometry Is More Than Proof. *Mathematics Teacher*, 74 (1), 11-18.

67-72。

礒田正美 (1997)．関数表現の再構成の様相の記述研究 (1)：表現世界の再構成モデルを用いて．『筑波大学教育学系論集』22 (1)．25-36．

礒田正美 (2000)．関数表現の様相の記述研究 (2)：表現世界の再構成モデルを用いて．『筑波大学教育学系論集』24 (2)．59-72．

　関数の水準の最初の口頭発表は 1984 年の関東都県算数・数学教育研究松本大会である。その時点で記述 [a] が存在した。関数の水準記述に近い記述は、記述 [c] は①ですでに得られていた。①では、一般化された水準記述との対照、学習指導による発達の実体、歴史記述との対照という手順で、すなわち、ア～ウにより妥当性を検討している。②は、思考水準としての妥当性、思考水準の拡張性を検討するために、第1章第4節で述べたような水準と言える条件を定めて、それを満たすことを確認する手順を採用している。すなわち、本章第1節と第2節同様な議論が①と②でなされている。

　以上は、理論的に導出した水準を実証するという経過にある。実証が附属学校において行われたことから、③では、公立学校で調査を行っている。解答類型で割合で示したもので、水準の特徴を述べることができた。④は、さらに水準の移行過程を表現世界の再構成過程から記述しようとするものである。④の結果は次節で述べる。③、④は、水準記述 [C] の精度が高めた研究であり、特に④によって水準はより深く記述しえる。ただし、前述したように、そのような深い記述を、記述 [C] に盛り込むか否かは別問題である。実際、④を通して、水準記述は日本の教育課程に一層準拠した記述となった。例えば、米国では伝統的には、関数は集合と写像を前提に基礎解析で導入する経過にあり、日本のように伴って変わる量、比例を典型に関数を導入する教育課程は必ずしも一般的ではない。グラフ電卓を利用したカリキュラムは、その流れをかえたが、逆に電卓を利用する教室としない教室で著しい教育内容の相異を生んだ経過にある。そのような状況と比べれば、次の第3節で記す調査結果は、日本の教育課程に依存した生徒の反応を収集したもので、移行過程をも含むものである。それゆえ、関数の水準に係る記述 [C] は国際的な通用性を鑑み、水準要件を満たす範囲の深さで記述しているのである。

　まとめれば、関数の水準設定は以下の手順によった。水準を「方法の対象化」で構想し、それに該当する数学内容、問題を特定する。それを歴史的に、また教材から検討する。そして、評価問題を作って調査する。その調査を通して、でき

ることできないことが明瞭になり、水準記述が深まる。その深まった記述を前提にさらに調査問題を作る。その調査によってさらに記述は深まる。これを繰り返せば、水準の記述は、現実の国内での学校での学習状況を一層反映するものとなる。他方、第3節で、その詳細さは、教育課程に準拠した移行指導の状況を反映するものとなる。水準記述それ自体は、移行指導の状況を含めず国際的に通用しえる記述に留める。

　水準設定の目的は、New Math で話題にされた集合と構造に準拠した数学を教えることにあるのではなく、経験（既習）の再組織化に準拠した数学化を教えることにある。再組織化による教材の系統化は、水準で実現する。第1章で述べたように、組織化原理に注目すれば、その内容に係る水準が描けるのであり、組織化原理を変更すれば、別の水準が描ける。水準が直線的な順序系列であるのに対して、教材の系統は、網の目状の流れ（strand）をなす。国によっては、同じ内容を教えていない。再組織化を求める水準の区別に認められる相互に矛盾する内容の系列は、どの国でも参照し得る、すなわち共有しえる障害を明示する。国家間のカリキュラムの相違にみるように、教材全体の系統性は必ずしも共有しえない。それに対して、水準の区別は、数学化を基準にした場合の、教材系統の妥当性を吟味する指標となる。

　以上のように水準記述に国際的な通用性を求めることから、水準記述［C］の記述精度は、相互共有性が成り立つ範囲で充分である。ウ）記述の一般枠組みで記述［a］、記述［b］を探り、水準の設定方法ア）歴史で深めるような記述であっても、その水準記述が、再組織化の過程を適切に表象するのであれば、それは目的に沿う的確な水準記述である。

第3節　表現世界の再構成過程からみた関数の水準

　前節では、関数の水準を示した。そこでは、運動に注目した水準記述のように、関数の水準に準じて内容を配置することはできる。第1章で提出した枠組みだけでは、学習による生徒の発達の様相は水準によって階層化される。そこでは、12年間にも及ぶ教材を、四つの水準に整除、配置することまでしかできないことになる[59]。本節では、生徒の水準をただ固定して区別するのではなく、指導を通し

---

59) van Hiele 水準に準じて、教材が配置できることを話題にした最初の論文は次の論文である：Hoffer, A. (1981). Geometry Is More Than Proof. *Mathematics Teacher*, 74 (1), 11-18.

て以下に発展するかを、日本の場合において調査し、記述することをめざす。

　第1章第4節で話題にしたように、van Hiele 自身は、生徒の思考は与えられた課題に応じて水準を超越して展開しえると主張している。その前提で van Hiele は幾何入門の教育課程を設定した。そもそも、個別生徒の水準を判定することは、van Hiele が求めたものではない。もとより教材は、生徒の思考を個別水準に判別することではなく、より高い水準の思考を達することができるようにする指導目的で用意される。再組織化の意味での数学化を進める教材とは、より高い水準の思考を生徒ができるようにすることを狙った教材である。

　第2章では、再組織化としての数学化の過程でなされるべき行為を明確にする目的から、表現世界の再構成過程を導入した。特に第2章第4節では、数学化における学習課題を、表現世界の再構成過程が導くことを指摘した。その成果を前提に、本節では、生徒の水準を固定して区別するのではなく、指導を通して如何に発展しているかを記述する。特に、第2章で設定した表現世界の再構成過程を利用し、学習による生徒の思考の変容の様相を特定する。具体的には、第2章第4節で述べたことからすれば、何ができないからどのような思考ができるようにしたいかという個別目標を、表現世界の再構成過程にもとづく学習課題として記述できるようにする。

　以上の目標において、本節では、日本の教育課程において関数を学ぶ子どもの思考の発達の様相を、関数の水準によって記述する。第2節（1）では、関数の水準が、幾何に対応した言語水準を表象する意味の思考水準を象徴することを指摘した。そして（3）で述べたように、水準の相違を生徒の反応の相異事例で示すこと自体も行っている。その意味で、生徒の実際を範例にしての、水準の存在確認はできている。ここでは、数年にわたる水準移行の指導によって、実際に生徒の思考がいかに変容していくのかを第2章第4節で述べた表現世界の再構成過程によって記述する[60]。そして、それにより学習課題を示すことをめざす。

(1)　表現世界の再構成過程に準じた水準移行の様相の記述枠組み

　第2章では、表現世界の再構成の立場から、数学化でなすべき活動の内容を区

---

[60]　本節で述べた内容は以下で報告されている：礒田正美（1991）．関数の水準の移行過程における思考の様相に関する調査研究：第1水準以前の場合．『数学教育論文発表会論文集』24．67-72．；礒田正美（1997）．関数表現の再構成の様相の記述研究（1）：表現世界の再構成モデルを用いて『筑波大学教育学系論集』22（1）．25-36．礒田正美（2000）．；関数表現の様相の記述研究（2）：表現世界の再構成モデルを用いて．『筑波大学教育学系論集』24（2）．59-72．

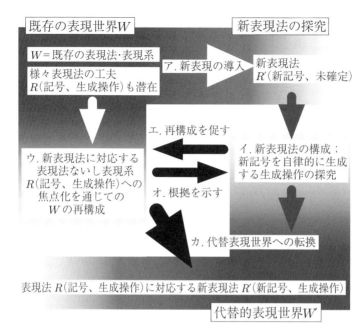

図 3.4 表現世界の再構成過程（図 2.5）

別し、次の活動内容を区別した。

　［前提］既存の表現世界の深化
　ア．新表現の導入
　イ．新表現法の生成操作の探究
　ウ．既存の表現世界から、新表現法に対応する特定表現法の対象化
　エ．既存の表現世界の再構成を促す
　オ．新表現法の生成操作の根拠を示す
　カ．代替表現世界への転換
　［再帰］代替表現世界の深化と再構成

この区別は、表現の再構成において、数学化する際になすべき行為を示したものである。

　この表現にかかる個別活動の区別を、水準移行過程における思考発達（発展）[61]

61）「思考の発達」というと、Piaget 流の学習効果の不明な、成熟に近い意味での認知発達段階を連想させるが、本稿で発達とは学習による発展（development）のみを指す。

の様相、特に表現の再構成を記述する目的で、そのまま用いることはできない。水準の移行指導は、言語の再構成過程を求めるもので、特定の表現に限らず、関連表現を繰り返し再構成する必要がある。関数の水準で言えば、各学年の数量関係、関数領域の指導に準じてスパイラル型に数年に及び繰り返すことで水準の移行が進む。

本研究が精緻化しようとする数学化とは、「下位水準の活動に潜む操作材／活動を組織した数学的方法を、教材／対象にして新しい数学的方法によって組織する活動」であり、「再組織化」である。その数学化の中でも、ここで話題にする水準は言語水準の移行指導である。そこでは、表現世界の再構成過程において、言語の再構成がなされるかを記述する試みが求められる。

表現世界の再構成過程は図3.4のように定式化された。ここでは、フェイズ部分で進められる変容に注目して、大枠として求められる言語の再構成を、次の4つの様相として、表現の再構成過程を集約する。

［様相1. 新表現導入］……………………［前提］及びア（上の横フェイズ）

新しい水準の言語表現は導入しても、新水準にみあう表現の生成方法がまだ存在しない状況での様相である。そこでは、導入された新表現は下位水準の言語表現としての性格を備えており、下位水準の用法で解釈される。その意味では、移行指導がはじまったとしても、なお下位水準にある。

［様相2. 旧表現世界の再構成］………………………ウ、エより（左の縦フェイズ）

新言語表現の生成規則に対応する旧表現こそが下位水準の言語表現の中で顕在化していく過程での様相である。そこでは、高位水準の言語が反映される形で、下位水準の語用が変容していく。図では左側のバー部分が該当する。

［様相3. 新表現世界の生成規則構成］………………イ、オより（右の縦フェイズ）

新言語表現の生成規則が構成される過程での様相である。そこでは、新しい表現を生成するために、下位水準ではみられなかったような新表現の生成方法が認められてる。図では右側のフェイズ部分が該当する。

［様相4. 新表現世界の生成言語の確立］…………カ、［再帰］より（下の横フェイズ）

新言語表現が自立的に利用できる状況での様相である。そこでは下位水準の言語で解釈しなくとも、高位水準の言語表現のみでも通用するようになる。

以上、四つの様相は、第2章第4節で述べた表現世界の再構成における数学化の学習課題と次のように対応している。

➤ 学習課題1）　既存の表現世界に基づく新表現導入：［様相1. 新表現導入］

> 学習課題2） 既存の表現世界の再構成：［様相2．旧表現世界の再構成］
> 学習課題3） 新表現世界の生成規則の構成：［様相3．新表現世界の生成規則構成］
> 学習課題4） 新表現に基づく代替表現世界による推論の採用［様相4．新表現世界の生成言語の確立］

　四つの様相は学習課題でもあり、それは同時に学習による発達課題とみることができる。実際、第2章第3節で述べたように、それぞれに信ずる数学を他者に説明しようとしても、そこだけでは優劣がつかない状況がある。各フェイズは、相互の考え方の相異、めざす数学の相異を内包しており、仮にそれが将来有望な考え方でも、その将来性を見通せないがゆえに、そこには、その考えを容易に共有できない状況が存在した。

　本節では、四つの様相を分析単位に、以下、生徒のインタビュー調査の結果を、水準移行過程で現れる関数領域で認められた生徒の思考の特徴として抽出し記述する。ただし、様相1は、下位水準の言語表現に属しており、様相4は、実質的に水準の移行の完了も意味しており、移行期を明瞭に性格付けるのは、相補的な構成過程である様相2と様相3である。ここで様相という語は、学習による思考の発達を区別するために導入するが、生徒の思考において何が容易にできて、何が容易にできないか、指導による発達に現れる特徴を知るために用いる。もとより生徒の思考は、教材次第で発達しえるというのが思考水準論であり、ある様相と特定した生徒が、それ以外の思考ができないという意味での発達段階区分を本研究では採用していない。

　さらに後述するように、本調査は、学習指導過程での水準移行過程を調査したものではない。学年進行に注目した調査であり、後述するようにその様相さえも区別できない場合がある。

　調査方法：調査は1991年の1学期に行われた。調査対象は、各学年の当該関数領域の指導を受けていない段階での小4から高3までの生徒である。対象生徒は、次の手順で選定された。まず、水準の判定問題を各学年100名以上に課した。そして、該当学年以前の指導内容から期待しえる水準を達成しているか、おおむね達成しつつあるとみなせる者を各5名以上選んだ。予想通り既習が獲得されているという意味でできる生徒ということになるが、先取り学習していると認められる生徒は選んでいない。そのような抽出生徒に、その水準の判定問題をどのように考えて解答したかを個別に聞き取り調査した。その意味で本節で言う思考の

発達の記述とは、指導系統の上で期待通り思考を変容させている生徒を学年間で対比して認められた差異を、表現理論の再構成過程に即して記したものであり、一人の生徒の通時的な発達ではない[62]。記述に際してはインタビュー調査以前に行われた筆者の研究成果も補完的に利用する。

以下、記述の手順としては、まず、インタビュー結果から、表現の再構成過程の様相を基準にして得られた典型的な特徴をそれぞれ述べる。次に、その特徴を導いた根拠となるインタビュー結果を、特徴を例証する意図で解説する。

(2) 第1水準から第2水準への移行
(2)−1. 第1水準の特徴／新表現導入

第1水準は「事象を数量で考察できる」水準である。小学校4年で第2水準の言語である表の関係表現を明示的に指導することから、本調査では小3までが既習の小4の抽出児が該当する。日々の学習指導では、線分図や矢線表現が導入されており、その意味で第2水準への移行指導を受けているとみることができる。〔様相1. 新表現導入〕の記載内容に照らせば、「導入された新表現は下位水準の言語表現として性格を備えており、下位水準の用法で解釈される。」ので第2水準の表現ができるわけではない。このような意味で、第1水準で考えている様相が顕著に認められたインタビュー結果から、次の特徴がまとめられる。

〈第1水準の特徴〉
特徴1. 特定事象について限定的に事象の数量関係を考察することはできても、異なる事象を比較して、そこに共通する関係や法則を吟味することは難しい。
特徴2. 計算を利用しての考察では、従属変数に着目しての二項処理(計算)が中心で、一変数的な見方をしており、二変量的な扱いは乏しい。特に、二項処理では階差に着目する傾向が強く、倍概念は未分化である。

---

62) van Hiele は、水準の移行をめざす教育課程を生みだす目的で水準を設定しており、個人の学習による発達軌道を識別する目的で思考水準は設定していない。van Hiele 自身が水準移行過程で、文脈に応じて子どもは自分の水準より高位の水準の思考ができると言っている。同じ立場に立つ本研究では、個人の水準を特定することに関心はなく、むしろ、どこまでの思考が可能であるのか、その射程の範囲を知ることで、水準の移行を性格付けることを主題としている。

特徴1の解説:（特徴1）特定事象について限定的に事象の数量関係を考察することはできても、異なる事象を比較して、そこに共通する関係や法則を吟味することは難しい。

　面接結果から特徴1を説明する子どもの反応例を以下に示す。この水準の子どもは個々の事象に潜む数量関係を理解したとしても、比例のような複数事象の数量関係を記述する語を持たないため、複数事象を比較することは容易でない。実際、小4児童は、問Aに対して、次のように答えている。

> 問A．（小4〜中1出題）
> 「バケツに水道から水を入れます。入れた時間が長いほど、バケツの水かさはふえます。」
> この文と同じように「なにかをふやすと、他にふえるもの」がある文を、下のア〜ウからぜんぶえらび、○で囲みましょう。
> ア．「1時間に4km歩きます。歩く時間を長くするほど、歩くみちのりは長くなります。」
> イ．「おなじくぎの重さをはかります。くぎの本数が多いほど、重さはおもくなります。」
> ウ．「1000円で買い物をします。ねだんの高いものをかうほど、おつりは少なくなります。」

P1（無答）「わかんなかった。〜以下略」
小4児童P1はアイウの事象の数量関係は理解していた。ところが、ウは「高いものを買えば買うものが増える」というように問題文中に記されていない状況まで思い浮かべて、どれも増えるような気がして、どれを選べばよいか、わからなくなったと答えている。

P2（アを選択）「んとね、これはね、おふろだったら水でしょ、（アについて）1時間で4km歩くんでしょ、入れた時間が長いのと歩く時間が長いのと同じだからね。ウは1000円で買い物をしてね、おつりは少なくなりますっていうことはね、これは増えます（ふろ）とか長くなる（ア）とかいうね、だんだん上がっていくことをいっているのにね、おふろはね、少なくなるとかそういうことじゃないしね、なになにの時間が長いものをいうんでね、それをね、めじるしにするとね、イでもなくてね、アがあっているのかなと思って、（筆者）イは違うかな。イ……わかんなくなっちゃった。いまあらためて読んでみると、やっぱりイも○したほうがいいんじゃないかと思って」

小4児童 P2 もそれぞれの事象の関係は理解しているが、筆者からの反駁があるまでは、時間を目印に選択しており、「なにかをふやすと、ほかにふえるもの」という伴って変わる量を判断基準にすることが容易に意識できなかったことを示している。

以上は小4だが、小5でも「イとウ、アは速くあるいたり遅くあるいたりできるでしょ、イは同じくぎだからそうならないでしょ。(筆者)ウは。？(問)。(筆者)何困ったの。ウは増やすものが入っていない。」というように答えるなど、日常語による数量関係の対比は容易ではないことが示唆される。

そして、以上のような解答は、次の様な説明とは著しい相違がある。

P3(小5；第2水準への移行期)「たがいに増えているものを探すと、アとイ。(筆者)読んでパッとわかりましたか。だいたいすぐわかりました。」さらに、第2水準の生徒(中1)はみな「すぐわかりました」と答えている。

第1水準の子どもと、移行期や第2水準の子どものこのような差異は、第1水準の子どもが関係を一般的に把握する言語表現(この場合は関係を表現する言語表現)を持たないためと考えられる。その言語表現があれば、それに照らして事象を判別できるはずである。

特徴2の解説：(特徴2)計算を利用しての考察では、従属変数に着目しての二項処理(計算)が中心で、一変数的な見方をしており、二変量的な扱いは乏しい。特に、二項処理では階差に着目する傾向が強く、倍概念は未分化である。

特徴2について述べる。第1水準のこどもの数量計算は、二変量(伴って変わる)的見方は乏しく、基本的には一変量的である。特に、従属変数に着目し、二項間の差に発展して考える傾向があり、倍の考え方は未分化で適切に表現できな

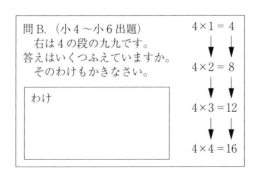

い。実際、先の第1水準のP1、P2（小4）は問Bに対して次の様に答えている。
　P1「4つずつ増えている。わけはかけざんは4のいくつぶんだから」
　P2「（わけの説明）二年生のかけるで考えた。かけるという意味は倍に増えるって意味だから、しいちだったら倍になってね、えっと4×1は4で、その次に1が2にかわってしにだったら8ってようにやったんだけど。それでね、また倍になってね、2が3にかわってしさんは12。（筆者）倍ってどういう意味で使ってくれたの、4の1倍が4って言ってくれたの。うん。（筆者）1が2になったのは倍だね、2が3になったのは倍っていうの。うんとね、この（左側）の矢印のほうにね倍になっていくとね、こっちのほう（右側の矢印）もね、同じ数どおり倍になっていく」

P2の説明の前半は、図中の縦矢印→方向ではなく、右方向への九九を言っている。そして、後半の説明は、大人に立場からは比例で言う「一方を2倍3倍すると他方も2倍3倍になる」という二変量的意味に聞こえそうだが、実際には、P2は値の差（階差）のみに注目し、加法的状況に「倍」と表現している。

> 問C．（小4出題）
> 　1kgで200円のねんどがあります。
> 　このねんど2kgでは、400円になります。
> (1) 3kgと4kgの値段を求めて下の表に書きましょう。
>
> | ねんどの重さ(kg) | 1kg | 2kg | 3kg | 4kg |
> |---|---|---|---|---|
> | ねんどの値段(円) | 200円 | 400円 | 円 | 円 |
>
> (2) グラフにあらわそう。
> (3) 5kgの値段を求めよう。

　それは問Cの説明からもわかる。
　P2（問Cの説明）「1キロが200円なら、2キロなら200円増えて400円でしょ。そのつぎに、また3キロだったら、2倍して600円でしょ。それからまた、2倍にしたら、2倍っていうか、んと、200円ね、むこうにっていうか800円のほう

へいったら、800円でしょ。だから、そういって200円ずつ倍にしていってね考えたの。(筆者；表が4kgまでなのに棒グラフを5kgまでかいたことについて) 5kgのグラフはどうやってかいてくれたの。さっきも言ったようにね200円ずつ(グラフが)飛んでいっているから。」

ここでP2は、200円ずつ増加することを倍という言葉で表現することに抵抗を感じながらも、やはり「200円ずつ倍にしていく」と言っている。このように倍という語が適切に使えない理由は、比例概念の適切な表現を未習得なためと説明づけられる。このような倍の未分化な用法(もしくは混乱した用法)が生じる理由として二変量的な意識ではなく一変量的な見方で、従属変数に着目した二項計算をしていることが、観察からわかる。すなわち、P2は、表の下欄(200円、400円、　円、　円)が200円ずつ増加することに着目して400＋200＝600という二項計算を説明している。そして、この階差分だけ累加していく状況を倍と表現している。すなわち、従属変数への注目が顕著であり、しかも倍概念は、比例概念以前の乗法の加法性と未分化な状態にある。

第2水準やそこへの移行期の子どもの場合、二変量的に考えることができ、「kg」と「値段」の対応や乗数を明瞭に意識して、例えば3kgだったら200(円)×3(kg)で600円、4kgだったら200(円)×4(kg)で800円というような説明をしている。この水準の児童はそのような明瞭な説明を適切にはできない。

以上の二つの特徴は、それぞれに「導入された新表現は下位水準の言語表現として性格を備えており、下位水準の用法で解釈される。」ことを指摘したものである。例えば、特徴2について確認すれば、第2水準で比例を説明する際に必要な用語「倍」は導入されているが、その語を第2水準の意味で比例的に「2倍」、「3倍」というように用いることができず、加法的に運用しているのである。

(2)−2. 第2水準への移行期／旧表現世界の再構成

教育内容と水準とを対照すると、第2水準への移行は小4〜小6に渡る意識的な指導によると考えられる。本調査では、比例学習以前の小5(小4既習)、小6(小5既習)抽出児が確実に該当する。もっとも第2水準の主要表現である表は、小1の資料の整理から漸次導入され、小3で明瞭に表記される。小4から表の規則性の探究が積極的に扱われる。

［2］旧表現世界の再構成過程で現れる様相は「高位水準の言語が反映される形で、下位水準の語用が変容していく」ことにある。その変容として調査から確認

されたのは次の特徴である。

> 〈第2水準への旧表現の再構成期に現れる特徴〉
> 特徴1. 伴って変わる二量を、和差積商という対応の法則性に着目して説明することは知っているが、必ずしも適切に活用できるわけではない。
> 特徴2. 伴って変わる二量を、潜在的に1あたりに着目するなど、数量関係としてとらえることができ、それによって事象の数量関係が対比できるようになる。

特徴1の解説：（特徴1）. 伴って変わる二量を、和差積商という対応の法則性に着目して説明することは知っているが、必ずしも適切に活用できるわけではない。

特徴1を説明する。小4既習の小5では、二変量的な意識で、事象（元々は第1水準）における法則性を表現する児童が現れる。実際、先の問Aに対して、この時期の小5児童P4は次の様に述べている。

P4「おふろの水かさは、蛇口のひねりかたでかわるけど、一定にしておけば、時間が長いほど、水かさが一定に増えるので、同じようなものを探しました。ア、イは同じで、ウは差が一定になる。（筆者）ウは差が一定と考えたの。というか、よくわからなかったんだけど、なんとなくウが違うと思って。ア、イは和が一定のような気がする（誤り）。（筆者）あ、和が一定か差が一定かで考えてくれたの。あ、それじゃなくて、いま言った事はよくわからなかったんだけど、ウは差が一定のような気がした（これも誤り）。」

P4の説明を、先に示した第1水準のP1、P2の説明と比較すれば明らかなように、事象を言葉で適切に二変量的な見方で表現している。これは、第1水準の対象である事象の説明の仕方が、より第2水準で記される数量関係に沿った表現に進化していることを示している。そこでは適切に、しかも第2水準の表の読み取りの基本である和差積商の法則性に着目する必要を意識しながら説明しているのである。ただし、事象の法則性を必ずしも正しく把握できないことから第2水準の言語表現による数量の関係把握は適切にできていないこともわかる。

特徴2の解説：（特徴2）. 伴って変わる二量を、潜在的に1あたりに着目するなど、数量関係としてとらえることができ、それによって事象の数量関係が対比できるようになる。

次に特徴2について述べる。1あたりへ着目した考えがめばえ、そのいくつ分という考え方がはじまる。問Dに対して、事象の数量関係を対比しその共通性を認めることが困難な第1水準の子どもと、この時期の子どもの反応とを比較してみよう。

> 問D. 小4（記号改）〜高3
> 　下のア〜エの文は、a と b に関係があります。読んでみると、1つだけaとbの関係がちがうものがあります。その文を○でかこみなさい。
> ア．1時間に40 km走る車は、a 時間では b km走る。
> イ．1 mで500円のリボンは、a mでは b 円になる。
> ウ．面積が12 cm^{2}の長方形は、たての辺の長さ a cmではよこの辺の長さは b cmになる。
> エ．1 mで30 gのはりがねは、a mでは b gになる。

P6（小5；第1水準）「んとね、あてづくっぽいんだけど、アはkmてつくでしょ、イもmってつくでしょ、ウはcmってつくでしょ、エはmだから。（ウだけcmだからちがうとした）」

この子どもの場合、二変量及びその関係の記述を解せず、従って比較できないから、文の特徴で考察せざるをえない。先のP2（小4；第1水準）も次のように説明している「（イが違うのは）んんとね、エだったら□mで△gってかいてあるでしょ。イだったら□mで△円、ん〜わかんなくなっちゃった。違う違う間違えた、イでなくてウが○だ。他のは「〜で……する」って書いてあるんだけど、ウは「〜の……に」ってなっているから」すなわち、第1水準の子どもは、一変数的に単位などに着目し、事象の数量関係を対比しその共通性を認めることは困難である。

それに対して、この時期の子どもの場合、次の様に答えている。

P7（小5；移行期）「ウを選んだ。（筆者）どうしてですか。1 mで500円なら2 mなら1000円、だから、……（以下この要領で説明した）」

P8（小6；移行期）「えっと、んと、1時間に40 km走る車は、2時間だったら2倍で、3時間だったら3倍で……、イはアと同じ様な考え方をして……同じ関係で、ウは12 cm^{2}は縦の長さと横の長さは決まっていないから、関係が違うから、……ウは違う」

P7は、1あたりを利用して、事象の二変量の対応関係を論じているとみること

ができる。この考えが的確にできれば、事象の結果を表す意味での表を、単に従属変数に注目するのではなく二変量的に認めたことになる。同じ移行期でもP8（小6；移行、比例未習）の説明には、「n 倍すると n 倍になる」という二変量的な意味での「倍」の語用が認められる。これは第1水準の子どもの未分化な「倍」の語用（倍々など）とは、明らかに異なるより高位な（ここでは第2水準の）語用である。すなわち、事象の数量を二変量として規則的に表現することができなかった第1水準の語用から事象の数量の規則性に注目した語用ができるようになり、事象の数量関係が対比的に考察できるように変わっている。

　以上の2つの特徴は、それぞれに「高位水準の言語が反映される形で、下位水準の語用が変容していく」ことを指摘したものである。例えば、特徴2について確認すれば、第1水準の子どもは「倍」を適切に用いることができなかったが、ここでは、比例の意味での「倍」の用法とは言えないまでも1倍、2倍という用法が適切に用いられている。

(2)—3．第2水準への移行期／新表現世界の生成規則構成

　特に新表現世界の生成規則の構成期には「新しい表現を生成するために、下位水準ではみられなかったような新表現の生成方法が認められる」ことを基準にすると、第2水準への移行期でも、次の特徴が認められる。

〈第2水準への新表現の生成規則構成期に現れる特徴〉
特徴1．1あたりに着目しての立式を解する。
特徴2．グラフでも1あたりに着目する。
特徴3．グラフや式の考察では、表での考え方（1あたり）に立返って考える。
特徴4．事象無しの表には抵抗がある。

特徴1の解説：（特徴1）．1あたりに着目しての立式を解する。

　特徴1について述べる。1あたりに着目した立式ができるようになる。実際、問E（3）では、移行期の場合、「4 cm × 段数 ＝ まわりの長さ」という解答があった。1あたりの立式では、本来の単位は「cm／段」になるが、そういった扱いをしない指導では、1段あたり4 cmの何倍かという意味での「1あたり」で立式している。

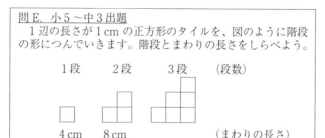

(1). 階段のまわりの長さは、1段のとき4cm、2段のとき8cmです。3段のときは、何cmですか。
(2). 階段が1段ふえると、まわりの長さはどれだけ増えますか。また、そのわけをかきなさい。
(3). 階段とまわりの長さの関係を、ことばの式であらわしなさい。
(4). 10段のとき、まわりの長さは何cmですか。

実際、次の様に説明している。

　P*（小6；移行期）「1段で4cmでしょ。2段では4cm×2で8cmでしょ。3段では……。4cmに段数をかければいい」

　すなわち、表を生成するこの場面で、次のように表をみて、1あたり a であることを活用して生成している。

　ここでは商が a であるという意味での1あたりではななく、1の時 a、a の3倍が c、というように推論がなされている。商一定という第2水準の比例概念とまでは言えない。しかし、場面の従属変数の差に着目する傾向のある第1水準の累加的語用とは著しい相違である。

特徴2の解説：（特徴2）．グラフでも1あたりに着目する。

　特徴2について述べる。問Fのグラフは事象の測定の記録である。記録として読めば設問(1)では、2分後のグラフのメモリを読むのが自然である。しかし、次のような説明をしている。

問F. 小5〜中1
　20Ｐはいるタンクに水を入れます。水を入れてからの時間とタンクの水量を3分間だけ調べたところ、グラフのようになりました。
(1). 水を入れはじめてから2分後、タンクの水量は何Ｐですか。
(2). タンクには1分間に何Ｐの水が入っていますか。
(3). □分後の水量が△Ｐです。□と△の関係を式であらわしましょう。
(4). タンクが満水になるのは何分後ですか。

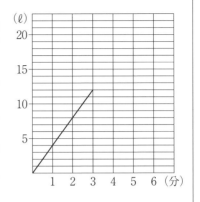

P9（小5；移行期）「このグラフをみると、1分間に4リットルになって、その4リットルが2分間ならその2倍の8リットルになるので。（筆者）あ、2分間で何リットル入ったかをグラフから読んだのではなくて、1分間で何リットルかを調べてくれたの。はい」

　直接グラフを読むのではなく、わざわざ1あたりを基に説明している。これは1あたりの考えが表の生成規則であるばかりか、グラフの生成規則として実現していることを示している。すなわち、事象のデータ記録としてではなく、ある関係をそこに認めて、それを生成規則としてグラフを構成的によんでいるのである。

特徴3の解説：（特徴3）．グラフや式の考察では、表での考え方（1あたり）に立返って考える。

　特徴3について述べる。問F(3)は小学生には不慣れなグラフからの立式課題で困難と予想されたが、実際には、グラフを読み、特徴1で述べた1あたりを念頭に立式できた。(4)の開放は、グラフを延長して考える場合と、事象と表から1あたりに着目して考える場合が認められた。立式に成功した次の児童は、1あたりに着目して次の様に説明している。

P10（小6；移行期）「1分間で何リットル入るか調べて、あー調べるっていうかみて。それが2分では何リットルかを考えた。（筆者）式はどういうふうにたてましたか。1分間に4リットルはいるから……。」

　すなわち、グラフから立式の課題に対して、特徴1で述べた1あたりに着目し

た表での考え方を利用している。第2水準への移行期の子どもの場合、グラフからの直接的立式は未習であるが、表での1あたりの考え方に読みかえられれば解答可能といえる。

特徴4の解説：(特徴4). 事象無しの表には抵抗がある。

特徴4について述べる。事象を伴わない表について出題である問Gに対して、違和感を覚えることを移行期の子どもは次のように説明している。

問G．小6出題

a と b の間に $b=3×a$ という関係があります。

(1)．表の b のらんをうめましょう。

a	0	1	2	3	4
b	0	3			

(2)．a と b の関係をグラフにあらわしましょう。

P10（小6；移行期）「（答案に a は分、b は水量と書き込んであったので、書き込んだ理由を聞くと）3、6、9、12だったらわかりにくい気がして、分間と水量だったらわかりやすいんじゃないかなと思って。（筆者）あ、数字のままだと意味がわからないから、具体的なものにおきかえたのね。はい。」

この説明は、移行期の子どもは、第2水準の主たる表現である表を単独で吟味することに抵抗があり、表を解釈する上で場面でイメージした方が意味を解しやすいことを示している。事象（場面情報）を伴わない問題に対しては、第2水準に達していない子ども（小4〜小6）の場合、どう考えてよいかわからないと答えることから、特徴1〜3でみるように表での生成的な考察ができるようになってはいるが、なお、事象での解釈を必要としている点で、第2水準に達していないと言えよう。

以上の4つの特徴は、それぞれに「新しい表現を生成するために、下位水準ではみられなかったような新表現の生成方法が認められる」ことを指摘したものである。例えば、特徴2について確認すれば、第1水準の子どもは「倍」を適切に用いることができなかったが、ここでは、比例の意味での「倍」の用法とは確かに言えないまでも1倍、2倍という用法が適切に用いられている。

(2)−4. 第2水準の特徴／新表現の生成言語の確立

第2水準は、数量間の関係（対象）を、変化や対応の規則（研究方法）で考察できる水準である。これまでの研究から、小6既習すなわち本調査では中1以後が該当しえる。

第2水準での新表現の生成言語が確立すると「下位水準の言語で解釈しなくとも、高位水準の言語表現のみでも通用するようになる」。その状況は、第2水準の子どもの表現には次のような特徴として、具体的には事象抜きで関係だけの議論ができる点に認められた。

〈第2水準の特徴〉

特徴1. 事象を伴わない場合も含めて（比例の）表が関係表現として意味をなす。

特徴2. 表の横の見方に加えて、x の〜倍が y というような縦の見方もできる。

特徴3. 比例反比例を事象の分析、考察の基準にできる。

特徴1の解説：（特徴1）．事象を伴わない場合も含めて（比例の）表が関係表現として意味をなす。

問H．中1以上に出題

次の表は、b が a に比例するときの a、b の値を表している。下の問いに答えよう。

a	3	6	P
b	7	Q	35

ア．$P=14$、$Q=31$
イ．$P=10$、$Q=24$
ウ．$P=10$、$Q=31$
エ．$P=14$、$Q=15$
オ．$P=15$、$Q=14$

(1)．P と Q の値として正しいものを上のア〜オから選び、○でかこもう。
(2)．a と b の関係を式で表そう。

特徴1について述べる。比例概念の学習により、様々な事象に存在する比例、反比例の表、式、グラフの特徴をもとにした考察ができるようになる。そのため第2水準の子どもは、比例概念について、前述した移行期の場合のような、事象無しの表に対する違和感がなく解答してくる。問Hに対して、先の移行期のP10の生徒のように具体的な事象を付与する必要なく解答している。

移行期と達成後の違いは、表が事象抜きで関係の考察対象として意味をなすようになる点である。例えば、同様に事象抜きの問Iでは、移行期までの抽出児からは我々が普通理解するような見方での表の解釈は得られない。例えば、第1水準の小4の児童は「(文字ではなく□と△を利用)イはね、あっているって思うんだけど(正解はオ)、□が9だとするでしょ。そうすると△は27になるでしょ。27を3で割れば、9でちょっきりになるから、イでしょ。」と答えている。この児童は、問Iの表を下の図の枠囲部分の様に読んで式にあわせて表上の数値を自由に読んでいたのである。このような極端な反応は、移行期の児童では、前述の1あたりの考えなどの出現にみるように漸次減るが、先の小6移行期の生徒P10の反応にみるように、事象がないことの違和感は第2水準以前には抱いている。

問I. 小4〜
下の表の a と b の関係をあらわす式を、ア〜オからえらび、○でかこみなさい。

a	1	2	3	4
b	3	5	7	9

ア. $a = b$
イ. $3 \times a = b$
ウ. $-a \times a + 1 = b$
エ. $a \times a + 1 = b$
オ. $2 \times a + 1 = b$

□	1	2	3	4
△	3	5	7	9

特徴2の解説:(特徴2). 表の横の見方に加えて、x の〜倍が y というような縦

の見方もできる。

　特徴2について述べる。前述のように、表の見方は、第2水準への移行過程で、従属変数の階差的見方から二変数的見方へと漸次深まっている。そこでは、表の生成規則として、1あたりに着目した考えが明瞭に現れた。特に、表を縦に見ての対応の表現は、4年で学ぶ和差積商「一定」という表現が典型であるが、「一定」という表現には表を横に読む視点が同時に必要になっている。それに対して、小6の比例の学習により、「〜倍すると〜倍」という、累加ではない、二変量的横の見方や、「上の欄 × a ＝ 下の欄」という意味での式による対応表現が指導される。その結果、1あたりや、商一定とは異なる「上の欄 × a ＝ 下の欄」という対応として表が生成されるようになる。言い換えれば、一あたりを基にする考えは、比例という概念を整理する以前に比例関係に相当する乗法構造を表現する語であるということである。整理されて後は、比例と判断されれば、一あたりの語用のかわりに、対応計算式や倍比例の語用をむしろ用いるようになる。

　実際、先の問Eに対してP11（中2；第2水準）「1段の場合は4cmで2段の場合は8cmで比例しているから、2に4かけて8で、3に4かけて12」と述べている。このP11の表現は、先に引用した移行期P＊の表現のように単位が無く、しかも「比例しているから」として表の数値の対応が4倍であることを語っている。

特徴3の解説：（特徴3）．比例反比例を事象の分析、考察の基準にできる。

　特徴3について述べる。移行期までは、事象の関係を把握する上での一般概念を表すラベルがないが、用語、比例の学習により、比例事象を統合的に語ることができるようになる。このことを、先の問Dで説明しよう。移行期では「1あたり」に着目して事象に着目して答えていたが、比例既習の生徒は次のように答えている。

　P12（中1；第2水準）「アは1時間で40km、2時間なら80kmだから、比例。イは……（略）。ウは違うと思ったんだけど、片方が増えて片方は減るから反比例（未分化な反比例概念の典型で、正確には誤りであることに注意）。（筆者）パッとわかりましたか。はい。」

　このように第2水準の生徒は事象の比例関係を統合的に把握する用語、比例を用いて、事象を類別しているのである。

　以上の三つの特徴は、それぞれに「下位水準の言語で解釈しなくとも、高位水準の言語表現のみでも通用するようになる」ことを指摘したものである。例えば、特徴1について確認すれば、第1水準の子どもは文脈ぬきで表を示される

適切に解釈することができず、横、縦、斜めと随意に数字を読みとるのに対して、第2水準では、表だけから関係を議論することができるのである。

(3) 第2水準から第3水準への移行

　第2水準の達成、新表現の生成言語の確立は、水準移行をめざす学習指導上は同時に第3水準への移行指導をはじめる時期であり、「新表現の導入」期となる。ここでは、移行期から述べることにする。教育内容と水準を比較対照すれば、第3水準への移行は中1～高1（本調査では中2～高2データが該当、調査は1991年実施）に渡る学習指導によると考えられる。そこでは扱う関数が一次から二次へと拡張される。

(3)—1. 第3水準への移行期／旧表現世界の再構成

　ここでは、その指導内容を参照して、第3水準に応じた第2水準の表現の再構成に注目して、その特徴を指摘する。調査結果を表現の最高性モデルと対照した結果、第3水準への移行として特に、旧表現世界の再構成として「新表現は下位水準の言語表現としての性格を備えており、下位水準で解釈される」ことに注目して、次の特徴を記せる。

〈第3水準への旧表現の再構成期に現れる特徴〉
特徴1．表、式、グラフという表現の存在は知っているが、未知の「関数を調べる」という語用が意味をなさない。
特徴2．事象における関係の判断基準が表から式に変わり始める。
特徴3．第3水準への移行のための指導を受けると、第2水準の意味で、事象そのものを分析し、表現する力が後退する。

　以下、それぞれの特徴を得た根拠を示す。

特徴1の解説：（特徴1）．表、式、グラフという表現の存在は知っているが、未知の「関数を調べる」という語用が意味をなさない。

　特徴1は、中1から関数という用語を学ぶにもかかわらず、中1既習（調査データでは中2）の生徒が第3水準と判定できない最大の理由である。それは、代数や幾何的な言語が未熟なだけではなく、関数を調べるという語用自体が意味をなさないこと、すなわち、関数が思考の対象とはなりえていないことを示してい

る。

問Jは直接それを聞いた設問である。ペーパーテストの結果では、関数と比例既習の中2生徒の多数が白紙であったことから、中1で関数を学んできたにもかかわらず、この時期の大多数の生徒には何を聞いているか設問が意味をなさなかったことを示している。

> 問J．（中2以降で未習関数を提示して出題）
> $y = 3x + 2$ がどのような関数かを調べたい。どのように調べたらよいだろう。調べ方を書こう。

P13（中2：移行期）「（筆者）かいてなかったんだけど、何かかいてみようと思いましたか。問題の意味がつかみにくくて。（筆者）どこですか。調べかたというのがわかりませんでした。『どのような関数か調べたい』というところが。（筆者）$y = 3x$ がどのような関数か調べたいというんだったらどうかな。よくわかりません。（筆者）関数ってどんなもの。x が変化すると対応する y が変化するのが関数。（筆者）変化の様子を調べるのに何をしますか。表とかグラフをかく。（筆者）そういう解答は思い浮かびましたか。いえ、思いませんでした。」

このP13の反応に現れるように、表やグラフの存在は知っているが、表やグラフをかけば関数の様子が調べられるという発想自体をこの時期の生徒は持っていないのである。

問Jに対して中2生徒はわずかに認められたのは表である。面接生徒の中には、唯一、次のような生徒がいた。

P14（中2：移行期）「（テストのときは）よくわかんなかったんだけど、どういうふうにしたら、んと、比例とかと関わるかってことなんで、グラフを作るとか表とかをかけばよいのかなと（面接調査を通じてのそれまでの説明から類推して答えている）。（筆者）テストのときわからなかったのはどうして。『どのような関数か調べたい』と聞かれたとき何をすればよいかわからなかった。（筆者）今できますか。グラフをかいて形を調べればわかるし、でも、問10（1次関数のグラフから立式を求める設問）のようなグラフだったらよくわからないし…。関数って意味はだいたいわかるんだけど、どういうふうに調べたらよいかというのがわからなかった。これが比例とかなら、わかったかもしれないんだけど」

P14の発言によれば、「どのように比例しているか」なら答えられたという。そ

れは、表・式・グラフで比例を表現し、性格付けた既習に基づいている。未知の関数を調べるには何をすべきかということは、この生徒の場合でも必ずしも意味をなしていない。実際、その発言は設問Jの一次関数で言えば「どのような一次関数か」を比例と同じように調べることを類推している。そして、知っている関数が限定されるため、設問の文脈「どのような関数かを調べる」とは隔たりがある。「どのような比例かを調べる」ならば答えられ、「どのような関数かを調べる」には答えられなかったとこは、算術概念の（正負への）拡張としての比例概念までは考察対象にしたものの、一般的な意味での関数を考察対象とすることが困難である実態を例証している。問Jで「どのような関数かを調べる」という設問の意味が解されない背景には、中1の比例学習では、変数の拡張以外、既知の事項を扱う点が指摘できる。比例の拡張可能性を話題にしながら、比例を関数として調べても、拡張の方に意識が向き、未知の関数を調べたという意識が生じ難いという教材の特徴が現れている。

特徴2の解説：（特徴2）．事象における関係の判断基準が表から式に変わり始める。

特徴2は問Dに対する事象の分類基準に式を当てる者が現れはじめることを根拠としている。

P15（中2；移行期）「それぞれの式を、y とか x とかを使って作ってみると～。（筆者）比例反比例で分けようとは思いませんでしたか。式を立てて、そう思ったけど、最初は式を考えました」

問Dは「2倍3倍すると～」というように倍比例分析で比例か反比例かを判断すれば解ける、すなわち第2水準の算術的な比例概念で判別できる問題である。P15がわざわざ立式したのは、式を判断基準としたためであり、中1以降での（関数の）式表現の強調がその背景にあると考えられる。「式を立てて、（比例・反比例の違い）と思ったけど、最初は（まず）式を考える」というような式を基準とした関数表現の傾向は中1以後の指導を経る毎に増大していく。後述するように、この特徴2は、次節でさらに顕著に現れる。特徴2は、次に述べる特徴3とのかかわりで注目される。

特徴3の解説：（特徴3）．第3水準への移行のための指導を受けると、第2水準の意味で、事象そのものを分析し表現する力が後退する。

特徴3は、礒田の別の調査研究（1990、1996）で報告した特徴であり、このインタビュー研究の動機となった研究である[63]。特徴1、2とは一律には議論できな

いので、以下、補遺1、2として報告する。調査は、数量関係内容の指導後（3学期末）に行っており、指導前に行った本調査データ（1学期始め）とは学年解釈が1学年ずれる。補遺1、2の調査学年に＋1学年して読むと今回の調査対象者と既習内容が整合する。
―― 補遺1、2 ――
以下、補遺1、2の調査結果を順に示し、そのあと解説する。

補遺1；設題と結果
（問Hと同じ：調査時期は学年末、礒田1990））

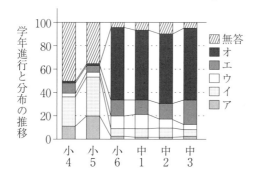

下の表は、y が x に比例するときの x、y の値をあらわしている。P と Q の値は次のどれですか。

x	3	6	P
y	7	Q	35

ア．$P=14$、$Q=31$
イ．$P=10$、$Q=24$
ウ．$P=10$、$Q=31$
エ．$P=14$、$Q=15$
オ．$P=15$、$Q=14$

---

63) 礒田正美, 志水廣, 山中和人（1990）. 関数の活用の仕方と表現技能の発達に関する調査研究：小・中・高にわたる発達と変容.『日本数学教育学会誌』72 (1). 49-63.; 礒田正美（1991）. 関数の水準の移行過程における思考の様相に関する調査研究：第1水準以前の場合.『数学教育論文発表会論文集』24. 67-72.; Isoda, M.（1996）. The Development of Language about Function: An Application of van Hiele's Levels. Edited by Puig, L., Gutierrez, A. *Proceedings of the 20th Conference of the International Group for the Psychology of Mathematics Education*. 3. 105-112.

補遺2：設題とその結果

（問Eに類似；礒田 1990）

　一辺の長さが1cmの正方形の紙を、下の図のように階段の形につんでいきます。次の問いに答えなさい。

(1) 階段の段数を増やしていくとき、まわりの長さはどのようにかわっていきますか。

　また、そのわけもかきなさい。

周りの長さは
　ア．4cmずつ増えていく。
　イ．2倍、3倍と増えていく。
　ウ．正しい式を書いた。
　エ．その他：増えていく。
　　　　　　　同じように増えていく。
　オ．誤答
　カ．無答

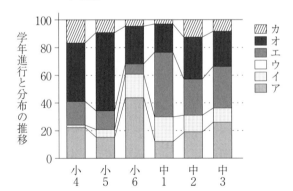

そのわけは
- ア．事象を言葉で表現して説明する。
  - 例．正方形のまわりの長さが4cm。
- イ．表から
- ウ．言葉の式（比例も含む）
- ケ．その他（含む誤答）
  - 例．1段ずつ増えているから。
- コ．無答

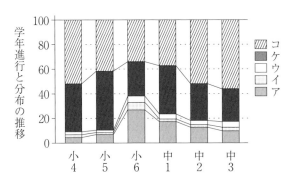

(2) 階段とまわりの長さとはどのような関係になっていますか。

ア．具体的に1例記述。
　　例．段数が4だと、縦の長さも4。
イ．増えれば増える。
ウ．1段増えれば、4cm増える。
エ．比例する；ア〜ウとの複合も含む。
オ．言葉の式；ア〜ウとの複合も含む。
カ．文字（x、△など）式；ア〜ウとの複合も含む。
キ．オ又はカと比例；ア〜ウとの複合も含む。
ク．その他。誤答
ケ．空白

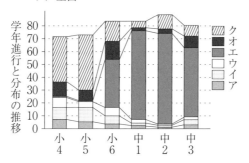

(3) 10段のとき、まわりの長さは何cmですか。

ア．40cm
イ．誤答
ウ．無答

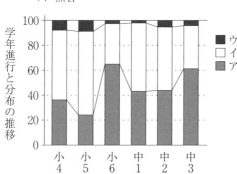

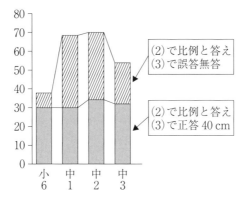

補遺1、2の解説

補遺1は、表に対する比例関係の適用力を学年毎に調査したもので、小6から中3まで6割前後（有意差なし：Isoda. 1996）の正答率である。この結果によれば、比例の扱いは、この標本において小6〜中3に差があるとはいえないと考えられる。

それに対して、補遺2は、事象における比例関係の発見、適用を求めた出題である。補遺2の（2）では中1、中2で比例と表現した生徒が7割に及ぶにもかかわらず、同じ補遺2の（3）の正答率では、中1、中2は、小6、中3に対して二割近く低い（有意差あり、M. Isoda 1996）。補遺2の（2）で比例を認めて、（3）に正答した正答は3割と一定しているのに対して、比例を認めながらも誤答した生徒は中1、中2で突出している。（2）の関係表現は、比例に限らず多様な表現が可能ではあるとしても、この結果は、関数として比例を学んだ中1、中2が、第2水準の小6と同様に表へは比例関係を適用できているのに（補遺1）、小6とは異なり事象へは比例関係を適用できなくなる（補遺2）ことを示している。それは小学校と中学校の比例の定義の相違を念頭にすれば、明瞭である。補遺2の（3）では、小6と中3で10段のときの解答が、補遺1並みにできているのに、文字式を学んだ中1では下がっている。小6の倍比例の定義から、中1の文字式による関数関係としての比例の定義へと再考される過程で、事象の関係の処理の仕方が変わり、できたことができなくなっていると考えられるのである。

すなわち、第2水準から第3水準への移行に際して、文字による式表現を導入しても表だけであれば変わりなくできる。そして、事象の問題解決課題では、第

1水準からの移行によって第2水準を達した小6は、事象の数量関係を比例で表現することができた。中1になると文字による式による関数関係の表現が導入され、比例関係を第3水準の意味での式表現で解決しようとする。その式表現による処理が未完であるために、中1で一度できなくなると考えられる。比例関係の処理は表に立ちかえればできるとしても、中1の生徒は表ではなく、式で表すことを学べばこそ、できなくなるのである。
──以上補遺1、2の結果──

インタビュー調査が、100名から、水準を達成している生徒5名抽出した調査であるのに対して、特徴3は、標本全体の分布を話題にしている。その意味で、特徴1～3は一律に議論できない。

特徴1は、「新表現は下位水準の言語表現としての性格を備えており、下位水準で解釈される」ことを指摘したものである。実際、特徴1では、関数を調べるという語の意味は理解できず、表、式、グラフを用いている。

特徴2、3は、次項に述べる「新しい表現を生成するために、下位水準ではみられなかったような新表現の生成方法が認められる」が中1では必ずしもできていないことを示す特徴である。多くの生徒は、式で比例を表現することを学ぶと、すなわち、比例の定義が倍比例から式へ改められる過程で、それ以前にはできていたはずの第2水準の思考ができなくなるのである。

(3)-2. 第3水準への移行期／新表現世界の生成規則構成

表現世界の再構成モデルと調査・面接結果を対照した結果、第3水準への移行期として、特に「［3］新表現（関数の式、グラフ、表表現）世界の生成規則の構成」として、「新しい表現を生成するために、下位水準ではみられなかったような新表現の生成方法が認められる」、すなわち、第3水準らしい表現言語の構成に現れる様相として次の特徴を記せる。

〈第3水準への新表現の生成規則構成期に現れる特徴〉
特徴1. 1次関数の表・式・グラフの関係を解し、利用できる。
特徴2. 「関数を調べる」という語用が意味をもち、調べる際に式、グラフを重視するようになる。表もその役割を失わない。
特徴3. 事象の関係を判別する基準が式になる。

特徴4. 変化の割合が一定でない関数の学習後、表で対応を読む傾向は強まる.

以下、それぞれの特徴を得た根拠を示す。

中2の一次関数の学習以後では、それぞれの関数表現の生成規則を構成すべく、表・式・グラフを利用して調べることが行われる。表・式・グラフは、関数表現の生成規則を探る源泉となる。

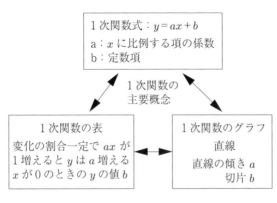

図3.5

特徴1の解説：(特徴1). 1次関数の表・式・グラフの関係を解し、利用できる。

特徴1は上図のような1次関数表現の翻訳に関わる概念ネットの獲得を指している。このような表現の相互翻訳可能な1次関数の概念ネットを獲得した生徒は、問Kに対して「例えば（0、5）から右へ1いくと上に2上がって〜」というような回答をするようになる。このように事象ぬきで示された表に対してグラフ上の解釈を答えることは、第2水準の子どもには困難であった。

問K.（中3〜高2出題）
右の表は、関数 $y=2x+5$ の表です。
この表では
「xの値が1増加するとyの値は2増加します」
同じことは、
下の関数 $y=2x+5$ のグラフを利用しても説明できます。グラフ上で説明してみよう。

	1	1	1	1	1	1
x	-3	-2	-1	0	1	2	3
y	-1	1	3	5	7	9	11
	2	2	2	2	2	2

特徴2の解説：(特徴2)．「関数を調べる」という語用が意味をもち，調べる際に式，グラフを重視するようになる．表もその役割を失わない．

　特徴2について述べる．1次関数の特徴を，表・式・グラフのそれぞれの表現を利用して調べて，表現相互の関係を学習することにより，「関係を調べる」という言葉が意味をなすようになる．先の問J（中3の場合，未習の関数 $y=x^2$ で出題している）についてこの時期の生徒は次のように述べている．

　P16（中3；移行期）「どんな種類の関数か聞いているのかと思って，調べかたは，グラフとか表に表したらよいと思った．（筆者）表とグラフならどちらがよいと思いますか．表よりグラフの方が変化の様子がわかるから，グラフの方がいいと思う．（筆者）「関数 $y=2x+1$ と関数 $y=x^2$ を比べよ」と問われたら何をしますか．…グラフをかいて，比べればよいと思う．（筆者）表をかいて比べようとは思いませんでしたか．かこうとは思いませんでした．」

　P17（中3；移行期）「(問題の) 意味がわからなかったんだけど，関数を調べよというのだから x と y の関係を調べればよいということだと思って，グラフをかけば関係が目で見てわかるようになるからグラフがよいと思った．」

　代数で関係を表現する第3水準への移行期の生徒の中でも，表，式，グラフ表現それぞれにおける特定の規則性によって特定の関数が生成，表現されることを認めた生徒になると，未知の関数 $y=x^2$ を調べることができるようになる．そして，表，グラフのうちでも，グラフをかいてみるのがよいと考えるようになっている．このような考えは，2乗に比例する関数の学習後の高1（先の問Jで $y=x^2+2x+1$ の場合で出題）でさらに強化されている．

　P18（高1；移行期）「（筆者）$y=(x+1)^2$ と変形して，表を作ってグラフをかくと書いてくれたんだけど，表はグラフをかくためですか．はい．（筆者）関数を調べるとき表を使いますか，グラフですか．グラフ．」

　学年があがるにつれて，調べる際にはこのように式，グラフに焦点化されていることがインタビューからわかる．中3既習の高1生までは特定の関数しか知らない為，表の役割が残っている．例えば $y=-x^2$ の表から式を求める設問では，必ずしもグラフを利用せず，表から2倍3倍すると4倍9倍になることから2乗に比例すると判断する．これは，表の規則性が読みとりやすい2乗に比例する関数までなら有効な方法である．しかし，2次関数の一般系を扱って以後の第3水準の生徒は，グラフの概形がなければ，どの関数かの立式判断がしにくいなどの事情があり，表を見てもどの関数かは予想できない．そのため，表はそのような

有効性を減じ、関数の種別を判別する主要な役割を失っていくわけである。

特徴3の解説：(特徴3)．事象の関係を判別する基準が式になる。

特徴3について述べる。中学校での学習を通じて、立式力が増大していく（礒田、1990）で述べたように。その結果、前出問Dの事象の判別では、次の様に式を判別基準にすることが一般的になる。

P19（高1；移行期）「1（ア）は何km走るだから、$y = \sim$。（筆者）あ、式を考えたのね。はい。

（筆者）関係が違うものと聞かれたら、その関係を式で表して調べればいいと思う。はい。（筆者）比例とか反比例とかは考えましたか。はい。（筆者）どっちで考えたのかな。比例の式で考えました。」「比例の式で考えた」とは、比例の定義が式であることに基づいており、倍比例や増加の様子という事象での比例の特質より、式を意識する傾向を示している。

特徴4の解説：(特徴4)．変化の割合が一定でない関数の学習後、表で対応を読む傾向は強まる。

特徴4は、以下に示す補遺3による。補遺3は礒田（1990）によっており、インタビュー調査結果ではない[64]。

──補遺3──

補遺3（礒田1990）は次の設題と調査結果である。

次の表をみて考えたこと、気がついたことをかきなさい。

(1)

x	1	2	3	4
y	3	5	7	9

(1)の結果：数字は%	小4	小5	小6	中1	中2	中3
表を縦に読む	32	26	24	14	16	35
表を横に読む	45	61	42	48	49	35
両方の読み	1	3	8	10	11	11

---

64) 礒田正美，志水廣，山中和人（1990）．関数の活用の仕方と表現技能の発達に関する調査研究：小・中・高にわたる発達と変容．『日本数学教育学会誌』72 (1)．49-63．

(2)

x	1	2	3	4
y	6	5	4	2

(2)の結果：数字は%	小4	小5	小6	中1	中2	中3
表を縦に読む	15	20	18	7	8	15
表を横に読む	48	67	56	47	45	31
両方の読み	2	2	7	0	1	5
反比例を含む誤解	1	0	3	12	15	8

(3)

x	1	2	3	4
y	2	8	18	32

(3)の結果：数字は%	小4	小5	小6	中1	中2	中3
表を縦に読む	21	31	38	21	20	50
表を横に読む	15	31	27	15	11	9
両方の読み	0	0	0	0	2	3

補遺3の解説

　調査は数量関係内容の指導後であり、学年を＋1学年して読むと、インタビュー調査の調査学年と既習内容が整合する。

　表を横に読む「(yの変化だけ読む、xとyの伴って変わる様子を読む)傾向は、第3水準への移行のための指導を受けている中学校段階では、いずれの場合でも中1、中2で高い。中1から一貫して表の対応の見方（縦の見方）は指導されるが、縦に読む傾向が顕著に増大するのは中3である。2乗に比例する関数の場合、表の変化の割合が一定でないため、階差を問題にしない限り、表を横に読んで解釈することが困難である。その結果、縦の読み、すなわち対応の見方が強化され、中1、中2で表を横に読むことが容易い比例や一次関数も含めて、中3では読み方が変わったものと考えられる。すなわち、表を縦によむ見方が強化されている。この特徴が、「新しい表現を生成するために、下位水準ではみられなかったような新表現の生成方法が認められる」に該当する。

　——以上、補遺3——

以上、4つの特徴のうち、特徴4は、インタビュー調査による結果から得られた特徴ではなく、一律には議論し難い。

特徴1～3は「新しい表現を生成するために、下位水準ではみられなかったような新表現の生成方法が認められる」ことを指摘したものである。例えば、特徴2について言えば、式、グラフという第3水準の表現が認められるようになる。

(3)－3. 第3水準／新表現世界の生成言語の確立

第3水準は、「関係（変化や対応の規則など；対象）を、関数（の式やグラフ；方法）で考察できる」水準、「代数・幾何（主要表現言語）で関係表現する」水準である。これまでの研究からは、第3水準は高1（インタビュー調査では高2）以降が該当することがわかっている。表現の再構成モデルでは、新表現の生成言語が確立すると「下位水準の言語で解釈しなくとも、高位水準の言語表現のみでも通用するようになる」、第3水準の場合において次の特徴を記述できる。

〈第3水準の特徴〉
特徴1. 関数を調べる際に、式グラフは相互に翻訳しあう表現というより、一連の活動として一体化した表現となる。
特徴2. 表からの立式では、グラフが介在するようになる。

特徴1の解説：(特徴1). 関数を調べる際に、式グラフは相互に翻訳しあう表現というより、一連の活動として一体化した表現となる。

特徴1について述べる。関数を調べる場合、第3水準への移行期ですでに、表はその役割を減じる傾向にある。第3水準ではさらに、「式では～。グラフでは～」というように、式とグラフを別表現と意識して考察するのではなく、一連の活動のおいて、逐一異表現への翻訳を必要としない一体表現とみなして議論する。問J（未知の関数として $y = x^3 - x$ で出題）対する生徒の反応を例にしよう。

P20（高2；第3水準）「$x^3 - x$ は $x(x^2 - 1)$ で、$x(x-1)(x+1)$。（筆者）そうだね、他に調べかたないですか。後は必ず通る所を調べるとか。（筆者）グラフをかいて調べるわけか。2次関数（$y = ax^2$）だったらここ（頂点を指して）が0になるんで、同じように0になるところを調べたら、この場合だったら、x が0だったら必ず0だし～」

P20 は、はじめに式を因数分解する事で、式の特徴を探ろうとしている。その結果、$x(x-1)(x+1) = 0$ の解を見通している。そして「グラフでは〜」と表現の変更を説明の際にはっきり宣言することなく、それが x 軸との交点であることと結びつけている。そこでは「式は〜で、グラフでは〜」という別表現に改めて意識するのではなく、式とグラフを一連の行為の中で一体に表現して考察するようになっている。さらに、P20 の考察には、「$x(x-1)(x+1) = 0$ の解」を調べるという目的が定まっている。移行期では、「関数を調べる」という問いに対して、数式グラフをかくと答える場合でも、問いの意味が今一つ判然とせず具体的な課題意識を欠く傾向にあった。それに対して、第 3 水準の生徒の場合では、問いの意味が「式の標準形、グラフの概形、交点」などを求めることと解され、何をすべきかという具体的な行為も現れてくる。

　式グラフ（および表）が一体化してしまう傾向は、先の問 K についての発言においても認められる。

　P20（高 2；第 3 水準）「どうやって説明したらよいのかわからない、んー。（筆者）問題文の意味はわかりますか。はい、式を見ればわかるし、表でもわかるし、グラフでもわかるけど、説明するって、どういうふうにするのかわからない（何を説明すれば説明になるのかわからない）、グラフでは 1 ふえたら 2 ふえるし。（筆者）それをかこうと思わなかったってことですか。そういうふうにかくってことなら、なんでもなかったんだけど。（筆者）あたりまえと思いましたか。そういえるかもしれないけど、みたらすぐわかるし、そっから何書くのかと思って。」

　P20 はわかっていながら問 K に無答だった。理由は表でもグラフでも、わかることは同じとみているため、同じことを答える必要を感じなかった、すなわち、式、表、グラフが表すことをここでは一つとみなしたためである。移行期では「表では〜。グラフでも〜」ということは、異なる表現で同じ内容を表す意義があるが、表式グラフが一体化した第 3 水準の生徒においては、それは一つの内容になってしまっている。その結果、「そっから何かくのか」すなわち、さらに何が言えるかというように考えて、無答となったのである。

特徴 2 の解説：(特徴 2). 表からの立式では、グラフが介在するようになる。

　特徴 2 について述べる。扱う関数の種類が増大する為、立式では、表から直接でなく、グラフから関数の判別が必要になる。そのことを、問 L に対する生徒の反応から示す。

問 L. それぞれの表のような関係があるとき、y を x の式で表そう。

(2)

x	-2	-1	0	1	2	3
y	-9	-4	-1	0	-1	-4

P20（高2；第3水準）「多少わかんなかったんだけど、どうやったっけかな、あ、下に開いた2次関数のグラフで。（筆者）2次関数と気がついたのはいつですか。表みたら、1次関数かなって思ったんだけど、そうなっていないので、グラフで考えたんだけど。」

P21（高2；第3水準）「(1) $y = ax + b$ とおいて。どうして。x が 0 で y が 10 で、あと、(x が) 1、2、(y が) 8、6 だから1次関数と思って。(2) んと、グラフちょっとかいて、形が2次関数になるから、$y = -x^2$ を平行移動したものだと思って。（筆者）(1) は表からもとめて、(2) はグラフで考えたんだけど、どちらのやりかたがいいと思いますか。やっぱりグラフをかいたほうがいいと思います。」

P22（高2；第3水準）「(2) はグラフから、(1) は表をみてるうちに1次関数ってわかった。（筆者）グラフをかいてみるのと表から直接とどちらがいいですか。グラフで考えるのは最後の手段で、できれば直接求められるほうがいい。」

1次関数以外の関数の判別に、グラフが用いられる背景には、様々な関数の表現についての理解が深まり、表現の変更が負担でなくなっている上、1次関数以外の関数では表からではどのような関数かを特定しにくいことを知っているためである。第3水準以前では、表は、関数関係の立式に対して主要な役割を担っていたのであるが、第3水準ではその主要な役割をグラフが担うことになるのである。

特徴1～2は「下位水準の言語で解釈しなくとも、高位水準の言語表現のみでも通用するようになる」ことを指摘したものであると言える。例えば特徴1について述べる。第2水準でも表、式、グラフは存在するが、そこでは言いかえること自体が課題になる。第3水準では、既知の関数の表、式、グラフは、一つの関数として一体で運用できるようになる。逐一解釈、翻訳しなくとも、第3水準の言語で運用されるのである。それゆえ、立式する際にグラフをかく。グラフの概形か

らどのような関数か判断できる。

(4) 第3水準から第4水準への移行

　第4水準は、「関数（対象）を、導関数・原始関数（研究方法で考察できる）水準であり、微分積分を主要言語表現とする水準である。他の水準移行が、数年をかけて漸進的に遂げられていくことで、学年進行による思考の変容を読みとれたのに対して、第3水準から第4水準への移行は、普通、天下り式・形式的に、微分積分指導として1〜2時間で済まされる（第4章第2節）。

　そのため、以上のように、表現世界の再構成過程を学年対比によって議論することは困難である。実際、インタビュー調査は学年間で行われた。特定の指導内容だけで略儀的に水準移行を行う現状では、第4水準への移行は、この調査の範囲外となる。現行の教科書記述は、ある意味で数学的構造を直接形式的に教えることに近く、数学内容を時間をかけて再組織化する数学化過程や表現世界の再構成過程を認めることができない（第4章第2節で確認する）。そこで、以下では、調査からわかる移行と第4水準の反応のみを記す。

(4)−1. 第3水準からみた水準移行への素地／新表現導入

　第3水準から第4水準への以降は、微分法の導入によってなされ、極限及び、微分の算法を中心に指導される。当該学年の関数内容が未習の段階で調査する今回の調査では、移行期のデータは取得できなかった。以下では、第3水準の生徒の発言から、第4水準へ至る移行の手掛かり、契機となる発言を示す。

> 問M. 下は関数 $y = x^3 - 2x^2$（ただし、$0 \leq x \leq 2$）のグラフをおおまかにかいたものである。$0 \leq x \leq 2$ の区間で、y の値を最大にする x の値を求めなさい。

　第3水準の生徒は問題Mに対して、これまでの方法では対処できないことを理解しえる。

　P22（高2；第3水準）「（筆者）書いていないけどどう考えた。因数分解したら、x が出るかなとおもったんだけど、グラフが交わったところじゃないからね。（筆者）式に数を代入することを考えなかった。細かい数を代入すると、計算がた

いへんそうだったから。」

P20（高2；第3水準）「（筆者）解けてないけどどう考える。xにこの間の数を代入してみて。（筆者）グラフを読もうとはしなかった。グラフはよめないから。（筆者）なんで代入してやらなかったのかな。そういうやり方やったことないんで、なんかやりかたがあるだろうと思って。」

両者は、グラフを見た段階で、代入しても正確な解が求められないと判断して、解答はしなかったのである。第3水準までのような表で関数の値を調べるアプローチでは、この課題に対してアプローチできないことを即認めている。そこでは、すでに表は機能を失っている。解が出ないことを知りつつも、次のように答えた者もいる。

P21（高2；第3水準）「グラフをみて、なんか代入して、xが1に近づくと小さくなるから、$x=1$にしました。（筆者）もっと小さいところないですか。あると思うんだけど、今の頭でやってもムリだから。」

このように未知の関数を調べる上で、表、式、グラフだけに頼った方法では限界があることを第3水準の生徒は認めている。第3水準の生徒は、問J（$y=x^3-x$）の関数の調べかたについて、$y=x^3$と$y=-x$の合成を考える等、関数を複数の関数で説明することは経験している。合成は、微分積分のように関数間の関係を積極的に利用する方法とまでは言えないものの、整関数に限って言えば有効なアプローチであることを彼らは学ぶ機会がない（礒田1994、竹内1997）。

(4)—2. 第3水準の特徴

第4水準の特徴として次の特徴を記述できる。

〈第4水準の特徴〉
特徴1. どのような関数か調べるとは、微分法によりグラフをかくことである。
特徴2. 2つの導関数$y=x^n$と$y=x^{n-1}$を比較する場合、導関数・原始関数の関係で理解する。

特徴1について述べる。先の問J（$y=x^3-x$で出題；高3既習）に対して、微分法を利用してグラフをかくと考えたことについて、次のように語っている。

P23（高3；第4水準）「教科書でみるような問題と同じように（「調べよ」の題意を解釈して）、微分して、0とおいて極値を調べる。（筆者）関数を調べるには微分をすればよいと思いますか。あの、どのような関数かっていうことを、グラフがどのような形になるかっていうように解釈したんで。」

P24（高3；第4水準）「これも（問Mの極小値を求める問題と）同じく、微分して、増加減少を調べて〜中略〜。（筆者）問Jを読んだとき違和感をもちましたか。問題文が変だとは思いましたけど、こうやればいいと思って。〜中略〜どのような関数かって、やっぱりグラフをかけばよいかなって思うし。」

第4水準の生徒は、どのような関数かを調べる方法を微分法によりグラフをかくことに求めている。表、式、グラフで調べると考える第3水準とは同じ設題「関数を調べる」に対する解答それ自体が変わることがわかる。

特徴2について述べる。

> 問N．関数 $y = x^3$ の特徴を、関数 $y = 3x^2$ の特徴から説明しなさい。

問Nに対して以下の様に答えている。

P23（高3；第4水準）「最初、問題の意味がわからなかったんですが、これを微分したら、これなんで、導関数が正だから、$y = x^3$ は、変化の割合がいつも正で、常に増加する関数ってわかります。」

P24（高3；第4水準）「多少違和感があったけど、導関数だから。（筆者）微分するっていうことは、関数を導関数で説明することだってことを聞いた問題ないんですけど、それについてどう思いますか。はい、そう思います。」

数学上では、微分法は、一次近似や極限の延長線上で説明される。しかし、P24の発言に現れるように、高等学校で扱う直観的な微分法は、実態としては、関数を関数で説明する方法として生徒は認めている。

(5) 表現世界の再構成としての水準移行

ここでは水準の移行過程を記述するという主題に照らして、以上の結果を総合して、表現世界の再構成モデルが水準移行の過程をどのように記述するか、そしてどのように水準移行の学習指導への示唆を与えるかを述べる。

(5)—1. 水準移行の様相

　本節の目的は、長期的な学習指導に伴う水準移行の様相、表現世界の再構成過程によって記述しえることを示すことにある。第2節で述べたように、関数の水準は、言語水準の意味での水準として定めたものであり、長期的な学習指導において水準の移行を話題にしえるものである。その移行過程における調査結果を、上述のように区分して、その特徴を得たのである。

　それは、おおむね達しつつあると予想される抽出児に対する調査結果である。改めて、その調査結果として記した特徴への適合性から、被面接者の状態を特定すれば、図3.6のようになる。

被面接者の水準分布

		小4	小5	6	中1	中2	中3	高1	高2	高3
第1水準		6	2	1						
移行	旧表現再構成		4	1	1					
	新表現生成		2	4	2					
第2水準					3	3	1	1		
移行	旧表現再構成				1	2	3	2		
	新表現生成					1	2	1		
第3水準								1	4	5
第4水準										5

図3.6

　水準及び移行期の特定は、この調査の被面接者の抽出方法に依存している。調査自体も生徒がそれまで学んできた教育課程に依存している。対角線上に分布するのは、もともと達成度の高い生徒を抽出し、インタビューした結果であるからである。

　もとより、van Hiele 及び Freudenthal は、生徒の水準は、文脈に応じて課題に応じた学習で変動しえる（礒田1986）としている。ここに示した個別被面接者の水準が、この図に示した水準に固定されること、それ以外の思考はなしえないことなど、この図は主張しない。

　第2章で述べたように、表現世界の再構成過程の様相は、段階区分ではなく、学習の都度繰り返される再帰的過程を教材を単位に抽出したものである。例えば、比例、1次関数、2次関数と学ぶ都度、このような様相が繰り返されると考える。それが通常の表現世界の再構成過程の記述枠組みの適用法である。ここで

は、それを的確に遂げたと期待される生徒に対して、調査問題に対するインタビューにおいて、区別して記したものである。その意味で上図では、「旧表現再構成（旧表現世界の再構成）」と「新表現生成（新表現世界の生成規則構成）」の間には区分線を入れていない。それは、表現世界の再構成過程が本来示そうとする数学化過程それ自身を記述するものではない。言語水準の移行という長期的視野において、水準移行の様相を記す目的で、比例、1次関数、2次関数と同じような学習過程を経る中で、総体として変わりゆく思考の様相を表わす主旨でその記述枠組みを利用している。その利用の仕方の特殊性を前提に、「旧表現再構成（旧表現世界の再構成）」と「新表現生成（新表現世界の生成規則構成）」において、改めて結果を言語水準の移行の様相として読めば、次のような性格分けができる。

言語水準の移行としての旧表現世界の再構成：「旧表現世界の再構成」とは、「移行すべき水準の言語表現に準じて、それまでの水準の言語が再構造化される層」である。

その特徴は、「それまでの水準ではできたことができなくなったり、説明の仕方や解答の仕方が変わったりする」点にある。第2水準から第3水準への移行に際して、表における比例関係処理はできるのに、事象における比例関係の処理はできなくなってしまうなどはその典型である。

第1水準から第2水準への移行に際しては、問A「1000円で買い物をする」場面での第1水準と移行期の子どもの反応の相違も、この再構造化を示す顕著な例である。実際、第1水準の子どもは「高いものを買えば、おつりは減る」という示された状況に対して、「払うお金は増える」というように、与えられた世界で起こる状況そのものを思い浮かべて、設題の問題文上話題にしていないことにまで連想が及び、他の事象との比較ができなくなっている。移行期の子どもは、与えられた数量関係を特定して比較できるようになる。逆に言えば、第1水準の子どもは数量関係を明確に特定せずに状況をあれこれイメージするため、一変数的な増加や減少などの様々な連想が生まれるものと考えられる。対する移行期の子どもは、数量関係に注目できるようになり、第1水準の子どものようにあれこれ連想することはなくなるのである。

言語水準の移行としての新表現世界の生成規則構成：「新表現世界の生成規則構成」とは、「移行すべき水準の言語表現が、できるようになっていく層」である。そこでの特徴は、「それまでには認められなかった表現や、適切に使えなかった表現が使えるようになる」点にある。第3水準への移行に際しては、式・グラフが

自由に使えるようになっていくことなどは典型である。

　第1水準から第2水準への移行に際しては、1あたりへの注目が顕著な例である。日常語を背景とした第1水準の子どもの場合、「人一倍努力する」、「倍々」という語用に、累加との混乱がみられ、「1あたりの何倍」という意識は乏しかった。1あたりへの注目は、その混同を断ち切って表、式において新しく生成された表現とみなすことができるのである。

　上述の表において、「旧表現再構成（旧表現世界の再構成）」と「新表現生成（新表現世界の生成規則構成）」は、表現世界の再構成過程モデルから導出した層である。言語水準移行において、この二つの変容の様相と特徴とを対応付けて記すことができたことは、数学化過程の詳細を特定するために準備した表現世界の再構成過程（礒田1992）が、学習指導による言語水準移行の様相を読みとる枠組となりえたことを例証している。

(5)—2. 水準移行の総括

　上述の水準移行の記述枠組としての成立確認によって言語水準の移行過程の様相を記述しようとする本節の主題は完了した。ここでは、付随的な結果として、関数の水準において、第3水準までの水準移行について得られる示唆をまとめておく。

(5)—2—1. 第1水準から第2水準へ

　次のように総括できる。第1水準と第2水準は、どちらも事象の数量関係を探求する文脈にあり、数量関係を問う特定の文章題、例えば立式するような問題に対して、同じ解答をする場合も少なくない。違いは第2水準が数量関係を対象とした考察が、できる点にある。すなわち、第1水準は、複数事象を比較するための関係概念や比較するための手立てを保持しないのに対して、第2水準は保持している。もちろん、第1水準でも、特定事象に対して演算決定ができる。しかし、与えられた事象を意味世界にして考える傾向が強いため、問A「1000円で買い物をする」場面で、「高いものを買えば、おつりは減る」という示された状況に対して、「払うお金は増える」というように、与えられた世界で起こる状況そのものを思い浮かべて、話題にしていないことにまで連想が及び、他の事象との比較ができなくなるのである。その意味で、第1水準の子どもの思考は、「場面（事象）依存型」といえよう。それに対して、第2水準では、比例を典型とする一般性のあ

る関係概念を保持しているので、問Ａのような問題に対して、そのような関係概念を基準にパッと答えられる。個々の事象そのものを意味世界にして考察するのではなく、関係概念を意味世界として事象を類別しえるからである。その意味で、第２水準の子どもの思考は、場を超えた「関係依存型」と言えるのである。

第１水準から第２水準への移行で顕著に認められる変容は、倍と累加が切り離され、倍と１あたりが結びついていく点である。第１水準では累加的に倍という言葉を使う場合があるが、第２水準では「１あたりの何倍」という用法や「２倍３倍すると２倍３倍になる」というような用法を用いるようになる。その変容は、表の見方で言えば、従属変数に着目した表の見方から二変数に着目した表の見方への変更を含むものである。

(5)―2―2. 第２水準から第３水準へ

第２水準と第３水準の違いは、第２水準までは事象を探求する。事象を念頭に討議する文脈にあるのに対して、第３水準以後は、関数を探求する。表、式、グラフを念頭に関数を討議する文脈にある点にある。そこでは、大規模な認知構造の変更や言葉の変更が迫られる。

比例を例にしよう。既に述べたように、小６の比例既習児童の方が、中１の関数としての比例既習の生徒より、事象へ比例を適応する力が高いことを指摘した。中１の関数としての比例の学習は、事象の探究力を損なう効果も備えているのである。このような結果は、第３水準への移行のための指導が、第２水準までに達せられた認知構造を再構成していくことを物語っている。面接では、立式法力の変容も認められた。実際、第２水準までは立式方略は多様に指導されるが、移行期では立式方略も一層形式的になり、例えば公式に代入することによる定数決定が指導される。その結果、第２水準では、１あたりに着目して立式する場合が多かったが、第３水準への移行時は、商一定に着目して立式する場合も増加した。１あたりに着目しての立式は、事象を念頭にした考察をしたことを示唆しているのに対して、商一定に着目しての立式は、（対応）表から立式したことを示唆している。これを、表の性格の違いとして言えば、第２水準はあくまでも事象の表という性格が強く、第３水準では関数の対応を意識しての対応表という性格が強いと言える。同じ表現でも、その意味や役割が異なることを示す例である。

従来、小学校の比例と中学校の比例は、「なぜ同じことを二度扱うのか。指導効率が悪い。」「小学校の比例の定義は中学校と同じ式による定義がよい」というよ

うな論があった（例えば石田一三1989）。また、中学校でやるから小学校の比例はわからなくてよいという扱いさえも主張されてきた。しかし、このような子どもの考え方の違いは、第2水準までの小学校と、第3水準への移行をめざす中学校とでは扱っている教材の内実が全く異なることを示している。中学でもう一度扱うから小6の比例は簡略にというような考え方は、水準の違いによる思考の根源的な相違を無視した論調とみることができる。その一方で、事象への関数の活用力が損なわれる事態は望ましくない。第3水準への移行に際して事象への活用育成については、実験・観察や増分に注目して関数を調べるなどの取り扱いと関わって改めて吟味の必要があると言えよう。

　第2水準の子どもが使う言葉と第3水準の子どもが使う言葉は、第1水準と第2水準の差異以上に大幅に異なっている。第2水準の中心的な言葉は表であり、それが「関係依存型」の思考を促進していると考えられる。それに対して、第3水準の中心的な言葉は式・グラフであり、それが「関数式依存型」の思考を促進していると考えられる。特に移行期では、一次関数の場合に認められるように、表、式、グラフは別々の表現であるが、複数の関数を既知とする第3水準では、表式グラフは関数式を中心に一つの表現であるかのごとく扱いを受ける。そこでは、既知の関数について、式をみればグラフが、グラフをみれば式が同時的に意識できる状態がすでにできあがっているのである。

　以上の結果、関数領域において小学校から高等学校に至る長期的な学習過程の様相を、表現世界の再構成過程における四つの様相を通して記述することができた。まとめれば図3.7のようになる。

　表現世界の再構成過程に基づく四つの様相を導入することで、水準区分それ自体より詳細に学習による発達の様相を記述することができた。ただし、前項で述べたように、その特徴記述は日本の教育課程で学んだ生徒の調査時点での同一問題に対する反応の相違によって導かれている。学年毎の調査結果の対比であることから、第3水準と第4水準の間を四つの様相を導入することもかなわなかった。その様相は、第4章で問題にする微分積分への数学化過程を探る際の問題意識でもある。

　本節冒頭で述べたように、表現世界の再構成過程における四つの様相は、学習課題でもあった。本節では、調査対象としてその水準を達成している生徒を選んでいる。それは当該教育課程をよく学んだ生徒の場合である。例えば、「表、式、

表現世界の再構成過程からみた関数の水準

第1水準．日常語で関係表現する水準
　　　　事象（対象）を数量パターン（方法）で考察できる。
　　〈第1水準の特徴〉
　　　　特徴1．特定事象について限定的に事象の数量関係を考察することはできても、異なる事象を比較して、そこに共通する関係や法則を吟味することは難しい。
　　　　特徴2．計算を利用しての考察では、従属変数に着目しての二項処理（計算）が中心で、一変数的な見方をしており、二変量的な扱いは乏しい。特に、二項処理では階差に着目する傾向が強く、倍概念は未分化である。
　　〈第2水準への旧表現の再構成期に現れる特徴〉
　　　　特徴1．伴って変わる二量を、和差積商という対応の法則性に着目して説明することは知っているが、必ずしも適切に活用できるわけではない。
　　　　特徴2．伴って変わる二量を、潜在的に1あたりに着目するなど、数量関係としてとらえることができ、それによって事象の数量関係が対比できるようになる。
　　〈第2水準への新表現の生成規則構成期に現れる特徴〉
　　　　特徴1．1あたりに着目しての立式を解く。
　　　　特徴2．グラフでも1あたりに着目する。
　　　　特徴3．グラフや式の考察では、表での考え方（1あたり）に立返って考える。
　　　　特徴4．事象無しの表には抵抗がある。
第2水準．算術で関係表現する水準
　　　　数量パターン（対象）を関係（方法）で考察できる。
　　〈第2水準の特徴〉
　　　　特徴1．事象を伴わない場合も含めて（比例の）表が関係表現として意味をなす。
　　　　特徴2．表の横の見方に加えて、xの〜倍がyというような縦の見方もできる。
　　　　特徴3．比例反比例を事象の分析、考察の基準にできる。
　　〈第3水準への旧表現の再構成期の特徴〉
　　　　特徴1．表、式、グラフという表現の存在は知っているが、未知の「関数を調べる」という語用が意味をなさない。
　　　　特徴2．事象における関係の判断基準が表から式に変わり始める。
　　　　特徴3．第3水準への移行のための指導を受けると、第2水準の意味で、事象そのものを分析し、表現する力が後退する。
　　〈第3水準への新表現の生成規則構成期に現れる特徴〉
　　　　特徴1．1次関数の表・式・グラフの関係を解し、利用できる。
　　　　特徴2．「関数を調べる」という語用が意味をもち、調べる際に式、グラフを重視するようになる。表もその役割を失わない。
　　　　特徴3．事象の関係を判別する基準が式になる。
　　　　特徴4．変化の割合が一定でない関数の学習後、表で対応を読む傾向は強まる。
第3水準．代数・幾何で関係表現する水準
　　　　関係（対象）を関数（方法）で考察できる。
　　〈第3水準の特徴〉
　　　　特徴1．関数を調べる際に、式グラフは相互に翻訳しあう表現というより、一連の活動として一体化した表現となる。
　　　　特徴2．表からの立式では、グラフが介在するようになる。
第4水準．微積分で関係表現する水準
　　　　関数（対象）を導関数・原始関数（方法）で考察できる。
　　〈第4水準の特徴〉
　　　　特徴1．どのような関数か調べるとは、微分法によりグラフをかくことである。
　　　　特徴2．2つの導関数$y = x^n$と$y = x^{n-1}$を比較する場合、導関数・原始関数の関係で理解する。
第5水準．関数解析で関係表現する水準

図3.7　表現世界の再構成過程からみた関数の水準

グラフという表現の存在は知っているが、未知の「関数を調べる」という語用が意味をなさない」というような特徴記述は、よく学んだ生徒でも、「関数を調べる」ということは何をすることなのか、メタ学習できていないことを示している。このような結果は、教育課程に依存した学習課題を示したものと言える。すなわち、図3.7は、表現世界の再構成過程が記述する四つの学習課題の中で特に移行過程に係る「旧表現の再構成期」と「新表現の生成規則の構成期」という用語に注目して、生徒の考えの特徴を記したものである。それ自体は、繰り返される数学化の過程をいかに進んだかは話題にしていない。具体的には、「旧表現世界の再構成期」では、「移行すべき水準の言語表現に準じて、それまでの水準の言語が再構造化される層」が認められる。そこでの特徴は、「それまでの水準ではできたことができなくなったり、説明の仕方や解答の仕方が変わったりする」点にある。「新表現世界の生成規則構成期」とは、「移行すべき水準の言語表現が、できるようになっていく層」である。その特徴は、「それまでには認められなかった表現や、適切に使えなかった表現が使えるようになる」点にある。

　前節で述べたように、調査を深めるほど、水準記述は、その国の教育課程や指導歴、そして個別生徒の学習歴などの詳細が反映される。それは、それぞれの場合の意味での学習課題を示すことに通じている。他方で、その水準移行指導による発達の詳細は、どこの国にも適用可能な汎用性のある水準記述からは外れていく。授業毎の教材研究は、生徒に依存するものであるが、教科書作りの意味での教材研究は系統性が議論される。何のための教材研究であるのかという目的に依存し、水準を議論する単位が言語であるのか、関係網であるのかも変わってくる。例えば、組織化原理として比例に注目すれば、上述の議論は倍が未分化の水準と、倍が比例の意味で話題になる水準とを区別する。それは、言語水準としての関数の水準の一面を話題にしたものである。他方で、倍の指導過程を対象に数学化過程を議論することもできる。

　本節の冒頭で、水準を設定しても、内容が水準に準じて区別されるに過ぎず、多年に渡る水準の移行指導の様相は、水準設定だけでは表せないことを指摘した。そして本節では、関数の水準の移行過程に存在する我が国の場合の生徒の発達の様相を、表現世界の再構成過程を視野に、その詳細な様相を記述できた。編年的に記した発達の様相は、教育課程に依存しており、それ自体は数学化の過程を表したものではない。

　言語水準の場合に、表現世界の記述枠組みから水準移行をみることで次の相違

を認めることができた。

◆「旧表現世界の再構成期」では、「移行すべき水準の言語表現に準じて、それまでの水準の言語が再構造化される層」が認められる。そこでの特徴は、「それまでの水準ではできたことができなくなったり、説明の仕方や解答の仕方が変わったりする」点にある。

◆「新表現世界の生成規則構成期」とは、「移行すべき水準の言語表現が、できるようになっていく層」である。そこでの特徴は、「それまでには認められなかった表現や、適切に使えなかった表現が使えるようになる」点にある。

両者は、多年に渡る水準移行の発達の様相を記述する際の視野となる。関数の水準それ自体が、既存の数学教育学にない知見である。同時に水準の移行過程の詳細をこのような視野で記述しえることを示したことも、既存の数学教育学にない知見である。その意義について、次節で述べる。

第4節　学校数学における水準の機能と関数の水準の意義

第1章第2節、第3節で述べたように、数学化は、New Mathで志向された集合と構造から演繹的に数学内容を配置しそれを活動的に教えようとする動向に対する異議として提唱された。数学化は、数学内容を再組織化すること、生きる世界を再構成することそれ自体を目標とする教育課程を目標に提唱されたのである。それは統合発展を謳う日本の教育課程とも整合する考え方である。再組織化としての数学化を実現する系統は、与えられた内容領域において、そこでの内容を繰り返し再組織化する系統を定めることが必要となる。その仕組みが水準である。

本章では、ここまで水準設定の方法を示し、関数の水準を設定し、水準が幾何以外で設定可能であることを実証した。そして、表現世界の再構成過程を参照して調査することで、水準の移行過程における学習課題を指摘した。本節では、改めて関数の水準設定の意義を示し、「数学的活動を通して数学を学ぶ過程を構成する」目的で数学化を考える教材研究において水準がどう機能するかを述べる。

(1) 学校数学における数学化のための水準の機能

まず数学化を検討する際の前提としての水準が、「数学的活動を通して数学を学ぶ過程を構成する」際に、どのように機能するのかを述べる。第1章、第2節

では、学校数学において数学化が求められる背景が、(a) 数学の本性；数学は人間活動、(b) 活動の誤解回避；反教授学的な逆転にみられる体系を活動的に教える誤謬回避、(c) 教程化の基準；数学的な活動を実現する系統にあることを指摘した。

　数学の発生の本性に立つ数学化、すなわち既存の数学を再組織化することを学習指導の目標に、子どもの思考を想定した教程（教育課程）化の基準として、水準が機能する。その基準とは、与えられた内容領域で、そこでの内容を繰り返し再組織化する系統を定める基準である。

　数学化の教育課程の実現に際して、意図したカリキュラム、実施したカリキュラム、実現したカリキュラムという視野からすれば、水準は、次の機能を有する。
　　a. カリキュラム上の数学化の大局的順序性の判断基準
　　b. 数学化を進める学習指導上の指導課題を知る規範的基準
　　c. 指導後の達成状況評価に際しての規範的基準
以下、それぞれについて述べる。

(1)−1. カリキュラム上、大局的な数学化の順序性を規定するものとしての水準
　幾何入門のカリキュラム開発の所産として定式化された思考水準論は、カリキュラム系統に大局的な順序性、数学化の意味では、第1章第3節で言及した「何を対象化し、何を方法として再組織化するのか」を規定する基準を提供する。その順序性は、個別概念を含む大局的な思考の変容、矛盾を伴う理論の再構成を提案している。関数の取り扱いは、戦後の学校数学の教育課程改訂の都度、目まぐるしくその系統を変えてきた。例えば、3次関数を何時教えるか、分数関数を何時教えるか、集合を前提にした関数の定義を強調するか、整関数の指導で移動や合成を強調するかなど個別概念に注目すれば、関数指導の系統は、その都度変化している。他方で、関数の水準を視野にした場合、その水準の順序性は、戦後の関数領域が1958年の学習指導要領で確立して以後、日本の学校数学の系統において逆転することはなく、小学校から一貫して維持されてきた。

　日本の学校数学における関数指導系統のこのような大局的順序性は、数学教育改良運動の成果として戦前の中等教育、初等教育に浸透した土壌を前提に成立している[65]。他方、米国では、数学教育改良運動による分科融合に失敗し、関数を、

---

65) ともなって変わる量という用語がその典型である。

学校数学の系統の中で積極的に埋め込むことがかなわなかった。カリキュラムが学校区や学校毎、教師毎に選択される米国では、80年代まで代数→基礎解析→微積分という選択系統が採用された。関数は、代数（必修）を学んだ後の基礎解析（選択）で、集合・ブラックボックスなどで導入される特殊な内容とみなされたのである。

　数学教育改良運動期に早期の関数指導が検討されて後、戦後の米国では少なくとも二度、関数の早期導入への挑戦があった。1度目は現代化（New Math）時代の教科書プロジェクトである。2度目は、80年代のコンピュータ上のグラフィングツール利用による代数の関数化時代から90年代の米国で展開されたスタンダード時代の教科書プロジェクトである。

　現代化時代の実験的教科書プロジェクトSMSGの教育課程では、当時流行したブルバキによる数学の構造化の流れ[66]を受け、最初から集合と写像（関数の一般概念）などの構造を、代数の前に指導する流れが示された。第1章で話題にしたFreudenthalによる反教授学的な逆転は、まさにそのような指導系統に対する批判として展開された。水準を背景にした数学化論は、公理的にはじめようとする系統に変わる代替的規範として、事象の数学化、数学の数学化という数学の再構成を性格付ける意図で提示された。SMSGの実験教科書で数学を学べた生徒が存在したことは、水準に準じない大局的な指導順序の存在を例証している。それに対して、水準を前提に主張されるのは、数学化に準じた指導順序である。

　スタンダード時代[67]に前後し、グラフ電卓等の視覚化を容易にするテクノロジの普及によって、代数を関数で学ぶという系統の変更が1980年代に提案された。その系統は、基礎解析的内容を含む代数→微積分という指導の流れを構成した。

---

66) ブルバキの構造化の流れの延長上で数学の創造が実り豊かであった時代は、数学においても1970年代までである。1970年代以降は、むしろ、構造化が未知のレベルでの研究が、世界的に注目を浴びている。

67) スタンダードはカリキュラム開発の参考図書であり、カリキュラムそれ自体ではない。米国数学教師協議会NCTM編、筑波大学数学教育研究室訳（2001）．『新世紀をひらく学校数学：学校数学のための原則とスタンダード』筑波大学数学教育研究室．; NCTM (2000). *Principles and Standards for School Mathematics.* National Council of Teachers of Mathematics．; 米国数学教師協議会NCTM編、能田伸彦，清水静海，吉川成夫監修，筑波大学数学教育研究室訳（1997）．『21世紀への学校数学の創造：米国NCTMによる「学校数学におけるカリキュラムと評価のスタンダード」』筑波出版会．; NCTM (1989). *Curriculum and Evaluation Standards for School Mathematics.* National Council of Teachers of Mathematics. スタンダードに先駆けて統合数学を志向した教科書プロジェクトはUCSMPプロジェクトである。以後、様々な教科書プロジェクトが展開する。その解説は筑波大学数学教育研究室（2001）の中で礒田が文献録として述べた。

NCTM スタンダードでは関数領域に相当する考えが代数で導入され、その動向を尊重する教科書プロジェクトは、分科名による科目履修ではなく、数学名での総合教科書に移行する。2000 年にスタンダードが改訂され、代数スタンダードの中でパターン、関係、関数の理解の深化を一貫して求められるようになり、その指導系統は、水準からみればその順序性を尊重したものとなった。2010 年、国定カリキュラム発行後も、模範的とされる教科書は、90 年代の教科書プロジェクトの改訂版である。

以上のように水準は、教育課程の系統の数学化の意味での適切性を、大局的な順序性という視野から吟味する規範として活用しえる。そして、水準の要件は、その大局的な順序性を念頭に、水準以降のための指導計画を具体化したり、教材を開発する際の視野となる。

(1)―2. 数学化を進める学習指導課題を知るための水準

水準とその要件は、授業実践の際に必要な教材観の規範、すなわち教材解釈の規範や、教材の側から生徒の反応を予測する際の根拠、特に何が難しく何を教えるべきかを知る際の指導課題を知ることに役立つ。

実際、水準の要件「水準間には通約不能な内容がある」は、生徒側からみて、学習指導における矛盾に満ちた教師側の言動の存在を明らかにする。そして、水準の要件「水準に固有な方法がある。水準に固有な言語ないし表現と関係網がある」は、何を目標とすべきか、何を乗り越えるべきかという発達課題を明らかにする。さらに、水準の要件「水準間には方法の対象化の関係がある」は、水準移行のための活動として、どのような活動を尊重すべきかを明確化する。前章で触れたように方法の対象化は結果論としての議論を包含しており、方法の対象化それ自体も指導計画上の課題である。数学化としては「蓄積した経験を数学的方法による組織化する活動」することが求められる。さらに、表現世界の再構成過程は、水準移行の際に展開される数学的活動の様相を詳細に記している。

以下、水準とその要件を教材研究に規範的運用することを幾何の水準を例に述べる。

まず、水準は、我々が矛盾した内容を教える場合があり、それが不可避であることを我々に認識させる。証明の水準以前に、二等辺三角形の両底角が等しいことは、子どもも教師も一度は認めたところである。それを別の教師は、二等辺三角形の両底角が等しいことを証明せよと言う。それまで認めたことが、ほんとう

にそうであるかを確かめるという議論は、子どもの側からすれば矛盾している。学校段階が異なることもあり、ともすれば教師側は小学校までの説明を認めないことを子どもに求めている状態、それ自体を意識できない。そのような中で、数学化の水準要件は、次のような教材認識の根拠となりえる。

　まず水準要件「水準間には通訳困難な内容がある」はそのような矛盾した態度を教師自らが子どもの前で採用している事態を自覚させる。それは「これまでの説明は説明ではない」ことを認める必要を自覚させる。そこでは、再構成することのよさを認めること、例えば証明は体系的に数学的知識を構成する説明方法であることを自覚させる。水準に応じた「固有な方法」のよさを認める視野で臨む必要を自覚させるのである。そして、「水準に固有な言語ないし表現と関係網がある」から、その言語ないし表現を十分に獲得するまでは、証明がわからないのも、不思議ではない。「方法を対象化する」とはそれまでの「経験を対象化する」ことであるから、証明を意識的な議論の対象にするには、筋道立てた説明を経験する必要があることを自覚させる。証明指導の課題を克服するには、証明指導以前に、筋道立てた説明、既習が真であるという前提の基、既習を根拠に自らの考えを説明する習慣を前提に、何を前提に説明するのかを明確にする必要を自覚させる。このような教材観は、幾何の水準と水準要件を前提に規範的に示されるものである。数学化の水準要件は、実践をする際に必要な教材観を提供する規範となるのである。

(1)―3. 指導後の達成状況・理解状況を評価する基準

　水準とその要件は、その内容における生徒の認知発達の程度を判断する基準を提供する。それは、学習指導過程における即時フィードバックを教師に促す基準としても、達成度を評定する基準としても、他と比較する基準としても有意である。

　生徒の幾何の水準の判定について非常に多くの研究がある。多くの研究では、評点によって水準を判定するという操作的定義を議論することで、研究上のオリジナリティを示そうとしている。その関心は、van Hiele の立場からすれば、射程外の議論である。そもそも、van Hiele は個別の生徒がどの水準であるかを判定することを目的にその理論を構築していないからである。

　個別判定よりむしろ、長期の指導により、より高い水準に応じた思考ができるようにする過程を記すこと、指導を受ける生徒の立場からみれば前節の議論に意

味がある。そのような本質的な射程を離れて、水準を利用することの意義は、異なる学習指導を受けた生徒の発達の様相の相違を示す際の基準として、比較研究において示すことができる。以下、幾何の水準の評価問題を作成し、日米幾何教育の達成度を比較した研究の結果とその示唆を示すことで、認知発達の評価基準を対比することの有意性を示す。

　本研究は幾何教育の日米比較の一環として指導内容、指導方法、到達度の比較において、到達度の比較のために行われた(礒田、橋本、飯島、能田、Whitman, 1992)[68]。日本側対象学年は、小4（4と表記）131名、中1（7）113名、中3（9）159名、高2（11）91名で調査時期は年度末であり、ハワイ側は3年99名、6年232名、8年159名、10年159名で調査時期は年度初めである。

　設問は、学年によらない共通問題と学年に応じた問題があり、次のように構成された。

水準＼学年	3/4	6/7	8/9	10/11	共通問題
パートA（1水準）	9	8	8		2
パートB（2水準）	8	9	9+1		8+1
パートC（3水準）	5	7	7		5+2
パートD（4水準）	-	-	5		0+5

(学年は米／日、数字は問題数)

設問群の平均正答率は、次の通りである。

水準＼学年	3/4	6/7	8/9	10/11
パートA（1水準）	55／73	61／87	66／87	83／96
パートB（2水準）	29／36	47／66	55／78	71／86
パートC（3水準）	16／31	34／51	40／62	58／77
パートD（4水準）	-	-	7／24	33／58

(学年は米／日、数字は百分率)

　水準の判定基準を、当該設問群の通過率70％に正答とした。その理由は、次頁の図で、70％から二つ山現象が現れるからである。

---

[68] 礒田正美，橋本是浩，飯島康之，能田伸彦，Whitman, N.C.（1992）. van Hieleの思考水準による日米幾何教育達成度比較研究：日本側の結果を中心に．『数学教育論文発表会論文集』25. 25-30.

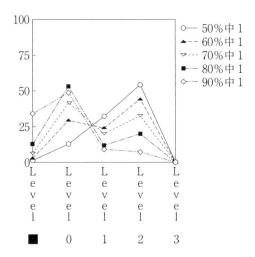

70%を基準にした場合に日本側の到達分布は以下の通りである。

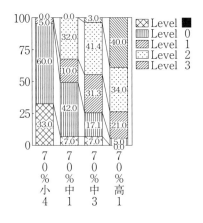

その結果、日本側生徒の水準は、学年進行によって水準移行が進んでいると言える。

日米ともほとんどの設題で、次の設題のように学年進行で正答率が改善されている。総じて、米国の正答率は、日本と比較して、日本を後追いする状況にある。米国では10学年の幾何は選択内容であり、その達成状況は、日本の必修9学年の生徒と大差ない。

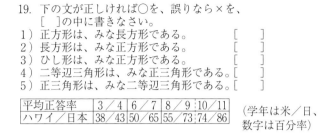

19. 下の文が正しければ○を、誤りなら×を、
　　［　］の中に書きなさい。
　1）正方形は、みな長方形である。　　　［　］
　2）長方形は、みな正方形である。　　　［　］
　3）ひし形は、みな正方形である。　　　［　］
　4）二等辺三角形は、みな正三角形である。［　］
　5）正三角形は、みな二等辺三角形である。［　］

平均正答率	3／4	6／7	8／9	10／11
ハワイ／日本	38／43	50／65	55／73	74／86

（学年は米／日、数字は百分率）

それに対して、日本側で正答率が悪くなる次の設題がある。

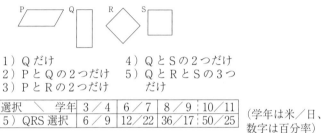

13. 長方形はどれですか？

　1）Qだけ　　　　　　4）QとSの2つだけ
　2）PとQの2つだけ　　5）QとRとSの3つ
　3）PとRの2つだけ　　　だけ

選択＼学年	3／4	6／7	8／9	10／11
5）QRS選択	6／9	12／22	36／17	50／25

（学年は米／日、数字は百分率）

　この設題では米国側が8年、10年と正答率が大きく改善されるのに対して、日本側は9年で一度下がる。これは日本側では、中学校段階で論証指導がなされ、論証上、図に直角マークがないRやSが長方形であるか判断できない結果である。対する米国側の結果は、論証指導は10学年で選択履修され、そのような表現上の既約は、中学校段階で日本のように強調されていない授業観察結果と符合する。

　指導内容や系統が異なる幾何領域では、van Hiele 水準はこのような達成状況の比較の際の基準として用いることができる。通常の学習指導文脈では個別学習指導内容に対する評価を行う。その学習指導目標との合致が不明な van Hiele 水準によって達成度を評価する必要性は高くない。個別指導内容が一致しないような比較研究、異なる教育課程では比較基準となりえる。特に、教師教育文脈で、研修前後を比較し、その効果を測定する際にも活用しえる[69]。

---

69) Napoleon, A., Isoda, M. (2010). Improvement of Geometry Literacy on Basic Education Mathematics Teachers in Honduras Using Honduran Textbooks.『数学教育論文発表会論文集』43 (2). 789-794.

(2) 関数の水準の意義

ここでは、関数の水準の意義を、以上の水準の機能に準じて述べる。(1) で述べた水準の機能に準ずれば、関数の水準の意義は次のように指摘しえる。

  a. 関数領域の内容の大局的順序性を議論する際の基準を提供する意義
  b. 関数領域の指導における指導課題を提供する意義
  c. 関数領域の指導における達成状況から指導を再考する意義

関数の水準抜きで、これを議論する場合には、関数領域において、例えば目前の教育課程や教科書上の指導内容に限って意義を話題にすることになる。それに対して、関数の水準で議論する場合、現行教材に限ることなく、数学史、教育課程史など歴史上の関数関連内容までを視野に、数学化を進める水準移行では何が必要かという視野から、これらを議論することができる。すなわち、与えられた内容領域としての関数に係る題材において、そこでの内容を繰り返し再組織化する数学化の系統を定めることができる。以下、それぞれについて述べる。

(2)—1. 関数の領域の指導内容の大局的順序性を話題にする意義

第3水準の代数・幾何という記述は、解析幾何を連想させるが、ここでは、代数と幾何を指す。その語をどのようなものとみなすかで、教育課程史上の論点を認めることができる。

まず代数との関係で言えば、(1)—1 の米国の現代化期とスタンダード期の対比で述べたように、代数を教えた後に用語「関数」を導入するのか、代数を教える際に用語「関数」も盛り込むのか、関数を集合と写像の意味で代数以前から導入するのか。この議論は、関数の水準抜きで議論できるし、それぞれに利点、欠点を話題にしえる。

それに対して、関数の水準で、このような話題を議論する場合には、各水準の言語・表現に準じた関数表現を位置付けることを求める点に相違がある。米国の場合、関数の水準に沿う教育課程は、改訂スタンダード (2000)[70] の代数スタンダ

---

70) この文書はカリキュラム開発の参考図書であり、カリキュラムそれ自体ではない。米国数学教師協議会 NCTM 編、筑波大学数学教育研究室訳 (2001).『新世紀をひらく学校数学:学校数学のための原則とスタンダード』筑波大学数学教育研究室. ; NCTM (2000). *Principles and Standards for School Mathematics*. National Council of Teachers of Mathematics. ; 米国数学教師協議会 NCTM 編、能田伸彦、清水静海、吉川成夫監修、筑波大学数学教育研究室訳 (1997).『21世紀への学校数学の創造:米国 NCTM による「学校数学におけるカリキュラムと評価のスタンダード」』筑波出版会. ; NCTM (1989). *Curriculum and Evaluation Standards for School Mathematics*. National Council of Teachers of Mathematics.

ードにおいてパターン、関係、関数の理解の深化という語が、はじめて学校段階を越えて一貫して用いられ、表現された。そしてそれが表現されたという場合に、関数の水準を基準にして「表現された」と説明できるのである。

次に幾何との関係も、教育課程史上の大きな論点である[71]。特に、代数・幾何に基づく第3水準から、微積分に基づく第4水準への移行に際して、幾何学を前提とするか否かは教育内容の相違を象徴する。

第3章第2節（2）では関数の水準と運動の歴史的記述とを対照し、運動を組織化原理とした場合の水準記述として以下を得た[72]。

第1水準　運動の数量パターンは認めるが、変量間の因果性が適切に解せない。

第2水準　運動を、変量間の関係概念によって算術的に解せる。

第3水準　運動を、定式化する説明理論として代数・幾何学を採用しえる。

第4水準　運動を、定式化する説明理論として微分積分学まで採用しえる。

第5水準　運動を、定式化する説明理論として（関数）解析学まで採用しえる。

ここで、第3水準の幾何学とは、アポロニウスの円錐曲線論で解答された高次の作図題を含む。歴史的には、曲線は幾何学的に作図題で表現され、曲線に接線を作図することが微分、包絡線から曲線を作図することが積分に相当する。歴史上では、第4水準の運動記述も、第5水準の運動記述も幾何学がなければ解答不能であり、17世紀の微分積分は幾何学的推論の支援抜きに解答不能であった。例えば、最速降下曲線がサイクロイドであることの解法の大半は幾何学的な推論によって示されたものである[73]。以上は、数学史上の史実を、水準に当てこんで得られたものであり、繰り返し再構成する系統を記している。

他方で、実際の教育課程上、幾何学を微分積分学の前提とする歴史的な順序を採用するか、否かという現実的な問題がある。そのような論点は、数学教育史上、実際に存在していた。幾何学を前提に微分積分を導入するか、否か。微分積分を基盤にした教育課程改革を推進したKleinの先導により20世紀初頭から数十年

---

71) 礒田正美（1997）．曲線と運動の表現史からみた代数、幾何、微積分の関連に関する一考察―幾何から代数、解析への曲線史上のパラダイム転換に学ぶテクノロジー利用による新系統の提案と関数の水準と幾何の水準の関連―．『筑波数学教育研究』16. 1-16.

72) 第3章第2節で述べたように、ここでは「運動の記述方法」を組織化原理として採用し、水準を記述している。

73) Bernoulli (1742/1929) On the Brachistochrone Problem. David Eugene Smith. *A Souce Book in Matheamtics*. McGraw-Hill. 644-654.；礒田正美（2009）．最速降下曲線．礒田正美, Bartolini Bussi, M. G. 編．『曲線の事典：性質・歴史・作図法』共立出版．p.64.

に及び展開される数学教育改良運動と、改良運動の波及の一つの総括であり、日本の関数の考えの指導で度々参照されるNCTMの9年報Humley, H. R.（1934）Relational and Functional Thinking in Mathematicsの相違に認めることができる[74]。

前者は日本における融合カリキュラムの源流であり、戦中に強く影響を与え、後者は戦後の日本における関数の考えの指導の一つの源流とみなせるものである。両者の立場の相違はHumley自身が、第6章「実用における関数概念」、節「教育課程の実用かつ具体的本質」の中でに次のように記している。「Kleinは言う、関数概念を思慮深く実りあるべく扱う上で、もっとも必要な教材は基本的機構学（mechanics）である、と。我々は彼の主張に全く同意する。ただし、Kleinのこの主張が、機構学をkinematics（運動学）に限定したものか、量概念を含意するkinetics（動力学）はそこに含まれるのかは、さだかではない。我々の教育課程では、運動学はほとんど除外されたし、その理由は動力学を取り込みたくないということではなくて、時間−空間概念を取り入れるだけで、必要とする関数教材が得られるからである。(p 112)」

ここにHumleyの主張と、Kleinに由来するドイツの改良運動との明瞭な相違点を認めることができる。Kleinが必要と認めたリンケージなどの機構学とは運動の幾何学表現そのものである。また、kinematics（運動学）とは、幾何学を含む運動論である。それに対して、Humleyの書に記された教育課程には、そのような教材は排除され、関数関係を表す問題として、時間、距離、速さ、計量の問題が取り上げられている。Humleyは必要とする関数教材にKleinの機構学は採用しなかったのである[75]。

分科融合を推進するKleinは、代数と幾何を融合する主題として関数を認める。そこでは、代数方程式の解の集合である以前に、作図条件を満たす軌跡であり、であればこそ機構学は必須である。

図3.8は、黒田稔の遺稿集にも遺された高次多項式解答器、多項式型関数のグ

---

74) Humley, H. R.（1934）*Relational and Functional Thinking in Mathematics*. NCTM 9th year book. Bureau of Publications, Teachers College, Columbia University.
75) この論点の相違は、当時においては突出した論点の相違であり、戦中の教育を受けた世代までは、明瞭な相違であった。筆者は『曲線の事典』を記すに至る20年の研究から意識できるようになった。筆者によるそのような教材の再発掘成果は、90年代より日本数学教育学会大会等で発表され、website で公開され、広く先生方に参照された。その事実は、80年代、90年代、2000年代と高等学校、中学校教科書の挿絵の著しい相違において認めることができる。礒田正美、Bartolini Bussi, M. G. 編（2009）『曲線の事典：性質・歴史・作図法』共立出版。

第4節　学校数学における水準の機能と関数の水準の意義　291

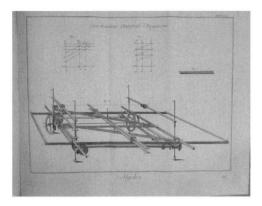 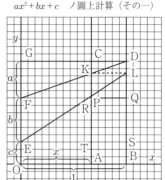

図3.8　整関数のグラフ作図器と作図法[76]

ラフ作図器である。図版左がフランス百科全書、右が黒田（1927）の図版である。この作図器で、任意の多項式関数のグラフ（軌跡）が作図しえる。幾何と代数を融合させたこのような内容、作図に関する知識を必要とするかような機構学的教材が、はたして時間-空間概念に代替されるか否かと言えば、代替しえない。Humleyは、融合型カリキュラムではなく、時間-空間概念を念頭に関数及び関係的思考を育てるカリキュラムを提案した。

　前者のKleinの立場を推進したのが黒田であり、日本ではその幾何学を前提にした微積分の導入は、戦中の数学中学校用4第一類（1944）で実現する。その幾何学を前提にした微積分への教育課程は、戦後、幾何学の意味での軌跡が教育内容から外されることで、失われる。他方で、1958年、1968年の教育課程改訂において、数量関係領域が明確に位置づけられ、算数数学科が最大授業時数を得た1968年の教育課程では、スパイラルカリキュラムが充実し、第2水準への関数指導において、3次関数、分数関数が取り上げられ、微分積分の学習でそれら関数のグラフの描き方を再組織化する指導が存在した。水準に応じた関数表現の指導や数学化の意味での再組織化の指導は、その時代には今日以上に可能であった。他方で、授業時数が削減された今日の教育課程ではそのような学び直しは効率上の問題から損なわれた。関数の水準抜きで、3次関数や分数関数を教えるというこ

---

[76]　『曲線の事典：性質・歴史・作図法』では、イタリアからオランダへ北上する過程で代数化されていく様相、それが日本に伝播する過程が、第1章とコラム（特にpp 255-261）の中で、筆者によって記されている。

とを話題にすれば、それは微分積分後に学習するだけで効率よく学べるという議論も正論である。他方で、関数の水準では、微積分導入以前の第2水準の3次関数や分数関数は、第3水準の微積分によるそれとは、言語水準の相違により異なるものと認める。水準移行としての数学化では、再組織化を学ぶことができ、微積分という方法のよさを認めることもできる。

　関数の水準の意義は、このような関数の領域の指導内容の大局的順序性や再組織化を話題にする際の議論の基準を提供することにある。それは、現行教育課程における数量関係領域、関数領域を前提にした教材だけではそこなわれた視野も、補うものである[77]。このような議論が可能なのは、自国教育課程上の制約は抜きにして、それぞれの水準に関連した教材を当てこめるからである。

(2)-2. 関数領域の指導における学習指導課題を提供する意義

　関数の水準は水準移行指導という意味で、数学化の指導課題を提供する。数学化とは再組織化であり、水準間で何がどう再組織化するのかを見極める際に、関数の水準が機能する。再組織化がもっとも必要になるのは、水準間で矛盾する内容である。それは、第3章第2節で述べた事例で言えば、第1水準と第2水準の誤用「倍」の相違、第2水準と第3水準の誤用「伴って変わる」の相違、第3水準と第4水準の語用「接線」の相違、第2水準と第4水準の「比例」の相違である。ここで比例のみが現実事象に対する用語であり、「倍」、「伴って変わる」、「接線」は水準間で取り扱いが変わるため、再組織化が必要になる。

　水準の移行は、下位水準から次の水準へと行われる。そこでは、2つの課題がある[78]。一つは、図3.9で、移行指導に相当する部分である。そこでは、水準の移行で求められる再組織化を進めることが課題となる。もう一つは、図3.9で、現実事象への対処方法、?部分である。それぞれの水準ではその水準に固有の事象の処理方法を備えている。高位水準で求められる事象の処理方法は、その直前の水準の事象の処理方法と必ずしも一致しない。事象の処理方法も、高位水準の数学内容を現実事象に適用する、数学の活用の仕方をその都度教える必要がある。

　その事象の処理方法は、普通、第1水準の活動において潜在する。その潜在す

---

77) 第4章第2節では、組織化原理として「基本定理の考え」を選択した場合の関数の水準記述を示す。
78) 礒田正美(1999). 関数領域のカリキュラム開発の課題と展望. 日本数学教育学会編.『算数・数学カリキュラムの改革へ』産業図書. 202-210.

第4節 学校数学における水準の機能と関数の水準の意義 293

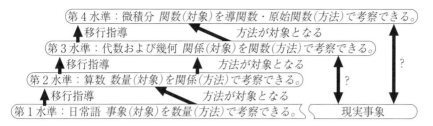

図3.9 関数の水準における移行指導と課題（礒田 1999）

る処理方法が、ある水準では指導するまでもなく明瞭に思えても、後のある水準では意図指摘に指導しない限り使えない場合がある。例えば、四則演算のいずれを用いるかを課す文章題は第1水準の文章題である。第2水準では「○○が××に比例するとき」というような関係明示の文言が入る。第3章第2節で話題にしたように第2水準であれば「距離が時間に比例する」という文章題はあるが、第4水準では「速さが時間に比例する」という文章題がある。「速さが時間に比例する」とは、2次関数の指導では扱われない。そして、第4水準で扱う現象にはそこで「比例」という文言がない。それは第1水準の日常語で表される現実事象において日常語で記される。その立式はどのように行うのか。第1水準には、第2水準で再組織化される対象以外にも、第3水準、第4水準で再組織化すべき活動が、含まれている。その活動を怠れば、第4水準の微分方程式で、比例を根拠に立式することがかなわない[79]。以上は、各水準に応じて比例という用語が使われることに基づくものである。

　高位水準への移行指導において一見、第1水準をとりあげているように思える活動があるが、そうでない場合も多い。「伴って変わる」を例にする。定数関数は第3水準移行では、関数としての考察の対象となりえるが、「伴って変わる」事象ではないので第2水準では意味をなさない。「伴って変わる量はありますか」という発問は、第1水準から第2水準への指導過程で比例などの関係がもつ性質に注目するために、また、第2水準から第3水準へ向けての指導過程で関数の定義をする際に用いられる。変数、関数関係に注目するための発問であり、現実事象

---

79) Isoda, M. (2001). Synchronization of Algebra Notations and Real World Situations from the Viewpoint of Levels of Language for Functional Representation. edited by Helen Chick … [et al.] *The future of the teaching and learning of algebra: proceedings of the 12th ICMI Study Conference*. The University of Melbourne. 328-335.

の問題解決を促す発問ではないが、実践では、その発問が関数の活用を保証すると誤解する場合がある。

　実際、この発問は、現実事象の問題解決からすれば、奇妙な発問である。例えば、振り子の周期は何によって決まるのか？　この地震で津波は何時来るのか？というように、現実事象の問題解決では、多くの場合、容易に制御できない従属変数を決定するために、その原因となる独立変数を探す、独立変数に対して従属変数を探すことが、しばしば問われる。津波の高さにともなって変わる量はありますか、地震の大きさに伴って変わる量はありますか、というような発問は、限られた文脈でしかなされない。第3節で述べたように、第1水準では従属変数の変化のパターンに注目して事象の特徴を説明するが、独立変数は容易にその説明の中で現れない。物理現象でも、運動で意識されるのは従属変数であり、それが時間の関数であると言われても、そもそも時間は、実験する状況にならないと測ることはできない。すなわち、水準の移行指導のための指導課題が現実事象の問題解決力を伸ばすとは限らないのである。それが後者の問題である。関数領域の指導では、現実事象における問題解決力は、その都度伸張する必要があるのである。

　水準移行における数学化の指導では、水準間での再組織化に指導の重心が置かれている。現実事象における問題解決の方法の指導、現実事象への活用力を伸張する指導を意図的にする必要がある。例えば、第1水準から第2水準への指導では、様々な変化を話題にする。ところが、時数削減により、第2水準から第3水準への指導が、実質的に比例、反比例、1次関数、2次関数のみによって行われる状況がある。特に比例、1次関数は、様々な変化を話題にする見方を失わせかねない。様々な関数を比べる調べる文脈がなければ微積分の必要観も抱き難いので、第3水準への指導では、様々な関数やその関数を生みだす事象を調べる機会を設けたい。再組織化すべき活動があればこそ、水準移行の意味での数学化の指導が実現しえる。

(2)—3. 関数領域の指導における達成状況から指導を再考する意義

　水準及び表現の再構成の意味での水準移行から、関数領域の水準の達成状況がいかなる様相にあるのかは、第3節で述べた通りである。第3節の最後に述べたように、それは、関数の水準の移行状況の調査を、水準の移行を一層進める指導を求めるために行うとすれば、それは達成状況を評価し、学習課題、指導課題を

示すものでもある。

例えば、第3節では、第1水準では、累加的に「倍」を用いる子どもの存在を話題にした。この水準の子どもに「〜倍すれば〜倍になる」という第2水準の倍の用法を教えることで、よりスムーズな水準の移行指導を実施することができる。それは「比例」の意味としての「〜倍すれば〜倍になる」という用法を、第0水準の移行から強調するものでもある[80]。

また、第3節では、第3水準で、表、式、グラフで関数を調べる指導が、中学校段階では必ずしも成功していないことを指摘している。1次関数、2次関数などの特定関数の特徴理解のみが目標となり、他にどのような関数があるのか、学んだことをそこにどう生かすかなどの扱いが失われた結果である。第4水準では、関数を調べる方法が、導関数、原始関数を求めることへ再組織化される必要がある。第3水準に達しても、現行指導では、3次関数や分数関数の指導が行われず、関数を調べる意識のないままに、導関数や原始関数を算法として学び、3次関数、分数関数のグラフをかく場合も微分を前提にする。知っている結果が、微分法でも得られるという確認が、現行教育課程ではなしえない。水準移行の達成状況は、一定の規範性を備えた水準の記述に対する達成状況を示すものであり、教えることができていないことの現実から教えるべきことを話題にする。それは、教育課程の制約内で達し得ないものの存在を指摘する。

以上、関数の水準の意義を話題にすることを通して、数学化の前提として水準を設定することで水準が、a. カリキュラム上の数学化の大局的順序性の判断基準、b. 数学化を進める学習指導上の指導課題を知る規範的基準、c. 指導後の達成状況評価に際しての規範的基準の考察において機能することを指摘した。

第3章のまとめ

第1章第2節、第3節で述べたように、数学化とは、New Math で志向された集合と構造から演繹的に数学内容を配置しそれを活動的に教えようとする動向に対する異議として提唱された。そして、数学化は、数学内容を再組織化すること、生きる世界を再構成することそれ自体を目標とする教程化を提案して提唱された用語である。再組織化としての数学化を実現する系統は、与えられた内容領域に

---

80) 例えば学校図書「みんなと学ぶ小学校算数」は、テープ図（比例数直線）や三数法（表）を3年より指導している。

おいて、そこでの内容を繰り返し再組織化する系統であることを求める。その仕組みを表現するのが水準である。すなわち、与えられた内容領域において、水準を定めるということは、その内容領域に再組織化を繰り返す系統を導入することである。

第3章では、幾何以外の領域へ水準が拡張可能であることを関数領域の場合で例証し、その移行過程としての数学化の学習課題が表現世界の再構成過程によって説明しえること、そして水準を設定することの意義を関数領域の場合で例証した。学校数学において数学化を具体化するには、まず数学化の前提としての水準を設定する方策を記す必要がある。第1章第4節で述べたように数学化の前提としての水準は思考水準より広義である。第3章を通して、その広義の水準要件に照らして水準設定する方法が定式化された。

第1節では、思考水準設定にかかる様々な先行研究を参照し、水準設定の方法として「系統発生（数学史）との対比」、「個体発生（指導による発達）との対比」、「一般化された水準からの類推」を示すとともに、幾何の思考水準を設定した van Hiele との相違もあわせて議論した。

第2節では、関数の水準を、この三つの水準設定方法に依拠して解説し、あわせて関数の水準が第1章で示した水準要件を満たすことを確認した。この検討によって、関数領域において、その内容領域に再組織化を繰り返す系統として、水準を定めることができた。そこでの一つの問題は、各水準の子どもの思考内容の記述の深さである。

第3節では、実際の子どもの反応を、表現世界の再構成過程における第2章第4節で述べた4つの学習課題を基準に、各水準と、「旧表現の再構成（第2章第4節、旧表現における特定表現方法の対象化にかかる学習課題に対応）」「新表現の生成規則構成（第2章第4節、新表現の生成操作探究にかかる学習課題に対応）」という形で記述できることを指摘した。この記述により、小学校から高等学校に至る長期的な学習過程を、表現世界の再構成過程によってより詳細に記述しえることが例証された。ただし、子どもの反応によって学習課題を特定する行為は、水準記述の汎用性を損なう余地があることも指摘した。水準記述は、その用途に準じて深めるべきものである。

特定領域において水準を定めることは、その内容領域に再組織化を繰り返す系統を定めることである。第4節では、関数の水準設定の意義を示した。すなわち、「数学的活動を通して数学を学ぶ過程を構成する」目的で数学化を考える上

で、水準が a．カリキュラム上の数学化の大局的順序性の判断基準、b．数学化を進める学習指導上の指導課題を知る規範的基準、c．指導後の達成状況評価に際しての規範的基準として機能することを述べた。特に関数の水準の場合にその機能を異義として述べるならば、関数の水準には、a．関数領域の内容の大局的順序性を議論する際の基準を提供する意義があり、b．関数領域の指導における指導課題を提供する意義があり、c．関数領域の指導における達成状況から指導を再考する意義がある。

第4章
微分積分への数学化としての学習過程の構成

第4章の構成

　本研究の目的は、「活動を通して数学を学べるようにする際に、そこで実現されるであろう学習過程が、真に数学を活動を通して学べる過程であると判断する際の基準を示すこと、そして、その基準を学習過程の構成原理として特定内容に係る教材研究を進め、その特定内容を活動を通して学べる学習過程が実際に構成できたかを確認できるようにすること」である。それを「数学的活動を通して数学を学ぶ過程を構成すること」と略記してきた。その判断基準は Freudenthal の数学化論を拡張的に定式化する形で、第1章、第2章で構築した。その基準を原理として利用し、特定内容の教材研究を進めることで、その特定内容から数学化過程を構成しえることを示すことが残されている。それが、第4章の課題であり、数学化過程を記す際の前提が水準である。そのために第3章では、水準設定の方法を示した。本研究で、後者の目標を実現する範例内容として選択したのが関数領域である。第3章では、関数の水準を設定した。ここで関数領域とは微分積分までを目標とする関数関連教材を想定している。

　第3章では、数学化過程を構成する前提としての水準設定の方法を示し、その例証として関数の水準を設定した。第4章では、関数の水準を前提として、微分積分への数学化過程を具体的に示すことで、上述の目的の実現を例証する。特に微分積分への小学校から一貫した関数領域の指導を実現することは、数学教育改良運動以来の課題である。関数の水準の第4水準に該当する微分積分は、旧来、学校数学の到達点として目標視されてきた内容である。小学校から一貫した関数領域の指導系統を示す基準として、第3章で関数の水準を提出した。特に、第3章第4節では関数の水準が実際に教程化の基準として機能することを、意図したカリキュラム、実施したカリキュラム、達成したカリキュラムという視野から、その意義を指摘した。

　第4章では、その関数の水準を前提とした場合に、第3水準から第4水準への指導、微分積分への数学化をどう実現するかを検討する。第3章第3節では、第1水準から第2水準へ、第2水準から第3水準への指導は何年にもわたり継続され、水準移行期の特徴など、具体的な学習課題などを話題にしえるのに対して、第3水準から第4水準すなわち微分積分の水準への移行指導がわずか数時間でしかないことを指摘した。微分積分への数学化は極めて形式的になされており、再組織化の意味での数学化が、そこで適切になされているとは考え難いのである。

本章の前提として確認したいことは、本研究では、第1章、第2章で提示した判断基準は、学習過程を構成するための教材研究としては必要条件にすぎないことである。もとより、教材が、生徒にとって目的を達するに十分であったかは学習指導の結果でしか議論しえない。必要条件は、目的実現のための原理として教材研究を行う際の志向性を定めるものである。最終的に構成された学習過程が数学化過程として妥当と言えるかも、その条件から判断するものである。そのような意味で、第1章、第2章で設定した基準は、必要条件であり、教材研究の原理である。

本章第1節では、まず、第2章までに導かれた必要条件を、本研究における学習過程の構成原理とみなし数学化過程の構成原理として集約する。そこでは、これまでの要件全体を数学化の基準とみなし、その基準から数学化過程の構成原理を導く。数学化過程の構成原理は、数学化を実現するための教材研究を進める際の指針であり、同時に、数学化と言えるかどうかを判断する際の基準である。第3節、第4節では、数学化過程の構成原理は、数学化と言えるかを判断する際の基準として用いる。

第2節では、その構成原理を教材研究指針と認め、微分積分への数学化への様々な教材構想を述べる。その際、20世紀前半の研究成果として戦中の教科書の微分積分への指導教材、20世紀末のコンピュータ利用による指導教材開発などを範例に、微分積分への数学化指導の内容例を示す中で、水準移行において繰り返し再構成される組織化原理として「微分積分学の基本定理の考え」が存在することを指摘する。

第3節では、微分積分学の基本定理への数学化指導事例を、学習過程の構成例として提示する。この指導例は、既存の指導では微分積分学の基本定理を理解できなかった困難校生徒に対して、微分積分学の基本定理への数学化指導を実施しその改善効果を示すものである。困難校生徒に実現可能なことはそうでない学校にも適用可能な数学化指導事例と考えられる。数学化過程の構成原理は、教材研究の指針としても、数学化と言えるかを判断する基準としても使われる。

第4節では、表現世界の再構成過程を中心に、その指導内容を改めて確認し、その過程が表現世界の再構成の意味での数学化を実現していること、第3節の考察とあわせて原理に基づく学習過程が実現していることを確認する。表現世界の再構成過程の確認が冗長であること、特に表現世界の再構成過程を確認することが、数学化が実現したことの例証となることから、第3節から独立させた。

以上により、「第1章、第2章で導かれた基準を学習過程の構成原理として指針にしつつ特定内容に係る教材研究を進め、その特定内容を活動を通して学べる学習過程が実際に構成できたかを確認できるようにすること」という本章の目標は達せられる。

第3章と第4章の相違は、第3章が大局的な水準設定を話題にしたのに対して、第4章が個別内容の数学化過程を記述する点にある。

第4章が基盤とする筆者の全国誌・国際学術誌等査読論文

　本研究は、筆者のこれまでの研究成果を整理しなおしたものである。そのため、本研究では、筆者の先行研究を本文内で適宜参照しつつ考察を進める。特に第1章が前提とする全国誌・国際学術誌等における主要な査読論文は、以下の論文である。

礒田正美, 関正貴 (2008). 関数の思考水準からみた微分積分教材の開発研究：微分積分学の基本定理を中心に. 『数学教育学会誌』49 (3・4). 49-54.
　この論文は本章第3節の中核をなす。

第1節　数学化過程の構成原理

　本章の目標は、これまで特定した枠組みによって特定内容において数学化としての学習過程を構成すること、そして構成できたことを確認する方法を示すことである。その範例として微分積分への数学化を示す。そのために、本節では、第1章から第3章まで提出してきた諸条件や要請等を数学化過程の構成原理として定式化し、次節以降で、微分積分への数学化に係る教材研究を進める際の手掛かりを得る。

　数学化過程の構成原理は、「数学的活動を通して数学を学ぶ過程を構成する」目標を、数学化という立場から実現する教材研究のための要請である。それは第3章までの考察を体系化したものである。本節では、これまでの考察をその原理に集約する。その原理が本研究で備える意味は、原理が備える次の二つの役割を示すことで提示される（次節以降）。一つは「数学的活動を通して数学を学ぶ過程を構成する」数学化教材研究の指針としての役割である[1]。もう一つは数学化できたか否かを判断する基準としての役割である。教育学は、もとより公理系において構成される数学体系のように機能しない。教育研究において、このようにすれば目標が達せられるという言明はむしろ怪しまれる。教育では「ある条件を満たせば、必ずその結果を得られる」（十分条件）ということはない[2]。その意味で、数学化による学習過程を構成するための原理は、指針として、判断基準として機能するのである。

① 数学化を進める活動とは、いかなる活動か？

　第1章第3節で述べたように、Freudenthal の数学化とは、「経験の蓄積を対象として、数学的方法により組織すること」である。話題に応じて、大局的な数学

---

[1] 本研究は、日本に限定されない数学教育学研究、教育課程の異なる国々でも通用する数学教育学研究を提案している。学習指導要領のような教育課程基準の存在を仮定しない段階で、教材研究を進める状況は、いわば大海原や砂漠で自らの位置を知り、進路を定める状況に喩えられる。そこでは、天球面上の星々、遠くにみえる島影・山々、そしてコンパスがナビゲーションのもととなる。本章が示す数学化過程の原理は数学化を実現するための教材研究のナビゲーションとして機能する。

[2] 前提条件は、結果を得るための必要条件ではあるが、結果を導く十分条件ではない。授業研究協議会が重用されるのは、潜在する暗黙変数がみえるようになり、それが必要条件として意識されるからである。生徒の反応には類似性があり、同じような授業が確かにできるのも、その累積性による。それでも国が変われば教育課程も変わる。既習が異なれば反応も異なる。前提が定まらなければ、同じような授業は容易できない。

化もあれば局所的な数学化もある。局所的な数学化は、大局的な数学化に入れ子状に含まれる。何を数学化とみて、何を個別の活動とみるかは、それぞれの数学化の過程の記述において相対的に定まるものである（第1章第5節）。そのような意味で数学化を話題にしえる最小単位は活動である。そこで、まず、数学化を進める活動とはいかなる活動かを記す必要がある。

第1章第1節で述べた筆者が採用する活動観は「主体が自らの生存のために自らの更新していく上で進める対象との相互作用」である。その前提において、数学化を進める活動とは、その活動観に準拠した数学における次の要請を満たす活動である。

〈活動〉
要請1. 活動とは、当面した対象に対する主体の生存可能性を保証しようとして進展する。
要請2. 活動には、主体の対象に対する相互作用において、矛盾のない同化による過程、既知が難なく使え、活用範囲が広がり豊かになる過程が存在する。
要請3. 活動には、その相互作用において主体の認識との矛盾が生じ、主体が自らの既知を再構成していく、調節の過程、構造転換の過程が存在する。

数学化を進める活動は、数学の考えの「生存可能性」の拡大を追求する活動である。生存可能性の拡大は、その考えが使える場合には同化する形で、その考えの活用範囲を広げるものである。使えない場合に、その考え自体の再構成が求められ、新しい考えを導くものである。ここで生存可能性の追究には、どこまで使えるかを試す行為、使える場合、使えない場合を特定する行為も含まれる。

生存可能性の追求は、数学的概念を構成する際の必然性の基盤をなす。すなわち、「数学化を進める活動とは、どのような活動か？」に対する本質的な解答は、「生存可能性を追求しているか」にある。

原理1. 数学化を進める活動とは、生存可能性を追求する活動である。

原理1の解釈は「主体が自らの生存のために自らの更新を伴って行う対象との

相互作用」という活動観と要請1〜3によって与えられる。「経験の蓄積を対象として、数学的方法により組織すること」という数学化は、組織化、再組織化という意味で、また、より生存可能な数学を生みだすという意味で、この活動にかかる要請1〜3と整合する。その意味で、数学化の最小単位は、要請1〜3を満たす活動である。

② 数学化とはどのような過程か？

　数学化という語を何に対して適用するかに応じて、数学化を進める活動は相対的に定まる。何を話題にするかに応じて数学化を議論する視野が変わる相対性、入れ子構造が存在する。その相対性を前提に、数学化の過程は、第1章第4節で述べた次の過程に基づく過程として定義された。

> 〈数学化の過程〉
> Ⅰ．数学化の対象：下位水準の数学的方法で組織する活動、下位水準の言語ないし表現、関係網としての経験の蓄積
> Ⅱ．数学化：蓄積された経験は、新しい数学的方法によって再組織化される、下位水準の活動に潜む操作材ないし活動を組織した数学的方法を、教材ないし対象にして新しい数学的方法によって組織する活動
> Ⅲ．数学化の結果（新たな数学化の対象）：高位水準の数学的方法で組織する活動、高位水準の言語ないし表現、関係網としての経験の蓄積

　それぞれの層Ⅰ〜Ⅲで、その層に準じた活動が営まれる。「Ⅱ．数学化」では、再組織化が求められる。再組織化される対象があり、再組織化する方法がある。再組織化される対象を明瞭に話題にすることなく方法のみを指導する指導も存在する。そこでは数学化の結果を天下り式に指導できると考える。そのような再組織化を求めない指導は、生存可能性を追求する機会を奪う指導となる。集合と構造で学校数学を体系的に構成しようとすることは、再組織化を求めない過程を志向するもので、数学化とは言わない。

　数学化の層は、そこで主題にする話題についての再組織化を単位に記述される。一つの数学化を話題にする際に、幾何のように言語水準を仮定しなくとも、関係網の水準の意味で議論し得る。数学化という語は、幾何の水準移行より全く広義な対象に当てられるのである。数学化の規模の相違は、表現の関係網の再構

成から、言語の再構成を意味する思考水準間の数学化まで、主題とする話題に準じて多様である。関係網の発展可能性は無数にある。教育課程の基準という制約のもとで作られた教科書においてさえ指導系統の網の目は無数に読みとれる。数学化は、その多様な網の目に対して、主題とする対象、繰り返し再構成される内容に注目する。主題とする内容が数学化の連鎖において一貫している場合に、その内容を組織化原理とみなす。逆に言えば、一つの組織化原理に注目することは、順序性のある発展系列、繰り返し再組織化される内容を見い出すことでもある。

再組織化過程としての最小規模の数学化は、①で述べた生存可能性を追求する活動、同化・調節・再同化の過程である。本論文の場合、第1章第5節で述べたように数学化の過程を説明する際に活動という語を用いる語用上の制約がある。本研究では、その相対性を前提に、一つの数学化の過程を話題にした場合、そこでなされる様々な個別活動に活動という語を当てる[3]。数学化が再帰的に繰り返される様相を表象する場合に、特に水準という語がその層を区別する用語となる。そのような語用を前提に次の原理を定める。

原理2．数学化とは、数学的方法による再組織化を進めることである。

原理2の内容を示すものは、数学化の過程Ⅰ～Ⅲである。

③ 数学化の過程では具体的に何をなすべきか？

数学化の活動の中でも、表現世界の再構成過程が数学化においてなすべき特定の行為が、第2章第2節の（4）で特定された。

　［前提］既存の表現世界の深化
　ア．新表現の導入
　イ．新表現法の生成操作の探究
　ウ．既存の表現世界から、新表現法に対応する特定表現法の対象化
　エ．既存の表現世界の再構成を促す
　オ．新表現法の生成操作の根拠を示す
　カ．代替表現世界への転換

---

[3] 活動は随意の解釈が可能である。個別特定される活動を本稿では行為とも呼んでいる。

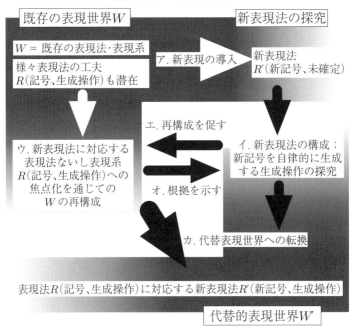

図 4.1 （図 2.5 再掲）

［再帰］代替表現世界の深化と再構成

　表現世界の再構成過程は、数学化で遂げられるべき再組織化の過程、Freudenthal の形容では、生きる世界から生きる世界への生きる世界の再構成過程を表象する。それは結果として方法の対象化を遂げる諸行為を表現に注目して、前提、ア〜カ、再帰という性格付けにより記述したものである。

　この過程は、第2章第1節の考察を前提に導かれた。同時に、第2章第3節、第4節で話題にしたように、表現世界の再構成過程自体は、第2章第1節で定めた表現の記述枠組み抜きで、すなわち書かれた表現に限らず議論できる。その過程は、表現の関係網の再構成及び言語の再構成（水準の移行）の両方を表象し、②で述べた数学化の過程において、「方法の対象化」を実現する際に、実際になすべき行為が何かを、表現行為ア〜カによって解説する。表現世界の再構成過程は、数学化の過程においてなされるべきことの詳細を表現に注目して表象するも

のである。

　新表現を天下り式に導入する指導、既存の表現世界を再構成しない指導は、学習課題の克服を無視する指導であり、この枠組の対象外である。この枠組みは表現に注目し活動を記述する。表現が更新・変更されることを話題にしない小規模な活動は、表現世界の再構成過程の個別行為に包摂される。

> 原理3．数学化の過程とは、表現世界の再構成過程である。

　原理3の内容は、前提、ア〜カ、再帰として記された行為に基づく。

④　数学化の過程を実現する指導系統はいかに描き出せるのか？

　数学化の過程を実現する指導系統は水準によって階層化される。表現世界の再構成によって一つの数学化過程が表象されるのに対して、水準によって再帰的に繰り返される数学化系列が表象される。水準を前提にすればこそ、数学化は、事象からの数学化、数学からの数学化そしてその繰り返しという再帰的過程（系列）とみなしえる。指導系統は、対象を領域とした場合には幾何の水準や関数の水準のような思考水準（言語水準）として記述される。

　水準移行の意味での数学化を規定する水準要件は、第1章第4節で示した以下の要件がある。

> 〈数学化を規定する水準〉
> 要件1．水準に固有な方法がある。
> 要件2．水準に固有な言語ないし表現と関係網がある。
> 要件3．水準間には通訳困難な内容がある。
> 要件4．水準間には方法の対象化の関係がある。

　Freudenthalは学校数学における数学化の典型をvan Hieleによる幾何の水準記述に求めた。彼は幾何の水準を、言語水準という制約を外し、繰り返し再構成される内容、要件2で言語に限らず特定の表現と関係網の意味での組織化原理に注目して拡張した。

　van Hieleにおいて、言語水準の移行は、特定教材において水準を越えて推論しえることを利用した指導であり、数学化はその議論にはない。Freudenthalの数

学化は、言語水準の移行に限定されず水準間で再構成する必要のある内容（表現と関係網）としての組織化原理に注目して記述される。それは表現と関係網としての組織化原理に注目した関係網の意味での水準の再構成を含意する。それは表現の再構成過程で記述しえる。他方で、組織化原理に注目しての数学化は、特定内容の再構成であり、言語水準の意味での水準移行、言語の再構成すべてを、必ずしも含意しない。Freudenthal は、下位水準からは多様な高位水準への発展可能性があることを指摘している。高位水準を定めれば、その高位水準に至る下位水準が定まる。学校数学における数学化の系統を時系列を伴った網の目状の指導系統に喩えれば、一つの組織化原理に注目して数学化を議論することは、水準として表象しえる線形に並びえる系列を教育課程から選り抜いて議論することである。組織化原理を換えれば、その組織化原理にみあう別の数学化系列が話題になる。

　要件3、4は van Hiele 理論を解釈して得られた要件であり、彼自身が明示した要件ではない。要件3を van Hele は「理解しあえない」と表現している。それは彼の実践経験に根差す言葉である。それを通訳困難内容、矛盾する内容として示せることを話題にしたのは筆者であり、その基盤は、本論文では構成主義による活動規程にあり、筆者自身の考えの根底は Hegel-Lakatos の意味での数学における弁証法である（第1章第1節、第2節、第2章第3節）。要件4は Freudenthal が強調した van Hiele の議論を、平林一榮が解釈したものである。「方法の対象化」は数学化の指導系統の層を認める上で、もっとも明瞭な指標である。ただし、第2章第4節で述べたように、「方法の対象化」は数学化の過程を結果論として眺めた場合に言えることであり、方法の対象化のために行う行為は、表現世界の再構成過程として記された行為である。

　これら要件は、水準設定する際に必要な要件である。特に、要件2は、Freudenthal が問題にした「生きる世界」を象徴する。その生きる世界、水準には、その世界に準じた直観、数学的な見方が存在する。表現世界の再構成過程は、ある表現世界から新たな生きる世界が再構成されることを表象する。要件4は、系統の順序性を考察する際の基本である。要件3は、水準の区別、存在を主張する際の基本である。

　水準の移行指導が意図的に設定される以前の天下り式の授業は、生徒と教師が使う言葉の乖離は激しく、van Hiele が自覚した意味での生徒にとってのわからなさが際立つ。水準の移行指導とは、高位水準の活動が下位水準の延長ででき

るような教材を通して教える行為であり、特に数学化と認める場合には、そこでの再組織化を求める行為となる。それは、反省、学び直しを伴う行為である。水準の移行指導、数学化を求める教材開発は、再組織化に至る反省や学び直すことを目的とした指導計画、指導時間を求めるものである。その場合でも異なる数学世界の存在を表象する通訳困難な内容は、厳然と存在している。

特に第3章第1節の(3)では van Hiele による幾何の水準の Hoffer-礒田による一般化を示した。

〈Hoffer-礒田による一般化された水準記述〉
第1水準．研究領域の基本的要素を考察できる。
第2水準．基本的要素を解析する性質について考察できる。
第3水準．性質を関連づける命題について考察できる。
第4水準．命題の半順序系列について考察できる。
第5水準．半順序系列を解析する性質について考察できる。

学校数学においては、水準が五つであるとは限らない。これは水準の意味での数学化の系統を表す方法の一つである。第3章第1節で述べた水準設定方法で水準が設定可能であることは第3章の主題であった。水準を設定する意義は、次の三点にあった。

---

a. カリキュラム上の数学化の大局的順序性を判断する基準
b. 数学化を進める学習指導上の指導課題を知る規範的基準
c. 指導後の達成状況評価に際しての規範的基準

水準設定の意義は、与えられた数学内容や歴史的な内容を、その領域を繰り返し再組織化する数学化の系統として、系列化して配置し、そこでの矛盾や克服課題を明瞭に示すことができることに基づいている。現行の教育課程における系統において、何がずれていて、そのずれを解消するための教材や指導内容の何が欠けているのか。それは、すでに系統化され、表面的には矛盾のない形で記された教育課程上の教科書教材からは容易に読みとれない。水準を視野にすればその階層性を基準にそこで抜けている内容や矛盾する内容が認知できるのである。その具体事例は第3章第2節、第3節、第4節で、関数の水準の場合で述べた。

第3章第2節で述べたように、水準の記述様式は次の様式、記述［a］、記述［b］、記述［c］による。

〈水準の記述様式〉

第○水準：［◎◎で関係表現する水準］（記述［a］）
　　　　　→◎◎はその水準に固有な言語を指す。［要件2］
　　　　［□□（対象）を■■（方法）で考察できる］（記述［b］）
　　　　［生徒は、……………］（記述［c］）

特に、関数の水準を、記述［a］、記述［b］で記載した場合、次のように記述できる。

〈関数の水準〉

第1水準．日常語で関係表現する水準
　　　　事象（対象）を数量パターン（方法）で考察できる。
第2水準．算術で関係表現する水準
　　　　数量パターン（対象）を関係（方法）で考察できる。
第3水準．代数・幾何で関係表現する水準
　　　　関係（対象）を関数（方法）で考察できる。
第4水準．微積分で関係表現する水準
　　　　関数（対象）を導関数・原始関数（方法）で考察できる。
第5水準．関数解析で関係表現する水準
　　　　微分や積分を関数空間で考察できる。

この水準の導出方法は、第3章第2節、第3節で述べた。特に関数の水準を設定することの意義が次の点にあることを指摘した。

---

a. 関数領域の内容の大局的順序性を議論する際の基準を提供する意義
b. 関数領域の指導における指導課題を提供する意義
c. 関数領域の指導における達成状況から指導を再考する意義

関数の水準は、微分積分への発展を考慮して設定したものである。第3章第4

節で述べたように、現行の関数指導は、例えば、移動の範例としての2次関数の指導というように、変換への志向性をも備えている。下位水準からは高位水準は一意には定まらないが、高位水準からは下位水準は定められる。

関数の水準を設定することで、例えば比例の意味や比例という語を適用する対象が、水準に応じて変わることがわかる（第3章第2節）。比例は、組織化原理である。再組織化のためには、下位水準で何を取り上げる必要があるのかわかる。水準によって再組織化としての数学化を繰り返し行う指導系統が見い出せる。

すなわち、次の原理を得る。

> 原理4. 再組織化としての数学化の系統は、水準設定によって再帰的に系統付けられる。

関数の水準のように数学化を規定する水準要件1～4を満たす言語水準が設定できれば、階層化されることで長期的な指導系統が表象しえる。関数の水準はその設定の仕方とその意義を示す一例である。

⑤ 水準移行としての数学化において、何が学習課題となるか？
表現世界の再構成と水準移行の関係は？

表現世界の再構成過程からみた水準移行の様相として次の四つの様相を指摘した。

　　　［様相1．新表現導入］
　　　　　　（上側フェイズに対応）
　　　［様相2．旧表現世界の再構成］
　　　　　　（左側フェイズに対応）
　　　［様相3．新表現の生成規則構成］
　　　　　　（右側フェイズに対応）
　　　［様相4．新表現の生成言語の確立］
　　　　　　（下側フェイズに対応）

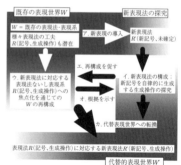

図4.2　（図2.5再掲）

数学化の学習指導は、再構成のためになされるものである。その最大規模の学習指導が、言語水準の意味での水準移行としての指導である。第2章で述べたように様相2と様相3は、同時的、相補的、再帰的に進む。特に第2章第3節では、そこで様々な対立が起きることを指摘した。

第3章第3節の関数の水準で述べたように、表現世界の再構成過程を水準の移行過程に適用した場合、再構成される表現世界とは各水準に固有な言語を指す。水準移行は言語の再構成を目標に長期の指導で実現する再組織化によって達せられる。第3章第3節では、「旧表現世界の再構成」と「新表現の生成規則構成」という視野から、関数領域における長期の指導過程における生徒の思考の様相の相異を記述することができた。

第2章第4節で述べたようにこれら四つの様相は、次のような学習課題に読みかえることができた。

〈表現世界の再構成過程における学習課題〉
a) 既存の表現世界に基づく新表現導入に際しての学習課題：
　　　　　　　　　　　　　　　　　　[様相1．新表現導入]
b) 既存の表現世界の再構成にかかる学習課題：含むウ．既存の表現世界から新表現法に対応する特定表現法の対象化、エ．既存の表現世界の再構成を促す
　　　　　　　　　　　　　　　　　　[様相2．旧表現世界の再構成]
c) 新表現世界の生成規則の構成にかかる学習課題：含むイ．新表現法の生成操作の探究、オ．新表現法の生成操作の根拠を示す
　　　　　　　　　　　　　　　　　　[様相3．新表現世界の生成規則構成]
d) 新表現に基づく代替表現世界による推論を採用するに際しての学習課題：含むカ．代替表現世界への転換及び[再帰]代替表現世界の深化と再構成
　　　　　　　　　　　　　　　　　　[様相4．新表現世界の生成言語の確立]

以上の学習課題は、「方法の対象化」「操作の操作」というような結果として実現しえる内容を実際に実現しようとした際に求められる作業内容の意味での数学化の学習課題を明示する。

原理5．数学化における学習課題は、表現世界の再構成過程の四様相である。

この学習課題により、特に、言語水準の場合、すなわち van Hiele の意味での思考水準の場合で、時間をかけた学習指導を通してのみ実現する水準移行における

発達の様相として、おおまかに「移行すべき水準の言語表現に準じて、それまでの水準の言語が再構造化される層」と、「移行すべき水準の言語表現が、できるようになっていく層」を認めることもできた。ただし、このような層を話題にする意味があるのは、水準の移行指導が何年にも渡り継続指導される言語水準の場合である。幾何の水準で言えば、日本国内の論証の水準への移行指導は、平行・角を前提に、三角形の合同、三角形の相似、円という中学校の三単元の中で繰り返される。その過程において二等辺三角形の性質の証明は生徒には混乱の極みとなりえるが、円においては論証が自然になる。そのような過程を表象する際に、二層は有効となりえるのである。他方で、言語水準ではなく、特定内容に限定した数学化では、表現世界の再構成過程においてその個別教材において具体的に、その再構成内容、学習課題を記述しえる。そのような詳細な学習課題は、単に組織化原理による数学化系列を記述するだけでは、話題にできなかった内容である。

　以上、五つの原理が、数学化としての学習過程の構成を進める際の教材研究の指針となる原理であり、数学化を求める教材開発ができたかを判断する原理である。

〈数学化過程の構成原理〉
原理1. 数学化を進める活動とは、生存可能性を追求する活動である。
原理2. 数学化とは、数学的方法による再組織化を進めることである。
原理3. 数学化の過程とは、表現世界の再構成過程である。
原理4. 再組織化としての数学化の系統は、水準設定によって再帰的に系統付けられる。
原理5. 数学化における学習課題は、表現世界の再構成過程の四様相である。

図4.3　数学化過程の構成原理

　特に、各原理の詳細は、それぞれの原理を解説する内容に依拠している。
　特に、原理1、原理2、原理4は、第1章で設定した基準に基づく原理、Freudenthalの数学化と構成主義の延長で認められる原理である。原理3、原理5は第2章で設定した表現の再構成過程に基づく原理である。Freudenthalが事例を限定して述べた数学化を、彼が例示した範囲外に適用できるにようにするため

にこれら原理は設定された。水準も、van Hiele が話題にした幾何以外において、設定できるようにするために基準が設けられた。これら原理の中でも、もっとも重要なのは表現世界の再構成過程である。表現世界の再構成過程こそが、「方法の対象化」などの Freudenthal の制約、幾何へのこだわりなどの van Hiele の制約を越えて「生きる世界の再構成」を進める数学化の様相を示すものである。

本研究における数学化過程の構成原理は、数学化の過程を実現する教材研究を目的とする原理である。教材研究には多様な目的が話題にしえる。例えば、習熟のための問題集は生徒にとっては極めて重要な教材である。本研究は、習熟のための問題集の問題の配列の在り方や、記憶すべきチャートのような解説の著し方などは話題にしない。本研究が話題にする教材研究とは、再組織化としての数学化、生きる世界の再構成としての数学化を実現する教材とその系列を生み出す教材研究である。

第1章で述べたように、Freudenthal の数学化は、New Math で志向された集合と構造から演繹的に数学内容を配置しそれを活動的に教えようとする動向、再組織化を求めない数学の指導、例えば、モデルを利用すれば、数学内容ではなく、数学的構造を発見的に指導し得るというような Dienes の描く数学的活動像に対峙する理論として提出された。その数学化の本質は、学習過程の連続性ではなく不連続性、数学内容を再組織化すること、生きる世界を再構成することそれ自体を目標とする教程化として提唱された。数学化過程の構成原理は、このような文脈における教材研究の指針を与えるものである。

実際には、数学化の過程の構成原理によって、教材研究の志向性を限定したとしても、現実の教材研究ルートは多様にある。自分で開発する場合もあれば、既存の教材を利用したり、組み合わせたり、改定する場合もある。これら原理は、教材開発の指針である（教材研究指針としての構成原理）が、それだけで教材研究できる（十分条件）わけではない。その意味では、原理の論理的な有効射程は、そこでなしえた教材が、数学化に基づくといえるかの判断に際して活用する範囲（判別基準としての構成原理）、必要条件として議論する範囲である。

以下、第2節では、微分積分への数学化を進める教材研究指針として数学化過程の構成原理を活用する。第3節では、それによる構成例の一例を記述する。そして第3節及び第4節で、その構成例が、数学化と言えることを論証すべく、構成原理を判断基準として活用する。もっとも、数学化が実現するように教材研究をして、実施した学習指導結果が、その過程を反映していることは自然なことで

ある。特に第2章、第3章で話題にしたように、表現世界の再構成過程が、数学化の過程の詳細を記述したものである。表現世界の再構成過程が実現されていることがわかれば、他の要件も必然的に確認される。特に本章第4節では、表現世界の再構成過程が実現したか否かを吟味し、本研究が表す表現世界の再構成過程の有用性を再度確認する。

第2節　微分積分への数学化課題と基本定理の考え

　下位水準からは様々な高位水準への発展可能性がある。関数の水準は、その発展の多様性の中でも微分積分学へ向けての水準を設定したものである。それゆえ、関数の水準を前提に微分積分への数学化を検討することは、自然な教材研究主題である。本節では、第1節で述べた教材研究指針としての数学化過程の構成原理を、第4水準への指導、微分積分への数学化の場合に適用し、その過程をどう実現するかその多様な可能性を検討する。

　第3章第3節では、第3水準から第4水準すなわち微分積分の水準への移行がわずか数時間でしかなく、第2水準への数学化や第3水準への数学化のように発達の様相を学年と言う区別では記述しえないことを指摘した。その教材の改良余地は非常に大きい。

　実際、第3水準から第4水準へ、微分積分への数学化は極めて形式的になされ、適切になされているとは考え難い[4]。教材研究は、目的と教育内容に焦点を当てながら、最終的には生徒を想定して、その生徒を指導する教師が行うものである。その妥当性は、目的、生徒に依存している。本研究の目的は、数学化すること、再組織化すること自体を目標とする教材研究ができるようにすることにある。そのための数学化過程の構成原理を前節では話題にした。本節では、微分積分への関数領域の内容の様々な再組織化の可能性を検討する。その際、数学化の主題として微分積分学の基本定理に注目する理由を述べる。そして、その再組織化の様々な可能性を吟味する際に、数学化過程の構成原理を教材研究の指針として参照する。それにより、第1節で述べた、数学化過程の構成原理が数学化を志向す

---

[4]　ここで適切とは、本研究の活動観や数学化に照らして適切と言う意味であり、それは再組織化すること、それ自体を教えることでもある。大学の数学教育は多くの場合、公理と集合により構造的に導入される。それは抽象的に構成された数学を直接学ぶ訓練ではあるが、再組織化すること、再構成することは教えない。再組織化、再構成することを教えない大学の数学教育は、本研究の基準からすれば、適切ではない。

る教材研究の指針となることを確認する。

　教材を一意に決める方法論はない。数学化過程の構成原理は、数学化と言えるかを判断する際には十分条件として使えるが、教材研究においては、その指針に留まる。本節では、教材研究の様々な可能性を話題にする。同時にその教材研究を進める際の指針としての数学化過程の構成原理の用い方を例証する。

(1) 数学化過程構成上の教材研究課題

　第3章第4節では、関数の水準の意義が教育課程上の関数領域に係る課題を指摘しえることにあると指摘した。そして、関数の水準の意義として次の3点を認めた。

　　a. 関数領域の内容の大局的順序性を議論する際の基準を提供する意義
　　b. 関数領域の指導における指導課題を提供する意義
　　c. 関数領域の指導における達成状況から指導を再考する意義

　これら意義を指摘する際に話題にした範例は、それぞれに数学化過程構成上の課題でもある。ここでは、範例において言及した課題を微分積分への数学化に焦点を当てて再述し、それら課題に対する教材研究課題を検討することにする。

　もっともその対象は関数領域というだけで漠然としている。Freudenthal が数学化に際して組織化原理に注目することを話題にしたように、何に注目して教材研究をするのか、その視野を定めることから検討する必要がある。

　第3章第4節では、関数の水準において、微分積分への指導に際して、大きく二つの課題を指摘した。一つは次の関数の水準において、第3水準から第4水準への数学化をどのようなものとみなすか、代数を前提とするのか、幾何も含めるのかという点である。もう一つは、事象との関係をどのように話題にするかである。

　　　　第1水準．日常語で関係表現する水準
　　　　第2水準．算術で関係表現する水準
　　　　第3水準．代数・幾何で関係表現する水準
　　　　第4水準．微積分で関係表現する水準
　　　　第5水準．関数解析で関係表現する水準

　前者の論点を話題にする。第3章第4節でaを話題にする際に参照したのは、時間-空間の関数関係を取り上げることで関数指導が実現すると考える今日の教育課程に通じる Humley の主張と、機構学などの運動学を伴う Klein の主張との

差異である。分科融合をも視野にするKleinの主張は、代数だけでなく幾何を前提とすることがその視野に込められていた。そこには、微分積分への数学化において、代数を前提とする数学化の課題と、幾何まで含めて前提とする数学化の課題の両方が話題にしえる。

現行指導の抱える問題は、両者の立場の相違の延長にある。その問題は、微分積分が算法として代数的に教えても、その意味がわからないという課題である。それは数学化と言うより、高位水準の操作を、わずかな導入で式を用いて形式的、公理的に導入する今日の指導の限界でもある。後者は、第3章第4節で話題にしたように接線の作図題という微分積分学成立史上の問題を持ち込むものである。Kleinの立場こそが、微分積分学の歴史的成立に準拠するものである。これらの問題は第3章第2節においては水準間の矛盾例としても話題にしている。

次に事象との関係、後者の論点を話題にする。第3章第4節でｂを話題にする際に参照したのは、現実事象で数学を活用する際の必須用語の一つ「比例」である。速度に比例するというような見方そのものがわからない。例えば第3章第2節で話題にした「人口の増加速度は、過大な人口の大きさに比例して減少する」という文言から微分方程式（ロジスティック方程式）の意を解して立式できる学生は少ない。

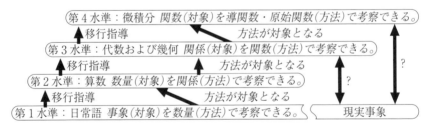

図4.4　（図3.9再掲）

以上のように、第3章で話題にした微分積分指導への課題をふまえると、次の数学化の過程構成上の教材研究に際して次の三つの教材研究視野を見い出せる。

微分積分への教材研究視野①．幾何も前提とするのか否か：

前提とするならば、それはどのような幾何であるか。それは作図題、求積法をどのように話題にするかと関係している。

数学史上曲線は作図題において軌跡として描かれており、微分積分は曲線に対

する接線問題、逆接線問題（包絡線）として作図題として扱われた。それは厳密な作図題であり、純粋に幾何的な証明が求められた。

数学教育史上求積方法として、極限と連関する取り尽くし法・区分求積、無限小と連関するアルキメデスの静力学的方法・不可分量・カバリエリの原理などが知られている。それぞれに異なる方法である。求積法では、厳密な幾何的証明と同時に直観的、視覚的な推論もなされている。

微分積分への教材研究視野②．代数を前提とするとは何を前提にすることか：

現行指導は代数を前提としている。2次関数の接線は、重解によって導くことができる。極限を求めることは実際には代入である。第2章第3節で取り上げたFermatの極大極小問題も、極限の存在を仮定して代入する代数的方法が既に採用されている。それは実際には高等学校の微分積分、極限の存在を仮定してlimを表記しながら代入する扱い、極限を代入と同一視する問題と一致している。整関数の微分積分は、実質的には累乗と係数に注目した式変形である。代入や式変形以上の微分積分指導とは、いったい何を指導することか。

微分積分への教材研究視野③．事象を前提とするか否か：

現行指導においても微分積分の導入は等加速度運動であり、そこから代数表現を用いて導関数が定義される。その指導の現状では、加速度や速度の変化を話題にする意味での比例は、突然取り上げられる実体験とつながりのない対象である。現実事象をどのように生かして指導することか。

以上の教材研究視野①～③に対して、教材研究の可能性は無数にある。本研究が目標とするのは微分積分学の基本定理への数学化をめざすアプローチである。

(2) 構成原理を指針にした微分積分学の基本定理に注目した教材研究

第3章第3節で述べたように、水準移行指導は、代数・幾何で表現する第3水準への指導までは、時間をかけて組織的になされるが、教育課程時数減により、微分積分で表現する第4水準への指導は、天下り式に代数的な算法指導として導入される現実にある。ここでは、微分積分学の基本定理に注目する研究動向を示すと同時に、数学化過程の構成原理を指針にした教材研究の様々な方向性を例示する。

微分積分が算法として導入され、その意味やよさがわからないのは日本の教育課程や教科書に限った話題ではない。例えば、関数と微分積分に係る先行研究をまとめた英国のDavid Tall (1996) は、大学で微分積分を学ぶ国を念頭に、伝統的

教科書は厚く様々な内容を盛り込んでいながらも、実際には、計算法を真似て学ぶことの繰り返しで、微分積分本体を学ぶものになっていないことを指摘している[5]。

では、微分積分の「本体」[6]を学ぶとは何か。

本研究では、その「本体」として微分積分学の基本定理を認め、数学化の組織化原理として微分積分学の基本定理を定めた場合の数学化教材研究を行うものである。実際、David Tall（1996）はその「本体」を関数領域に対するレビューする際の冒頭において次のように解説する。

「ここでは、コンピュータテクノロジーの出現により、近年立ち上がった研究動向、関数・微分積分に対する認知発達ならびにカリキュラム上の認識の変化に焦点を当てる。関数を話題にする一つの目的は、いかに物事が変化するかにある。この意味で微分積分とは、比の変化（微分：礒田は「変化の変化」と呼ぶ）であり、累加としての成長（積分：礒田は「変化の累積（総和）」と呼ぶ）、あわせて微分積分学の基本定理、微分と積分が逆演算であることに目を向けることが自然となる」。

ここで、微分積分の「本体」とは、関数が変化を表すものとみなすならば、「変化の変化」や「変化の累積」に目を向けることである。それは、筆者の言葉で言えば、関数を導関数・原始関数で考えることである。関数領域における世界的な研究動向を彼が「本体」として話題にしたのは、本研究で言えば、第4水準への数学化を進める学習指導である[7]。

関数の水準では、第4水準において関数を導関数や原始関数で考察できる。これは筆者が1984年に提出した考え方であり、当時としては、他に類のない、稀有な考え方であった。現代化を経た70年代、関数とはブラックボックスであり、微分とは一次近似であり、積分とは微分の逆算であり、定積分は面積であるというような一面的な定義や性質の解説によって関数指導を解説する時代があった。

関数を「変化」を表す表象とみなせば、導関数は「変化（比）の変化」を表す

---

5) Tall, D. (1996). Function and Calculus. Edited by Bishop, A. et al. *International Handbook of Mathematics Education*, Kluwer, 289-325.
6) Freudenthal, H. (1983). *Didactical Phenomenology of Mathematical Structures*. D. Reidel では、思考の対象となり得る数学上の「本体」を描き出すために、数学表現の現象学的分析がなされている。教材研究でもその態度がまず求められる。
7) Tall との親交で、筆者の発想が彼に先んじていたことは彼も認めている。彼自身はソフトウエア開発からはじめ、その主題で幾多の教材開発を行う中で、この問題に注目した。

表象、原始関数は「変化（比）の累積」を表す表象とみなせる（礒田 1997、1999、2008）[8]。本研究では、その両者で関数表現を読み表すことを「基本定理の考え」と称する（図 4.5）。数学用語では、「変化の変化」は「差分」に通じ、「変化の累積」は「和分」に通じるが、それは同義ではない。便宜的に 2 次-1 次間で両者の関係を矢線図間の関係として図 4.5 に示す。2 次関数の「変化の変化」は 1 次関数（導関数）で表わされ、1 次関数の「変化の累積」は 2 次関数（原始関数）で表わされる。図 4.5 で、2 次関数の「変化の変化」が 1 次関数であることは、瞬間 Δt に対する増分 Δh（差分）を矢線として図 4.5 下のカーブのように認め、それを図 4.5 上のように配列し直し図示できる。逆に、「変化の累積」が 2 次関数になることは図 4.5 上の矢線の終点・始点を順につなげ図 4.5

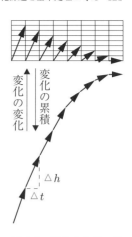

図 4.5　微分積分学の基本定理の考え：変化の変化と変化の累積

下のように配列し直し図示できる。導関数・原始関数を逆操作とみなす微分積分学の基本定理[9] の考えは図 4.5 で図示しえる。差分・和分が Δh に対する用語であるのに対し、図 4.5 は Δt と Δh の比（極限を取れば微分商）を表し、それが関数とみなせることをグラフ上の矢線によって暗示している。微分積分学の基本定理が関数 $f(x)$ の定積分の導関数として代数表現で定義されるのに対して、基本定理の考えは、図 4.5 のようなグラフ上の操作の考え、「変化の変化」、「変化の累積」を逆の操作として一元的にとらえる考えである。

　David Tall も指摘したように、微分積分学の基本定理の考え、変化の変化・累積への注目は、内外の研究動向においては、80 年代のグラフツールを利用した指導の中で、研究者に個別に発見され、90 年代には関数指導研究動向の中核をなした（Artigue, M. 1992, Tall, D. 1997, Yerushalmy, M. 1997、Kaput, J. 1994、礒田 1997、1999、福田 1998、垣花 1999、竹内 2001）[10]。それは、算法としての微分積

---

8) 礒田正美（1997）．テクノロジ利用による代数・幾何・解析の改革へのパースペクティブ．『中学校・高等学校数学科教育課程開発に関する研究』(5)，筑波大学数学教育研究室．49-103.；礒田正美（1999）．関数領域のカリキュラム開発の課題と展望．日本数学教育学会編．『算数・数学教育カリキュラムの改革へ』産業図書．202-210.；礒田正美，関正貴（2008）．関数の思考水準からみた微分積分教材の開発研究：微分積分学の基本定理を中心に．『数学教育学会誌』49（3・4）．49-54.

9) 区間上の連続関数 $f(t)$ に対し、$F(t)$ の導関数が $f(t)$ のとき、$F(t)$ を $f(t)$ の原始関数と呼ぶ。このとき $f(t)$ に対する定積分は、原始関数の一つを与える。

10) Artigue, M.（1992）. Functions from an Algebraic and Graphic Point of View: Cognitive difficulties

分指導を改善するために、小学校以来の関数指導の系統において、「基本定理の考え」を指導する研究動向である。

微分積分学の基本定理に焦点化した指導は、数学教育改良運動における Klein-Sanden の主張[11]、黒田稔の主張[12] などを前提に構成された中等学校教科書株式会社（1944）『数学中学校用第一類4』で既に実現していた[13]。「基本定理の考え」を指導するという考え方は、戦前に存在し、一度、失われ、テクノロジー利用によって再発明された[14]。その意味で、関数の水準（1984 初出）にふさわしい関数教育理論が再燃するのは 1990 年代である。世界動向それ自体が、関数の水準、第 4 水準の妥当性を保証することになった。

(2)−1. 数学化の過程からみた微分積分のよさの指導

では、その「本体」としての微積分学の基本定理への指導において、再組織化としての数学化の立場から、どのような教材が求められるであろう。

---

and teaching practices. edited by Dubinsky, E., Harel, G. *The Concept of Function: Aspects of epistemology and pedagogy*, MAA Notes, 25, 109-132.; Kaput, J (1994). Democratizing Access to Calculus: New routes using old roots. In A. Schoenfeld, (Ed.), *Mathematical thinking and problem solving*. Lawrence Erlbaum Associates. 77-155.; Tall, D. (1991). Intuition and Rigour. Visualizationin Teaching and Learning Mathematics. *MAA Note* 19, p. 113.; Tall, D. (1996). Functions and Calculus. *International Handbook of Mathematics Education*, Kluwer. 289-325.; Yerushalmy, M. (1997). Emergence of New Schemes for Solving Algebra Word Problems. Pehkonen, E. (Ed.), *Proceedings of the 21st Conference of the International Group for the Psychology of Mathematics Education* 1, 165-178.; 礒田正美（1997）. テクノロジ利用による代数・幾何・解析の改革へのパースペクティブ．『中学校・高等学校数学科教育課程開発に関する研究』(5) 筑波大学数学教育研究室．49-103.; 福田千枝子（1998）. 微積分における視覚化と導関数の生成．『中学校・高等学校数学科教育課程開発に関する研究』(5) 筑波大学数学教育研究室．172-183.; 垣花京子（1999）. ソフトウェア Calculas Unlimited を利用した関数アプローチ．『中学校・高等学校数学科教育課程開発に関する研究』(6) 筑波大学数学教育研究室．39-46.; 礒田正美（1999）. 関数領域のカリキュラム開発の課題と展望．日本数学教育学会編『算数・数学教育カリキュラムの改革へ』産業図書．202-210.; 竹内宣勝（2001）. 微分積分入門期のカリキュラム開発に関する研究．筑波大学修士課程教育研究科修士論文．

11) 歴史的経過は、礒田正美（2009）. Felix Klein から小倉金之助「図計算及び図表」(1923) へ. 礒田正美, Bartolini Bussi, M. G. 編．『曲線の事典：性質・歴史・作図法』共立出版の中で、その詳細を解説した。Sanden, H. V. (1914). *Praktische Analysis: von Horst von Sanden*. Teubner.; Sanden, H. V., translated by Levy, H. (1923). *Practical Mathematical Analysis*. Methuen.; ザンデン, H. V., 小倉金之助, 近藤鷲譯註増訂（1928）. 『実用解析學：数値計算、圖計算、機械計算ノ概念』山海堂．
12) 黒田稔（1927）. 『數學教授の新思潮』培風館．
13) 中等學校教科書社（1944）. 『數學中學校用4第一類』中等學校教科書社．
14) 失われた背景には、第3章第4節 (2) で指摘した。Klein にはじまる数学教育改良運動は日本では再構成運動として戦中に完成する。そこで、幾何と代数の融合が話題になる。幾何を前提にしない第3水準の扱い、作図題を扱わない第3水準への指導は、幾何を必要としない Humley 流の関数指導が後に一般化した状況と対応する。

> 原理2. 数学化とは数学的方法による再組織化を進めることである。

註) ここでは、その教材に求められる性格を確認する上で、原理を話題にする。そして、その原理から要請される教材例をみることにする。以下では、教材例を導出するが、その教材研究の中で、どのように原理が採用されているかを確認する必要がある。以下、議論が煩雑になるので、原理を根拠に説明している場合には、文章記述中にその当該原理を枠囲い、小ポイント、右寄せして示す。

第2章第3節図2.16で言及したように、数学化では、図4.6の $\alpha\sim\gamma$ という、3種のよさを話題にすることができる（礒田 1995)[15]。

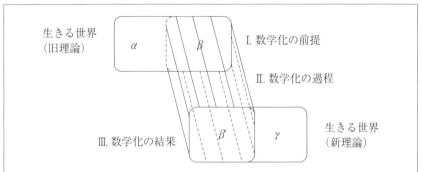

α. 目的によっては、数学化前の考察の方が数学化後より適当な事柄があること。

$\beta-\beta'$. 対応する事柄についての考察では、数学化以前より、数学化後の方が、簡単、明瞭、厳密になったり一般化されたり、統合されたりすること。

γ. 数学化以前には予想もつかないことが、数学化以後はできること。

図4.6　数学化におけるよさ　（図2.16再掲）

再組織化される内容は $\beta-\beta'$ 部分である。再組織化される内容（$\beta-\beta'$）、再組織化されない内容（α）、新たに展開される内容（γ）を改めて確認する必要があ

---

15) 礒田正美 (1995). van Hiele の水準の関数への適用の妥当性と有効性に関する一考察：水準間の通訳不可能性による認識論的障害の存在と数学化の指導課題を視点に.『筑波数学教育研究』14. 1-16.

る。

> 原理1．数学化を進める活動とは生存可能性を追求する活動である。

　数学化を進める活動は、生存可能性を追究することをその必然性としている。生存可能性が高いほどよい考えとなる。すなわち生存可能性を追究することは考えのよさの認識と関わっている。②で数学化の前後、第3水準での活動と第4水準での活動とを対比した場合、どのようなよさを認めることができるだろうか。

　第3章第4節で言及したように、現行指導（教科書）は、代数的な算法として微分積分は導入され、再組織化の意味での微分積分指導は扱われていない。教科書では、微分積分は、落体の運動場面などで、割線から接線へという形で、微分係数を導入し、その一般として導関数を導入する。この場合、微分積分の導入の必要性は、現象の記述にある。基本的に、第3水準の方法ではどこに限界があり、何故、微分積分が必要になるのかという議論は現行の教科書にはない。現在の指導内容では、再組織化すべき内容が的確に指導し難い。そこでは、原理2を追究する教材が求められる。

> 原理2．数学化とは数学的方法による再組織化を進めることである。

　数学化との関わりで述べれば、現行指導では、微分積分指導の前後で、$\beta-\beta'$に該当する教材が乏しく、微分積分という方法のよさを実感し難い。

　第3章で述べたように、3次関数や分数関数はかつて、代数・幾何で表現する第3水準で扱い、微分積分を学んだ第4水準で学び直すことで、グラフの概形を覚えていなくとも、微分積分でグラフの概形が予想できることのよさが認められた。現行では、それら関数は、最初から微分積分を利用して学ぶようになっている。すなわちβ抜きでβ'を教える状況にある。それゆえ、生徒は、第3水準の方法と第4水準の方法を比較できない。言いかえれば、$\beta-\beta'$部分が乏しいことで、$\beta-\beta'$の比較してよさを味わえる対象を、比較抜きでγとして学ぶことになる。3次関数のグラフも、分数関数のグラフも、点プロットでかける。現行指導では、点プロットすることなく、増減表からグラフをかくことを学ぶ。自分の既習でどこまででき、何故、微分積分が必要かを考える機会が奪われる。それは、γをも認め難くする。これは微分で解くことを教わった問題、これは判別式で解くこと

を教わった問題というような指導を受けることになり、判別式を 2 次以外の場合に使うことができなくなる。

$\beta-\beta'$ 部分を省いた教育課程が生まれた背景には授業時数減による効率化がある。本研究では授業時数の制約を考えない。そして、日本の場合、高等学校では 2 割、教科書は教育課程を逸脱してよいことにもなっている。その意味で、教育内容を加える余地がある前提で以下、課題を述べる。

では、$\beta-\beta'$ に該当する内容は何か。微分積分への指導は、関数の水準からみれば、第 3 章第 4 節、(2) で述べた、次の二つの側面を備えている。一つは、関係を関数で考察できる第 3 水準から、関数を導関数・原始関数で考察できる第 4 水準への移行に際して、なすべき再組織化である。もう一つは、現実事象に対する処理方法の指導である。以下、それぞれの場合で述べる。前者は、代数を前提としたアプローチ、幾何を前提としたアプローチに詳述できる。

(2)―2. 代数的な「接線の扱い」における生存可能性の追究

まず、**微分積分への教材研究視野②. 代数を前提とするとは何を前提にすることか**に注目したアプローチを話題にする。日本の場合、微分積分の指導は、整関数の微分積分と超越関数の微分積分とに科目を分けて指導している。そこで話題にしえる学び直し、再構成内容は、接線の扱いである[16]。

放物線の接線は、代数的には重解（すなわち解 1 個）によって定義される（第 3 水準）。解が「重なる」というイメージはグラフの運動（移動）によって与えられるものである。日本の場合、接点は、中学校で円と直線の関係において導入される。接する瞬間は運動で与えられる。高等学校数学Ⅰでは放物線を y 軸方向に運動させて、解の個数の変化を認めて、解 1 個の場合を異なる解が重なった特殊な場合とみなす。運動によって与えられるこのイメージは、微分積分では割線、接線の関係に相当する（第 4 水準）。後に進める再組織化のためにあえて、第 3 水準でそれを重解とみていると言える。でなければ、判別式が 0 の場合は、代数的には解が 1 個であると説明すればよく、わざわざ「重解」とそれを呼ぶ必要はない。

微分積分で表現する第 4 水準への指導として、第 3 水準を前提になしえる指導は、「Ⅰ. 数学化の前提（数学化以前）」としては、2 次関数の指導が、微分積分の導入による再構成、$\beta-\beta'$ をかろうじて保証している。2 次関数の接線を判別式

---

[16] 整関数の微分積分と超越関数の微分積分には、極限の扱いに係る著しい相違、通訳困難な乖離、飛躍がある。その矛盾は、接線の場合には割り線から接線へというイメージの共有性で隠されている。

で求められればこそ、判別式とは異なる方法微分で導入した接線が接線であると確認できる。ところが、第4水準では「判別式」という方法の生存可能性は、追求されておらず、真の微分法の必要性は第3水準から第4水準への数学化としては話題になっていない。微分積分導入以前に、代数・幾何における3次関数の接線の扱い、具体的には、判別式による接線の扱いがどこまで可能か、以下では、判別式で、3次関数の接線を求める方法を記す。そこから、数学化前、数学化後の重なり部分、$\beta - \beta'$ において何が話題にしえるかを以下、示し、その必然性を探る。

微分積分では、与えられた関数と導関数、原始関数の関係を考える。第3水準から第4水準への移行指導では、まず複数の関数間の関係を話題にすることが求められる。第3水準では関数を式、グラフで調べる。第3水準らしい個別関数の特徴の表現方法は、関数族（family of function）の探究にある。例えば、$y = ax^2 + bx + c$ の特徴を調べる際に、a を整数、b, c を1として、a の意味を探るなどは、グラフィングツールによればこそ実現した典型的な関数の探究活動である。

中学校では $y = ax + b$ の a, b を換えてグラフを描き、傾き、切片というグラフにおける a, b の意味を指導する。その扱いを既習に、高等学校で $y = ax^2 +$

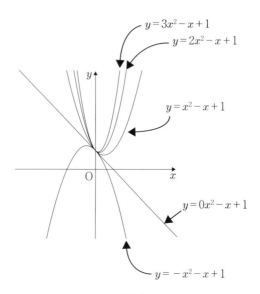

図 4.7

$bx + c$ で同様に a, b, c の意味を考える。パラメータ a, b, c を組織的に変えるとどのようなことに気づくであろうか。ちなみに b, c を固定し、a を変えてみる。図 4.7 は、$b = -1, c = 1$ として、a の値を変えたグラフである。

他の場合も調べ、確認して、次の定理 1 を得る。

> 定理 1　関数 $y = ax^2 + bx + c$ のグラフの $x = 0$ における接線は、$y = bx + c$、すなわち $a = 0$ の場合である。$x = 0$ における接線の傾きは b である。

この定理は、判別式で証明できる。微分積分は不要である。$y = ax^2 + bx + c$ のグラフ上の $x = t$ における接線は、$X = x - t$ と変数変換すれば、定理 1 に帰着するので次のように得られる。

> 系 $y = ax^2 + bx + C$ のグラフの $x = t$ における接線は $y = (2at + b)x - at^2 + C$ である。

この考えを 3 次関数に拡張する。3 次関数でも同じことがわかる。

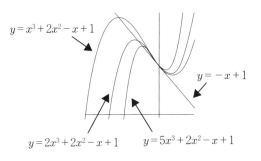

図 4.8

やはり接していると視認できる。他の場合も調べてみる。定理 1 は、3 次関数では次のよう述べることができる。

> 定理 2.　関数 $y = ax^3 + bx^2 + cx + d$ の $x = 0$ における接線は、$y = cx + d$ である。すなわち、$a, b = 0$ の場合である。$x = 0$ における接線の

> 傾きは c である。

　代数的には重解のときに接することを前提とすれば、図4.9のように証明できる。

　同様に、$x = t$ における接線の方程式も、因数分解できる限りは、求められる。すなわち、微分法を知らなくとも、与えられた整関数から導かれる整式の因数分解ができる限りは、接線の方程式は微分法によることなく導くことができる。判別式で接線を求めるという方法は、因数分解しえる整関数の範囲で生存可能、すなわち2次関数の接線を求める方法は、高次整関数へ一般化しえる。微分法を導入しない限り、接線の傾きが得られないのは、超越関数や分数関数においてであると言える。

　このことは、数学化のよさ $\alpha \sim \gamma$ で言えば、接線を求める場合において、次のように言える。

α）　解析幾何など二次曲線では、判別式を用いることも自然である。この考え方が存在することで、微分法を導入し、微分法による接線の求め方を整関数で学んだ場合に、それが接線であることを、整式の因数分解、すなわち第3水準の考え方で確認することができる。これは、判別式による接線法が第4水準への数学化において再組織化される対象であることを含意している。

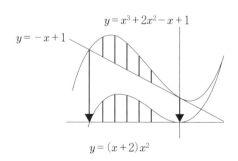

図4.9

> 原理2. 数学化とは数学的方法による再組織化を進めることである。

　また、この考えを導出するに際し、関数族 $\{y = ax^2 + bx + c\}$ を考え、それぞれの個別関数の対比から $a = 0$ の場合を、1次関数ではなく、2次関数が退化した場合と認め、それが接線であると認めている。その際、1次と2次の関係を話題にしている。これは、第3水準の範囲内で、関数間の関係を表す理論としての微分法に通じる表現を導入した状況とみることもできる（表現世界の再構成の確認）。

> 原理3. 数学化の過程とは、表現世界の再構成である。

　実際、関数と導関数、関数と原始関数の関係を考える微分積分の考え方は、関数間の関係を考える中で、ある特定の関係に注目することである。関数族を考え、ある関数族が、退化した場合に1次関数になり、それが接線になることは、その特定の関係を話題にすることに通じている。

$\beta-\beta'$)　接線を得る場合の微分法のよさは、整関数であれば、因数分解を含む計算の煩雑さが免除される点にある。これは、考えの「生存可能性」で言えば、判別式で解1個ではなく、「重解」という表現を認め、その表現が、割線と接線との関係で用いる表現であると認める場合に、整式において因数分解して2乗以上の因数 $(x-\alpha)$ が得られれば、そこに接線を認めるという考え方が、因数分解できる限りは用いることができる（活動の生存可能性）。

> 原理1. 数学化を進める活動とは生存可能性を追求する活動である。

γ)　超越関数や分数関数の場合に、接線が求められる点に微分の卓越したよさがある。
　代数的には接線を求められない（同化できない）超越関数の場合に接線を導く方法として微分があることがわかる。それは卓越した方法である（調節に相当）。

> 原理1. 数学化を進める活動とは生存可能性を追求する活動である。

(2)−3. 微分積分学の基本定理に注目した現実事象の再帰的指導

次に、**微分積分への教材研究視野③. 事象を前提とするか否か**に注目する。

小学校から数量関係領域は存在し、小学校から高等学校までの微分積分への一貫した指導が現行教育課程において存在する。しかし現実には、本章第3節で話題にするように多くの生徒が高等学校数学Ⅱの微分積分の内容の意味を解することができていない。第3章第4節の (2) で「関数領域の指導における指導課題を提供する意義」で述べたように、関数の水準から、微分積分への指導課題を、各水準において話題にすることができる。それは世界動向でもある「微分積分学の基本定理」に注目することで実現する。

小学校から微積分への一貫した関数指導を実現するためには、導関数・原始関数を、小学校における数量関係の指導、中学校における関数指導において、各水準に準じた考え方として表し指導する必要がある。関数を「変化」を表す表象とみなせば、導関数は「変化の変化」を表す表象、原始関数は「変化の累積」を表す表象とみなせる（礒田 1997、1999、2008）[17]。本研究では、その両者で関数表現を読み表すことを「基本定理の考え」と称する（図 4.5）。この基本定理の考えを各水準の言語で表せば、図 4.10（次頁）のような内容表現例を示せる。

第3章第2節 (4)、第3節 (3) 補遺1、2で話題にしたように比例や1次関数などの特定の関数の表現処理に目を奪われ、ともすれば、図 4.10 で話題にするような「どんどん」変化していく様相は、現行教育課程基準による学習指導で話題にされない。突然、微分積分でそのような事象を表現しようとしても、表現する対象を生徒は意識できなくなっている場合も少なくない。図 4.10 のように、水準に応じて基本定理の考えは表現しえる。すなわち、各水準への移行をめざした数学化において、その都度、基本定理の考えを再組織化すべき対象（組織化原理）として話題にしえる。繰り返し基本定理の考えを取り上げることで、基本定理に係る繰り返しの再組織化過程を構想しえる[18]。

---

17) 礒田正美（1997）．テクノロジ利用による代数・幾何・解析の改革へのパースペクティブ．『中学校・高等学校数学科教育課程開発に関する研究』(5) 筑波大学数学教育研究室．49-103.；礒田正美（1999）．関数領域のカリキュラム開発の課題と展望．日本数学教育学会編．『算数・数学教育カリキュラムの改革へ』産業図書．202-210.；礒田正美, 関口貴（2008）．関数の思考水準からみた微分積分教材の開発研究：微分積分学の基本定理を中心に．『数学教育学会誌』49 (3・4)．49-54.

18) 第1章第4節で述べたように、Freudenthal はこのように繰り返し再構成される内容を組織化原理と呼び、数学化の説明に用いた。

関数の水準	基本定理の考えに対応する内容（例）
第1水準	日常語：事象を数量で考察できる水準 ジェットコースターで、だんだん速くなると、背中が座席に押し付けられる。
第2水準	算数：数量を関係で考察できる。 折れ線グラフで傾きがどんどん激しくなる。速さ一定で時間を経ると距離が得られることは、グラフ上では面積になる。
第3水準	代数及び幾何：関係を関数で考察できる。 反比例のグラフや2次関数のグラフは、変化の割合がどんどん変わっていく。
第4水準	微分積分：関数を導関数・原始関数で考察できる。 与えられたグラフから、接線のグラフ、面積のグラフが作図できる。

図4.10　基本定理の考えの関数の水準に応じた表現例

> 原理4．再組織化としての数学化の系統は、水準設定によって再帰的に系統付けられる。

　その端緒は、基本定理の考えを、水準に応じて的確に表現しようとすることにある。その結果が図4.10である。逆に、図4.10から、基本定理の考えは、関数の水準において繰り返し再組織化される「組織化原理」に相当することが確認できる。基本定理の考えは、関数の水準において数学化を考える際の水準移行の過程で繰り返し再組織化される関係網を表す表象であることが図4.10に記されているのである。

> 原理1．数学化を進める活動とは生存可能性を追求する活動である。

　再組織化を話題にすることは、生存可能性を話題にすることでもある。実際、水準に準拠した言語表現に準じそれぞれの基本定理の考えを表現することには限界がある。第1水準は日常語で表す。例えば、等加速度運動ではだんだん速くなる。では、加速度が時間に比例して増加した場合には、だんだん速くなるのか、それは等加速度運動とどう区別して表現するのか。第1水準では区別困難である。第2水準では、データが与えられれば折れ線グラフでその相違が表せる。第

3水準では式表現できる。第4水準では導関数の相異で表せる。

> 原理4. 再組織化としての数学化の系統は、水準設定によって再帰的に系統付けられる。

　高位水準への数学化に際して、微分積分学の基本定理の考えを言語に応じて繰り返し再組織化していく系統が、図4.10の延長で構想しえる。そのような繰り返しの再組織化によって、基本定理の考えが一層明瞭になっていく。生存可能性が高まっていくのである。そのような指導系統が、小中高一貫した基本定理の考えの指導系統である。

　そこでは、教育課程基準にこだわらない教材研究が要請される。実際、教育課程上、式が複雑な関数や式表現できない関数は、中学校で指導することは否定されていないが、積極的に扱うことは期待されていない。水道料金のような階段関数と、変形ボトルに時間当たり一定量の水を入れる際の高さの変化の様子を表すグラフ、どちらが基本定理の考えに通じているかと言えば、ボトルに水を入れる状況である[19]。実際には、そのような教材は、既習を用いて表現しきれない、表現したとしても検証不能であるというような、数学上の理由から、扱われなくなった。それは関数指導の研究動向の中核にある基本定理の考えの指導が、教育課程上、中学校段階では目標視されていないためとも指摘することができる。それは、Hamleyにルーツを求める今日的な「関数の考えの指導」が今日に至る過程で損なった関数指導の目標が存在することを象徴している。

　関数の水準を前提にすれば、数学化過程の原理を念頭にすれば、数学的活動を実現するために指導すべき内容が、教育課程上明示されていない事実を批判できるのである。

(2)―3. グラフも含めた微分積分学の基本定理の扱い
　ここでは、**微分積分への教材研究視野①．幾何も前提とするのか否か**に注目す

---

19) 醤油瓶からかつて存在したキッコーマンの卓上醤油瓶に醤油を移せば誰もが一度は溢れさす。このような急速な加速感は、ある世代までは体験があった。このような教材は戦後しばらく存在したが、現代化当時、対応による関数の定義が強調される時代から失われた。最近では、変形瓶に水を移す体験それ自体が失われ、CBLのような運動体験が必要になった。礒田正美(1999)．関数領域のカリキュラム開発の課題と展望．日本数学教育学会編．『算数・数学カリキュラムの改革へ』産業図書．202-210．

る。第3水準から第4水準への指導を見直す研究動向である。

　第3章第3節で述べたように、第3水準では、関係を関数で考える。既習の個別関数については、表式グラフを一体化して処理することができる。第3水準への移行であれば、図形における動点Pの問題など、関数関係の立式に際して、表やグラフを解して立式するような設題はある。第3水準に達してからは、式とグラフ表現が中心となり、どのような立式ができるかわからない現実事象をとりあげる教材は、現行教科書にはない。その関数が立式しえるような指示書き付きで事象が取り上げられる。特に三角関数の場合には、事象は周期運動で単位円で表される。このような表現の取り扱いは次の図4.11で表せる。

　微分積分を学んだ第4水準の表現世界は、現行指導であるか、本研究で後で示す指導であるかでその表現世界は全く異なるものとなる。

　教科書では微分の導入で、落体などの事象が取り上る。2008年に使用された教科書を調査したところ、未知の事象は関数の式で扱われていない。事象は式で条件付けられ与えられ、微分積分の処理方法が導入されている。それを図式化すれば図4.12を得る。

　それに対して、微分積分学の基本定理の考えを指導する後に示す指導では、グラフにおいても表においても導関数と原始関数の関係は図4.5に示した変化の変化、変化の累積の関係で図4.13のように表現される。

> 原理3. 数学化の過程では、表現世界の再構成が進められる。

　関数の本質に迫るには、図4.11を、図4.12ではなく図4.13のように再構成することが、第4水準への数学化としての表現世界の再構成である。その詳細は、次節で述べるが、特に事象の扱いでは、図4.14、図4.15のような戦中の教科書の扱いが該当する[20]。

　図4.14の中の問3、問4は、接線の傾きでグラフ上で速さが求められることを問うている。問5は、速さから距離を求めている。

　図4.15で問6は、速さから距離を求める積分の問題である。問5、問6ともに幾何的に取り上げるために、グラフの目盛をx軸、y軸と統一することを求めている。

---

[20]　中等學校教科書会社（1944）.『數學中學校用4第一類』中等學校教科書会社。

334　第4章　微分積分への数学化としての学習過程の構成

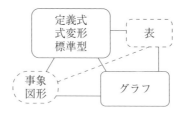

図4.11　第3水準の事象・表・式・グラフの関係

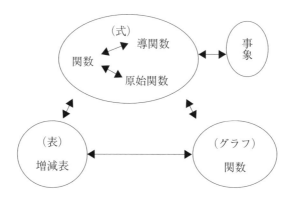

図4.12　現行指導による第4水準の表現の関係網

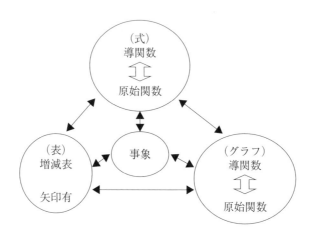

図4.13　基本定理に基づく第4水準の関係網

31

2. 連續的變化

§1. 速サト距離

例ヘバ,列車ガ走ルトキ,ソノ速サハ一樣デナク,時々刻々ニ變化スル。コノヤウナ運動ニ於ケル各時刻ノ速サニツイテ考究シヨウ。

問1. 右ハ甲驛ヲ出發シテ乙驛ニ向カフ或ル列車ノ進行ヲ表ハス圖表デ,時間ハ發車ノ時カラ測リ,距離ハ甲驛カラ測ツテアル。

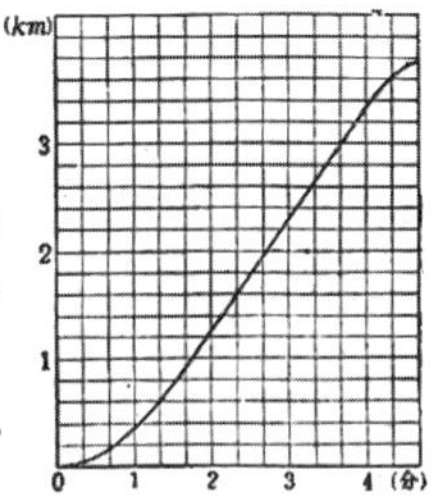

發車後1分ゴトノ平均ノ速サヲ求メヨ。

問2. 前問ノ列車ガ,發車シテカラ2分間ノ平均ノ速サト,20秒間ノ平均ノ速サトデハ,ドチラガ大キイカ。圖表ノ上デクラベル方法ヲ考ヘヨ。

32

問3. 問1ノ列車ノ發車1分後ニ於ケル速サヲ圖上デ求メヨ。マタ,各時刻ノ速サヲ圖上デ求メル方法ヲ考ヘヨ。

問4. 問1ノ圖表ヲ,兩軸上ノ單位ノ長サノ等シイモノニ直シテ書ケ。次ニ,ソノ圖表カラ各時刻ノ列車ノ速サヲ求メル方法ヲ考ヘ,前問ノ方法トノ違ヒヲシラベヨ。

上デシラベタヤウニ,時間ト距離トノ關係ヲ表ハス圖表ガアレバ,圖上デ速サヲ求メルコトガデキル。次ニ,時間ト速サトノ關係ヲ表ハス圖表ガアルトキ,進行距離ヲ圖上デ求メル方法ニツイテシラベヨウ。

問5. 右ノ圖表ハ,正午ニ甲地ヲ出發シ,乙地ニ向カツテ進ム或ル人ノ速サト時間トノ關係ヲ表ハス。時間ハ正午ヲ基準ニシテアル。

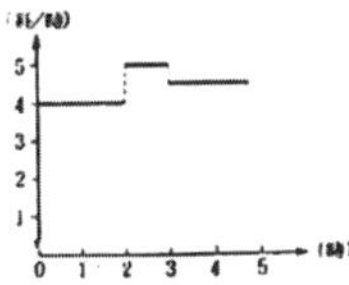

コノ人ガ正午カラ午

図4.14　数学中学校用第一類4、pp 31-32

通常、高校の数学教科書では、問5や問6のような問題は、問題文中に式が与えられ、微分積分で解答する。グラフに接線を書き込むなどしない。それに対して、この教科書は、微分積分を学ぶ以前に、式を与えることなく出題され、後で微分積分を定義する際に必要な考え方、図4.14では変化の変化を取り扱っているし、図4.15では変化の累積を取り扱っている。これは図4.13の表現世界が問題にする事象とグラフの関係を話題にするものである。それは図4.12とは異なる。この教科書では、その上で関数 $y = f(x)$ に対する導関数、原始関数を定義し、次のような作図による導関数、原始関数の描画法を示している（図4.16)。このように作図して考えることの意味付けは、問5や問6のような速度のグラフから距離のグラフ、距離のグラフから速度のグラフを得るという作業にある。

図4.16問9で、幅1の接線を引けば、高さが、接線の傾きに相当し、導関数のグラフが作図できる。それは図4.15のグラフ表現内で、接線のグラフや、導関数のグラフが、式を介することなく作図できることを示している[21]。

後二時マデノ間ニ進ム距離ハ,圖表ノ上デハドノヤウナ量トシテ現レテキルカ。

マタ,午後二時カラ同四時マデノ間ニ進ム距離ニツイテハドウカ。

問6. 右ノ圖表ハ,甲驛ヲ出發シテ乙驛ニ向カフ列車ノ速サト時間トノ關係ヲ表ハス。

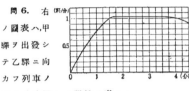

コノ圖上デ,列車ガ發車後4分間ニ進ム距離ヲ近似的ニ求メヨ。

マタ,發車シテカラ各時刻マデノ進行距離ヲドノヤウニシテ求メタラヨイカヲ考ヘヨ。

問7. 前問ノ圖表ヲ,兩軸上ノ單位ノ長サノ等シイモノニ直シテ書ケ。次ニ,ソノ圖表ヲ用ヒテ,列車ノ進行距離ヲ求メル方法ヲ考ヘ,前問ノ方法トノ違ヒヲシラベヨ。

1. 右ノ圖表ハ,或ル飛行機ガ一定ノ速サデ上昇スルトキノ機上ニ於ケル視界半徑ト時間トノ關係ヲ表ハス。

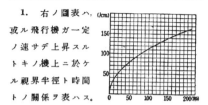

初メノ50秒間ニ視界半徑ハ每秒平均何粁ノ割合デ増スカ。マタ,次ノ50秒間デハドウカ。

2. 前問ノ飛行機ガ上昇シ始メテカラ30秒ゴトノ各時刻ニ於イテ,視界半徑ガ増ス割合ハ何程カ。コレヲ圖上デ求メヨ。

3. 右ノ圖デTハ直線s(原點O)ノ上ヲ動ク點デアル。圖表ハTノ座標ト時間トノ關係ヲ表ハス。

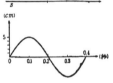

基準ノ時刻及ビ0.1秒後,0.2秒

図4.15 数学中学校用第一類4、pp 33-34

> 原理3. 数学化の過程とは、表現世界の再構成過程である。

　以上のように戦中の教科書では、作図によって微分積分学の基本定理の考えが扱われていた。幾何的な表現を含んだ水準移行を伴う表現世界の再構成が教科書に埋め込まれていたのである。

(2)—4. 作図題を前提とした微分積分学の基本定理の扱い

　さらに、一層、作図を強調した取り扱いもある。戦中の教科書では図4.16のよう

---

21) Sanden, H. V. (1914). *Praktische Analysis: von Horst von Sanden*. Teubner.; Sanden, H. V., translated by Levy, H. (1923). *Practical Mathematical Analysis*. Methuen.；ザンデン、H. V.、小倉金之助、近藤鷲譯註増訂（1928）。『実用解析学：数値計算、圖計算、機械計算ノ概念』山海堂.；礒田正美（2009）。Felix Klein から小倉金之助「図計算及び図表」（1923）へ．礒田正美・Bartolini Bussi, M. G. 編．『曲線の事典：性質・歴史・作図法』共立出版．

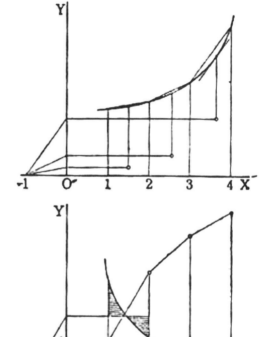

問 9. 次ノ圖ハ,函數ノ圖表カラソノ導函數ノ圖表ヲ作ル一ツノ方法ヲ示ス。

ドノヤウナ方法デアルカ。

問 10. 右ノ圖ハ,函數ノ圖表カラソノ原始函數ノ圖表ヲ作ル一ツノ方法ヲ示ス。

ドノヤウナ方法デアルカ。

図 4.16　数学中学校用第一類 4, p 39

な作図に準ずる方法が取り上げられていたが、現行指導では、第 3 章第 4 節 (2) 一 2 でも述べたように、幾何学的な扱いはなされない。微分積分学導入以前の第 3 水準での作図題の指導内容を見直すことなく、作図を前提にした幾何学的な扱いはできない。

　中学校では、円の接線は法線である半径によって定義される (第 3 水準)。放物線の作図は、文部科学省の指導資料にもみることができる[22]。円 O が軸上を運動するとき、一方の軸との交点 B から距離一定の点 C に垂線を立て、円 O との交

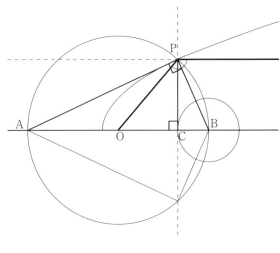

図 4.17

点を P とする。円 O の半径を変えた場合の動点 P の軌跡は放物線になる。このとき焦点 O で、AP は点 P の接線、PB は法線である。この作図によって軸方向から来た光線が焦点に集まることが説明される。この作図法は、AC：PC = PC：CB という比例中項の考えを用いた放物線の基本的な作図法の一つである。では、AP が放物線の接線であることを幾何学的に証明できるかといえば、法線の扱いが明確でない現行の幾何指導では困難である。現状では円の接線以外には幾何学的に接することを扱うことはできない。代数的に判別式、重解を用いて判定する以外にはない。

図 4.17 と同じ作図で AP を包絡線として線の見え消しを換えるだけで、逆接線問題を得る（図 4.18）。逆接線問題は、積分法の一つの起源である。作図題において曲線に対する接線作図問題と包絡線からの曲線を得る逆接線問題とは表裏の関係にあるのである。

作図の一般的方法としては、接線や法線の作図には、点 P に対する点 A や点 B の位置を得る方法、点と取る手順が必要になる。これは代数表現された任意の式に対する接線作図の問題として解決しえる[23]。

第 2 章第 2 節で述べたように Fermat は、関数の極大・極小を特定する方法と

---

22) 文部科学省（2003）.『個に応じた指導に関する指導資料（中学校数学編）』教育出版. p 186.
23) 参照、礒田正美、Bartolini Bussi, M. G. 編（2009）.『曲線の事典：性質・歴史・作図法』共立出版.

第2節　微分積分への数学化課題と基本定理の考え　339

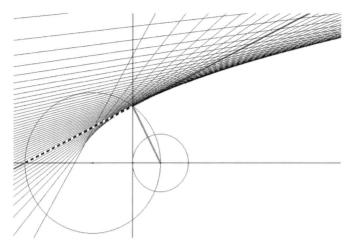

図4.18

して、未知数というよりは極限値を仮定する方法を採用し、微分積分の先駆けとなる考えを生みだした。その方法論の妥当性を示すために、最初に用いたのが、周の長さが固定された長方形の面積の極大値を求める問題である。その問題は、比例中項によって正方形であることが証明される。それは誰もが認めるユークリッド原論で示せる解法である。その前提で比例中項を用いず、彼の提案する未知数として極値を仮定する方法において、解答が得られることを示す。他者の感じる不思議を減らすためにわざわざ既知の問題から始め、納得させた上で未知の問題にその方法を適用する。長方形の面積の極大値問題が、数学化前後で重なる部分 $\beta-\beta'$ であり、表現世界の再構成としては、新表現の生成操作、計算によって極値を求める方法を構築しようとするイの妥当性が、既存の数学の表現世界においてウで保証されるということである。

原理3. 数学化の過程とは、表現世界の再構成過程である。
原理5. 数学化における学習課題は、表現世界の再構成過程の四様相である。

(2)—1で述べた判別式という代数的な接線法と幾何表現の意味での接線作図は同じ第3水準といえども、取り扱う関数に相違がある。すなわち、第3水準と

第4水準との重なり部分、数学化前後での重なり部分 $\beta-\beta'$ は、ここでは異なる内容を話題にしている。(2)―1 では、数学化前後での重なり、再組織化がなされるべき $\beta-\beta'$ は整関数であった。それに対して、幾何表現の意味では、さらに重なり部分は広いが、代数的な表現によって区分されるのではなく、個別の作図法の有無によっている。実際[24]、微分積分を算法化した Leibniz は Functio という考えを、接線や法線の作図題を解くために導入した。最速降下曲線問題は、等加速度運動としての接線の幾何的表現からサイクロイドが導かれることで解く。その微分方程式の積分計算をするのではなく、微分方程式を立式する際の図形表現それ自体から、その結果が、円周上の１点が、円が回転運動した場合の軌跡になると特定する。今日、微分積分の計算で解答すべき問題は、当時は、幾何学的な作図題として解答され、計算することなく、解答を得た。もともと微分積分学は、それ以前に問題に依存して存在した様々な方法論を、代数計算によって解く方法として再定式化したものである。

> 原理4. 再組織化としての数学化の系統は、水準設定によって再帰的に系統付けられる。

以上、基本定理の考えに注目して、数学化の過程を構成するためになしえる教材研究の多様性を、数学化過程の構成原理を指針に検討した。

> 〈数学化過程の構成原理〉
> 原理1. 数学化を進める活動とは、生存可能性を追求する活動である。
> 原理2. 数学化とは、数学的方法による再組織化を進めることである。
> 原理3. 数学化の過程とは、表現世界の再構成過程である。
> 原理4. 再組織化としての数学化の系統は、水準設定によって再帰的に系統付けられる。
> 原理5. 数学化における学習課題は、表現世界の再構成過程の４様相である。

---

24) Struik, D. J. (1969). *A Source Book in Mathematics, 1200-1800*. Harvard University Press.; Bernoulli (1742/1929) On the Brachistochrone Problem. edited by Smith, D. E. *A Souce Book in Matheamtics*. McGraw-Hill. 644-654.；礒田正美 (2009). 最速降下曲線. 礒田正美、Bartolini Bussi, M. G. 編.『曲線の事典：性質・歴史・作図法』共立出版. p.64.

(3) 基本定理の考えの様々な導入方法

次節で基本定理の考えに基づく数学化の指導を取り上げる。様々な可能性がある中で、その指導の位置付けを考えるために、ここでは基本定理の考えの様々な導入方法の存在を指摘しておく。

ここでの論点は次の原理2を利用する。

> 原理2. 数学化とは、数学的方法による再組織化を進めることである。

序章、第3章第4節、そして本節では、Klein の主張と Humley の主張の相異を話題にした。もとより、微分積分学は、16世紀、17世紀の幾何と代数を前提として、微分積分学の基本定理の完成をもって成立する。歴史上は、幾何や運動を前提にしてはじめて微分積分学の背景が説明できる。そして、すでに話題にした論点は Klein が話題にする運動学、機構学は、幾何学を伴うものであり、それを前提にせずともよいとする Humley の時間-空間概念を取り扱う教育課程とは、発想が異なるという点である。その相違は以上の検討を踏まえれば、微分積分学の基本定理を取り上げる際の三つの立場の相異として話題にできる。

①現行の立場．Humley の時間-空間概念の延長で取り扱う現行の扱い。

Humley が話題にした内容は、その書の後半に示された教材から推測する限りは、等加速度運動、微分係数から導関数を導入する際に意味をなす時間-空間概念教材である。そして、Humley 自身は、微分積分の指導を話題にしていない。彼が、機構学や、幾何学を外したという意味では、Humley の主張は、機構学や幾何学を外した現行の扱いに矛盾しない。

図4.19に示すような現行教科書の扱い[25]に特徴的なことは、導入段階で落体の運動は式で表現され、その場面のみが第3水準の内容である点である。すなわち、「第3水準．代数・幾何で関係表現する水準」を前提に「第4水準．微積分で関係表現する水準」へ指導するに際して、既習としての代数で関係表現することを前提に、変化の割合が平均変化率として表記され、その極限を変化率、微分係数として導入する。以後、極限を用いた代数表現によって導関数、微分が導入され、代数処理を学んだ上で、微分の逆算として不定積分が導入される。その不定積分の定義それ自体に基本定理の考えはあるが、あくまで形式として導入される

---

[25] 80年代の三省堂教科書など特異例を除き、過去30年、基本的にほとんど変わっていない。永尾汎他編（1994）．『高等学校数学Ⅱ』数研出版．

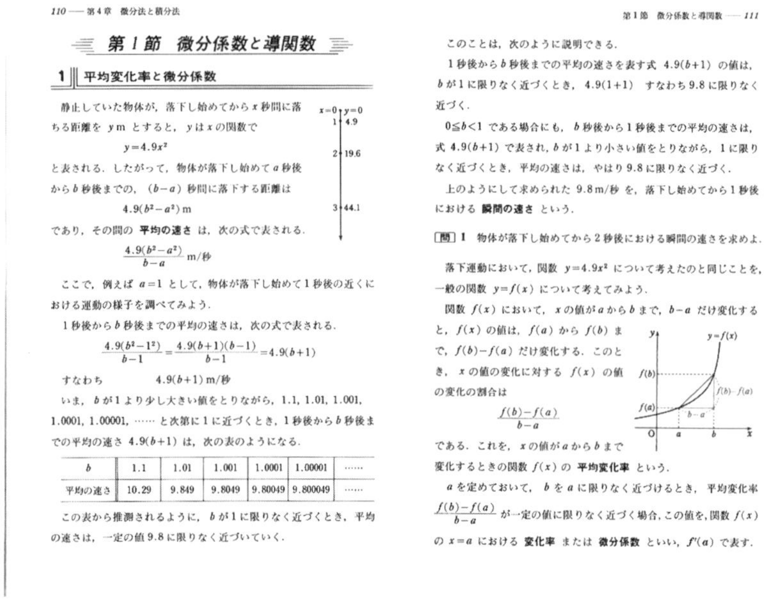

110 —— 第4章　微分法と積分法

第1節　微分係数と導関数

1　平均変化率と微分係数

静止していた物体が，落下し始めてから x 秒間に落ちる距離を y m とすると，y は x の関数で

$$y=4.9x^2$$

と表される．したがって，物体が落下し始めて a 秒後から b 秒後までの，$(b-a)$ 秒間に落下する距離は

$$4.9(b^2-a^2)\,\mathrm{m}$$

であり，その間の **平均の速さ** は，次の式で表される．

$$\frac{4.9(b^2-a^2)}{b-a}\ \mathrm{m/秒}$$

ここで，例えば $a=1$ として，物体が落下し始めて1秒後の近くにおける運動の様子を調べてみよう．

1秒後から b 秒後までの平均の速さは，次の式で表される．

$$\frac{4.9(b^2-1^2)}{b-1}=\frac{4.9(b+1)(b-1)}{b-1}=4.9(b+1)$$

すなわち　　$4.9(b+1)$ m/秒

いま，b が1より少し大きい値をとりながら，1.1, 1.01, 1.001, 1.0001, 1.00001, …… と次第に1に近づくとき，1秒後から b 秒後までの平均の速さ $4.9(b+1)$ は，次の表のようになる．

b	1.1	1.01	1.001	1.0001	1.00001	……
平均の速さ	10.29	9.849	9.8049	9.80049	9.800049	……

この表から推測されるように，b が1に限りなく近づくとき，平均の速さは，一定の値9.8に限りなく近づいていく．

第1節　微分係数と導関数 —— 111

このことは，次のように説明できる．

1秒後から b 秒後までの平均の速さを表す式 $4.9(b+1)$ の値は，b が1に限りなく近づくとき，$4.9(1+1)$　すなわち9.8に限りなく近づく．

$0\leqq b<1$ である場合にも，b 秒後から1秒後までの平均の速さは，式 $4.9(b+1)$ で表され，b が1より小さい値をとりながら，1に限りなく近づくとき，平均の速さは，やはり9.8に限りなく近づく．

上のようにして求められた 9.8 m/秒 を，落下し始めてから1秒後における **瞬間の速さ** という．

問 1　物体が落下し始めてから2秒後における瞬間の速さを求めよ．

落下運動において，関数 $y=4.9x^2$ について考えたのと同じことを，一般の関数 $y=f(x)$ について考えてみよう．

関数 $f(x)$ において，x の値が a から b まで，$b-a$ だけ変化すると，$f(x)$ の値は，$f(a)$ から $f(b)$ まで，$f(b)-f(a)$ だけ変化する．このとき，x の値の変化に対する $f(x)$ の値の変化の割合は

$$\frac{f(b)-f(a)}{b-a}$$

である．これを，x の値が a から b まで変化するときの関数 $f(x)$ の **平均変化率** という．

a を定めておいて，b を a に限りなく近づけるとき，平均変化率 $\frac{f(b)-f(a)}{b-a}$ が一定の値に限りなく近づく場合，この値を，関数 $f(x)$ の $x=a$ における **変化率** または **微分係数** といい，$f'(a)$ で表す．

図 4.19　高等学校数学Ⅱ　数研出版（1994）

ので現実事象は話題にされない。

現行指導では、基本定理の考えは、不定積分を微分の逆算として指導する場面においてしか取り上げられない。そして、第3水準から第4水準への数学化に係る扱いは上記の教科書で言えばわずか2頁の扱いでしかない。後は微分積分の算法指導が中心になる。

このような扱いでは、再組織化の意味での数学化（図 4.13）はほとんど実現できそうもないと言える。

②歴史上の立場．Klein が話題にする機構学までを視野にする扱い。

軌跡などの作図題の処理まで含めた幾何が求められる。微分と積分が逆演算であることは、作図題では、接線問題、逆接線問題は、ある意味では、見せ方の相異である。曲線に対する接線が引ければ、包絡線から曲線を特定することは二次曲線のような場合には同じ命題を利用した作図題である。微分積分はそのような前提知識から生まれる。幾何学的に定義された限られた曲線は接線、逆接線が作図しえる。それ以外は容易でない。代数的表現で曲線を定義するようになれば、

その曲線に対する接線、逆接線問題を代数表現で一般的に解く必要が発生する[26]。Kleinは、代数、幾何、そして運動の融合としての微分積分への指導を構想した。

この立場は、歴史と同等という意味で、再組織化の意味での数学化を伴うものである。その場合、幾何を深く教えることからはじめなければならないという問題を伴う。現状では、軌跡などの作図題は扱われておらず、膨大な授業時数が必要となる。

③戦中の立場．戦中の中学校用第一類にみられる立場

先に図4.5[27]で示した微分積分学の基本定理の考えの延長で作図を求めるものである。実際には、教育史上は、②のKleinの主張が、幾何的な図計算を多用したSandenの実用解析學に具体化される中でこのような扱いは生まれた。戦中の中学校用第一類は、その延長上にある[28]。他方で、Humleyはその実用解析學に見る図計算の発想がない。日本には小倉金之助、黒田稔等を通してKlein-Sandenの考えは紹介された。

本研究では、David Tall等も指摘する微分積分学の基本定理、変化の変化・累積への注目、③の延長でその数学化過程の構成を試みる。すなわち、微分積分学の基本定理の考えを指導する立場から、第3水準の表現世界で

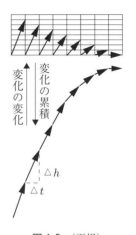

図4.5　（再掲）

ある図4.11を、現行教科書の指導で達成しえる図4.12ではなく、数学化を通して図4.13のように再構成することをめざす。

③戦中の立場の扱いで特徴的な点は**微分積分への教材研究視野③．事象を前提とするか否か**という視野において、現実事象における、図4.14や図4.15ような速度のグラフから距離のグラフ、距離のグラフから速度のグラフを得るという作業を行い、その意味理解を前提に図4.5のような変化の変化を表すグラフの作図、変化の累積を表すグラフの作図を行う点にある。そこでは、第3水準から第

---

26) 礒田正美, Bartolini Bussi, M. G. 編（2009）．『曲線の事典：性質・歴史・作図法』共立出版では、代数方程式で与えられた曲線を作図ツールで作図した場合に、接線を作図する方法を示した。
27) この後、同じ図を繰り返し掲載する。図を再度掲載する場合には、図番号はもと図番号を利用する。
28) 礒田正美（2009）「黒田稔の関数思想と導関数・原始関数の作図」及び「Felix Kleinから小倉金之助『図計算及び図表』（1923）へ」、礒田正美, Bartolini Bussi, M. G. 編『曲線の事典：性質・歴史・作図法』共立出版．258-259．260-261．

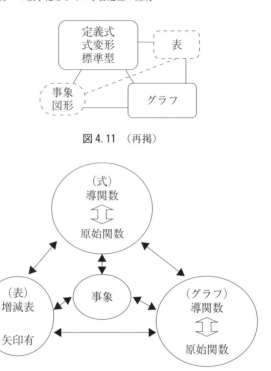

図 4.11 （再掲）

図 4.13 （再掲）

4水準への数学化の指導でありながら、図4.16のような接線の傾きのグラフを作図する、傾きの累積グラフを作図する必要を示すために、現実事象からはじめている。そこでは、微分積分学の基本定理の考えが同時に扱われる。

すでに述べたように、80年代以後の作図ツール及びグラフィングツールによる微分積分への指導は、変化の変化、変化の累積を表す微分積分学の基本定理の考えを同時に指導する戦中のアプローチを改めて提案したものである。

本研究の事例研究では、③のアプローチを採用する。そのメリットは、微分と積分が逆演算であることを、第3水準以下の下位水準の学習において、(2)—3で話題にしたような再帰的に再構成する学習が実現することである。

教材研究は目的に依存している。本研究の目的は数学化である。①の方向での教材研究では、数学化は実現しない。②の方向は、時間をかけて幾何の理解を深めれば可能である。③の方向は今日的にはテクノロジーを利用すれば可能であ

問9. 次ノ圖ハ,函數ノ圖表カラソノ導函數ノ圖表ヲ作ル一ツノ方法ヲ示ス。

ドノヤウナ方法デアルカ。

問10. 右ノ圖ハ,函數ノ圖表カラソノ原始函數ノ圖表ヲ作ル一ツノ方法ヲ示ス。

ドノヤウナ方法デアルカ。

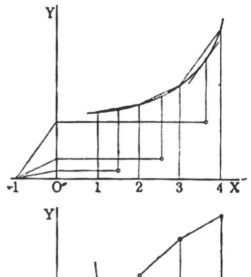

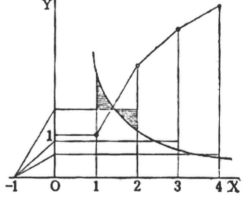

図4.16 （再掲）

る。このような議論は、数学化過程の構成原理を指針にして実現した。原理がなければ、また、数学化という目的がなければ、①の現行指導は否定しえない。New Math 時代に特に尊重された「数学的効率性」を基準にすれば、①は尊重される。第1章第2節で述べたように、再組織化としての数学化こそが教えるべき内容であるという前提に立てばこそ、本研究における教材研究を支持しえる。元来、統合発展、スパイラル、そして最近では学び直しというキーワードに依拠する日本の教育課程基準も、その考え方に立っているのである。

第3節　困難校における微分積分学の基本定理への数学化

　関数の水準において第3水準から第4水準への数学化を実現できたことを、数学化の過程の構成原理に準じて確認することが本章の課題である。第2節で述べたように、そこでは多様な内容にかかる数学化過程を様々に話題にしえる。特に、微分積分学の基本定理の考えは、関数の水準において繰り返し再構成される組織化原理であり、関数の水準における数学化の典型とみなす内容といえる。

関数の水準	基本定理の考えに対応する内容（例）
第1水準	日常語：事象を数量で考察できる水準 ジェットコースターで、だんだん速くなると、背中が座席に押し付けられる。
第2水準	算数：数量を関係で考察できる。 折れ線グラフで傾きがどんどん激しくなる。速さ一定で時間を経ると距離が得られることは、グラフ上では面積になる。
第3水準	代数及び幾何：関係を関数で考察できる。 反比例のグラフや2次関数のグラフは、変化の割合がどんどん変わっていく。
第4水準	微分積分：関数を導関数・原始関数で考察できる。 与えられたグラフから、接線のグラフ、面積のグラフが作図できる。

図4.10　基本定理の考えの関数の水準に応じた表現例（再掲）

　それは教材開発主題としても興味深い。実際、第2節で述べたように、第3水準の表現世界である図4.11を、現行教科書の指導で達成しえる図4.12ではなく、数学化を通して図4.13のように再構成していくこと、微分積分の本質である微分積分学の基本定理の考えを学べるようにすることは歴史的主題である。第2節の最後に指摘したように、現実事象を取り上げ、変化の変化、変化の累積の考えを同時に扱うところから基本定理の考えを導入する指導は、歴史的にも、今日的にも存在することを指摘した。本節と続く第4節では、そのような主題において微分積分学の基本定理への数学化の過程が実現できたことを確認する。

　関数と導関数、原始関数の関係は、図4.12、図4.13の式部分では共通している。図4.11の式以外の部分も含めてどう数学化するのかが教材開発の着眼点である。筆者自身は図4.5の学習を経ながら図4.12に至る微分積分の基本定理の

第 3 節　困難校における微分積分学の基本定理への数学化　*347*

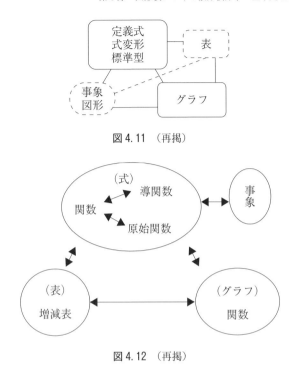

図 4.11　（再掲）

図 4.12　（再掲）

数学化を提案する。仮に図 4.11 の指導を受けて学んだ者でも、その後の学習で図 4.12 に達することは可能である。学習過程は無数に構想しえる。教育上問題にすべきは、図 4.12 の現行指導を数学 II で受ける生徒の大多数は、図 4.13 に致る以前に学習を終える。微分積分の「本体」を学ぶ機会のない現実を改善する必要がある。

　教材研究は、教師が定める目標、生徒の現状、そして教育内容との三要素を加味してなされる。図 4.12 と図 4.13 を比較して明らかなことは、図 4.13 の方が複雑であるだけに、それを指導するには指導時数が必要になるということである。単位制を採用する高等学校で、教科書に記されていない内容の指導時数を確保することは、他の指導内容を圧縮する問題に通じており、多くの教師には現実的ではない。かような現実において、本研究では従来の微分積分への学習で、図 4.12 が的確に学べなかった生徒への補充指導として、図 4.13 への指導を実現する。単位制の高校では、単位認定できない生徒に補充指導をして、単位認定する

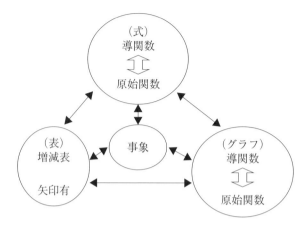

図 4.13 (再掲)

ことは教師の日常である。

特に、図4.12と図4.13の相違は図4.5のような変化の変化、変化の累積をグラフ表現上で往来する点にある。従来の微分積分への学習が成立しなかった生徒への指導で図4.13への指導、微分積分学の基本定理への数学化が実現できれば、図4.11の表現世界は、指導を通して多くの生徒に到達しえると期待される。

その主旨から、ここでは困難校生徒の場合で、図4.13への数学化の指導が実現しえることを例証する（礒田、関、2008)[29]。具体的には、現行図4.12の意味での微分積分理解が成立し難い生徒に対する補充指導として、図4.13にかかる教材を開発する[30]。

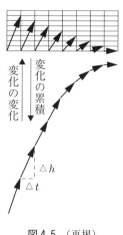

図 4.5 (再掲)

(1) 困難校生徒の微分積分の学習状況

はじめに基本定理の考えの、困難校生徒の履修後の理解実態を指摘する。

困難校数学Ⅱ履修済み生徒40名の中で、特に上位6名に限定し、基本定理の理

---

29) 礒田正美, 関正貴 (2008). 関数の思考水準からみた微分積分教材の開発研究：微分積分学の基本定理を中心に.『数学教育学会誌』49 (3・4). 49-59.
30) 教材開発は、実践を通しての目標を埋め込む行為も伴う。

解を調査した。上位6名に限定したのは、定期考査の到達度が、著しく低く、図4.11 の意味で、数学Ⅱの微分積分内容の学習の成立が教師側から期待できたのがこの上位6名であったからである。

以下は、上位生徒の数学Ⅱ履修後の結果である。それ以外の生徒は、さらにできないと考えられる。

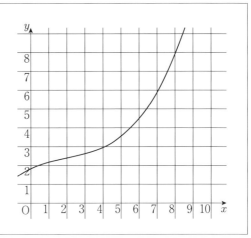

問①
右の関数のグラフから導関数のグラフを同じ座標平面上にかきなさい（概形でよい）。また、どのようにかいたか説明しなさい。

図4.20

図4.20問①に対し、1名の生徒のみが、3次関数と仮定し、グラフ上の三点の座標を読み取り、連立方程式を解き、3次関数の式を特定した上で、微分して導関数のグラフをかいた。この生徒のみが、この設題に対して図4.13の表現世界で回答したと言える。残りの生徒は無答である。第2節で述べた戦中教科書の要領で解答した生徒はいなかった。すなわち、6名全員が、図4.12のようにも考えず、図4.13の表現世界に至っていない。

問②　関数 $y = 2x^3 + 3x^2 - 6x + 1$ を微分せよ。
問③　積分すると $y = x^2 + x + C$ になる関数を求めよ。

図4.21

図4.21問②では、微分できた生徒の4名中1名の生徒のみが問③で微分した。

微分と積分が逆操作であるという基本定理を、微分、積分の計算として理解する生徒、不定積分の定義を理解する生徒さえ、困難校では稀有な実態にあることがわかった。

以上が、教科書の指導内容に準拠して図4.12への指導を受けた困難校生徒の実態である。このような生徒が、図4.13をめざす数学化の指導を受けることでどのように理解を深めるかを次に検討する。

(2) 困難校における補充指導計画と実際：構成原理による確認（その1）

以上のような困難校生徒の数学Ⅱ内での微分積分の学習実態に対して本研究では、その理解を改善するために、図4.13の諸表現を運用することができるようになるための基本定理の考えの指導、基本定理の考えの数学化の指導を実施した。

指導計画に際して（2）で述べた著しく低い到達状況から、次の前提を置いた。

前提1. 式処理の意味理解困難な生徒を念頭に基本定理の考えを式によらずに導入する。

実際、従前指導で図4.12への指導を受けた生徒は、式処理ができたとしても、微分積分が逆操作であるということの理解に至っていない。

前提2. 基本定理の考えを式と有意につなげる目的で道具・テクノロジーによる活動を援用する。

現実事象での体験を踏まえて「変化の変化」、「変化の累積」とは何かを学べるようにする必要がある。

本研究で対象とした補充指導の受講者は、啓林館「高等学校数学Ⅰ」後、「同数学Ⅱ（微積まで）」の内容を規定時数の1.5倍の授業時間をかけ丁寧に学び、「数学Ⅱ」の微分が終わり、積分を学習中の3年生有志生徒5名である。数学Ⅲは未履修である。補充指導は、正規の授業外、課外である。

(2)—1. 補充指導受講5名の事前調査結果

指導効果を測定するために、補充指導受講者に事前調査を実施した。

ア）予備調査問題、図4.20問①は無答だった。代数的に微分積分の計算ができる生徒でも、式が与えられていないグラフから導関数のグラフをかく設題の意味それ自体がわからなかった。曲線の接線の傾きが導関数を表すと考え、グラフ化した生徒はいなかった。

イ）予備調査、図4.21問②、問③で、微分と積分が逆の操作と認めた生徒は1名だった。
ウ）整関数 $f(x)$ からその導関数 $f'(x)$ を計算できた生徒2名。$f(x)$ の微分係数を求められた生徒はいなかった。接線の方程式を求められた生徒もいなかった。導関数や原始関数の値が変化すると考える生徒、導関数・原始関数を関数とみる生徒もいなかった。
エ）現実事象と関数式から表、グラフと進めた生徒は1名。第1節(2)で、戦中の教科書のように、グラフで与え、式のない現実事象を微分積分で考察できた生徒はいなかった。

以上の結果から補充指導の受講者は、予備調査よりさらに微分積分理解が充分でない生徒、簡単な整関数の微積計算さえ容易でない生徒であると確認された。

(2)−2. 指導計画（全8時間）

導関数・原始関数を解する際の前提となる基本定理の考えを指導し、関数を変化の変化・累積として読み解くことができるようにする。実態調査の結果（例えばエ）から、事象の変化の様子を表すこと（第1水準）自体も容易でない状況が明らかになった。グラフの傾きが増減を表すことはもともとは知っていたはずである。

微分積分の水準以前である、第3水準の代数的な関数表現は、グラフの概形が代数表現の手掛かりとなり、変化の割合が一定であるか否かは話題にしても、変化の割合を道具に反比例や2次関数の変化の様子を話題にすることは、教師裁量であり、微分積分指導を視野にしない中学校教師の多くは、それとして指導しない。限られた関数のみを学ぶので、グラフの概形は記憶され、それぞれの変化の様子を話題にする機会がない。

結果として、グラフの概形が既知の関数式で与えられた運動から微分係数を導入する現行の微分の導入は、グラフの変化の様子を調べたい、表現したいというような必然性に乏しい。式で与えられた関数のみを考察するため、事象の変化の様子を表す学習活動、言わば第1水準で話題にする事象の変化に注目する状況に立ちかえる必要がある。そこで、下位水準の扱いに立ち帰り、事象における変化の変化や累積をグラフ表現し、基本定理の理解を漸次深める次の四つの内容を計画した。

①次　変化を日常語で表す（2時間）

　グラフ電卓、CBR を利用し、変化の変化、変化の累積を体感し言葉で表す（竹内 2001)[31]。運動の様子を日常語で表す第1水準の思考を生徒に要請する。

②次　変化と累積を平均変化率で表す（2時間）

　物理実験で利用する記録タイマ・テープを利用し、平均変化率（増分比）を矢線図で表す。①次の変化の変化・累積の体感を矢線付き増減表と矢線図で表し、グラフとして学び直す。データを基盤に運動の様子を関係として捉えなおす第2水準の思考を生徒に要請する。その際、運動の様子を日常語で表した第1水準での学習活動との関係が切れないようにする。

③次　平均変化率から微分へ（2時間）

　グラフの傾き測定器（図 4.16 上、福田 1998、Tall 1991、後に掲載する図 4.32)[32] を利用し、割線の傾きを測り、割線の傾き（平均変化率）をグラフに表す。それが導関数のグラフと一致することを、2次関数の導関数が1次関数になることで確認する。次に導関数未知の三角関数の導関数を予想する。

④次　平均変化率の累積から積分へ（2時間）

　直線のグラフを矢線（傾きの変化）でとらえ直し（図 4.5 上）、変化の累積グラフとして表し直す（図 4.5 下）ことで、矢線図によって1次関数の原始関数が2次関数になることが表せることを確認する。その上で、ベクトル場（傾き場：Artigue 1992)[33] で、変化の変化・累積の関係が統合的に図示できることを確認する。

　以上の個別教材の扱いは、戦中の研究、80年代のパーソナルコンピュータの出現に伴い 90 年代初頭までの内外で蓄積され、グラフ電卓とその関連機器の利用と関連して 90 年代中盤までに確立された扱いである。筆者自身は、その先端で研究し、それら動向を日本に持ち込んだ[34]。ここに示す個別授業展開は、筆者

---

31)　竹内宣勝（2001). 微分積分入門期のカリキュラム開発に関する研究. 筑波大学修士課程教育研究科修士論文.

32)　Tall, D. (1991). Intuition and Rigour. Visualizationin Teaching and Learning Mathematics. *MAA Note* 19, p. 113.; Tall, D. (1996). Functions and Calculus. Bislop, A., et al. edited. *International Handbook of Mathematics Education*, Kluwer. 289-325. ; 福田千枝子（1998). 微積分における視覚化と導関数の生成. 『中学校・高等学校数学科教育課程開発に関する研究』(5). 筑波大学数学教育研究室. 172-183.

33)　Artigue, M. (1992). Functions from an Algebraic and Graphic Point of View: Cognitive difficulties and teaching practices. edited by Dubinsky, E., Harel, G. *The Concept of Function: Aspects of epistemology and pedagogy, MAA Notes*, 25. 109-132.

34)　礒田正美（1995).［連載］アメリカでテクノロジーによる数学教育の革命が起こっている. 『教育

か清水克彦、佐伯昭彦等によって、日本に持ち込まれたものだが、個別事例においては筆者は、全くオリジナリティを主張しない[35]）。研究としてのオリジナリティは、基本定理の考えを、かような蓄積のある先行研究の扱いの組み合わせから指導できること、図4.11から図4.13への数学化を進める学習過程が構成できたことを示すことにある。

教材研究に際して、数学化としての学習過程を構成すべく、関数の水準と水準に準じた基本定理の考えの表現を念頭に、次の構成原理を指針に教材化した。

〈数学化過程の構成原理〉
原理1. 数学化を進める活動とは、生存可能性を追求する活動である。
原理2. 数学化とは、数学的方法による再組織化を進めることである。
原理3. 数学化の過程とは、表現世界の再構成過程である。
原理4. 再組織化としての数学化の系統は、水準設定によって再帰的に系統付けられる。
原理5. 数学化における学習課題は、表現世界の再構成過程の4様相である。

以下の実際の学習過程の解説の中で、この原理が実現していること（構成できたこと）の確認、すなわち、開発教材が数学化を実現したと言えることを、この原理を基準に判断することを合わせて行う。ただし、同時にこれら原理を解説するとあまりに煩雑で学習過程の記述がわかりにくくなる。本節では、確認（その1）として数学化の学習過程が構成できたことの確認として原理1、2、4を話題にし、特に本研究の記述枠組みである表現世界の再構成過程に基づく原理3、5は第4節で確認する。以下で、［原理による教材解説］が原理に基づく学習過程の構成としての解説である。確認は典型的な場面において範例的に行う。

(2)-3. 補充指導（全8時間）の実際
開発教材概要を示す目的で授業内容を記す。

科学数学教育』明治図書出版．No.453-455.；筑波大学数学教育学研究室編（1994）．『テクノロジーを利用した教材開発のための研究動向資料集』筑波大学数学教育学研究室．285p.；筑波大学数学教育学研究室（1995-2000）．『中学校・高等学校数学科教育課程開発に関する研究』2〜7．筑波大学数学教育学研究室．

[35] 筆者のテクノロジー利用研究のオリジナルな成果は、次の書籍に結実している：礒田正美、Bartolini Bussi, M. G. 編．『曲線の事典：性質・歴史・作図法』共立出版．

実践①次：変化を日常語で表現する（2時間）

距離センサーとグラフ電卓でを利用する。

歩行の「時間と距離」のグラフを表す、次の活動を行った。

 i．模造紙にかいたグラフを提示する。
 ii．どのように歩いたかを日常語で予想させる。予想と理由をワークシートに記入する。
 iii．身体で運動のようすを表現し、予想があっていたかを確認させる（図4.22）。
 iv．全員が実演し、共有する。

図4.22

ⅰ～ⅳの活動を、図4.23、ア～オのグラフで順に行った。「同じ速さで歩く」、「徐々に速く歩く」、「徐々にスピードを下げる」など速さや加速度を意識した歩き方の説明ができた（図4.24）。

歩行の「時間と速さ」について、次の活動を行った。

 ⅰ)．「時間と速さ」のグラフを提示する。
 ⅱ)．どのように歩いたらよいかを日常語で予想させ、その「時間と距離」のグラフおよびその理由をワークシートに記入させる。
 ⅲ)．身体で運動のようすを表現し、予想があっていたかを確認させる。
 ⅳ)．全員が実演し、共有する。

ⅰ)～ⅳ)の活動を図4.25のア～ウの順に行った。

アの予想では、まず3名が速さから距離のグラフを導けなかった。彼等は設題

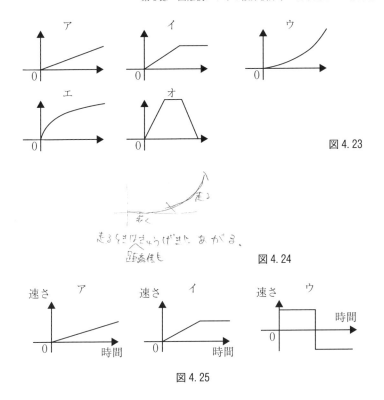

図 4.23

図 4.24

図 4.25

の意味がわからず、シートに記した「日常語」は「速さのグラフ」を「距離のグラフ」として読み取った場合の記述で、時間と速さのグラフから時間と距離のグラフを得るというものではなかった。繰り返し歩くこと、成功した生徒の歩きを言葉で言い表すことで、速さのグラフと距離のグラフの相違が確認され、速さがどんどん速くなるというような「変化の変化」から距離のグラフをかく翻訳もできるようになった（以上、図 4.26）。
[原理による教材解説]

原理 1. 数学化を進める活動とは生存可能性を追求する活動である。

「時間と距離」のグラフとその解説は容易にできた。それをふまえて「時間と速さ」のグラフの解説に臨む。多くの生徒は当初、「時間と距離」のグラフと誤解し

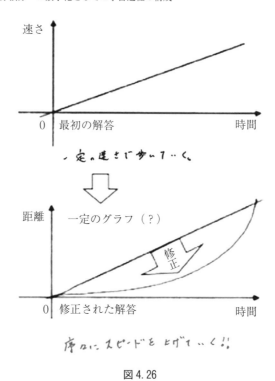

図 4.26

て解答するが、それが「徐々に速く歩く」距離のグラフと同じであることがわかる。それは「同化」しようとしてうまくいかず、「調節」を迫られた結果である。その結果、「変化の変化」として速さが増加することを読みとり、その「変化の累積」としてぐんと距離が延びるグラフを得たのである。以上の活動は、第1水準に準ずる事象を言葉で表現する活動である。このような「同化」、「調節」による生存可能な考えを生み出し、選択することで理解を深める活動は、毎時間認められるが、以下では必要な場合のみ述べる。

実践②次 変化と累積を平均変化率で考える（2時間）

　記録タイマーと記録リボンを使い、打点された記録リボンのデータをみて日常語で運動の様子を表し、距離データを読みとり、時間と距離のグラフを生成する。
　図 4.27 は、記録リボンである（最初の部分は打点の勢いでテープが動いている）。生徒は、前時を生かし単位時間あたりの距離の変化である点の間隔に着目

し、「だんだんスピードが速くなっている」、「速度がどんどん上がっている」など、速さや加速感を表現する言葉を発した。時間と距離のグラフを生成した後、図 4.28 のようにグラフ用紙上に、平均変化率（増分の比）を図示し、傾きの大きさを矢線（授業中は矢印と表現）で記入した。

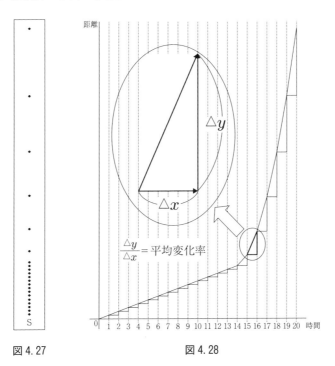

図 4.27　　　　　　　図 4.28

（先の図 4.5 同様に）矢線による平均変化率が累積すると、時間と距離のグラフが現れる。打点記録リボンは、変化や累積を単位時間あたりの増分として表す上で効果的であり、生徒は、平均変化率のグラフが時間と速さのグラフであることに容易に気づいた。

図 4.29 は、生徒のワークシートの記述である。さらに表で与えた時間毎の速さデータを矢線表現した図表（図 4.30 左上、図 4.5 では上側の矢線付増減表）に整理し、矢線を連結し（図 4.30 右側で図示中、図 4.5 では下側の変化の累積）、時間と距離のグラフを図示した。

逆に図 4.31 では、図 4.25 を拡大した帯を 1 秒毎の平均の速さと認め、横に並

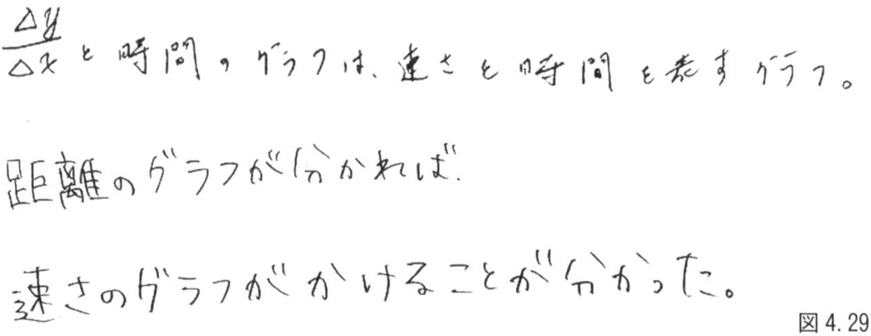

$\frac{\triangle y}{\triangle x}$ と時間のグラフは、速さと時間を表すグラフ。

距離のグラフが分かれば、

速さのグラフがかけることが分かった。

図4.29

図4.30 矢線付増減表(左上端)とその累積グラフ

べて矢線付増減表として見立て、その区間毎に矢線を記入し、図4.5同様に矢線をつなぎ合わせることで、距離のグラフを再現した。そして区間毎の速さと距離の関係が変化の変化、変化の累積の関係になることを、生徒どうしで説明しあった。

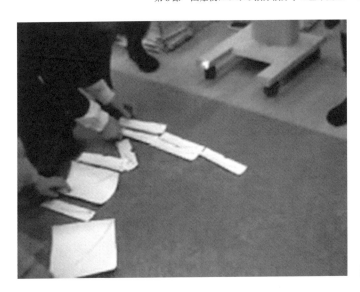

図 4.31

[原理による教材解説]

> 原理 2. 数学化とは数学的方法による再組織化を進めることである。

　この活動は、実践①次で行った等加速度運動にかかる活動を、第 2 水準の折れ線グラフ表現で再組織化する活動である。どんどん速くなることはドットの間隙で表象され、それが、グラフ上では傾きの増加、平均変化率の和としても累積された。変化の変化、変化の累積が、第 1 水準の事象の意味での第 2 水準の折れ線グラフの意味でも逆操作として言い換えられることを生徒自身が確認できた。

実践③次　平均変化率から微分へ（2 時間）

③次前段：時間と距離の関数式 $y = -(1/2)x^2 + 3x$ とグラフを与え、生徒にグラフの様子を読み取らせた。生徒は「3 秒のところで行って帰る運動」と読み取った。もとのグラフの 1 秒毎の割線の傾きを、傾き測定器（Δx が 1 のとき Δy は傾き値）で図 4.32 のように測定し、その測定値を 1 秒毎に、もとのグラフの真下に、「割線傾き」グラフとして図示した。

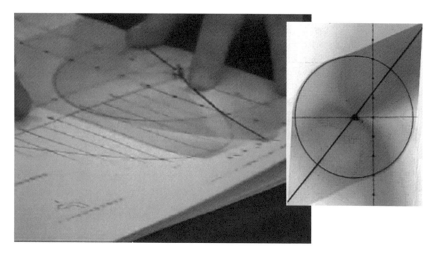

図4.32 傾き測定器

［原理による教材解説］

原理2．数学化とは数学的方法による再組織化を進めることである。
原理4．再組織化としての数学化の系統は、水準設定によって再帰的に系統付けられる。

この活動は、実践①次、②次で行った活動を、第3水準の関数表現において改めて表現するもので、3度目の再組織化である。生徒は、同じ活動とみて類推するために、後述する③次中段のように日常語で表現できるが、一致させるには無限小、極限が立ちはだかる。

③次中段：もとの時間と距離のグラフと、図示した割線傾きグラフを見比べ、それぞれの運動のようすを日常語で表現させた。プロットの仕方から割線傾きグラフは3.5秒のところで行って帰るずれたグラフになり、生徒は同じ運動とはみなせない。そこで、時間間隔を縮めて1/2秒毎の割線傾きグラフを図示させた。もとのグラフと「1/2秒毎の割線傾きグラフ」を比べると、二つのグラフのずれが小さくなったことに気づいた。さらに「1/4秒毎の割線傾きグラフ」を図示させた。生徒は、時間間隔を小さくしていくと、時間と距離のグラフが時間と速さのグラ

フになった経験と結び付けて、「割線傾きグラフ」が速さのグラフに近づくこと、割線が接線になることと認めた。そして、もとの関数式を微分したグラフと比べることで、「割線傾きグラフ」が「接線傾きグラフ」に近づくことを認めた。そこで「$f'(a) = \lim_{k \to 0} \dfrac{f(a+k) f(a)}{k}$ は、何を表しているか」を質問した。図4.33は生徒の記述である。

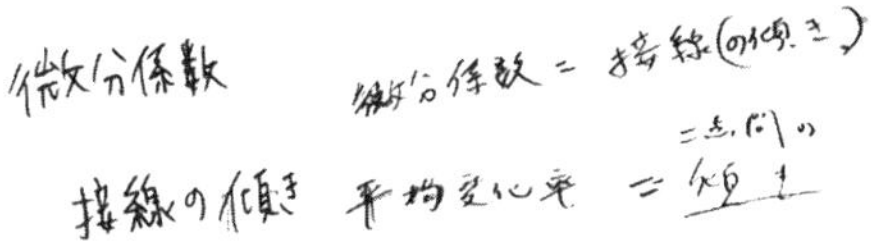

図4.33

この記述から、生徒は、自身の既習である微分係数から導入された導関数と、グラフ上で行っている作業を自ら結びつけたとみることができる。

更に、関数 $y = x^2$ のグラフで x の範囲を負の数まで広げ、傾き測定器による傾きの図示と導関数のグラフを対比し一致することを確認した。

［原理による教材解説］

> 原理1. 数学化を進める活動とは生存可能性を追求する活動である。
> 原理2. 数学化とは数学的方法による再組織化を進めることである。
> 原理4. 再組織化としての数学化の系統は、水準設定によって再帰的に系統付けられる。

③次中段では、実践①次、②次で行った活動と一致しないズレを認める。そこでの矛盾を修正するために、すなわち生存可能性を高めるために第4水準への数学化操作として、極限が導入されている。微分も既習であるので、この作業が、導関数を導く操作であると再組織化する。すなわち、以上、①次から③次中段までに、数学化が再帰的に繰り返された。

③次後段；以上の既知の導関数のグラフの一致を踏まえて、その上で、未習の超越関数（$y = \sin \theta + 3$）のグラフからの導関数の図示を求めた。

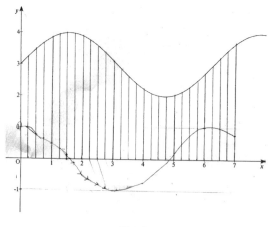

図 4.34

　図 4.34 は、生徒による図示で、細かい間隔で接線の傾きを測定し、その点を結んだグラフを表すことにより、微分係数から導関数のグラフを得ている。

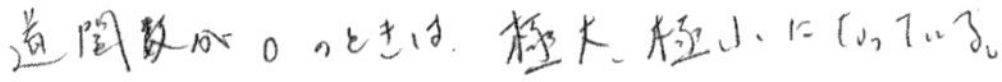

導関数が 0 のときは、極大、極小になっている。　図 4.35

　図 4.35 の生徒の記述から、未知の導関数のグラフがもとの関数の変化を表していることを理解していることが分かる。

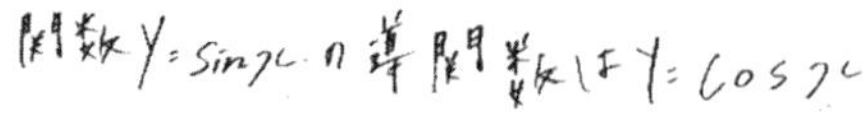

関数 $y=\sin x$ の導関数は $y=\cos x$　図 4.36

　図 4.36 の生徒の記述は、グラフ上で直接図示することで導関数が得られることを知っていること、そして、代数表現を介することなく関数の変化の様子を表す基本定理の考えをグラフ上で表すことで未習の三角関数の導関数を予想したことがわかる。

[原理による教材解説]

> 原理 1. 数学化を進める活動とは生存可能性を追求する活動である。

③次後段は、第4水準の活動を、自ら行えたことを意味している。すなわち、生徒は、自ら第4水準の活動を行えたことになる。これは第4水準への数学化が、傾きグラフの作図による導関数を得る方法において達せられたことを示している。

実践④次　平均変化率の累積から積分へ（2時間）
④次前半：時間 x と速さ y の関数式 $y = -x + 3$ とグラフを与え（図4.37左）、1秒毎に進んだ距離（1秒間の平均の速さ）をグラフ上に矢線で図示させ（図4.37：右の短冊長方形対角線部）、進んだ距離をつなぎ合わせて時間と距離のグラフをかいた（図4.37：右の折線グラフ部分）。

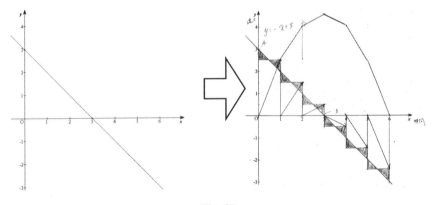

図4.37

実践③次の逆を辿ることから、③次より図示は容易だった。同様に1/2秒間隔で矢線を図示し、1/2秒毎の矢線をつなぎ合わせて、時間と距離のグラフが曲線（$y = -(1/2)x^2 + 3x$）に近づくことに気づいた。ワークシート（図4.38）には、「速さのグラフから勾配（傾きの矢印）のグラフに直して距離のグラフになる（足していけばいい）」とあり、「関数の値を矢印の傾きで表すこと」、「関数を矢印の累積で表せること」ことが理解できた。矢線を利用して関数のグラフから原始関数のグラフが描けることに生徒は気付いた。

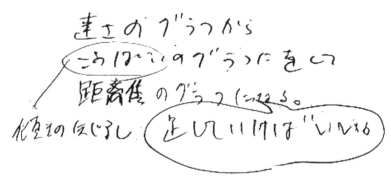

図 4.38

[原理による教材解説]

原理2. 数学化とは数学的方法による再組織化を進めることである。
原理4. 再組織化としての数学化の系統は、水準設定によって再帰的に系統付けられる。

実践①次、②次、③次で行った学習を踏まえて、逆操作として、第4水準への数学化が進む。この作業が、原始関数を導く操作であると再組織化する。以上で、積分において、第4水準までの数学化が繰り返された。

④次後半；その上で、逆の設題、時間と速さの関数式 $y = -x + 3$ とそれをベクトル場（授業では「傾き場」）の形で表示したグラフ（図 4.39）から時間と距離の関数グラフを推測する活動を行った。まず、この傾き場（ベクトル場）はこれまでの矢線図と異なり「各矢線は各時刻の出発点から出て各時刻における速さをその傾きで表し、全矢線の長さは等長である」ことを解説した。

生徒は時間と速さを表す関数の傾き場（図 4.39）から、矢線を結んだ既習を生かし矢印に沿って原始関数のグラフを予想した（図 4.40）。

生徒は、図 4.39 上で曲線のグラフをイメージしたが、実際に図示を求めると図 4.41 や図 4.42 のように繋げようとした。これまでの要領ではそのようにしたのだが、実際にそう繋げると、先ほどと同じ問題であるのに $y = -(1/2)x^2 + 3x$ にならないことに気付いた。

そこで矢印から図示する方法を別途検討するために、先ほどの状況とは別に、

J君はA地点とB地点を結んだ直線上を歩いた。J君が歩いた時間 x（秒）と速さ y（m/秒）の関数は $y = -x + 3$ であり、J君はA地点から 2m の距離から歩き出したものとする。

時間と距離のグラフを予想しなさい。

図 4.39

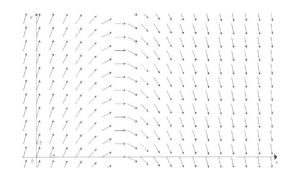

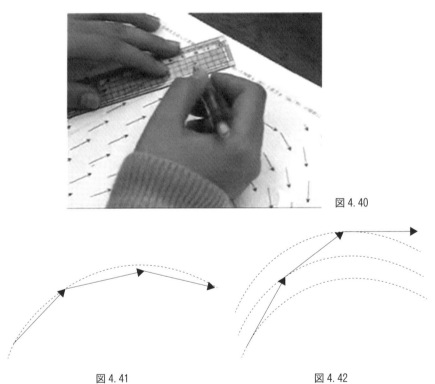

図 4.40

図 4.41

図 4.42

矢印だけでなく直線（導関数）のグラフを与え、導関数の正負と矢線の向き（上下）を対応させた図 4.43 を与えた。

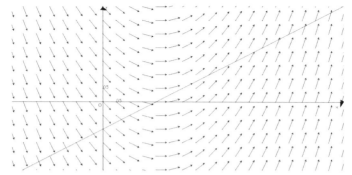

図 4.43

　生徒は、「曲線は矢印を全部足した（つなげた）もので、矢印から見たら原始関数である。矢印は曲線から見たら接線の傾きである。原始関数は無限にある。だからこれ（原始関数）全部！」（図 4.44：生徒の記述）と説明し、他の生徒も感心し、同意した。

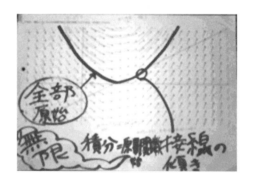

図 4.44　生徒「一つの矢線は原始関数の接線、矢線は隙間も含めて無数、原始関数も無数にある。」

　この同意から、微分（変化の変化：矢線の変化）と積分（変化の累積：矢線のつながり）が視覚的に一体として生徒が見ることができたことがわかる。そして、図 4.45 のように図示すべきことを生徒は説明した。図 4.45 を確認するためにグラフィングソフトで表示した（図 4.46）[36]。図 4.46 によるこちらの解説に対する生徒の「すご～い」という声から、図 4.45、4.46 の内容を確認し共有したこ

---

36) ここでは Cabri II を利用した。90 年代に生まれた作図ツールにかような機能があること自体が、ソフトウエア開発者がそのような表現を数学教育の内容にすることを願ってのことである。

とが伺えた。

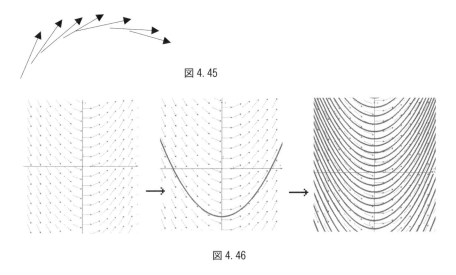

図 4.45

図 4.46

［原理による教材解説］

> 原理 1. 数学化を進める活動とは生存可能性を追求する活動である。

④次後半は、原始関数が一つに定まらないということで、「調節」を要する活動である。誤り修正を伴う活動を通して、第 4 水準の積分の意味をベクトル場において学んだことになる。

(3) 事前・事後比較による補充指導の効果

8 時間の補充指導が、困難校生徒の微分積分理解にどのような効果をもたらしたかを、補充指導を受けた 5 名の事前事後調査結果を比較して示す。

図 4.20 問①の設問では、事前調査では 0 名だったが、事後では 3 名が関数の変化を表したグラフを矢線で図示することができた。図 4.47 は、生徒による図示である。

次の図 4.48 問④は、事前では正答 0 名、事後では正答 4 名が関数を変化を表す矢線で捉え、変化を積み上げることで原始関数のグラフを作図することができた。図 4.48 では、原始関数が 2 本かかれており、一つの関数に対して原始関数が

問①
右の関数のグラフから導関数のグラフを同じ座標平面上にかきなさい（概形でよい）。また，どのようにかいたか説明しなさい。

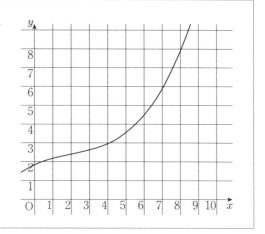

図 4.20（再掲）

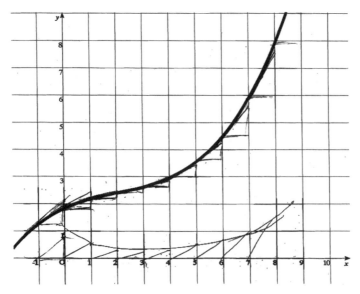

図 4.47

複数あることを生徒は主張している。④次の傾き場表現の指導効果と言える。

問④　次のグラフ（注：図の直線部）から原始関数のグラフを同じ座標平面上にかきなさい（概形でよい）。また、どのようにかいたか説明しなさい。

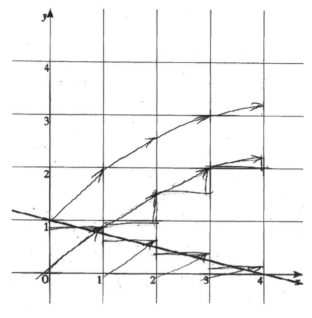

図 4.48

図 4.49 問⑤ (1) で、事前調査では $f'(x)$ を導くことができても、誰も微分係数 $f'(3)$ を求められなかった。(2) は誤答、無答だった。事後調査では、5 人全員が $f'(3)$ を求め、(2) は代入、傾き、極限、瞬間の速さをキーワードに説明した（図 4.50）。微分係数を「瞬間の速さ」として説明できたことはこの指導の成果である。例えば実践③次で、傾きを測定しグラフをかき、グラフの極限が、式で計算した導関数と一致することを扱っている（図 4.32 参照）。

問⑤関数 $f(x) = x^2 + x$ について答えよ。
(1) $f'(3)$ を求めよ。
(2) $f'(3)$ は何を表しているかを説明せよ。（知っていることをすべて書きなさい）

図 4.49

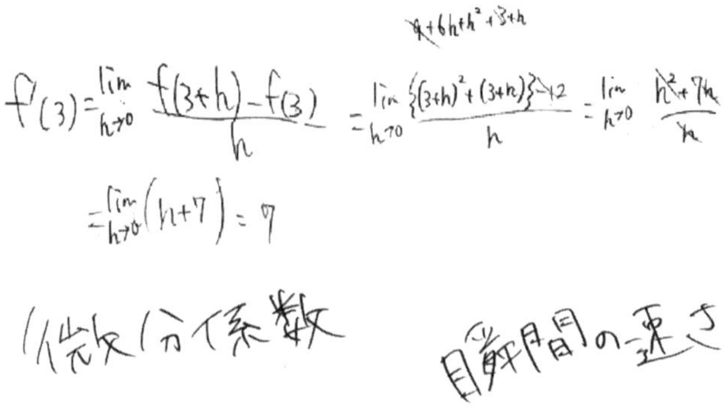

$$f'(3) = \lim_{h \to 0} \frac{f(3+h) - f(3)}{h} = \lim_{h \to 0} \frac{\{(3+h)^2 + (3+h)\} - 12}{h} = \lim_{h \to 0} \frac{h^2 + 7h}{h}$$

$$\text{（上部に }9 + 6h + h^2 + 3 + h\text{ のメモ）}$$

$$= \lim_{h \to 0} (h + 7) = 7$$

微分係数　　　　瞬間の速さ

図 4.50

 次の図 4.51 問⑥は、事前調査では無答・誤答。事後調査では 5 人全員に微分と積分は逆操作であり一体のものであると読み取れる記述があった。

問⑥　導関数について知っていることをすべてかきなさい。原始関数について知っていることをすべてかきなさい。

図 4.51

 図 4.52 は、矢線群で表された関数の傾きを導関数が表すと解説している。
 図 4.53 は、導関数・原始関数の関係が「逆」の関係であり、かつ「同じこと」、すなわち一つのことを表していると解説している。この一つのこととは、微分積分の本質としての微分積分学の定理である。

(4) 基本定理の考えの指導と水準間の数学化

 以上、原理による解説で述べたように、「基本定理の考え」を水準に応じた表現によって再帰的に指導することで、第 4 水準の意味での基本定理の考えを獲得することが、困難校の生徒においても実現した。
 図 4.53 にみるように、微分と積分が逆操作、同じことを表していると考える生徒が現れたことで、図 4.13 への学習が限定的に実現できたと言える。これは、生徒が数学化によって全く異なる生きる世界に到達したこと、異なる直観を得たことを物語っている。そこでは、異なる計算操作と考えられた微分と積分を同じも

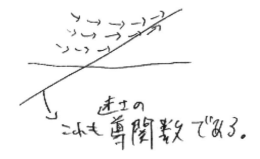

図 4.52

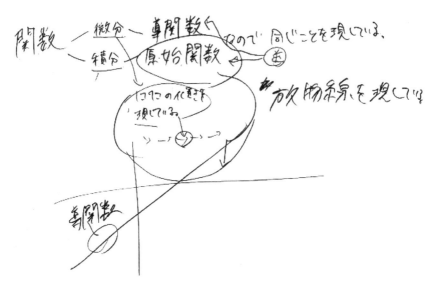

図 4.53

の、逆操作とみなせるようになったことを示している。[原理による教材解説]で個別に確認したように、本事例は、関数の水準をもとに設計されており、構成原理、特に、原理1、原理2、原理4に基づき数学化の過程が構成できていることが確認された。関数の水準は、言語水準であり、言語水準としての水準移行を実現するには、基本定理の考えに限らず、微分積分の計算ができるようになる必要がある。第2節で述べたようにそこでの数学化で取り上げたい内容は、様々であ

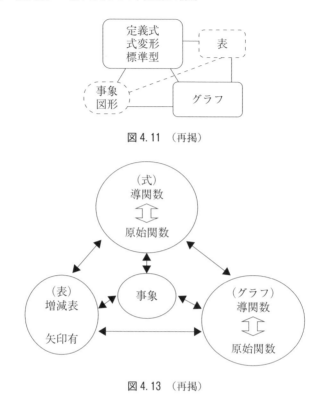

図 4.11 (再掲)

図 4.13 (再掲)

る。本事例では、第3水準から第4水準への数学化の指導の中でも、特に基本定理の考えの指導のみを話題にしたものである。

第4節　表現世界の再構成過程からみた基本定理への数学化

　第3節の事例では、第1節で述べた原理1、2、4が、微分積分学の基本定理への指導で実現できたこと確認した。

〈数学化過程の構成原理〉
原理1．数学化を進める活動とは、生存可能性を追求する活動である。
原理2．数学化とは、数学的方法による再組織化を進めることである。
原理3．数学化の過程では、表現世界の再構成が進められる。

原理4. 再組織化としての数学化の系統は、水準設定によって再帰的に系統付けられる。
原理5. 数学化における学習課題は、表現世界の再構成の様相に見い出せる。

この教材開発事例が、数学化と言えることを示すには、前節に続き原理3、5に沿って確認する必要がある。まず、表現世界の再構成過程を確認する必要がある。

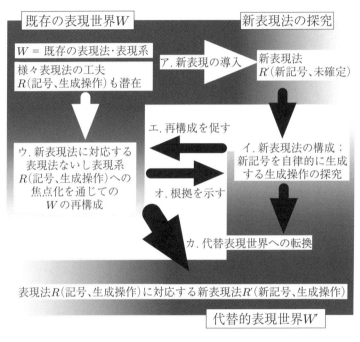

図4.2（再掲）

次に、表現世界の再構成過程において、原理5で話題になる学習課題を確認する必要がある。

〈表現世界の再構成過程における学習課題〉
a）既存の表現世界に基づく新表現導入に際しての学習課題：
［様相1. 新表現導入］
b）既存の表現世界の再構成にかかる学習課題：含むウ. 既存の表現世界か

ら新表現法に対応する特定表現法の対象化、エ．既存の表現世界の再構成を促す

　　　　　　　　　　　　　　　　　　［様相2．旧表現世界の再構成］
c）新表現世界の生成規則の構成にかかる学習課題：含むイ．新表現法の生成操作の探究、オ新表現法の生成操作の根拠を示す

　　　　　　　　　　　　　　　　　　［様相3．新表現世界の生成規則構成］
d）新表現に基づく代替表現世界による推論を採用するに際しての学習課題：含むカ．代替表現世界への転換及び［再帰］代替表現世界の深化と再構成

　　　　　　　　　　　　　　　　　　［様相4．新表現世界の生成言語の確立］

　第3節の事例の場合で、この二つの原理を確認できれば、原理すべてが確認できたことになり、第3節の基本定理への指導は、第3水準から第4水準への数学化の事例として認めることができる。

註）本第4節及び前節は同じ事例を解説するため、図を繰り返し掲載する。そのため、図は番号順に並ばない。再掲の場合も、（再掲）とは記さない。

(1)　前提としての既存の表現世界の深化

　第2節で述べたように、現行指導では、関数の第3水準への移行指導で、図4.10のように式とグラフを中心に関数の表現世界が構成される。そこでは、1次関数、2次関数などの既知関数のグラフの特徴は把握され、判別式、解1個を重解と呼ぶように、固有のグラフの解釈方法が実現している。特に、2次関数については、様々な生成操作が設題に応じて確立しており、グラフを式で随意に操れる。同じ要領で、3次関数、分数関数などを学ぶことはできるが、現行指導では扱われていない。現行指導の枠を超え、表現世界の再構成につながるように、既存の表現世界を深化させる必要がある。それは具体的にはどのような指導内容であるのかを検討する。

　まず、現行指導では、微分積分への移行指導としての数学化を進めるのは、図4.11のような表現世界からである。そして現行のままでは、第1節で指摘した意味での表現の再構成は行われず、直接、表現の仕方を教える形で導入される。微分係数を式で与えられた既知事象の処理から導入し、それを一般化する形で微分法の定義を導入する。定義の後は、整関数の微分が扱われ、計算を中心に指導が

第4節　表現世界の再構成過程からみた基本定理への数学化　375

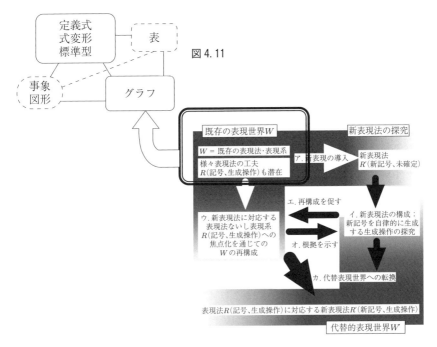

図 4.54

進む（図 4.12）。そこでは、式中心の指導が行われ、「変化の変化」を表す関数や「変化の累積」を表す関数を探究する微分積分学の基本定理は、代数計算として形式的にしか指導されない。エやオのプロセスを経ることなく技能修得として学ぶことになる。エやオは、異表現法間の翻訳による式表現の意味の読み取りの基盤となる。読みとれる生徒でなくとも、計算の仕方は教えられる。結果として計算できても微分積分とは何かわからない状況が発生する。図 4.13 が図 4.11 の再構成として成立していなくとも、代数的な計算を基盤に与えられた問題に対し解答の仕方を学ぶことができ、学んだ範囲の問題であれば、解答できる。そのような意味で、わからなくとも履修し、単位取得できる[37]。教科書を開けば明瞭なことは、数学Ⅱではその程度の学習でよいとして扱われていることである。

---

[37] 小林徹也, 礒田正美（2006）. 高等学校数学における「解析的思考」の指導に関する調査研究. 『数学教育学会誌』49 (3・4). 27-37。では、意味を説明するとかえって混乱する生徒の場合に、高校教師は技能を中心に指導する実態が指摘されており、この状況は多くの高等学校で認められるものと言える。

376　第4章　微分積分への数学化としての学習過程の構成

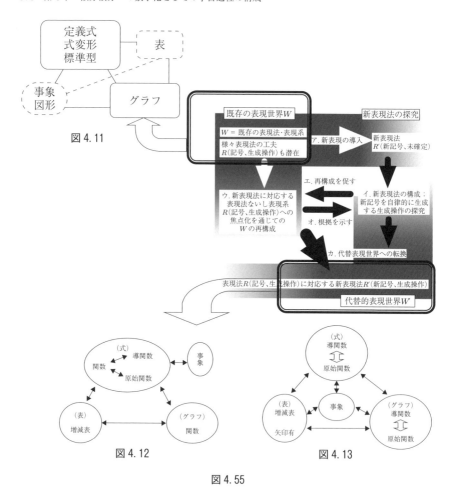

図 4.55

　図 4.13 へ表現世界を再構成するには、第2節で述べたように、再構成すべき対象が何かを特定する必要がある。そのためには、現行の指導内容を補完し、図 4.11 の表現世界を予め深化させる必要がある。図 4.11 で話題にしえるのは、現行の指導内容では第2節で話題にした、判別式による整関数の接線法である。その接線法は、微分積分による接線法の妥当性を、判別式による接線法によって確かめるという形で、表現の再構成過程におけるエやオを話題にすることを可能にする。このような扱いは代数的な表現処理に長けた生徒に有効であるとしても、第

3節で述べたように学んでも全くその意味を解していない生徒が多数存在する。図4.11のままでは扱えない式操作が不得手な生徒を視野に、失われた事象の変化に注目し、補充的な指導内容を構成する必要がある。

補充指導を受けた生徒は前提として、新表現法として図4.12の微分や積分を表す記号とその計算法を学んでいる。その生徒が、微分積分学の本体を位置付ける図4.13への指導をめざす。そのためには、不得手な式表現を強調することなく、「変化の変化」を表す（導）関数、変化の累積を表す（原始）関数を学ぶ必要がある。その前提で、図4.13へ表現世界の再構成を促したのが第2節の指導であった。そこで導入された表現が図4.5の矢線である。図4.13グラフ表現部分を、この矢線が象徴する。矢線を導入するのに、矢線が表す現象がどのようなものであるのかを知る必要がある。

このような判断から、図4.5で表せる活動を図4.11の表現世界で経験する必要がある。そこで実践①次では「変化を日常語で表現する」ところからはじめた。

与えられた図4.23のグラフのように歩くことを求められる。グラフを読みとり、歩き方を言葉で予想する。その上で歩いてみる。そして、グラフに対する歩き方を「同じ速さで歩く」、「徐々に速く歩く」、「徐々にスピードを下げる」など「速さ」や「加速度を」意識して説明できるようにする。そこでは、「変化の変化」の様子を表していることになる。

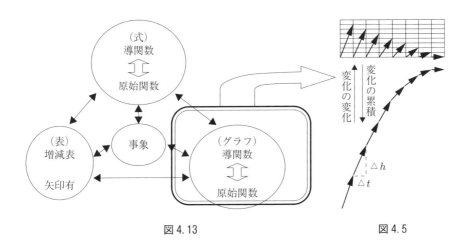

図4.13　　　　　　　　　　　図4.5

378 第4章 微分積分への数学化としての学習過程の構成

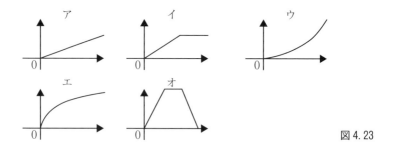

図 4.23

　図4.25のように速さに合わせて歩くことはできても、速さのグラフから距離のグラフを予想することは容易ではない。当初は速さのグラフから距離のグラフをかくということの設置の意味もわからない。「だんだん速くなる」と距離のグラフはどうなるかというように言葉で考えることがそこでは要請され、距離のグラフと速さのグラフの関係が、「同じ速さで歩いて、その速さでもどってくる」と距離のグラフは……というように歩く体感と距離が結びつく。そこでは、体感する速さの変化が、距離にどう反映するか、一定の速さで歩くと距離はどうなるか、など「変化の累積」が距離になることを経験する。

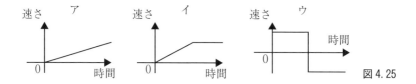

図 4.25

　以上の活動は、事象における「変化の変化」、「変化の累積」を表す言葉と、グラフとを結びつける。図4.11の事象とグラフの関係部分が、図4.56のように強化された。
　図4.57は、図4.11と図4.56を合わせて示したものである。
[a]　既存の表現世界に基づく新表現導入に際しての学習課題の解説]
　基本定理の考えを導入する上で、新表現として平均変化率の表象として矢線を導入する。平均変化率としての矢線を有意味に導入するには、変化と、変化の総和で、現象をとらえる必要がある。そこで、日常語でそれを表象できるようにした。
　図4.56の活動は、図4.13の表現世界を教えるという意味では、二重線枠囲い部分を取り上げていることに該当する。

図 4.56

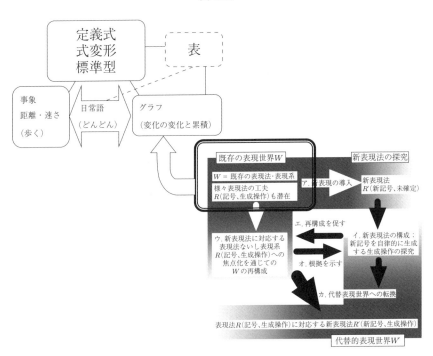

図 4.57

　このような表現は、一次的には深まるが、使わなければ失われる。実際、小学校でグラフを学ぶ際には、グラフの変化の局所的な読み方を子どもは学んでおり、折れ線グラフの読みの正答率は低くない。第3水準に達した高校生の多くは、グラフの概形をとらえ、変化に注目した局所的な見方はしなくなっている。新表現の導入が必要な所以でもある。

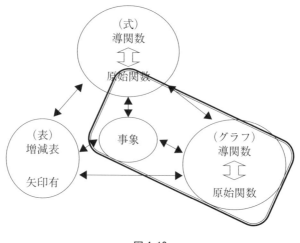

図 4.13

(2) 表現世界の再構成過程：構成原理による確認（その2）

表現世界の再構成過程ア～カに準じて先の補充指導を説明する。

ア）新表現の導入

ここでは既存の表現に対して、次の表現世界の基盤となる表現が新表現として導入される。既存の表現から新表現への翻訳規則はここで定まる。形式的な微分積分指導では、導関数や原始関数の式表現が新表現であるが、(1)で述べたように形式的な指導に留まり、第2節で述べたように多くの生徒が微分積分をその意味を理解して活用できる状況にない。そこで本研究では矢線表現を導入する（図4.58）。矢線表現は、図2.28と同じではないが、後にベクトル場による表現として、数値解析等でも活用される視覚表現の一つである。

新表現「矢線」は、実践②次「変化と累積を平均変化率で考える」で導入された。

記録タイマーと記録リボンを使い、打点された記録リボンのデータをみて日常語で運動の様子を表し、距離データを読みとり、時間と距離のグラフを生成する。生徒は、前時を生かし単位時間あたりの距離の変化である点の間隔に着目し、「だんだんスピードが速くなっている」、「速度がどんどん上がっている」など、速さや加速感を表現した。打点から時間と距離のグラフを作成し、グラフ用紙上に、平均変化率を図示し、傾きの大きさを矢線（授業では矢印と表現）で記入した。

第4節 表現世界の再構成過程からみた基本定理への数学化 *381*

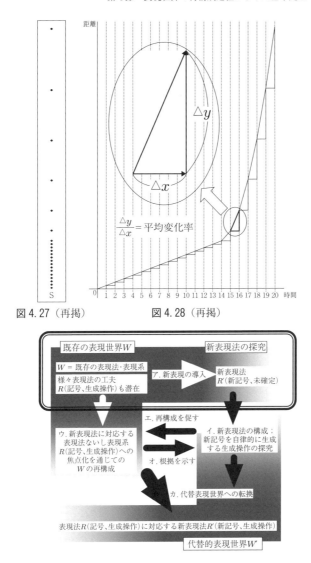

図 4.27（再掲）　　　図 4.28（再掲）

図 4.58

微分係数については既習であるので、生徒は、このグラフをみて、次の図 4.29 のように表現することができた。微積分未習の生徒の場合であれば、この場面は、微分係数を導入する機会となる。

> $\frac{\triangle y}{\triangle x}$と時間のグラフは、速さと時間を表すグラフ。

図 4.29 上

　次のことは、本来、微分積分の意味がわかっている生徒であれば、図 4.12 の式表現中心の現行指導でも達し得る理解である。それに対して、対象生徒は、式表現による指導では理解できず、このような活動時において、矢線を書くことで理解できた。

> 距離のグラフが分かれば、
>
> 速さのグラフがかけることが分かった。

図 4.29 下

　生徒は、平均変化率を積み上げたグラフが時間と距離のグラフであること、平均変化率のみのグラフ（図 4.5 で↑方向の作業「変化の変化」の表現）が時間と速さのグラフであることに気付いた。

[a） 既存の表現世界に基づく新表現導入に際しての学習課題の解説］

　基本定理の考えを変化と変化の累積に係る現象を日常語で表現できるようにした上で、それに対応する表象を平均変化率を象徴する矢線群で、矢線付増減表、矢線累積グラフとして導入した（図 4.59）。

イ）　新表現法の生成操作の探究

　新表現としての矢線表現は、現実事象において導入された。その矢線の生成操作それ自身の探究が、現実事象抜きで始められる。それが図 4.30 である。表で与えた時間毎の速さデータを矢線表現した図表（図 4.30 のワークシート左上、図 4.5 では上側の矢線付増減表）

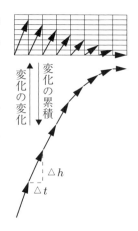

図 4.5

第4節 表現世界の再構成過程からみた基本定理への数学化　383

図 4.30　矢線付増減表（左上端）とその累積グラフ

に整理し、矢線を連結し（図 4.30 右側で図示中、図 4.5 では下側の変化の累積）、時間と距離のグラフを図示した。これは図 4.5 の↓方向の作業「変化の累積」の表現に相当する。

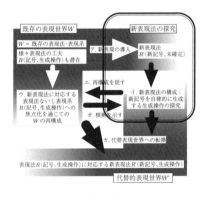

図 4.59

ウ）既存の表現世界から、新表現法に対応する特定表現法の対象化、及び、エ）既存の表現世界の再構成を促す

　さらに事象に立ち返って、図 4.31 では、図 4.26 を拡大した帯を 1 秒毎の平均の速さと認め、横に並べて矢線付増減表と見立て、その区間毎に矢線を記入し、図 4.5 同様に矢線をつなぎ合わせることで、距離のグラフを再現した。そして区

間毎の速さと距離の関係が、変化の変化、変化の累積の関係とみなせることを、生徒どうしで説明しあった。これは新しい表現である矢線の操作に準じて、図4.31の打点記録テープで時間と距離のグラフ的表現が作れるということを意味する（エ）。この結果、図4.5の表現法は、既存の表現世界の変化の変化や変化の累積を表象する表現法であることがわかり（図4.60）、図4.5の作業が既存の表現世界と同化する（ウ）。

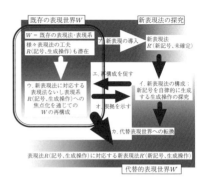

図4.60

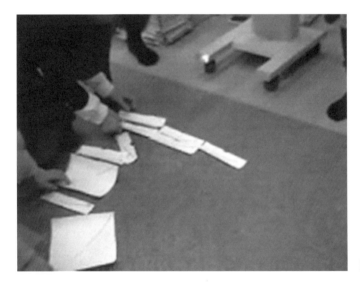

図4.31

[c) 既存の表現世界の再構成にかかる学習課題の解説]

上述のように図4.5の矢線表現法は、既存の表現世界を表象する。イ、ウ、エで話題にしたことは、次の図4.13で言えば、二重線枠囲い部分の翻訳関係を築いている。

オ）新表現法の生成操作の根拠を示す、及び、再イ）新表現法の生成操作の探究

実践③次では、平均変化率から微分法を導入するために、式を与えた関数の

第4節 表現世界の再構成過程からみた基本定理への数学化　385

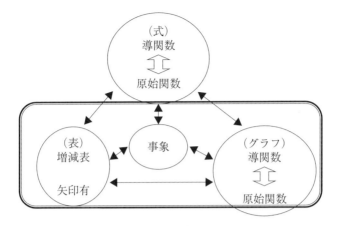

図 4.13

グラフを②次の方法で探究する。時間と距離の関数式 $y = -(1/2)x^2 + 3x$ とグラフを与える。生徒は、このグラフを「行って戻ってくる」運動とみなし、その変化の様子を想起する。図4.28、図4.5の矢線表現も想起する。これらは、導入する新表現の生成操作の根拠となる（オ）。

ここで新表現の生成操作としての矢線は接線の傾きになる。その際、図4.32の傾き測定器が主要な役割を担う。傾き測定器が傾きを表すのは、平均変化率の分母が1の場合という既存の表現世界における考え方である。

傾き測定器で、割線から接線へという扱いをし、生徒は「割線傾きグラフ」が「接線傾きグラフ」に近づくことを認めた。矢線は割線の傾きで表現しており、それを曲線の接線とみなすには、接線の傾きを表示できるようにする必要があり、傾き測定器は、そこで役に立っている。傾き測定器で得た結果が妥当であることは、図4.32と図4.33の対応からも根拠づけられる。

そして、関数 $y = x^2$ のグラフで x の範囲を負の数まで広げ、傾き測定器による傾きの図示と導関数のグラフを対比し一致することを確認する。これによって、各接点における傾きを測定し、その値をプロットする。傾きは微分係数であるから、その傾きをプロットして得たグラフは導関数のグラフということを学ぶ。矢線が導関数と結びつくのである（図4.61）。

386 第4章 微分積分への数学化としての学習過程の構成

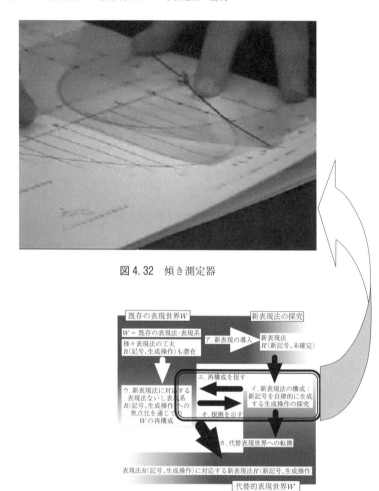

図 4.32 傾き測定器

図 4.61

[b) 新表現世界の生成規則の構成にかかる学習課題の解説]
　ここでは矢線群に対して、極限が接点であることを利用して、傾きグラフが記される。極限をとらないとグラフがずれることから極限をとる必要が明瞭になる。

カ) 代替表現世界への転換
　その上で、未習の超越関数（$y = \sin\theta + 3$）のグラフからの導関数の図示を求

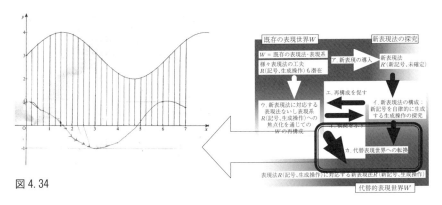

図 4.34

図 4.62

めた。

この生徒による図示で興味深いのは、最初は矢線で区間の割線の傾きを、途中から、細かい間隔で接線の傾きを傾き測定器で測定し、その点を結んだグラフを表すことにより、微分係数から導関数のグラフを得ている点にある。

導関数が 0 のときは、極大、極小になっている。　図 4.35

関数 $y = \sin x$ の導関数は $y = \cos x$　図 4.36

代数表現を介することなくグラフ上で表すことで未習の三角関数の導関数を予想した。この段階で、割線の意味で導入された矢線表現は、接線表現に代替され、導関数のグラフを得ることを実現した（図 4.62）。傾き測定器は、グラフの微分係数を測定し、導関数のグラフを得る方法となった。

再オ）　新表現法の生成操作の根拠を示す、及び、再再イ）　新表現法の生成操作の探究

微分で行われたことが積分でも行われる。それが実践④次の平均変化率の累積から積分へである。時間 x と速さ y の関数式 $y = -x + 3$ グラフを与え（図 4.37 左）、1 秒毎に進んだ距離（1 秒間の平均の速さ）をグラフ上に矢線で図示させ（図 4.37 右の短冊長方形対角線部）、進んだ距離をつなぎ合わせて時間と距離の

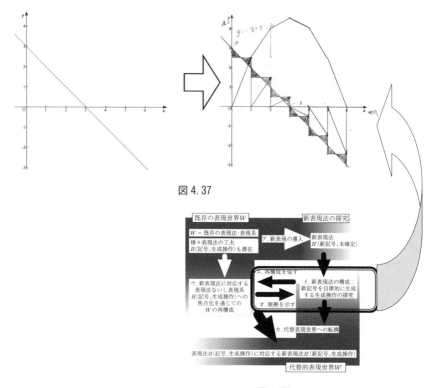

図 4.37

図 4.63

グラフをかいた（図 4.37 右の折線グラフ部分）。同様に 1/2 秒間隔で矢線を図示し、1/2 秒毎の矢線をつなぎ合わせて、時間と距離のグラフが曲線（$y = -(1/2)x^2 + 3x$）に近づくことに気づいた（図 4.63）。

再カ） 代替表現世界への転換

矢線の区間を小さくしていくと原始関数が得られることを扱った。ここでは、時間と速さの関数式 $y = -x + 3$ とそれをベクトル場（授業では「傾き場」）の形で表示したグラフ（図 4.39）から時間と距離の関数グラフを推測する。当初は、区間のある矢線と同様に解こうとするので、図 4.41 や図 4.42 のように解答する。

接線の方向ベクトルであることを、意識するために別の図 4.43 を、矢印だけでなく直線（導関数）のグラフ付きで与え、導関数の正負の値と矢線の向き（上下）

第4節　表現世界の再構成過程からみた基本定理への数学化　*389*

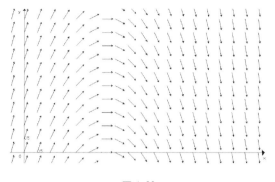

図 4. 39

図 4. 41　　　　　　　　　図 4. 42

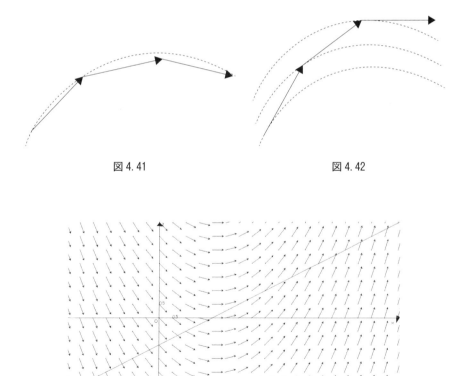

図 4. 43

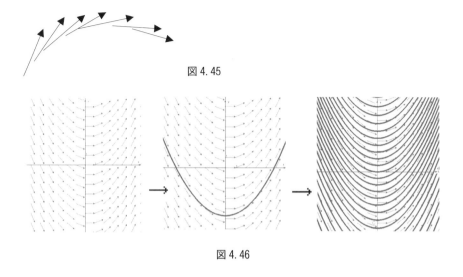

図 4.45

図 4.46

が対応させる。そして、図 4.45、4.46 を導いた。

　以上で、補充指導は終わり、代数計算処理とのつながりを意識できるまでに生徒は学んだが、生徒自身は計算処理自体を追究するまでの［再帰］代替表現世界の深化と再構成は、この補充指導では扱われていない。

[d)　新表現に基づく代替表現世界による推論を採用するに際しての学習課題の解説]

　矢線群は、当初平均変化率群であり、微分法ではその極限をとった。ベクトル場では、矢線群の出発点を接点と見る必要があり、その見方ができるようになることが学習課題である。調査結果に現れるように、生徒は微分と積分を異なるものではなく逆操作である同じ対象に対する別の見方であると認めることができるようになった。

　ただし、代替表現世界への転換には、代替表現世界の表現の確実な習得が求められる。現状では、補充指導を受けた生徒達は代数計算処理自体が充分に身についているとはいえない状況にあり、その意味では、数学化の結果得られた代替表現世界が定着したと言える段階にあるとは考えにくい。微分積分学の基本定理に基づく代替表現世界の意味理解の素地ができたので、改めて学習を深める機会が必要である。

　以上により、原理 3、原理 4 についても確認された。第 3 節とあわせて、次の原

理すべてが確認できた。すなわち、微分積分学の基本定理への数学化教材を開発できたと言えたのである。

〈数学化過程の構成原理〉
原理1. 数学化を進める活動とは生存可能性を追求する活動である。
原理2. 数学化とは数学的方法による再組織化を進めることである。
原理3. 数学化の過程では、表現世界の再構成が進められる。
原理4. 再組織化としての数学化の系統は、水準設定によって再帰的に系統付けられる。
原理5. 表現世界の再構成の様相は、水準移行における数学化としての学習課題を示す。

表現世界の再構成過程は、基本定理の考えを表すための表現がどのように構成

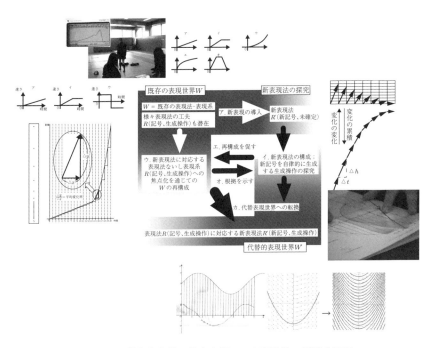

図4.64　微分積分学の基本定理への表現世界の再構成過程

され、どのようにその意味や役割を変えていったかを示している。事例における表現世界の再構成過程全体をまとめれば、図 4.64 のようになる。

以上において微分積分学の基本定理への数学化は、大局的な数学化の中で局所的な数学化が繰り返される数学化の入れ子構造のもとで、次のような異なる二つの意味で描かれている。

一つは、図 4.64 に示した表現世界の再構成過程としての数学化、関数の第 3 水準から第 4 水準への数学化である。

もう一つは、その表現世界の再構成過程で入れ子状に存在する活動に注目した場合の数学化である。特に本事例は、既習が充分ではない生徒への指導、主題とする二つの水準間の数学化の学習指導を成立させるために、それ以前の指導内容を改めて深める必要があった。そのため本事例では、教材としては、主題とする二つの水準間の数学化以前に、下位水準とも言える数学化活動が、既存の表現世界における活動の中に包摂されている。実際、代数的な表現での学習が困難な生徒に実施した本事例研究は、現実事象における扱いから取り上げる必要があった。結果として①〜④次の指導計画が設定された。具体的には①次（変化を日常語で表す）における実際の時間距離、時間速度のグラフ歩行は、関数の水準では第 1 水準から第 2 水準への活動に該当する。②次（変化と累積を平均変化率で表す）におけるドットグラフの処理は第 2 水準への活動に該当する。③次（平均変化率から微分へ）では、極限以前の傾き測定器は第 3 水準への活動に、極限を鑑みて以後は第 4 水準への活動に該当する。④次（平均変化率の累積から積分へ）は、微分・積分の逆関係に係る活動は第 4 水準に該当する。これらの活動は、組織化原理を「微分積分学の基本定理の考え」に限定した場合には、教材として議論する次元では、関数の第 1 水準から第 2 水準への数学化、第 2 水準から第 3 水準への数学化、第 3 水準から第 4 水準への数学化にかかる活動とみることもできる。それは教材を限定し、そこでなされる活動に注目して議論した場合に言えることである。本実践自体は、第 3 水準から第 4 水準への数学化を意図したものである。

確かなことは、本事例だけで第 4 水準である微分積分学への数学化は達しえないことである。上述の事例は、表現世界の再構成過程としては、第 3 水準から第 4 水準への数学化を主題にしている。他方で、本事例の生徒は、代数的処理にも大きくの課題を抱えている。微分積分学の代数処理体系の構築という議論は、本事例の射程外にある。

図 4.64 に示した表現世界の再構成過程としての数学化過程の記述は、微分積分学の基本定理の考えが、本事例においていかなる過程を経て構成しえたかを示している。それに対して図 4.13 は、表現体系を固定した場合に微分積分の表現法を記したものと言える。図 4.13 は、今なしている学習指導が、どの表現に該当するかまでは話題にできる。他方で、学習指導過程においてどのように表現が進化するかは、図 4.13 は全く表していない。表現世界の再構成過程では、最初に時間と距離のグラフに沿って歩いた後、時間と速さのグラフに対して混乱した生徒が、「変化の変化」の様子を表す関数を矢線表で示し、「変化の累積」の様子を表す関数を矢線をつなげて示すようになり、最終的にその矢線の極限において、「変化の変化」の様子を表す関数を求めることが導関数である、そこでの「変化の累積」を表す関数が原始関数であると考えるようになる。そして、算法としてしか認められなかった微分や積分という行為を、逆の操作とみなし、その操作の意味が、変化の変化と累積にという見方の相違にあるとみなせるようになる。表現世界の再構成過程に基づく、図 4.64 は、そのような表現内容の進化過程を表象しているのである。

第 4 章のまとめ

第 4 章の目標は、本研究の目的である数学化過程の構成を実現する際の必要条件としての基準を数学化過程の構成原理として定め、その原理を教材研究指針として活用し微分積分への指導の場合で例証することにあった。

第 3 章では、そのために関数の水準まで設定した。関数の水準設定により、関数に係る様々な内容に準じた再組織化過程を、水準に応じて、構想することができるようになった。中でも関数の水準の第 4 水準に該当する微分積分は、旧来、学校数学の到達点とみなされてきた教材でありながら、現状では、再組織化すること自体は教えない題材となっていた。微分積分への小学校から一貫した関数領域の指導を実現することは、数学教育改良運動以来の課題であり、特に微分積分への数学化を進めることは重要な教材研究主題である。

第 1 節では、数学化過程の構成原理を導くために、まず第 2 章までに設定した数学化の記述枠組みを総合し、教材研究を数学化の目的で方向づけ、数学化と言えるか否かを判断する数学化過程の構成原理を設定した。第 2 節では、得られた構成原理を指針とする教材研究の方法を考察した。必要条件は、必ずしも十分条

件とはなりえないことを認めた上で、既存の教材を参照しつつ教材研究を進める指針としてその原理を活用した。微分積分への数学化を進める多様な教材展開例として、20世紀前半の研究成果として戦中の教科書の微分積分への指導教材、20世紀末のコンピュータ利用による指導教材などに注目した。その中で90年代の動向をふまえて、微分積分への数学化指導の内容として基本定理の考えに光を当てた。第3節では、微分積分学の基本定理への数学化指導事例を、数学化過程の構成原理の例として提示した。この指導例は、既存の指導では微分積分学の基本定理を理解できなかった困難校生徒に対して、微分積分学の基本定理への数学化指導を実施しその改善効果を示すものである。困難校生徒に実現可能なことはそうでない学校にも適用可能であると言える。その意味で有意な数学化指導事例が設定できた。第3節、第4節を通して、数学化過程の構成原理を基準に、その指導過程が数学化の過程とみなせることを確認した。第2節で教材研究の指針として、第3節、第4節の事例が数学化と言えるかを判断する基準として、数学化過程の構成原理を利用したことで、本研究の目的を最終的に達することができた。

終章

終章では、目的、課題に対する成果を確認し、本研究を通して得られた結果のオリジナリティ、その結果の活用範囲の確認を行う。

本研究の結果

本研究の目的は「活動を通して数学を学べるようにする際に、そこで実現されるであろう学習過程が、真に数学を活動を通して学べる過程であると判断する際の基準を示すこと、そして、その基準を学習過程の構成原理として特定内容に係る教材研究を進め、その特定内容を活動を通して学べる学習過程が実際に構成できたかを確認できるようにすること」にあった。その目的は前半の条件検討、基準を導くまでの部分と、後半の学習過程を構成し得ることを示すことまでの二つの研究主題からなる。序章では、この二つの主題を四つの研究課題に切り分け、四つの章を構成した。前半の目的に対する集約である学習過程の構成原理として数学化過程の構成原理を示すことは、第4章第1節で行った。

第一の課題は、目的とする活動を通して数学を学ぶことの意味を、Freudenthalの「数学化」に準拠して、その考えを広く適用しえるように拡張的に定義することだった。第一の課題に対する第1章では、様々な意味で話題にされる活動論の中で、広く参照される構成主義に準じた活動観を生存可能性の追究に準拠して規定し、数学教育学においてその活動観に沿う活動論としてFreudenthalの数学化を研究基盤に据えた。彼の数学化は、New Mathに対する批判の文脈で、再組織化としての数学学習を実現することを目的とする用語として性格づけられた。特に、Freudenthal研究所の彼の後継者等との彼の見解の相違等を前提に、Freudenthalの数学化を性格づけるべく、彼が典型としたvan Hieleの幾何の水準を、数学化を規定する水準として拡張的に定式化した。

〈数学化を規定する水準〉
要件1. 水準に固有な方法がある。
要件2. 水準に固有な言語ないし表現と関係網がある。
要件3. 水準間には通訳困難な内容がある。
要件4. 水準間には方法の対象化の関係がある。

---

van Hieleは幾何を水準の前提としたが、この規定で、幾何以外でも水準が設定できる。特にFreudenthalは、繰り返し再構成される数学内容を組織化原理と呼

んだ。組織化原理に注目すれば数学化は簡潔に記述できる。具体的には、水準の相違に係る思考の相違の様相、学習の困難などを捨象したものとなっている。詳細な記述は、これら水準要件を示した記述になる。

この水準を前提に数学化の過程を定式化した。

〈数学化の過程〉
Ⅰ．数学化の対象：下位水準の数学的方法で組織する活動、下位水準の言語ないし表現、関係網としての経験の蓄積
Ⅱ．数学化：蓄積された経験は、新しい数学的方法によって再組織化される、下位水準の活動に潜む操作材ないし活動を組織した数学的方法を、教材ないし対象にして新しい数学的方法によって組織する活動
Ⅲ．数学化の結果（新たな数学化の対象）：高位水準の数学的方法で組織する活動、高位水準の言語ないし表現、関係網としての経験の蓄積

ここで数学化は再組織化を、水準は生きる世界を象徴し、数学化とは生きる世界を再組織化するものと性格づけられた。再組織化によって、世界は再構成され、直観、ものの見方までかわっていくのである。また、水準設定によって、数学化は再帰的に繰り返されるものとして性格づけられた。この見方で記述すれば、教育課程の系統は再組織化の過程とみなすことができるようになる。

以上の規定は、Freudenthal の考えに準じてなされたものである。それは、本研究における活動観において Freudenthal の数学化を記述したものである。

第1章の議論の中で、研究上興味深いことは、Piaget が Freudenthal を根拠に、彼と類似の考えを話題にしたことである。逆に Freudenthal の Piaget 批判は、数学内容とその意味理解に準拠しない発達段階に対する批判であり、学習による数学内容の再組織化を表象する水準が数学化の前提として求められることも確認された。Piaget の発達段階は、数学化の前提になりえないのである。

研究目的前半に係る、序章で述べた第2の課題は、条件づけられた数学化過程において、実際なすべきことは何かを明らかにすることである。例えば水準要件4に「方法の対象化の関係がある」という文言がある。その関係は、水準を階層化し、数学化を再帰的に実現する上で必要な要件である。では、方法の対象化とは何をすることなのか。van Hiele は幾何において言語水準に限定して水準を話題にした。Freudenthal の水準は、関係網など非常に広義な対象に当てられる。関

係網とは何を指すのか。反省する、振り返るとは何をどう振り返ることなのか。実際に数学化でなすべきことを明らかにするために、本研究の第2章では、表現の記述枠組みを導入し、分割数の数学化、Descartesの数学化、機構における数学化を例に、数学化においてなすべき行為群を表現世界の再構成過程において特定し、そこでの学習課題を示した。

〈表現世界の再構成過程〉

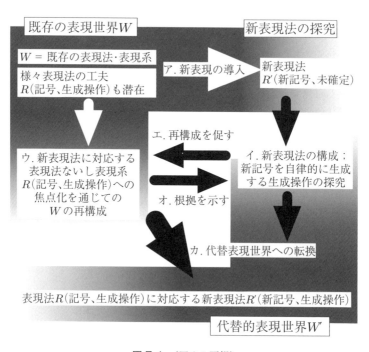

図E.1 （図2.5再掲）

〈表現世界の再構成過程における学習課題〉
a) 既存の表現世界に基づく新表現導入に際しての学習課題：
　　　　　　［様相1．新表現導入］
b) 既存の表現世界の再構成にかかる学習課題：含むウ．既存の表現世界から新表現法に対応する特定表現法の対象化、エ．既存の表現世界の再構成を促す

［様相2．旧表現世界の再構成］
c) 新表現世界の生成規則の構成にかかる学習課題：含むイ．新表現法の生成操作の探究、オ．新表現法の生成操作の根拠を示す
［様相3．新表現世界の生成規則構成］
d) 新表現に基づく代替表現世界による推論を採用するに際しての学習課題：含むカ．代替表現世界への転換及び［再帰］代替表現世界の深化と再構成
［様相4．新表現世界の生成言語の確立］

　表現世界の再構成過程は、書かれた表現の記述枠組みによる数学化事例を分析することで得られたものであった。その過程を、数学史に適用することで、表現の記述枠組み抜きでも数学化の過程として話題にしえることを指摘した。そこでは、心的（内的）な表象、外的な表象の区別をすることなく、表現の構成過程、再構成過程を話題にできることを確認した。

　以上が、研究目的前半「数学を活動を通して学べるようにする際に、そこで実現される学習過程が、真に数学を活動を通して学べると判断する際の条件を示すこと」に対して、本研究が得た結果である。

　この結果をふまえ、研究目的後半「その基準を学習過程の構成原理として特定内容に係る教材研究を進め、その特定内容を活動を通して学べる学習過程が実際に構成できたかを確認できるようにすること」について、第3章、第4章で、関数領域の場合で例証した。

　第1章で本研究における活動は数学化に焦点化された。活動を通して数学を学ぶ学習過程を構成するとは、本研究では数学化の過程を構成することである。数学化は水準を前提に記述しえるので、水準がどのようにすれば設定しえるのか、具体例で示す必要がある。この課題に対して本研究では、研究の後半を関数領域における数学化の学習過程の構成に当てた。特に関数領域は、幾何同様に小学校から高等学校まで取り上げられる内容領域であり、幾何同様に系統性が、時代に応じて変遷してきた内容領域である。特に関数領域において微分積分学は、学校数学の到達点として、数学教育改良運動の影響をふまえた日本の教育課程史上、目標視されてきた教育内容である。van Hieleが幾何において示した水準を、拡張する範例として最適であると考えた。

　第3章では、水準設定の一般論を示し、その一般論に準じて関数の水準を設定した。そして、その水準の妥当性を、水準要件に照らして検証した。

〈関数の水準〉
第1水準．日常語で関係表現する水準：事象（対象）を数量パターン（方法）で考察できる。
第2水準．算術で関係表現する水準：数量パターン（対象）を関係（方法）で考察できる。
第3水準．代数・幾何で関係表現する水準：関係（対象）を関数（方法）で考察できる。
第4水準．微積分で関係表現する水準：関数（対象）を導関数・原始関数（方法）で考察できる。
第5水準．関数解析で関係表現する水準：微分や積分を関数空間で考察できる。

　幾何や関数などの大域的な領域を話題にした場合、水準移行は長期的な指導によって進む。水準設定によって繰り返し再帰的に再組織化を行うことが、数学化の学習指導として性格づけられた。
　さらに第3章では、その長期的に進む再構成過程は、「表現世界の再構成過程における学習課題」を参照して調査結果を表現することで、「旧表現世界の再構成」と「新表現世界の生成規則構成」という様相によってより精緻化して記述しえること、関数の水準における指導による発達の様相をより詳細に記述しえることを示した。
　水準の設定意義は、その領域の様々な内容に対する水準に準じた再組織化の系統を生みだせる点にある。特に、第3章第4節では、水準を設定することの意義を認めた。特に関数の水準の意義は次の点にあった。
　　a. 関数領域の内容の大局的順序性を議論する際の基準を提供する意義
　　b. 関数領域の指導における指導課題を提供する意義
　　c. 関数領域の指導における達成状況から指導を再考する意義
　関数の水準は、研究目的後半に対して、関数領域における数学化過程の再帰的指導系統の構成を示す成果と言える。
　研究目的後半に対して、具体的に数学化としての学習過程を構成するのが第4章である。第1章で得た活動、数学化、水準要件、第2章で得た表現の再構成過程と学習課題は、数学化としての学習過程の構成を進める際の教材研究の必要条件である。もとより教材研究は最終的に教師が生徒に対して目標を定めて行うの

ものであり、学習過程を構成するための教材研究に終わりはない。教材として検討する内容も、教科書教材に限らず、数学教育史上の歴史的教材、数学史上の題材まで、尽きることがない。第1節では、そのような対象から数学化の学習過程を構成する教材研究を進める際の教材開発の原理を、第1章、第2章の結果をふまえて数学化過程の構成原理として定式化した。

〈数学化過程の構成原理〉
原理1. 数学化を進める活動とは生存可能性を追求する活動である。
原理2. 数学化とは数学的方法による再組織化を進めることである。
原理3. 数学化の過程では、表現世界の再構成が進められる。
原理4. 再組織化としての数学化の系統は、水準設定によって再帰的に系統付けられる。
原理5. 表現世界の再構成の様相は、水準移行における数学化としての学習課題を示す。

この原理を指針に、関数の第3水準から、第4水準へ向けての数学化の意味での微分積分への指導教材の様々な可能性を示し、その中で、微分積分学の基本定理の考えの指導に注目する研究動向を指摘した。事例として示した微分積分学の基本定理への数学化は、第3水準から第4水準への水準移行の意味でなしえる数学化すべてではなく、基本定理の考えに限定した数学化であった。第4章では、この原理を指針に、困難校生徒への補充指導の場合で基本定理の考えに焦点化した数学化としての学習指導を計画し、実施した。その指導過程が、実際に、これら原理をすべて満たすことを確認した。すなわち、この原理をもとに、与えられた教材に対して数学化過程が構成しえたことを例証した。

本研究では、数学化過程の構成原理を導き、その構成原理を指針に教材研究がなしえること、結果として得られた数学化の過程が、数学化の過程とみなせることを原理に基づき確認した。それにより、本研究の目的に対する研究成果を得たと言える。

本研究のオリジナリティ

上記のような数学化を拡張的に定式化し数学化過程の構成原理を得て、その原理を指針に与えられた教材に対する数学化過程を構成し、その過程を数学化と言

えるかを判断する、そのような本研究の結果、及びその結果の導出方法について、次の五つのオリジナリティを主張できる。

　本研究の第一のオリジナリティは、Freudenthalの数学化を前提にしつつ、その概念を拡張し、数学化を再帰的に実現するための水準設定の方法を第3章で示したことである。van Hieleの議論は幾何に限定されていた。本研究において、与えられた内容領域において水準を設定しえることが示された。ある対象についての数学化とは、その対象内容についてA水準から$A+1$水準へ数学化することを指す。「下位水準に対する高位水準の多様性」があるように、ある水準からは、様々な数学化の展開が可能であり、水準は一律に定まらない。論証幾何や微分積分などの目標内容を明瞭にして、幾何や関数などの内容領域を定めて水準を設定することで、全体としての数学化の基盤としての組織化を再帰的に進める系統性が、水準によって示される。

　水準を設定すればこそ、数学化のための指導系統が設定され、それ以外の指導系統との対比も可能になる。例えば「関数の水準」を設定することで、水準に応じて変わっていく内容「基本定理の考え」があり、それを組織化原理とみなすことができる。「基本定理の考え」をその水準の言語に応じて繰り返し再構成する教育課程を日本が採用していないことも指摘できる。

　実際、第4章では、微分積分学の基本定理の考えに対応する内容として、各水準毎に次のような内容があることを示した。

関数の水準	基本定理の考えに対応する内容（例）
第1水準	日常語：事象を数量で考察できる水準 ジェットコースターで、だんだん速くなると、背中が座席に押し付けられる。
第2水準	算数：数量を関係で考察できる。 折れ線グラフで傾きがどんどん激しくなる。速さ一定で時間を経ると距離が得られることは、グラフ上では面積になる。
第3水準	代数及び幾何：関係を関数で考察できる。 反比例のグラフや2次関数のグラフは、変化の割合がどんどん変わっていく。
第4水準	微分積分：関数を導関数・原始関数で考察できる。 与えられたグラフから、接線のグラフ、面積のグラフが作図できる。

　この系統性を論拠にすればこそ、日本の教育課程の場合、第2水準から第3水

準への数学化において、代数式表現に拘ることで、基本定理の考えを指導する機会が損なわれているという問題を指摘できた。そのような議論ができるようになるのは、水準を様々な内容・領域において設定でき、数学化過程としての水準移行が、再組織化であると定義されているからである。

　第二のオリジナリティは、数学化の過程を表現世界の再構成過程により詳細に記述しえることを示したことである。それにより、従来からある「方法の対象化」が表現世界の再構成過程として具体的に何をすることなのかを記述することができた。そして、Freudenthal の願う「生きる世界の再構成」の意味を表すこともできた。「方法の対象化」は結果論であり、その過程でなすべきことは、表現世界の再構成過程によって示すことができた。さらに、表現世界の再構成過程として数学化過程をとらえることで、数学化の学習課題として、表現世界の再構成過程における学習課題を示すことができた。その学習課題は、数学化においてどのような困難を乗り越える必要があるかを、表現の立場から示したものである。

　第三のオリジナリティは、表現世界の再構成過程における学習課題を、言語水準の移行の場合に適用することで、言語学習という長期スパンで進む（思考）水準移行における発達の様相の大要を示すことができたことである。そこでは、次の二つの様相を、水準移行過程で認めることができた。

◆ 「旧表現世界の再構成期」を根拠に、「移行すべき水準の言語表現に準じて、それまでの水準の言語が再構造化される層」を認めた。そこでの特徴は、「それまでの水準ではできたことができなくなったり、説明の仕方や解答の仕方が変わったりする」点にあった。

◆ 「新表現世界の生成規則構成期」を根拠に、「移行すべき水準の言語表現が、できるようになっていく層」を認めた。そこでの特徴は、「それまでには認められなかった表現や、適切に使えなかった表現が使えるようになる」点にあった。

　この水準移行の様相は、9年以上に及ぶ関数の水準において移行の様相を示すことで話題にできた。水準移行では、基本定理の考えのように繰り返し再構成されるべき考えが幾多もある。特定内容に注目した数学化過程と各水準の言語を獲得する過程は次元の異なる議論である。後者は時間をかけて様々な内容を繰り返し数学化し、漸次言語獲得する過程を含むものである。そのスケールの相違を認めればこそ、このような大局的な水準移行の様相が記述できるのである。この大要としての学習による発達の層は、個別指導内容のでき、ふできなどの学習状況

を越えた水準の移行状況の大要を示すものである。

　第四のオリジナリティは、数学化の過程を構成する際の指針、そして、数学化の過程と言えるかを判断する基準として数学化過程の構成原理を提出したことである。数学化過程の構成原理は、Freudenthal の数学化を拡張したものであり、それを教材研究で使えるようにした点でオリジナルである。この原理が、与えられた教材に対する数学化の過程を構成する教材研究指針となること、その過程が数学化と言えるかの判断基準となることを本研究では具体的に示した。

　第五のオリジナリティは、微分積分を目標として、関数領域において設定された関数の水準において、繰り返し再構成される基本定理の考えを組織化原理とした場合の数学化過程を、数学化過程の構成原理の範例として提出したことである。基本定理の考えの指導自体は、歴史上は存在したが、一度は失われた指導内容である。その指導を改めてテクノロジー利用を前提に、今日的な意味で示し、その過程が数学化の過程と言えることを数学化の過程の構成原理によって確認したこと、すなわちその指導過程が数学化過程として特別な意味をもつことを指摘したことは、本研究のオリジナリティである。本研究では、基本定理の考えの指導で、その事例を提供した。その事例は、時間や指導効率ではなく、数学化の構成原理を基準に特設し、底辺校でも数学化の指導が実現しえることを示した意味で、過去にない結果である。基本定理の考えの再構成そのものは、数学化と呼べるものである。それは関数の水準における言語水準の移行という大局的な数学化からみれば、基本定理の考えにのみ焦点を当てた局所的、限定的な話題である。

　以上は、本研究が提出した研究課題に係るオリジナリティである。その成果を導く議論において示した顕著な発見を個別に記せば次の点を指摘できる。第一に、今日、日本で関数の考えを解説する際に参照される Humley の議論が、Klein とは異なり、幾何を外した関数指導を構想したものであることを指摘した。Klein の延長で展開した思潮は、幾何学や機構学を含むものである[1]。日本の戦中教科書（第一類、第二類）もその影響が及んだものであり、今日と戦中教科書の隔たりもその扱いの相違に求められる[2]。第二に、数学教育において話題にされる数学史が数学的認識論を説明する文脈や教材研究文脈で通常参照されるもの

---

1) Bartolini Bussi, M. G., Taimina, D., Isoda, M. (2010). Concrete Models and Dynamic Instruments as Early Technology Tools in Classrooms at the Dawn of ICMI: From Felix Klein to present applications in mathematics classrooms in different parts of the world. *ZDM The International Journal of Mathematics Education*. 42 (1). 19-31.
2) 礒田正美，Bartolini Bussi, M. G. 編 (2009). 『曲線の事典：性質・歴史・作図法』共立出版.

であり、それが数学史家による数学史ではないことを言明した点である。筆者自身は原典解釈による数学史利用を提案し、教材研究の視野を数学史に常々求めている[3]が、それは解釈学的営みを通して教材に対する教育的価値を認める教材研究の一貫である。第三に、第1章第5節で述べたPiagetの議論にFreudenthalの数学史研究に基づく数学における数学化論の影響を認めた点である。第四に、表現を類型する研究とは一線を隔てる表現の記述枠組み（第2章第1節、第2節）を提出した点である。その枠組みによって、表現内容が進化していく様相が表現世界の再構成過程として記述された。第五は、数学化が再組織化を伴うという考えから、水準間に不整合な内容、矛盾する内容が存在することを指摘し、Freudenthalの数学化の備える弁証法的性格を明確にしたことである。第六に倍、伴って変わる、比例、表式グラフなどにかかる学習による生徒の発達の様相を、関数の水準によって示したことである。第七に、この40年間に翻訳され定着した感のある数学化や具象化、基本定理への注目が、それ以前に日本の数学教育研究に存在したことを指摘し、内外の研究と整合する形で理論を構成した点である。務台（1944）があればこそ、鍋島・時田等（1967）が数学において具象を話題にした。筆者の表現世界の再構成過程は1990年に提出した。それはSfard（1991）以前に、Gravemeijer（1994）以前に存在した。微分積分学の基本定理の教育上の起源を、Sanden（1914）による図解に認め、その影響下で第一類（1994）を認めた。90年代のテクノロジーによってそれは再発見された。筆者が、関数の水準を提出した1984年には、テクノロジーも存在しなかった。関数解析に至る以前に、関数間の関係を考える必要があり、それがまさに基本定理であった。

　以上が、数学教育学上、これまで話題にされた内容でありながらも、筆者の研究で明確にされ査読付論文として学術誌等にその当時掲載されたという意味で、本研究においてオリジナルな結果である。

本研究の成果の射程

　本研究内に記された個別の議論は、個別に参照可能である。その際に、本研究が何を目指したものであるか、その射程を示すことは、上述の研究成果を限定する方途となる。ここでは、本研究で直接先行研究とはしなかった類似文脈での研究、異なるキーワードによる類似な研究成果に対するオリジナリティ、異動を改

---

[3] Arcavi, A. Isoda, M.（2007）. Learning to Listen: From historical sources to classroom practice, *Educational Studies in Mathematics*, 66（2）. 111-129.

めて言明し、上述の成果の射程を示す。

　本研究は、第1章第1節で「主体が自らの生存のために自らを更新していく上で進める対象（含む客体）との相互作用」を活動と定義し、原理1では、数学化を進める活動を生存可能性を追求する活動として性格づけた。本研究は、数学的活動をそのような意味で認めた研究に整合する。例えば、米国の教育課程 Common Core State Standards（2010）では「生存可能な論証（アーギュメント）を展開し、多者の推論を批判する」という目標がある[4]。米国の教育課程は、本研究の活動観と整合するものであり、その目的の共有性、整合性に基づき、本研究で提出した数学化の視野から検討対象となりえる。

　序章では「中学校学習指導要領（平成10年12月）解説　数学編」（1998）で記された「数学の学習」が次の3点あることを指摘した。

A）　振り返ることによる絶え間ない知識の再構成
B）　数学の価値の追求
C）　数学の発展方法の獲得

　本研究で話題にした数学化の意味での数学的活動は、直接的にはA）に、間接的にはB）に該当し、本研究内で述べたように日本の教育課程も本研究の視野と整合する。

　本研究が描き出した学校数学像、内外の教育課程とも整合する学校数学像は、局所的に成立する数学世界が指導系統という時系列のもとで網の目状に連関する局所理論の系列像とみることができる。そのような学校数学像のもとで展開される数学化には、本研究の意味で、再組織化を求める克服すべき矛盾が潜在する。日本の教育課程史上では、そのような再組織化は、統合発展を求めた現代化教育課程基準（1968、1969）ではスパイラルという言葉で、現行基準（2008）では学び直しという言葉で表現された。それは一つの演繹体系としての数学像と対極にある。従来の教育課程上の網の目を説明するスパイラルや学び直しという網の目の連結像に対して、本研究は、特定内容を指定した場合に認められる数学化の再帰的系列とそれぞれの数学化過程を描き出す教材研究方法論、数学化過程の様々な局面での学習課題を示す教材研究方法論を示したものである。

4）　http://www.corestandards.org/Math/Practice/
　　礒田正美, 笠一生編（2008）.『思考・判断・表現による『学び直し』を求める数学の授業改善―新学習指導要領が求める対話：アーギュメンテーションによる学び方学習―』明治図書出版.；礒田正美, 田中秀典編（2009）.『思考・判断・表現による『学び直し』を求める算数の授業改善―新学習指導要領が求める言語活動：アーギュメンテーションの実現―』明治図書出版.

本研究ではB）は、異なる言語水準が、数学に対する異なる洞察、直観を表象するという視野から間接的に説明された。数学化したことで必要な数学的な見方ができるようになる。時にその結果として、それまでの見方を失うことも起こりえる。本研究では、数学の学び方、創り方の学習にも通じるC）は直接言及しなかった。はじめにで述べたように、C）やB）は自ら学び自ら考える子どもを育てる上では本質的である。本研究では、C）は、A）やB）を体験するなかで学びえるようになるという考えから、本研究の対象からは外したのである。すなわち、本研究の成果は、C）に対しては必要条件として機能するものである。

　数学化は、1990年代中盤にモデルという語でも表象されるようになった。特にFreudenthal研究所でGravemeijer等が話題にした状況のモデルmodel of situation、形式を得るためのモデルmodel for formという語用は、Freudenthalの生きる世界を表象する目的で生み出された用語ではない[5]。その用語は、1980年代の現実世界の問題解決の意味での数学的モデル化を拡張する形で提出された。1980年代の数学的モデル化は、数学の数学化を話題にする枠組みではない。その問題の不都合を自覚しながらあえて問わない形[6]でFreudenthalを参照する様相が近年のモデル化研究では拡大し、結果としてモデルに係る語用は今日、著しく多義的である。それは、数学的モデル化が、それ以外の研究領域の展開に応じて、必要な語用を自らに取り込み拡張した結果である。第1章第2節でも話題にしたように1980年代の数学的モデル化プロセスはしばしば数学化過程の記述枠組みとみなされてきた。Gravemeijer等が提出したモデル論[7]と本研究で話題にする表現との相違は、そのモデル論が、既存の数学表現をフォーマルな表現に限定している点、modelが発現するemergentとみなす点、なかったmodelがsituationとformを媒介すると考える点である。共通点は、そこで翻訳や組織化がなされると考える点である。その枠組みは、見方次第では、表現世界の再構成過程の様相ⅡとⅢに類似である。筆者の事例で言えば例えば第2章第1節の方程式の事例は、model of, model forという語でも説明できる。翻訳や組織化は、表現の翻訳、表現の関係網の組織化、再組織化という場合には妥当な表し方と思われる。モデルの翻訳、モデルの組織化という語が何を表すのか。翻訳や組織化という語を表

---

5) Gravemeijer, K. (1994). *Developing Realistic Mathematics Education*. Freudenthal Institute.
6) カイザー・ガブリエル（2014）．未来への準備：数学的モデル化の役割．『日本数学教育学会誌』96(3)．4-13.
7) Gravemeijer, K. (2002). Emergent Modeling as the Bases for an International Sequence on Data Analysis. http://iase-web.org/documents/papers/icots6/2d5_grav.pdf

現にではなくモデルに取り込む必要があったこと自体が、表現研究の成果をモデル化論が取り込んだ結果と考えられる。

本研究の特質は、model of, model for では必ずしも示されない数学化過程を表現をもとに記述する点にある。本研究では、モデルではなく個別表現内容に注目した。本研究で表現は、シンボルとその生成操作、そして一連の流れで記された表現のもつ文脈、意図、意味内容を認め、その表現内容が進化する様相を記述するものである。situation に対する表現がいかなる水準、表現世界を表象するかまで認めるため、situation がインフォーマルな表現であるというような不明な議論も行わない。表現の記述枠組みは、表現を数学上定式化された表現に限定することなく、表現内容がいかに進化するか、水準を念頭に表象するものであり、それは直観が変わることまで含めてその進化過程を話題にするものである。

教材研究は、当面する児童生徒に対する学習指導に際して行うものと考えられることが多い。筆者自身も、考えの生存可能性を追求するアーギュメンテーションに基づく学習指導法を、本研究とは別に提案している。本研究の数学化過程の構成原理は、そのような短期的な話題も含みえるが、同時に、教材の系統に対する長期的な視野、教育課程の系統に対する視野を提供する点にその特質がある。その系統とは、繰り返される再組織化としての数学化の系統である。

本研究で提出した数学化過程の構成原理は、未知の教育内容を与えられた場合に、どのような指導系統を築けばよいかを解明する場合にも有効である。そこでは何が求められ、何は妥当でないかを数学化の過程の構成原理を基準に話題にできる。教材研究を本分とする本研究は、個別生徒の認知、理解や教室でのディスコースは研究対象としていない。もっとも、それら研究の前提としても教材研究は必要である。それら研究が数学的活動を実現する視野からなされるものであるならば、本研究で示した教材研究方法論は適用可能である。特に、教材研究と言う意味で、本研究の考察は、記した数学内容を読者が執筆者と同じ意味で理解することを前提としている。数学化としての学習過程、表現世界の再構成過程は、現実の認知過程を観察すれば、行きつ戻りつダイナミックに紆余曲折する。第2章第1節、第2節で話題にしたように、本研究では、それを教材の流れとして解説する必要から、一義的に解説している。

van Hiele の幾何の水準の活用研究に、van Hiele が水準を設定した意図から離れた、水準の判定問題の研究がある。それは、個別生徒の到達度を、水準の判定評価問題によって評定しようとする研究動向である。そこでは、生徒の水準が容

易に判定できないという結果が出ている。そしてそのような結果が出ていることに対して、van Hiele の水準は不毛であるというように考える研究者がいるとすれば、それこそ、van Hiele からみてまるで不毛な議論である。もとより、生徒の思考は、課題によって変わるというのが彼の理論である。個別生徒の水準判定は van Hiele の目的を越えた射程外の話題である。van Hiele は、高い水準の内容を頭ごなしに教えるのではなく生徒の思考の現状を高い水準へ上げていくことを目的に水準を設定した。Freudenthal は、構造を教えようとする New Math を批判し、数学化（活動としての数学）による学習過程を構成する範例として水準を採用した。結果を頭ごなしに指導するのではなく、数学化としての数学的活動による学習過程を構成する目的において、数学化過程の構成原理は有効である。

　本研究は、数学史上の数学内容を含めた広範な領域を学校数学の対象にしている。その意味で、既存の教育課程、教科書に準じて行われる教材研究を相対化する。本研究は、数学を創造する学習指導を目標とする教材研究を、再組織化としての数学化という意味で革新するものである。

文献目録

欧文

Ahlfors L., et al. (1962). On the Mahtematics Curriculum of High School. *Mathematics Teacher*, 55. 191-195.

Arcavi, A., Isoda, M. (2007). Learning to Listen: From historical sources to classroom practice. *Educational Studies in Mathematics*. 66 (2). 111-129.

Archimedes (1941), The Method, Translated by I. Thomas, *Greeek Mathematical Works*, Harvard University Press. p. 221.

Artigue, M. (1992). Functions from an Algebraic and Graphic Point of View: Cognitive difficulties and teaching practices. edited by Dubinsky, E., Harel, G. *The Concept of Function: Aspects of epistemology and pedagogy*. MAA Notes. 25. 109-132.

Bartolini Bussi, M. G., Taimina, D., Isoda, M. (2010). Concrete Models and Dynamic Instruments as Early Technology Tools in Classrooms at the Dawn of ICMI: From Felix Klein to present applications in mathematics classrooms in different parts of the world. *ZDM The International Journal of Mathematics Education*. 42 (1). 19-31.

Bernoulli, J. (1742/1929). On the Brachistochrone Problem. edited by Smith, D. E. *A Souce Book in Matheamtics*. McGraw-Hill. 644-654,.

Beth, E., Piaget, J. (1966, 1961 in French). *Mathematical Epistemology and Psychology*, D. Reidel.

Boyer, C. B. (1968). *A History of Mathematics*. Wiley.

Bridgman, P. (1936). *The Nature of Physical Theory*. Dover.

Burger, W. F., Shaughnessy, J. M. (1986). Characterizing the van Hiele Levels of Development in Geometry. *Journal for Research in Mathematics Education*. 17 (1). 31-48.

Busard, H. (1983), *The First Latin Translation of Euclid's Elements Commonly Ascribed to Adelard of Bath*, Pontifical Institute of Mediaeval Studies.

Cardano, G., translated by Witmer T. (1968). *Arts Magna or the rules of algebra*. Dover.

Clagett, M. (1959). *The Science of Mechanics in the Middle Ages*. The University of Wisconsin Press.

Clement, J. (1989). The Concept of Variation and Misconceptions in Cartesian Graphing. *Focus on Learning Problems in Mathematics*. 11 (1/2). 77-87.

Common Core Standards Initiative (2010). *Common Core State Standards for Mathematics*.

Common Core Standards Initiative.
Confrey, J. (1994). A Theory of Intellectual Development. *For the Learning of Mathematics.* 14 (3). 2-8.
Confrey, J. (1995). A Theory of Intellectual Development: Part 2. *For the Learning of Mathematics.* 15 (1). 38-48.
ConfreyJ. (1995). A Theory of Intellectual Development; Part 3. *For the Learning of Mathematics.* 15 (2). 36-45.
Davis, P. J., Hersh, R. (1980). *The Mathematical Experience.* Birkhäuser.
Demana, F., Schoen, H. L., Waits, B. (1993). Graphing in the K-12 Curriculum: The impact of the graphing calculator. In T. A. Romberg, E. Fennema, T. P. Carpenter (Eds.), *Integrating research on the graphical representation of functions.* Lawrence Erlbaum Associates. 11-39.
Descartes, R. (1659). *Geometria, à Renato Des Cartes, anno 1637 Gallicè edita; postea autem unà cum notis Florimondi de Beaune ... Gallicè conscriptis in Latinam linguam versa, & commentariis illustrata, operâ atque studio Francisci à Schooten.* Elzeviros.
Dewey, J. (1910). *How We Think.* D. C. Heath.
Dewey, J. (1916). *Democracy and Education.* Macmillan Publishing (Paperback Edition 1966).
Diophantus, Thomas, I. translated (1941). *Diophantus. Greek Mathematical Works.* Harvard University Press. 512-561.
Dyke, V. F. (1994). Relating to Graphs in Introductory Algebra. *Mathematics Teacher.* 87 (6). 427-432.
Ernest, P. (1994). *Constructing Mathematical Knowledge: Epistemology and Mathematics Education.* Falmer Press.
Ernest, P. (1994). The Dialogical Nature of Mathematics. Paul Ernest edited, *Mathematics Education and Philosophy.* The Falmer Press. 33-48.
Fermat, P. (1969). Maxima and Minima, In Struik, D. J., (1969). *A Source Book in Mathematics, 1200-1800.* Harvard University Press. 222-227.
Freudenthal, H. (1968). Why to Teach Mathematics so as to Be Useful. *Educational Studies in Mathematics,* 1 (1). 3-8.
Freudenthal, H. (1973). *Mathematics as an Educational Task.* D. Reidel.
Freudenthal, H. (1978). *Weeding and Sowing.* D. Reidel.
Freudenthal, H. (1983). *Didactical Phenomenology of Mahtematical Structures.* D. Reidel.
Freudenthal, H. (1991). *Revisiting Mathematics Education.* Kluwer.
Glasersfeld, E. v. (1995). *Radical Constructivism: A way of knowing and learning.* Falmer Press.
Gravemeijer, K., Rainero, R., Vonk, H. (1994). *Developing Realistic Mathematics Education.* Center for Science and Mathematics Education. Utrehito University.

Gravemeijer, K., Lehrer, R., van Oers, M. J., Verschaffel, L. edited (2002). *Symbolizing, Modeling and Tool Use in Mathematics Education*. Kluwer.

Gravemeijer, K. (2002). Emergent Modeling as the Bases for an International Sequence on Data Analysis. *Sixth International Conference on Teaching Statistics*. 1-6. Kaapstad.

Heath, T. (1921). *A History of Greek Mathematics*. The Clarendon Press.

Hiebert, J., Lefevre, P. (1986). Conceptual and Procedutal Knowledge in Mathematics. Hiebert, J. edited. *Conceptual and Proceedural Knowledge: The case of mathematics*. Lawress Erlbaum Associates. 1-28.

Hoffer, A. (1981). Geometry Is More Than Poof.. *Mathematics Teacher*. 74 (1). 11-18.

Hoffer, A. (1985). Van-Hiele-Based Research. In Lesh, R., Landau, M. edited. *A Aquisition of Mathematical concepts and processes*. Academic Press. 225-228.

Humley, H. R. (1934). *Relational and Functional Thinking in Mathematics. NCTM 9th year book*. Bureau of Publications, Teachers College, Columbia University.

Inprasitha, M., Isoda, M., Iverson, P. Yeap, B. (to appear). *Lesson Study: Challenges in Mathematics Education*. World Scientific.

Isoda, M. (1995/1997). The Pedagogy of Mathematization and Viability for Using Technology: Based on the levels of functional thinking. *Proceedings of the Eighth Annual International Conference on Technology in Collegiate Mathematics*. Addison-Wesley. 201-205.

Isoda, M., Hasimoto, Y., Nohda, N., Whitman, N. (1995). Hoffers Material Shows Us the Nature of Japanese Culture and van Hiele Theory in the Classroom. *Presented at the Research Precession in the 73rd Annual Meeting of the National Council of Teachers of Mathematics*.

Isoda, M. (1996). The Development of Language about Function: An application of van Hiele's Levels. *Proceedings of the 20th Conference of the International Group for the Psychology of Mathematics Education* (Edited by Luis Puig and Angel Gutierrez). 3. 105-112.

Isoda, M. (2001). Synchronization of Algebra Notations and Real World Situations from the Viewpoint of Levels of Language for Functional Representation. edited by Helen Chick [et al.]. *The Future of the Teaching and Learning of Algebra: Proceedings of the 12th ICMI Study Conference*. The University of Melbourne. 328-335.

Isoda, M., Matsuzaki, A. (2003). The Roles of Mediational Means for Mathematization: The case of mechanics and graphing tools. *Journal of Science Education in Japan*, 27 (4). 245-257.

Isoda, M., McCrae, B., Stacey, K. (2006). Cultural Awareness Arising from Internet Communication between Japanese and Australian Classrooms. *Mathematics Education in Different Cultural Traditions—A Comparative Study of East Asia and the West The 13th ICMI Study*. Springer. 397-408.

Isoda, M., Abednego, S. M., Sanuki, M., Cheah, U. H. translated (2011). *Study with Your*

Friends, Mathematics for Elementary School. Gakkohtosho.
Isoda, M., Katagiri, S. (2014). Pensamiento Matemático: Cómo desarrollarlo en la sala de clases. Centro de Investigación Avanzada en Educación.
Johnes, A. (1986). Book 7 of the Collection by Pappus of Alexandria. Springer.
Kaput, J. (1989). Linking Representations in the Symbol System of Algebra. NCTM. Research Issues in the Learning and Teaching of Algebra, Lawress Erlbaum Associates. 167-194.
Kaput, J. (1994). Democratizing Access to Calculus: New routes using old roots. Schoenfeld, A. (Ed.), Mathematical thinking and problem solving. Lawrence Erlbaum Associates. 77-155.
Klein, J., translated by Brann, E. (1968). Greek Mathematical Thought and the Origin of Algebra. Dover.
Lakatos, I. (1976). Proofs and Refutations. Cambridge University Press.
Lange, J. (1987). Mathematics Insight and Meaning: Teaching, learning and testing of mathematics for the life and social sciences. akgroep Onderzoek Wiskunde Onderwijs en Onderwijscomputercentrum, Rijksuniversiteit Utrecht.
Lee, Y-S. (.2000). The Process of Collaborative Mathematical Problem Solving: Focusing on emergent goals perspective, Japan Society of Science Education. Journal of Science Education. 24 (3). 159-169.
Mayberry, J. (1983). The van Hiele Levels of Geometric thought in Undergraduate Preservice Teachers. Journal for Research in Mathematics Education. 14 (1). 58-69.
Napoleon, A., Isoda, M. (2010). Improvement of Geometry Literacy on Basic Education Mathematics Teachers in Honduras Using Honduran Textbooks.『数学教育論文発表会論文集』43 (2). 789-794.
NCTM (1989). Curriculum and Evaluation Standards for School Mathematics. National Council of Teachers of Mathematics..
NCTM (2000). Principles and Standards for School Mathematics. National Council of Teachers of Mathematics.
Nohda, N. (2000). Teaching by Open-Approach Method in Japanese Mathematics Classroom. Nakahara, T., Koyama, M. edited. Proceedings of 24th Conference of IGPME. 1. 23-27.
Pappi Alexandrini. (1660). Mathematicae Collectiones, a Federico Commandino Urbinate in Latinum conuersæ, & commentarijs illustratæ, in hac nostra editione ab innumeris, quibus scatebant mendis, & præcipuè in Græco contextu diligenter vindicatæ. Bononiæ: ex typ. HH. de Duccijs..
Pappus of Alexandria, Johns, A. edited. (1986). Book 7 of the Collection, Part 1. Springer-Verlag.
Piaget, J. (1970). Genetic Epistemology, Norton.
Piaget, J., translated by Ways, W. (1970). The Principles of Genetic Epistemology,

Routledge & Kegan Paul.
Pirie, S., Kieren, T. (1994). Growth in Mathematical Understanding: How can we characterise it and how can we represent it ? *Educational Studies in Mathematics.* 26 (2/3). 165-190.
Resnick, E. B., Omason, S. F.. (1986). Learning to Understand Arithmetic. In R. Glaser (Ed). *Advances in instructuional psychlogy.* 3. Lawrence Erlbaum Associates. 41-56.
Sanden H. V. (1914). *Praktische Analysis: von Horst von Sanden.* Teubner.
Sanden, H. V., translated by Levy, H. (1923). *Practical Mathematical Analysis.* Methuen.
Schoenfeld, H. A. (1986). On Having and Using Geometric Knowledge. Hiebert, J. (ed.) *Conceptual and Proceedural Knowledge: The case of mathematics.* Lawress Erlbaum Associates. 225-264.
Schooten, F. (1646). *De Organica Conicarum Sectionum Constructione.* Elsevier.
Sfard, A. (1991). On the Dual Nature of Mathematical Conceptions: Reflections on processes and objects as different sides of the same coin. *Educational Studies in Mathematics.* 22 (1). 1-36.
Smith, D. E. edited. (1959). *A Source Book in Mathematics.* 2. Dover.
Steiner, H. G. (1968). Examples of Exercises in Mathematization on the Secondary School Level. *Educational Studies in Mathematics.* 1 (1-2). 181-201.
Steiner, H. G. (1969), Examples of Exercises in Mathematization. *Educational Studies in Mathematics.* 1 (3). 289-299.
Struik, D. J. (1969). *A Source Book in Mathematics, 1200-1800.* Harvard University Press.
Tall, D. (1991). Intuition and Rigour. Visualization in Teaching and Learning Mathematics. *MAA Note* 19. 105-119
Tall, D. (1996). Functions and Calculus. Bishop A., Clements, M. A., Keitel-Kreidt, C., Kilpatrick, J., Laburde, C. edited. *International Handbook of Mathematics Education.* Kluwer. 289-325.
Thomas, I. (1941). Selections Illustraing the History of Greek Mathematics. II. Harvard University Press.
Torricelli, E. (1608-1647/1919). De Dimensione Parabole. *Opere di Evangelista Torricelli.* 1 (1), 88-138. Faenza, G. Montanari.
Treffers, A. (1987). *Three Dimensions: A model of goal and theory description in mathematics instruction—the Wiskobas Project.* D. Reidel.
Treffers, A. (1993). Wiskobas and Freudenthal Realistic Mathematics Education. *Educational Study in Mathematics.* 25. 89-108.
Usiskin, Z., Senk, S. (1990). Evaluating a Test of van Hiele Levels: A response to Crowley and Wilson. *Journal for Research in Mathematics Education.* 21. 242-245.
van Hiele, D. (1957/1984). The Didactics of Geometry in the Lowest Class of Secondary School. In Fuys, D., Geddes, D., Tischler, R. edited, *English Translation of Selected Writings of Dina van Hiele-Geldof and Pierre M. van Hiele.* Brooklyn College. 1-214.

van Hiele, P. M., van Hiele, D. G. (1958). A Method of Initiation into Geometry at Secondary Schools, In Freudenthal, H. edited, *Report on Methods of Initiation into Geometry*, J. B. Wolters. p. 75.
van Hiele, P. M. (1986). *Structure and Insight: A theory of mathematics education*. Academic Press.
van Hiele, P. M. (2002). Similarities and Differences Between the Theory of Learning and Teaching of Skemp and the van Hiele Levels of Thinking.. edited by Tall, D. and Thomas, M.. *Intelligence, learning and understanding in mathematics: a tribute to Richard Skemp*. Post Pressed. 27-48.
Viète, F., Brann, E. translated (1968). Introduction to the Analytical Art. In Klein, J. *Greek Mathematical Thought and the Origin of Algebra*. Dover. 313-353.
Vinner, S. (1991). The Role of Definitions in the Teaching and Learning of Mathematics. In Tall, D. edited. *Advanced Mathematical Thinking*. Kluwer. 65-81.
Wallis, J. (1655/1972). De Sectionibus Conicis, Nova Methodo Expofitis, Tractatus. *Opera Mathematica*, Georg Olms Verlag. 291-354.
Wheeler, D. (1975). Humanizing Mathematical Education. *Mathematics Teaching*. 71. 5-6.
Whitman, N., Hashimoto, S., Isoda, M., Nohda, N. (1993). The Attained Geometry Curriculum in Japan and Hawaii Relative to the van Hiele Level Theory. *Proceedings of the 17th International Conference of the International Group for the Psychology of Mathematics Education*. 2. 129-136.
Whitman, N. C., Nohda, N., Lai, M., . Hashimoto, Y., Iijima, Y., Isoda, M. and Hoffer, A. (1997). Mathematics Education: A cross-cultural study. *Peabody Journal of Education*. 72 (1). 215-232.
Wittmann, E. (1981). The Complementary Roles of Intuitive and Reflective Thinking in Mathematics Teaching. *Educational Studies in Mathematics*. 12 (3), 389-397.
Yerushalmy, M. (1997). Emergence of New Schemes for Solving Algebra Word Problems. Pehkonen, E. (Ed.), *Proceedings of the 21st Conference of the International Group for the Psychology of Mathematics Education*. 1. 165-178.

和文（邦訳）

アリストテレス，出隆，岩崎允胤訳（1968）．『自然学』アリストテレス全集3．岩波書店．
アルキメデス，佐藤徹訳（1990）．『方法』東海大学出版会．
カッツ，V. J., 上野健爾，三浦伸夫監訳（2005）．『カッツ数学の歴史』共立出版．
ガリレイ，G., 今野武雄，日田節次譯（1948）．『新科学対話』下．岩波書店．
クーン，T., 常石敬一訳（1989）．『コペルニクス革命』講談社．
コーエン，I. B., 吉本市訳（1967）．『近代物理学の誕生』河出書房新社．
コルモゴロフ，A. N., フォーミン，S. V., 山崎三郎，柴岡泰光訳（1979）．『関数解析の基礎』上，下．岩波書店．

サボー, A., 中村幸四郎他訳（1978）.『ギリシア数学の始原』玉川大学出版部.
ザンデン, H.V., 小倉金之助, 近藤鷙譯註増訂（1928）.『実用解析學：數値計算、圖計算、機械計算ノ概念』山海堂.
ストリヤール, A., 山崎昇, 宮本敏雄訳（1976）.『数学教育学』明治図書出版.
ディーンズ, Z.P., 片桐重男訳（1977）.『算数・数学の創造的学習』新数社
ディーンズ, Z.P., 沢村昂一訳（1977）.『算数・数学学習の実験的研究』新数社
ディーンズ, Z.P., 滝沢武久訳（1977）.『構造的思考』新数社
ディーンズ, Z.P., 中川三郎, 小島宏訳（1977）.『集合と数の学習』新数社
ディーンズ, Z.P., 平野次郎訳（1977）.『算数・数学の学習過程』新数社
ディーンズ, Z.P., 柳瀬修, 楠本善之助訳（1977）.『空間と測定の学習』新数社
デービス, P., ヘルシュ, R., 柴垣和三雄, 清水邦夫, 田中裕訳（1986）.『数学的経験』, 森北出版.
デカルト, R., 河野三郎訳（1949）.『デカルトの幾何学』白林社.
デカルト, R., 山本信訳（1965）. 知能指導の規則. 務台理作他編.『デカルト』世界の大思想 7. 河出書房新社. 1-72.
デカルト, R., 原亨吉訳（1973）. 幾何学.『デカルト著作集』1. 白水社.
デカルト, R., 谷川多佳子訳（2001）.『方法序説』岩波書店.
デューイ, J., 飯島康男訳（1969）.『思考の方法：反省的思考と教育の過程との関係の再説』自家製版（筑波大学図書館蔵書）.
デュウイー, J., 帆足理一郎訳（1919）.『民主主義と教育』洛陽堂.
ニキフォロフスキー, V.A., 馬場良和訳（1993）.『積分の歴史』現代数学社.
ニュートン, I., 河辺六男訳（1979）.『プリンピキア』世界の名著26. 中央公論社.
ネッツ, R., ノエル, W., 吉田晋治訳（2008）.『解読！ アルキメデス写本：羊皮紙から甦った天才数学者』光文社.
ノイゲバウアー, O., 矢野道雄, 斉藤潔訳（1990）.『古代の精密科学』厚生社厚生閣.
バシュラール, G., 及川馥, 小井戸光彦訳（1975）.『科学的精神の形成』国文社.
パスカル, B., 原亨吉訳（1959）. 数三角形論. 伊吹武彦, 渡辺一夫, 前田洋一監修.『パスカル全集』1. 人文書院. 724-735.
パスカル, B., 原亨吉訳（1959）. 単位数を母数とする数三角形の様々な応用. 伊吹武彦, 渡辺一夫, 前田洋一監修.『パスカル全集』1. 人文書院. 704-723.
パスカル, B., 前田洋一, 由木康, 津田穣訳（1959）. 幾何学的精神について. 伊吹武彦, 渡辺一夫, 前田洋一監修.『パスカル全集』1. 人文書院. 116-148.
パスカル, B., 原亨吉訳（1959）. A. デトンヴィルから ADS 氏への手紙及び A. デトンヴィル氏から前国事院勅任参事官ド・カルヴィ氏への手紙. 伊吹武彦, 渡辺一夫, 前田洋一監修.『パスカル全集』1. 人文書院. 545-748.
パスカル, B., 前田陽一訳（1978）. パンセ. 前田陽一責任編集.『パスカル』中央公論社. 98-99.
ピアジェ, J., 滝沢武久訳（1972）.『発生的認識論』白水社.
ピアジェ, J., 芳賀純訳（1981）.『発生的認識論：科学的知識の発達心理学』評論社.

ピアジェ, J., 芳賀純訳 (1986).『矛盾の研究:子どもにおける矛盾の意識化と克服』三和書房.
ピアジェ, J., ガルシア, R., 藤野邦夫, 松原望訳 (1996).『精神発生と科学史:知の形成と科学史の比較研究』新評論.
ピアジェ, J., ガルシア, R., 芳賀純, 能田伸彦監訳, 原田耕平, 岡野雅雄, 江森英世訳 (1998).『意味の論理』サンワコーポレーション.
ヒース, T.L., 平田寛訳 (1959, 1960).『ギリシア数学史』1, 2. 共立出版.
フォベール, J. 編, 平野葉一, 川尻信夫, 鈴木孝典訳 (1996).『ニュートン復活』現代数学社.
米国数学教師協議会 NCTM 編, 能田伸彦, 清水静海, 吉川茂夫監修, 筑波大学数学教育学研究室訳 (1997).『21世紀への学校数学の創造:米国 NCTM による「学校数学におけるカリキュラムと評価のスタンダード」』筑波出版会.
米国数学教師協議会 NCTM 編, 筑波大学数学教育学研究室訳 (2001).『新世紀をひらく学校数学:学校数学のための原則とスタンダード』(Principle and Standards for School Mathematics). 筑波大学数学教育学研究室.
ヘーゲル, G.W.F., 武市健人訳 (1960).『大論理学』上1, 上2, 中, 下. 岩波書店.
ヘンリー, H.R., 青木誠四郎訳 (1940).『函数的思考の心理』モナス.
ボイヤー, C., 加賀美鉄雄, 浦野由有訳 (2008).『数学の歴史』1〜5. 朝倉書店.
ホリングデール, S., 岡部恒治監訳 (1993).『数学を築いた天才たち』講談社.
ラカトシュ, I., 佐々木力訳 (1980).『数学的発見の論理:証明と論駁』共立出版.
ラッセル, B., 清水義夫訳 (1986). 指示について. 坂本百大編『現代哲学基本研究集Ⅰ』勁草書房. 45-78.

和文

飯田隆 (1987).『言語哲学大全』Ⅰ. 勁草書房.
石田一三 (1989).『比例・反比例の指導』明治図書出版.
石塚学, 李英淑, 青山和裕, 礒田正美 (2002). 数学用携帯端末による数学コミュニケーション環境の開発試行研究.『科学教育研究』26 (1). 91-101.
礒田正美他 (1980).『遊びと数学』数学研究会 (自家製版).
礒田正美 (1984). 数学化に関する一考察:H. Freudenthal の数学化を中心に. 昭和58年度筑波大学大学院修士課程教育研究科修士論文.
礒田正美 (1984). 数学化の見地からの創造的な学習過程の構成に関する一考察:H. Freudenthal の研究をふまえて.『筑波数学教育研究』3. 60-71.
礒田正美 (1987). 関数の思考水準とその指導についての研究.『日本数学教育学会誌』69 (3). 82-92.
礒田正美 (1988). 関数の水準の思考水準としての同定と特徴付けに関する一考察.『日本数学教育学会誌』臨時増刊『数学教育学論究』49・50. 34-38.
礒田正美, 志水廣, 山中和人 (1989). 小中高にわたる関数の活用法及び表現法の発達と関

数の水準：関数の水準に関する研究Ⅲ.『数学教育論文発表会論文集』22.7-12.

礒田正美, 志水廣, 山中和人 (1990). 関数の活用の仕方と表現技能の発達に関する調査研究：小・中・高にわたる発達と変容.『日本数学教育学会誌』72 (1). 49-63.

礒田正美 (1990). 数学化の立場からの学習指導に関する事例的研究：分割数（number of partitions）の授業分析.『日本数学教育学会誌』72 (9). 340-350.

礒田正美 (1990). 数学化における言語の再構成過程に関する一考察：数学的表現からみた分割数の授業の分析Ⅱ.『数学教育論文発表会論文集』23. 19-24.

礒田正美 (1991). 関数の水準の移行過程における思考の様相に関する調査研究：第1水準以前の場合.『数学教育論文発表会論文集』24. 67-72.

礒田正美, 小田島礼子 (1992). グルーピング方略からみた低学年児童の数概念発達に関する調査研究：van Hiele の思考水準に発想して.『日本数学教育学会誌』74 (2). 7-14.

礒田正美, 橋本是浩, 飯島康之, 能田伸彦, Whitman, N.C. (1992). van Hiele の思考水準による日米幾何教育達成度比較研究：日本側の結果を中心に.『数学教育論文発表会論文集』25. 25-30.

礒田正美 (1993). 学習過程における表現と意味の生成に関する一考察. 三輪辰郎先生退官記念論文集編集委員会編.『数学教育学の進歩』東洋館出版社. 108-125.

礒田正美 (1993). 算数授業における説得の論理を探る. 北海道教育大学教科教育学研究図書編集委員会編.『教科と子どもとことば〜言語で探る教科教育〜』東京書籍. 126-139.

礒田正美 (1995).［連載］アメリカでテクノロジーによる数学教育の革命が起こっている.『教育科学数学教育』明治図書出版. No. 453-455.

礒田正美 (1995). van Hiele の水準の関数への適用の妥当性と有効性に関する一考察：水準間の通訳不可能性による認識論的障害の存在と数学化の指導課題を視点に.『筑波数学教育研究』14. 1-16.

礒田正美編著 (1996).『多様な考えを生み練り合う問題解決授業：意味とやり方のずれによる葛藤と納得の授業作り』明治図書出版.

礒田正美, 野村剛, 柳橋輝広, 岸本忠之 (1997). 教師間の対決型討論が教室文化に及ぼす影響に関する研究：ティームティーティングを通して数学の授業で討論する生徒を育てる実践記録.『日本数学教育学会誌』79 (1). 2-12.

礒田正美 (1997). 曲線と運動の表現史からみた代数、幾何、微分積分の関連に関する一考察：幾何から代数, 解析への曲線史上のパラダイム転換に学ぶテクノロジー利用による新系統の提案と関数の水準と幾何の水準の関連.『筑波数学教育研究』16. 1-16.

礒田正美 (1997). テクノロジ利用による代数・幾何・解析の改革へのパースペクティブ.『中学校・高等学校数学科教育課程開発に関する研究』(5). 筑波大学数学教育研究室. 49-103.

礒田正美 (1997). 関数表現の再構成の様相の記述研究 (1)：表現世界の再構成モデルを用いて.『筑波大学教育学系論集』22 (1). 25-36.

礒田正美（1999）．関数領域のカリキュラム開発の課題と展望．日本数学教育学会編．『算数・数学カリキュラムの改革へ』産業図書．202-210．

礒田正美（1999）．数学の弁証法的発展とその適用に関する一考察：「表現世界の再構成過程」再考．『筑波数学教育研究』18. 11-20．

礒田正美（1999）．数学的活動の規定の諸相とその展開：戦後の教育課程における目標記述と系統化原理「具体化的抽象」に注目して．『日本数学教育学会誌』81（10）. 10-19．

礒田正美，原田耕平編著（1999）．『生徒の考えを活かす問題解決授業の創造：意味と手続きによる問いの発生と納得への解明』明治図書出版．

礒田正美（2000）．関数表現の様相の記述研究（2）：表現世界の再構成モデルを用いて．『筑波大学教育学系論集』24（2）. 59-72．

礒田正美（2001）．数学的活動論，その解釈学的展開：人間の営みを構想する数学教育学へのパースペクティブ．『数学教育論文発表会論文集』34, 223-228．

礒田正美（2002）．教育経験から発達課題とその意義を認めるもう一つの目標研究：数学史教材開発過程での心情記述に現れた学生の視野の転換を例に．『数学教育論文発表会論文集』36. 1-6．

礒田正美（2002）．解釈学からみた数学的活動論の展開：人間の営みを構想する数学教育学へのパースペクティブ．『筑波数学教育研究』21. 1-10．

礒田正美（2003）．H. Freudenthal の数学的活動論に関する一考察：Freudenthal 研究所による数学化論との相違に焦点を当てて．『筑波大学教育学系論集』27. 31-48．

礒田正美，關谷武司，木村英一，西方憲広，阿部しおり，斎藤一彦，小西忠男（2004）．ホンジュラス国算数指導力向上プロジェクトにみる授業研究（国際教育協力への授業研究からのアプローチ）．『日本科学教育学会年会論文集』28. 327-328．

礒田正美，大根田裕，水谷直人，鈴木彬編（2005）．『生徒が自ら考えを発展させる数学の研究授業』全3巻．明治図書出版．

礒田正美（2005）．他者の立場の想定による数学的世界構築としての理解論：数学的活動論，その解釈学的展開（Ⅱ）．『数学教育論文発表会論文集』38. 721-726．

礒田正美，岸本忠之編著（2005）．『自ら考える力を伸ばす算数の発展授業：意味と手続きによるわかる算数授業のデザイン』明治図書出版．

礒田正美（2008）．教材開発からみた教材研究用語の内省的定式化に関する考察．『数学教育論文発表会論文集』41. 783-788．

礒田正美，笠一生編（2008）．『思考・判断・表現による『学び直し』を求める数学の授業改善―新学習指導要領が求める対話：アーギュメンテーションによる学び方学習―』明治図書出版．

礒田正美，関正貴（2008）．関数の思考水準からみた微分積分教材の開発研究：微分積分学の基本定理を中心に．『数学教育学会誌』49（3・4）. 49-54．

礒田正美，Bartolini Bussi, M. G. 編（2009）．『曲線の事典：性質・歴史・作図法』共立出版．

礒田正美（2009）．最速降下曲線．礒田正美，Bartolini Bussi, M. G. 編．『曲線の事典：性質・歴史・作図法』共立出版．p 64．

礒田正美（2009）．Felix Klein から小倉金之助「図計算及び図表」（1923）へ．礒田正美・

　　　　Bartolini Bussi, M. G. 編．『曲線の事典：性質・歴史・作図法』共立出版．
礒田正美（2009）．あとがき．礒田正美・Bartolini Bussi, M. G. 編．『曲線の事典：性質・歴史・作図法』共立出版．286-289．
礒田正美，田中秀典編（2009）．『思考・判断・表現による『学び直し』を求める算数の授業改善―新学習指導要領が求める言語活動：アーギュメンテーションの実現―』明治図書出版．
礒田正美（2010）．日本の授業研究．『日本数学教育学会誌』92（6）.22-25．
礒田正美，中村享史（2011）．特集「授業研究」のための算数・数学教育理論 編纂主旨．『日本数学教育学会誌』92（12）,4-5．
礒田正美監修，田中秀典，末原久史編（2013）．『アイディアシートでうまくいく！　算数科問題解決授業スタンダード』明治図書出版．
礒田正美（2014）．再現科学としての算数・数学教育学の展開．『日本数学教育学会誌』96（7）.24-27．
礒田正美，小原豊，宮川健，松嵜昭雄編（2014）．『中学校数学科つまずき指導事典』明治図書出版．
伊東俊太郎，原亨吉，村田全（1975）．『数学史』筑摩書房．
伊東俊太郎（1978）．『近代科学の源流』中央公論社．
伊東俊太郎他編（1983）．『科学史技術史事典』弘文堂．
伊東俊太郎編（1987）．『中世の数学』共立出版．
伊藤伸也（2005）．H. フロイデンタールの『教授学的現象学』における教授原理『追発明』の位置．『筑波数学教育研究』24. 47-56．
今井功（1991）．超越関数．広中平祐編．『現代数理科学事典』大阪書籍．p.1099．
岩崎秀樹（2007）．『数学教育学の成立と展望』ミネルヴァ書房．
植竹恒男（1967）．『アメリカのSMSG』1～4．近代新書．
大谷実（2000）．学校数学の一斉授業における数学的活動の社会的構成：社会数学的活動論の構築．筑波大学博士（教育学）学位論文．
岡崎正和（1998）．均衡化理論に基づく数学的概念の一般化における理解過程に関する研究．『日本数学教育学会誌』『数学教育学論究』69. 29-34．
岡田敬司（1998）．『コミュニケーションと人間形成』ミネルヴァ書房．
岡田敬司（2011）．『自立者の育成は可能か：世界の立ち上がりの理論』ミネルヴァ書房．
岡部恭幸（2004）．確率概念の認識における水準について．『数学教育論文発表会論文集』37. 385-390．
岡本光司（1988）．『数学のある風景』大日本図書．
奥招（1994）．昭和10年代にみる算数科の成立過程に関する研究．筑波大学大学院教育学研究科博士論文．
落合良紀（2013）．高等学校数学における積分指導に関する研究．平成24年度筑波大学教育研究科修士論文．
カイザー・ガブリエル（2014）．未来への準備：数学的モデル化の役割．『日本数学教育学会誌』96（3）.4-13．

海保博之，加藤隆編（1999）.『認知研究の技法』福村出版.

垣花京子（1999）. ソフトウェア Calculas Unlimited を利用した関数アプローチ.『中学校・高等学校数学科教育課程開発に関する研究』(6). 筑波大学数学教育研究室. 39-46.

黒田稔（1927）.『數學教授の新思潮』培風館.

小林徹也，礒田正美（2006）. 高等学校数学における「解析的思考」の指導に関する調査研究.『数学教育学会誌』49（3・4）. 27-37.

近藤洋逸，佐々木力編（1994）.『近藤洋逸数学史著作集』日本評論社.

斎藤憲（1997）.『ユークリッド「原論」の成立：古代の伝承と現代の神話』東京大学出版会.

斎藤憲（2006）.『よみがえる天才アルキメデス：無限との闘い』岩波書店.

佐々木力（2003）.『デカルトの数学思想』東京大学出版会.

清水克彦（1987）. 数学教育における Process-Oriented Learning の研究. 筑波大学大学院教育学研究科教育学博士学位論文.

下中邦彦（1976）.『哲学辞典』平凡社.

鈴木孝典（1987）. アラビアの代数学. 伊東俊太郎編.『中世の数学』共立出版. 322-344.

鈴木康博，清水克彦（1989）. 数学学習における概念的知識と手続き的知識の関連についての一考察.『筑波数学教育研究』8（a）. 113-126.

竹内宣勝（2001）. 微分積分入門期のカリキュラム開発に関する研究. 筑波大学修士課程教育研究科修士論文.

竹之内脩，高井博司（1979）. 関数解析. 一松信，竹之内脩編.『新数学事典』大阪書籍. p. 630.

中等學校教科書会社（1944）.『數學中學校用 4 第一類』中等學校教科会社.

筑波大学数学教育学研究室編（1994）.『テクノロジーを活用した教材開発のための研究動向資料集』筑波大学数学教育学研究室.

筑波大学数学教育学研究室編（1995-2004）.『中学校・高等学校数学科教育課程開発に関する研究』2-11. 筑波大学数学教育学研究室.

筑波大学数学教育研究室（2001）.『新世紀をひらく学校数学：学校数学のための原則とスタンダード』筑波大学数学教育研究室.

中島健三（1981）.『算数数学教育と数学的な考え方』金子書房.

中原忠男（1995）.『算数・数学教育における構成的アプローチの研究』成文社.

中村幸四郎（1980）.『近世数学の歴史』日本評論社.

永尾汎他編（1994）.『高等学校数学Ⅱ』数研出版.

鍋島信太郎，時田幸雄編（1957）.『中等数学教育研究』大日本図書.

二宮裕之，岩崎秀樹，岡崎正和（2005）. 数学教育における記号論的連鎖に関する考察：Wittmann の教授単元の分析を通して.『愛媛大学教育学部紀要』52（1). 139-152.

日本数学教育学会編（1987）.『中学校数学教育史』上. 新数社.

布川和彦（1992）. 図形の認識からみた van Hiele の水準論.『筑波大学教育学系論集』16（2). 139-152.

根本博（1999）.『中学校数学科：数学的活動と反省的経験』東洋館出版社.

根本博（2004）.『数学教育の挑戦：数学的な洞察と目標準拠評価』東洋館出版社.

能田伸彦，吉川成夫監修（1997）.『21世紀への学校数学の創造：米国NCTMによる「学校数学におけるカリキュラムと評価のスタンダード」』筑波出版会.

一松信，岡田禕雄監修（2011）.『みんなと学ぶ小学校算数』学校図書.

平林一榮（1987）.『数学教育の活動主義的展開』東洋館出版社.

平林一榮，岩崎秀樹，礒田正美，植田敦三，馬場卓也，真野祐輔（2011）．数学教育現代化時代を振り返る：平林一榮先生のインタビュー.『日本数学教育学会誌』93（7）.12-29.

福田千枝子（1998）．微積分における視覚化と導関数の生成.『中学校・高等学校数学科教育課程開発に関する研究』(5) 筑波大学数学教育研究室．172-183.

福間政也，礒田正美（2003）．確率分野における学習過程の水準に関する研究.『数学教育論文発表会論文集』36.228-234.

前田隆一（1979）.『算数教育論：図形指導を中心として』金子書房.

蒔苗直道（1999）．戦後数学教育の指針「はじめのことば」に関する一考察.『筑波数学教育研究』18. 35-44.

松嵜昭雄，礒田正美（1999）．数学的モデリングにおける理解深化に関する一考察：クランク機構の関数関係の把握.『日本数学教育学会誌』81（3）.78-83.

三輪辰郎（1974）．関数的思考．中島健三，大野清四郎編『数学と思考』第一法規.

三輪辰郎（1983）．数学教育におけるモデル化についての一考察.『筑波数学教育研究』2.

務臺理作（1944）.『場所の論理学』弘文堂.

森田康義，礒田正美（2008）．問題解答の記号論的分析に関する一考察：補助問題の階層性の記述.『数学教育論文発表会論文集』41.777-782.

森本貴彦（2002）．原典を利用した高次方程式の授業に関する一考察：Honer法，数学九章，整関数作図器を通じて.『中学校・高等学校数学科教育課程開発に関する研究』9. 筑波大学数学教育研究室．178-191．http://math-info.criced.tsukuba.ac.jp/Forall/project/history/2001/Equation%20of%20higher-fl/Equation%20of%20higher-index.htm

文部科学省（1998）.『中学校学習指導要領（平成10年12月）解説：数学編』大阪書籍.

文部科学省（2003）.『個に応じた指導に関する指導資料（中学校数学編）』教育出版.

文部科学省（2008）.『中学校学習指導要領解説：数学編』教育出版.

文部科学省（2008）.『小学校学習指導要領解説：算数編』東洋館出版社.

文部科学省（2009）.『高等学校学習指導要領解説：数学編』実教出版.

文部科学省（2011）．小学校，中学校，高等学校及び特別支援学校等における児童生徒の学習評価及び指導要録の改善等について（通知）．文部科学省初等中等教育局長金森越哉，22文科初第1号．平成22年5月11日.

文部省（1943）.『数学編纂趣意書』1．中学校教科書株式会社.

文部省（1947）.『学習指導要領：算数科数学科編（試案）』日本書籍.

文部省（1951）.『中學校・高等學校学習指導要領：数学科編（試案）』中部図書.

文部省（1958）.『小学校学習指導要領（文部省告示）』大蔵省印刷局.
文部省（1958）.『中学校学習指導要領（文部省告示）』大蔵省印刷局.
矢島文夫（1982）. アラビアの占星術と天文学. 村上陽一郎編.『運動力学と数学との出会い』朝倉書店.
八杉龍一（1994）.『ダーウイニズム論集』岩波文庫.
横山雅彦（1982）. 中世ラテン世界での展開と天文学. 村上陽一郎編.『運動力学と数学との出会い』朝倉書店. p.55.
米盛裕二（1981）.『パースの記号学』勁草書房.
若林虎三郎, 白井毅編纂（1884）.『改正教授術』普及舎.

結び

　本書は、2012年11月27日に早稲田大学教育学研究科に受理された教育学博士学位論文「数学教育における数学的活動による学習過程の構成に関する研究―表現世界の再構成過程と関数の水準によるFreudenthal数学化論の拡張―」に、はじめにと結びを加筆した書である。FreudenthalがMathematics as an Educational Task序文で述べたように、序文は最後に記すもので、本書が求める数学教育学像は、冒頭で述べている。ここでは結びに換えて、本書が完成するまでの足跡と恩師への謝辞を申し上げたい。

　まず第一に、本書の出版に際し、学位論文の主査を務めて下さった渡邊公夫先生に改めてお礼申し上げたい。渡邊先生は、ご多忙な中、繰り返し筆者のために早稲田大学土曜セミナーを開催下さり、発表と質疑という形式で、各章、各節ごとの内容を深める機会を下さいました。質疑を受ける中で、自らの研究内容を反省することができました。それは、数学セミナーの様相でもあり、語ること、板書すること、問われることで内容を構造的に検討しなおす方法論として、全く有益な研究方法でした。渡邊先生のご指摘、ご指導を受け、数学者の実感に応える数学的活動にかかる数学教育理論を提出することができました。同時に、副査を務めて下さいました早稲田大学の小林和夫先生、鈴木晋一先生、そして信州大学の宮崎樹夫先生に改めてお礼申し上げます。宮崎樹夫先生からは、数学教育学上のクリティカルな問いを詳細にいただき、筆者にとっては概念的な洗練機会、論理を見直す機会となりました。改めて感謝申し上げます。

　序章で述べたように筆者の「数学化」原体験は、筑波大学学部生時代の数学研究会に遡ります。その時間を共有した同期生から数学者、数学教育学者が多数育ちました。振り返れば、直接の恩師はすべて深い数学体験を基盤に数学教育研究を展開される先生方で、よい事例のない理論を承認されない先生方でした。Freudenthal研究を勧めて下さったのはDo Mathの指導を提案された古藤怜先生（微分幾何学）でした。その研究は、数学的モデル化研究を先導された三輪辰朗先生（代数幾何学）のもとで行われました。三輪先生の指導は、つながらない

文章を書くと説明できない限り前に進めないまさに数学型のご指導でした。三輪先生から受けた問いが論文を書く際の筆者の思考の原点となりました。特に関数の水準を論究論文としてまとめることができたのは、三輪先生の「礒田君ね、きみは附属にいるんだから、博士課程院生と同じ研究をしてはいけない。生徒がいるんだから。生徒によりそって研究すればこそ、附属らしい研究ができるし、よい先生になれる」という一言からでした。

附属時代の私のお手本は、吉田稔先生（確率論）、小高俊夫先生でした。小高先生は、学習指導要領抜きに教育課程を構成するための基本概念を1979年に提出されていました。北海道教育大学では、大久保和義先生（関数解析）とご一緒させていただきました。大久保先生からは北海道教育大大学院での集中講義の機会を2000年にいただきました。その講義が論文の骨格をなしました。

本書の第4章は、筑波大学にもどってからの仕事になります。恩師でもある能田伸彦先生は19歳のころからご指導をいただき、オープンマインドで筆者が自ら考えることを促進下さいました。清水静海先生は、私のよさを認め、活かして下さいました。Cornell大学では、Jere Confley 先生が Glasersfeld, G. の本質的な構成主義を私のために半年間セミナーで読んで下さいました。90年代には本書の第3章までできていました。他方、本書に示した諸事例が示すように、附属学校で研究者として鍛えられた筆者にとって、教室で役立つ理論こそが数学教育学の理想の様態でした。その信条に沿う研究を広く展開する中で本書には収まらない様々な成果を得ることになりました。

90年代には、本書の研究と並行して、数学教育学上、国内に既存研究のない四つの break through として、場面からの問題設定の指導理論、概念的知識・手続き的知識による問題解決授業理論、テクノロジーを利用した探究型指導法、原典解釈に立つ数学史指導理論を提案しました。教師目線で研究する研究者が増加しない状況の中、教材開発、指導法開発においてオリジナルな成果、実践を革新する成果を得ることもできました。その成果は、文部科学大臣賞（2005年、マス・オン・プロジェクタ、内田洋行）、日本書籍出版協会理事長賞（2010年、曲線の事典、共立出版）などでも認知されました。2002年からは、海外への日本の教育研究成果発信が仕事となり、その中で Maitree Inprasitha 先生と2006年より APEC 授業研究プロジェクトを受託しました。日本からの発信型研究開発は、タイ・コンケン大学名誉博士号（2011年授与）、Best Faculty Member 2012 として筑波大学学長表彰（2013年）などで評価されました。教育スタンダードの国際的

な共有に対する貢献としてペルー・聖イグナティオロヨラ大学より名誉教授も授与されました（2014年）。筆者が海外の研究者と共同して推進する授業研究は、授業づくりにかかる世界動向の一翼をなすようになりました。

　それは研究が活動として拡散する2000年代でもありました。仕事が拡散する状況を、大高泉先生、石垣春夫先生をはじめとする先生方がご心配下さり、本研究の完成を温かくお励まし下さいました。その中で、筆者の数学的活動論、Freudenthalの数学化と軌を同じくする議論を学習指導要領解説に明記下さったのは、根本博先生と渡邊公夫先生でした。本書の完成までにお世話になった恩師、先生方、諸兄、伴に学び今や研究者・教育者として育った諸君に、そして父次郎、母節子、そして修士時代から本論文の完成を30年も待たせてしまった妻博子に深く感謝致します。

用語索引

■欧字
Ernst von Glasersfeld　31
Felix Klein　11, 13, 14, 289, 322, 341
Hans Freudenthal　8, 25〜99
Jean Piaget　32, 85
John Dewey　31, 85
New Math（の意味での現代化）　8, 39, 45, 280, 313
Polya　8
van Hieleの思考水準・言語水準　66, 67, 69, 71, 77, 199, 206, 207, 209, 211
van Hieleの思考水準論　vi, 74, 209, 211

■あ行
一般化された水準（Hoffer-礒田）　209, 217, 310
意味　108, 113
意味論・構文論　11, 48, 108

■か行
概念的知識・手続き的知識　109, 113, 425
学習課題（表現世界の再構成過程）　18, 165, 175, 181, 188, 191, 226, 277, 283, 292, 313, 316
学習指導要領・日本の教育課程　v, 2, 3, 36, 43, 54, 94
活動　30, 35, 43, 45, 59, 82, 84, 303
可謬主義（Lakatos）　42
関係網　69, 77, 112
関数・関係的思考（NCTM9年報 by Humley）　13, 290, 341
関数の水準　214, 278, 311

関数の水準の調査研究　233, 236
幾何教育の日米比較（幾何の水準）　72, 284
教育学　ix
教育課程　ix
教材　18
教材解釈　18, 44〜50, 406
教材研究　ix, 6, 18, 157, 315
教授学的現象学　11
均衡化理論　33

具象化・抽象化　65

系統発生　44, 47, 158, 205, 219, 338
ゲシュタルト転換　71
言語　69, 70, 77, 207, 211
現実世界の数学化　53
原典解釈　157, 425

構成主義（本来の構成主義 radical constractivism）　v, 33, 34, 85

■さ行
再現科学　ix
再発明　45, 47

事象の数学化　54
指導系統　vi, 279, 281, 306, 310, 408
授業研究　ix, 425
状況のモデル・形式のためのモデル　vi, 407

進化 vs 深化　80

水準　63, 66, 76, 140, 141, 308, 400
水準移行（van Hiele 理論 vs 礒田の表現理論）　71, 72, 237, 272, 278
水準の記述様式　215, 224, 293, 311, 335
水準の機能と意義　280, 288, 308, 309, 310
水準の設定　203, 211, 213, 231
水平的数学化・垂直的数学化　59
数学化（Freudenthal）　39, 56, 59, 62, 77, 82, 154, 303
数学化過程の構成原理　303〜316, 317, 346, 372
数学化の過程　64, 79, 139, 305
数学化の相対的意味（入れ子構造）　84, 304, 392
数学教育改良運動　282, 290, 342
数学教育学　viii, 425
数学教育の目標　iii, 38, 39
数学の体系・学校数学の体系　vi
スタンダード時代　282

生存可能性　30, 35, 82, 165, 185, 226, 304, 325, 406
静的解釈　49
世界（生きる世界）　31, 59, 78, 113, 119, 139, 140, 151, 182, 309, 315
聞き合い　49, 165, 166, 167, 174

操作　86, 93, 147, 150
創造　10, 43
組織化原理　74, 76, 77, 84, 199, 224, 320, 331

■た行
直観　64, 70, 77, 87, 309

通訳困難　70, 76, 174, 226, 261

テクノロジー　320, 352, 425

■な行
人間形成　iv, viii

■は行
発生的認識論　32, 85
場面からの問題設定　425
反教授学的逆転　45
反省　63, 80, 86, 93, 150
反省的抽象　88

表現　76, 107, 111
表現系　112, 334
表現世界　113, 334, 372
表現世界の再構成過程　vii, 113, 118, 136, 144, 145, 146, 171, 189, 237, 278, 306, 372
表現の記述枠組み　107, 111
表現法　112

弁証法（Hegelian）　33, 41, 46, 169

方法の対象化　63, 67, 93, 147, 203, 309
本研究の目的　2
翻訳　112

■ま行
学び直し（スパイラル）・統合発展　ix, 3, 305, 346, 407

自ら学び自ら考える子ども　iii

矛盾　35, 42, 46, 75, 151, 165, 226

問題解決　425

■ら行
歴史解釈　157

教材索引

■あ行
石取りゲーム（ニムゲーム）　10
1次関数の表現系（表・式・グラフ）　109, 254, 262, 267
一変数 VS 二変数　221, 223, 240, 245

運動学　14, 182, 222, 290, 351
運動と視覚イメージのミスコンセプション　228
運動（組織化原理）による関数の水準　219, 226, 330

折れ線グラフ（点プロット）と関数グラフのミスコンセプション　229

■か行
解析（作図、静力学）　160, 163, 169, 219
解析（代数）　163
解析幾何学への数学化　165, 219
解析と分析、極限、無限小　48, 160, 163
書き出し表現（分割数）　126
確率の水準　209
カテゴリー論　64, 208
関数・関係的思考　14, 289
関数族　187, 194, 290, 326, 374
関数の水準　214, 278

幾何学史　206
幾何の水準　67
機構　14, 169, 190, 291, 342
距離センサー・グラフ電卓　354

クランク機構　182

碁石配列（分割数）　133
高次の作図題（パッポス、アポロニウス、デカルト）　164
高次方程式解答器・関数のグラフ作図　293

■さ行
サイクロイド　91, 289
最速降下曲線　289

実数の水準　210
乗法の導入　146

数概念の水準　209
数学的帰納法の水準（組織化原理）　45, 73, 77
図形数（パスカルの三角形）　45, 77
図による解法　116

整関数作図器　291
積分定義の進化　vi
接線・包絡線・逆接線・法線　266, 289, 291, 318, 326, 337, 338, 339, 342, 345, 360, 368
接線の概念定義と概念イメージ　231
先頭数の表（先頭表）　127

■た行
代数と幾何の融合　163, 220, 290
代数の水準　210

動力学　14, 290
伴って変わる量　223, 244, 246, 266, 275

■な行
二項定理　45, 77

■は行
倍　226, 243, 292
パスカルの三角形　45, 77

微分積分学の基本定理（組織化原理）
　　　316, 320, 331, 332, 334, 356
微分積分学への歴史　219
微分積分と運動（距離、速度、加速度）
　　　222, 320, 333, 334, 354, 357, 359
微分積分と幾何　220, 337, 338, 339, 342,
　　　345
微分積分と判別式　325, 329
比例　219, 221, 226, 245, 251, 256, 257, 258,
　　　259, 260, 261, 262, 293, 319

普遍数学　163
ブロックと十進法　112, 153
分割数における数学化　123, 135, 139
分割数の表（分割表）　126

平行（組織化原理）と幾何の水準　77
ベクトル場　365
変化の変化と差分　321
変化の累積と和分　321
変換の水準　210

方程式の意味と解く（文脈）　113
方程式の文章題　115, 145

■ら行
ロジスティック方程式　227, 318
論理の水準　210

〈著者紹介〉

礒田　正美（いそだ　まさみ）
現　在　国立大学法人筑波大学　人間系　教授
専　門　数学教育学
学　位　博士（教育学）早稲田大学（2012）
略　歴　筑波大学大学院修士課程教育研究科修了後、埼玉県立狭山高等学校教諭、筑波大学附属駒場高等学校教諭、北海道教育大学助教授を経て、現在に至る。コーネル大学（米国）、メルボルン大学（オーストラリア）、グルノーブル大学（フランス）、コンケン大学（タイ）における在外研究経験を活かし、筑波大学教育開発国際協力研究センターにて環太平洋・東南アジア地域における国際共同プロジェクトを先導している。

学術上の役職等（2014年12月現在）公益社団法人日本数学教育学会理事（出版部長、前『数学教育』編集部長）、一般社団法人数学教育学会理事（国際部長）、アジア・太平洋経済協力 APEC21ヶ国・地域授業研究プロジェクト代表者、数学技術アジア国際会議 ATCM 国際委員、国際数学歴史教育学会 HPM 顧問、世界授業研究学会 WALS 評議委員、タイ教省数学中核的研究拠点 COE プログラム顧問、パプアニューギニア教育省教育課程開発顧問

社会・文化に係わる受賞歴等　2005年　文部科学大臣賞／優秀映像教材選奨・教育コンピュータソフトウェアの部（最優秀作品）：礒田正美監修『マス・オン・プロジェクタ（全三巻）』内田洋行（2005）
2010年　造本装幀コンクール日本書籍出版協会理事長賞（自然科学部門）：礒田正美・Bartolini Bussi, Maria G. 編『曲線の事典―性質・歴史・作図法』共立出版（2009）
2011年　名誉博士（数学教育学）／Honorary PhD (Mathematics Education), Khon Kaen University, Thailand：数学教育学博士課程設置並びにタイ国教員養成・現職教育改善に係る功績
2012年　選定図書賞／チリ国家文化芸術委員会：Isoda, M., Olfos, R. El Enfoque de Resolución de Problemas—En la Enseñanza de la Matemática. Ediciones Universitarias de Valparaiso (2009)．
2013年　2012 BEST FACULTY MEMBER／学長表彰 筑波大学最優秀教員：APEC において国際的研究開発プロジェクトを先導した功績
2014年　名誉教授／Profesor Honorario, Universidad San Ignacio de Loyola, Peru：国際的な教育スタンダードを築くための教師教育改善への国際的功績

算数・数学教育における数学的活動による学習過程の構成 ―数学化原理と表現世界、微分積分への数量関係・関数領域の指導 *Mathematization for Mathematics Education* *—An Extension of the Theory of Hans Freudenthal Applying the Representation Theory of Masami Isoda with Demonstration of the Levels of Function up to Calculus*	著　者　礒田正美　Ⓒ 2015 発行者　南條光章 発行所　共立出版株式会社 〒112-0006 東京都文京区小日向4-6-19 電話　03-3947-2511（代表） 振替口座　00110-2-57035 URL　http://www.kyoritsu-pub.co.jp/
2015年2月25日　初版1刷発行 2016年12月1日　初版2刷発行	印　刷　精興社 製　本　ブロケード
検印廃止 NDC 410.7 ISBN 978-4-320-11102-8	一般社団法人 　自然科学書協会 　会員 Printed in Japan

JCOPY ＜出版者著作権管理機構委託出版物＞
本書の無断複製は著作権法上での例外を除き禁じられています。複製される場合は，そのつど事前に，出版者著作権管理機構（TEL：03-3513-6969，FAX：03-3513-6979，e-mail：info@jcopy.or.jp）の許諾を得てください。

曲線の背後に潜む直観と論理！読んで楽しめる必携事典!!

曲線の事典
性質・歴史・作図法

B5判・上製・328頁・定価(本体3,800円+税)

第44回造本装幀コンクール 日本書籍出版協会理事長賞
『自然科学部門賞』受賞 《日本図書館協会選定図書》

礒田正美・Maria G. Bartolini Bussi ［編］
田端　毅・讃岐　勝・礒田正美 ［著］

　本書は、定木とコンパスを含む機械で作図しえる曲線の歴史的表現を解説した事典である。小学校から高等学校、大学に至るまでの学校数学において知られる曲線の定義や性質、そしてその曲線を描く方法を、描く道具や変換器、幾何学的計算具の実物写真、作図結果とともに解説している。曲線の来歴を、今は失われた歴史的表現・役割を前提に解説することでその背後に潜む直観と論理を再現している。
　コンピュータ以外の道具を駆使して曲線を描いた人々が生きた時代に思いを馳せることで、人間味溢れる数学像を提供する。まず、それぞれの曲線に関わる各論を話題にする上で必要な曲線に関する歴史・文化的眺望を記した。その次に、本書の中心的な話題である様々な曲線とその作図器、その初等幾何学的解説を収めた。そのあとに、変換を表象する機構、透視図法と投影、問題の作図解を表現する機械を収めた。
　最後には用語集を用意し、本文中で解説しきれなかった用語の解説を収めた。用語集や索引から逆に読めば、辞典として役立てられるようにも工夫されている。

共立出版

http://www.kyoritsu-pub.co.jp/
(価格は変更される場合がございます)

● 主要目次 ●

第1章　道具に埋め込まれた直観
曲線のルーツとしてのギリシャ／ルネッサンス：近代における曲線を描く道具／空間で曲線を描く道具と透視・投影・射影

第2章　円錐曲線とその幾何学
メナイクモスの円錐曲線：直円錐の切断／アポロニウスの円錐曲線：円錐の切断／透視円錐の断面／ダンデリンの球面／張り糸を利用した円錐曲線の作図／カバリエリの円錐曲線作図器／補助円を利用した円錐曲線作図器／交叉平行四辺形を利用した円錐曲線作図器／ドロネーの円錐曲線作図器／ロピタルの円錐曲線作図器／ニュートンの円錐曲線作図器／マクローリンの円錐曲線作図器／包絡線による円錐曲線の作図／円錐曲線に接するV型定木の頂点軌跡／ダビンチのコンパス／パシオッティ＝オッディの円錐曲線作図器／様々な放物線作図器／様々な楕円作図器／様々な双曲線作図器／転がり合う2つの円錐曲線：周転曲線

第3章　高次曲線とその幾何学
3次曲線／4次曲線／高次曲線

第4章　特殊な曲線とその幾何学
様々な螺線／周転曲線／縮閉線と伸開線

第5章　変換を表す機構
合同変換（回転変換、併進、鏡映、点対称変換）／相似変換／アフィン変換／反転変換／直線への変換

第6章　透視図法と投影
デューラーの透視描画器／シャイナーの透視描画器／チゴーリー＝ニスロンの透視描画器／ステヴィンによる中心投影／空間における平面から平面への投影／ラ・イールの透視装置／ランベルトの透視図作図器／ニュートンによる3次曲線分類／アナモルフォーズ

第7章　作図解表示器
立方体の倍積問題解答器／角の三等分問題／円の方形化問題（円積問題）／折り紙で解く三大作図問題／ルーローの倍周回転器／アルハーゼンの問題／円に内接する等周三角形／ユークリッドの杖／タレスの杖／クロススタッフ／比例コンパス／セクター／計算尺／エンクのベクトル和表示器／3次方程式解答機／高次方程式解答機：整関数のグラフ作図器

用語集／あとがき／参考文献／索引